废油资源化技术丛书
重庆工商大学学术著作出版基金资助

环境光催化材料的改性及其作用机制

李宇涵　段有雨　龚海峰　欧阳平　著

科 学 出 版 社
北　京

内容简介

本书包括 5 章内容，第 1 章概述了光催化技术及光催化剂的改性和应用；第 2 章全面阐述了 g-C_3N_4 加快光生载流子传输与迁移的研究现状和挑战；第 3~5 章介绍了 g-C_3N_4 的缺陷调控、微纳结构调控、金属掺杂和异质结构建及相应的性能提升机制。全书从提高光生载流子传输与迁移效率这一关键科学问题出发，选取典型的可见光驱动的 g-C_3N_4 为研究对象，对其进行了缺陷、微观结构、掺杂/异质结改性调控。目前，国内外还未有此类书籍的出版。

本书可供材料科学、环境工程、化学等相关领域的科研人员、工程技术人员和管理人员参考。

图书在版编目(CIP)数据

环境光催化材料的改性及其作用机制 / 李宇涵等著. —北京：科学出版社，2022.8

ISBN 978-7-03-071344-5

Ⅰ.①环… Ⅱ.①李… Ⅲ.①光催化-材料-研究 Ⅳ.①TB383

中国版本图书馆 CIP 数据核字 (2022) 第 016851 号

责任编辑：刘 琳 / 责任校对：彭 映
责任印制：罗 科 / 封面设计：墨创文化

科学出版社出版
北京东黄城根北街16号
邮政编码：100717
http://www.sciencep.com

成都锦瑞印刷有限责任公司印刷
科学出版社发行 各地新华书店经销

*

2022 年 8 月第 一 版 开本：787×1092 1/16
2022 年 8 月第一次印刷 印张：14 1/2
字数：340 000

定价：128.00 元

（如有印装质量问题，我社负责调换）

前　言

随着工业文明的快速发展，现代人类社会高度依赖煤炭、石油等传统化石能源。化石能源的广泛使用给人类赖以生存的地球带来了严重的环境污染，而它们有限的储存量将会大大制约人类社会的可持续发展。对太阳能的有效利用则是解决化石能源经济发展伴随的环境和能源问题的重要途径。模拟植物的光合作用将太阳能直接转化为人类可利用的化学能是缓解当前能源紧缺与环境污染问题的一种有效、绿色及可持续发展的策略，它可以有效地利用地球上丰富的太阳能来驱动氧化还原反应催化降解污染物、分解水制氢以及还原二氧化碳等，已经受到越来越多的关注。

2020 年 11 月 22 日，习近平主席在二十国集团领导人利雅得峰会“守护地球”主题边会上明确指出，我国 CO_2 排放量力争在 2035 年前达到峰值，在 2060 年前达到中和。2021 年“两会”(中华人民共和国全国人民代表大会和中国人民政治协商会议的统称)上，碳中和被首次写入政府工作报告，国家相关部委已颁布了碳中和目标实施规划，将覆盖教育、科技等领域。在此时代背景下，光催化材料的开发，对消减及控制环境污染有着极其关键的作用。光催化材料载流子的分离和迁移效率、有效质量与扩散长度(即载流子动力学)在很大程度上决定了其光催化性能。因此，对光催化材料的载流子动力学的认识以及理解，是开发高效光催化材料和提高催化效率的关键。在诸多已被开发的光催化材料中，石墨相碳化氮($g\text{-}C_3N_4$)因其结构和性能易于调控，物理化学性质稳定，一直都是国内外科研工作者关注的热点。

本书共五章，第一章为绪论部分，概述了光催化基本原理与基本过程、光催化材料的改性以及相关应用；第二章重点介绍了 $g\text{-}C_3N_4$ 提升其光生载流子分离与迁移的改性策略，具体包括调控电荷迁移的内部改性方法、调整界面电荷迁移的外部改性方法、面内载流子迁移的改性方法以及层间电荷传输改性方法；第三章总结了 $g\text{-}C_3N_4$ 的本征缺陷调控及相应的光催化性能增强机制；第四章围绕 $g\text{-}C_3N_4$ 的微观纳米结构进行调控，以此提高光催化活性揭示光催化作用机理；第五章描述了金属掺杂/构建异质结对 $g\text{-}C_3N_4$ 的改性策略及相应的光催化活性增强机制。

本书共计 34 万字，由李宇涵与段有雨讨论，制定大纲并完成各章撰写，其中李宇涵负责第 1~3 章，小计撰写 24 万字；段有雨负责第 4 章和第 5 章，小计撰写 10 万字；最后由李宇涵、段有雨、龚海峰与欧阳平共同审校定稿。研究生任自藤、刘莉、谷苗莉、张敏、陈邦富和何正江参与了本书文字和图片的整理工作。同时还要感谢废油资源化技术与装备教育部工程研究中心张贤明教授、姜岩教授、蒋光明研究员、陈佳副研究员、吕晓书副研究员、熊昆副研究员、殷宏博士、陈亚飞博士和何东霖博士对本书相关机理提出的宝贵意见和给予的鼎力支持。

本书得到了国家自然科学基金青年基金项目“含缺陷 Zn_2SnO_4 可见光催化净化典型空气污染物的性能增强和反应机理研究”（51808080）、中国“博士后创新人才支持计划”项目“Zn_2SnO_4 半导体光催化材料对废油加工处理产生的废气高效净化研究”（BX20180056）、重庆市基础研究与前沿探索项目“表面氧缺陷对金属氧化物和氮化碳复合材料光催化性能影响”（cstc2018jcyjAX0024）、中国博士后科学基金第 64 批面上资助“西部地区博士后人才资助计划”项目“C 掺杂正锡酸锌可见光高效降解低浓度 VOCs 的研究”（2018M643788XB）、中国博士后科学基金第 71 批面上资助“基于羟基缺陷构建锡酸盐及深度氧化苯系物 VOCs 的研究”（2022M710830）、重庆市留学人员回国创业创新支持计划项目“Zn_2SnO_4 高效净化低浓度气相污染物的研发及应用”（cx2018130）、重庆市留学人员回国创业创新支持计划重点项目“缺陷态 $ZnSn(OH)_6$ 深度氧化 VOCs”（cx2022005）、重庆市教委青年项目“含缺陷 Zn_2SnO_4 对废油回收处理产生的废气可见光高效净化研究”（KJQN201800826）和重点项目“高结晶 g-C_3N_4 基复合光催化材料的制备及高效光催化性能研究”（KJZD-K202100801）、校内高层次人才科研启动项目“新型复合半导体材料的可见光催化性能研究”（1856039）、2021 年重庆市博士后出站来（留）渝资助项目“表面缺陷对复合材料光催化性能的影响”、重庆工商大学教育教学改革项目“基于环境工程应用型人才培养的实践教学+工程应用模式研究”（212050）、重庆市高校创新研究群体项目（CXQT21023）以及废油资源化技术与装备教育部工程研究中心平台建设经费的支持，在此致以诚挚的谢意。

本书作者自 2012 年开展可见光驱动的 g-C_3N_4 基光催化研究以来，针对 g-C_3N_4 基光催化材料载流子输运效率低、表面催化反应效率差等关键科学问题，开展了一系列改善 g-C_3N_4 基光催化材料载流子迁移的新方法探索，取得了一定进展。本书正是以改善可见光驱动的光催化材料的载流子迁移率为前提，总结了作者关于 g-C_3N_4 在光催化环境污染治理和产氢方面的研究工作，希冀通过理论设计实验的模式寻求光催化材料高效的光生载流子利用策略，并建立光催化体系载流子动力学与反应中间产物的内在联系。同时，期望本书的出版能够为光催化体系的构建、优化等基础研究和应用催化技术迭代考虑提供理论支撑和参考价值。

由于作者才疏学浅，对于该领域的一些关键问题尚处于探索研究阶段，书中难免有不足之处，恳请读者能通过如下联系方式将意见反馈给我们，以此指导和促进我们后期的研究工作：lyhctbu@126.com 或废油资源化技术与装备教育部工程研究中心李宇涵（400067）。

目　　录

第1章　光催化技术及光催化剂的改性和应用

1.1 引　言

近年来，随着我国绿色GDP的实施，资源浪费和环境污染问题得到了一些改善。根据《2019中国生态环境状况公报》（黄润秋，2019），2019年全年能源消费总量达48.6亿吨标准煤，相比于2018年增长3.3%，煤炭、原油、天然气、电力消费量各增长1.0%、6.8%、8.6%、4.5%。煤炭用量占能源消费总量的57.7%，比上一年下降1.5%；而天然气、水电、核电、太阳能、风电等清洁能源同比增长较快，上升1.3%。氮氧化物（NO_x）、氨氮、二氧化硫污染排放总量分别下降16.3%、11.9%、22.5%，生态环境质量有所提高。当前，我国进入社会主义建设的关键时期，社会的主要矛盾已转变为人民日益增长的美好生活需求和不平衡不充分发展之间的矛盾。这说明一方面需要创造出更多物质财富与精神财富，另一方面也需要提供更多绿色安全的生态产品，打造优美健全的生态环境，以满足人们日益增长的美好生活需要。然而，值得注意的是，当前的生态环境保护仍面临着严峻的挑战，我国产业结构仍以重化工为主、供能结构以煤炭为主、运输结构以公路货运为主。据《BP世界能源统计年鉴（2020版）》显示（Amoco B P，2020），我国已成为世界上最大的能源消费国（约占全球能源消费总量的24%）和煤炭消费国（约占全球煤炭消费量的50%）。传统的产业结构和粗放的发展模式，加剧了资源的浪费和环境的污染，严重影响人类的生存环境。

近两年来，由于新冠肺炎疫情全球大流行，全球碳排放量大幅减少，但当今世界仍沿着一条不可持续的发展道路在前行（英国石油公司，2019）。目前，世界能源需求仍主要依赖化石燃料（石油、煤炭和天然气）；它们的迅速消耗，造成了能源短缺和环境污染等问题。环境是人类及其他动植物赖以生存和发展的物质基础，而大气是必不可少的基本环境要素之一，也是我们每时每刻不可或缺的生存条件。典型的空气污染物有NO_x、挥发性有机物（volatile organic compound，VOC）等（Song C J et al.，2020）。随着现代工业的发展和机动车总量不断上升，人类向大气中排放的NO_x（95%为NO）越来越多（Lerdan M T et al.，2000；王丽琼，2017），2020年全国NO_x排放总量约为1522.3万吨。目前NO_x治理属于我国大气环境管理的短板，如何有效实现NO_x治理也纳入了“十四五”的空气污染防治重点规划。因此，开展NO_x的高效控制新技术与机制研究，是我国空气污染控制领域的迫切需求。

传统去除NO_x的方法主要是从源头对烟气/尾气进行脱硝处理。脱硝方法主要有选择性催化还原（selective catalystic reduction，SCR）法、湿法吸收技术（wet absorption technology，WAT）以及选择性催化氧化（selective catalytic oxidation，SCO）法（Boningari T et al.，2015；张蕾 等，2017；Zhong L et al.，2015）。因为这些方法脱硝效率达不到100%，所以依然会有一些 NO_x 排放到空气当中变成低浓度的 NO_x。这些低浓度 NO_x 会引起酸雨等恶劣的环境现象。NO_x 对动物影响的阈值为 $1mg·m^{-3}$，其中，NO_2 比 NO 具有更强的毒性，会造成肺损害；NO_x 与碳氢化合物在强光照射下产生浅蓝色有毒烟雾（光化学烟雾），对人的眼、鼻、肺及造血组织等有强烈的刺激和损害作用。而 VOC 作为另一类常见的空气污染物，研究表明人体长期暴露在这类低浓度的气相污染物中，极易产生恶心、头晕，造成上呼吸道感染等疾病，严重的可能会致癌致死（Song C J et al.，2020；Di G A et al.，2020）。我国 VOC 排放总量巨大（位居全球第一），2019 年全国 VOC 排放总量约为 2342 万吨（Li M et al.，2017；生态环境部，2020）。VOC 的治理刻不容缓，但其整体治理工艺难度大、效果差，这是因为：①来源广泛，凡是使用含有 VOC 物质的储存、运送、涂装及其他处理工序，均可能造成 VOC 的排放；②易挥发性导致 VOC 排放到大气中，在光照等条件下通过化学反应生成新的 VOC，造成二次污染。

大气污染主要来源于工业废气、石油化工、机动车排放、建筑及装饰涂料溶剂制造和家具生产等（Chen B B et al.，2020；Li J X et al.，2020）。目前常采用的处理技术包括冷凝及吸附回收技术（高浓度）、催化燃烧（中等浓度）、热力焚烧、紫外光高级氧化技术（低浓度）、生物净化技术（低浓度）等，而现有低浓度空气污染处理技术存在一些弊端，如耗能大、效率低等，不利于实际应用的推广。

诸多环境问题已成为阻碍社会绿色可持续发展的主要诱因，这激发了人们开发新能源和其他可再生能源的意识。在众多可再生能源开发技术中，半导体光催化技术可将低密度的清洁太阳能收集起来，将其直接转化为能源燃料和化学能（Ong W J et al.，2016），该技术一直被视为解决未来能源和环境危机的绿色环保可持续途径之一，因而在能源和环境领域中受到了广泛的关注。迄今为止，除了将太阳能作为驱动力之外，光催化还需要合适的半导体光催化剂来进行多种催化反应。例如，分解水产生 H_2 和 O_2（Lin J et al.，2020；Wang L et al.，2018；Xue F et al.，2019；Bai Y et al.，2019）、将 CO_2 还原为烃类燃料（Li Y et al.，2021；Chen P et al.，2020；Cui X F et al.，2018；Shirley H et al.，2019）、去除有毒有害污染物（Chen P et al.，2020；Xue M Q et al.，2016；Xu C et al.，2019；Cao X et al.，2018；Su K Y et al.，2019）、固氮（Liu L et al.，2021；Zhang G Q et al.，2020）、细菌消毒（Xu J et al.，2020；Dong S Y et al.，2020；Kubacka A et al.，2013）以及有机化合物的选择性合成（Wang H et al.，2016；Prier C K et al.，2013）等，这些催化反应提高了人类对太阳能的可持续利用率。

鉴于光催化技术良好的光敏性、温和的反应条件、较低的能耗、可控的反应程度、较高的催化效率、对自然环境及人体健康均无毒害等特点，光催化逐步成为当前最有前景的净化及能源开发技术之一。光催化技术的开发与发展，有望解决我国当前严重的雾霾、水污染等环境问题，以及能源短缺问题，在提高人类生存环境质量的同时，实现能源的绿色可持续发展。

1.2　半导体光催化技术

1.2.1　光催化原理

光催化(photocatalysis)是光(photo=light)+催化剂(catalyst)的合成词，是一种在光照条件下，自身不发生变化，却可以促进化学反应的物质。通常认为光催化剂的吸收阈值与带隙之间的关系式为 $K=1240/E_g$(eV)，其中，K 为吸收阈值，E_g 为带隙。然而，常见的半导体光催化剂的吸收波长阈值大部分处在紫外光区域。

如图 1-1 所示，在太阳光的照射下，当输入的光子能量高于半导体光催化剂吸收阈值时，半导体光催化剂的价带(valence band, VB)产生电子发生带间跃迁，即从 VB 跃迁到导带(conduction band, CB)产生光生电子(e^-，具有还原性)；而在 VB 上产生相应的光生空穴(h^+，具有较强的氧化能力)。光生电子与吸附在光催化剂表面的氧气分子相互作用形成超氧自由基($\cdot O_2^-$)，而空穴则可将表面吸附的 OH^- / H_2O 氧化生成羟基自由基($\cdot OH$)(郭雪静，2015)。众所周知，$\cdot O_2^-$ 和 $\cdot OH$ 具有较强的氧化性，可将大部分有机污染物转化为无毒无害的水(H_2O)和二氧化碳(CO_2)；还可破坏细菌的细胞膜和病毒的蛋白质，从而杀灭细菌病毒。目前，该技术已被广泛应用于室内空气净化、有机废水净化、能源转换、杀菌消毒、肿瘤治疗、自净化、除臭、防污防雾等领域。

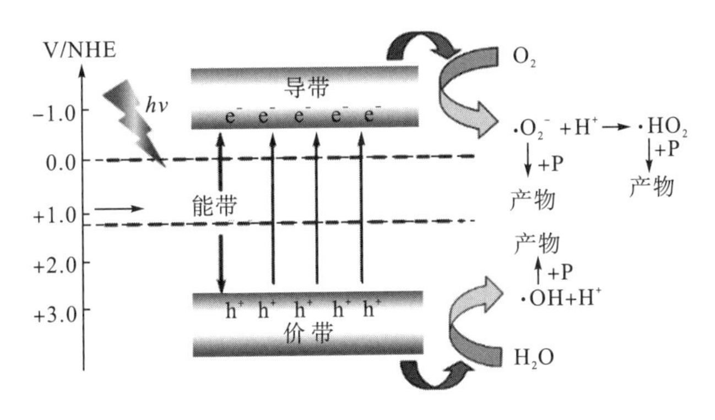

图 1-1　光催化原理示意图

1.2.2　光催化基本过程

据文献报道，光催化反应主要包括以下三个过程(Chen Z et al.，2020)。

(1)光激发过程：当半导体光催化剂吸收大于其吸收阈值的光子能量时，相应地，会在 CB 和 VB 上分别产生具有还原能力的电子和氧化能力的空穴。受光激发生成的光生电子与空穴统称为光生载流子，光生载流子的产生是诱导光催化反应的前提。

(2)光生载流子的分离与迁移过程：光激发产生的光生载流子因受库仑力作用，在迁移过程中存在着四种可能：直接复合(体内)、间接复合(体内)、表面复合或有效分离。①直接复合指的是光生载流子在半导体光催化剂内部重新结合，放出光子或热量；在半导体中，载流子的寿命与其密度成反比，即半导体电阻率越低，载流子的浓度越高，彼此相遇的概率就越大，其寿命也就越短。②间接复合指的是半导体光催化剂内少量杂质原子、缺陷的引入会促进非平衡载流子的复合。与直接复合不同的是，间接复合是利用带隙中某些杂质(或缺陷)能级作为“中间跳板”来实现的。中间杂质(缺陷)能级俘获导带底附近的电子与满带中的空穴间接复合。这种杂质(缺陷)能级统称为复合中心。间接复合每次所释放的能量比直接复合少得多，即分阶段释放能量，通常间接复合决定着半导体光催化剂的寿命。③表面复合指的是半导体光催化剂在制备过程中，表面存在着严重损坏或内应力，进而在体内产生较多的缺陷和晶格畸变，而这些缺陷可形成能够接受或释放电子的表面能级，当光生载流子迁移到表面时，依靠产生的表面能级对电子或空穴的俘获来进行复合。④有效分离指的是在内建电场作用力下，光生载流子迁移到光催化剂表面(导带电子—强还原剂，价带空穴—强氧化剂)，参与后续的氧化还原反应。因此，为了提高光催化反应的转化效率，前三种复合过程应采取有效措施尽量避免发生。

(3)光催化剂表面的催化反应过程：有效迁移到表面的光生载流子如光生电子，会与吸附在光催化剂表面的 O_2 等小分子结合，产生活性较强的 $\cdot O_2^-$ 等自由基；而光生空穴会与吸附在光催化剂表面的 H_2O 或 OH^- 反应，生成极为活泼的 $\cdot OH$ 等。活性自由基的生成消耗了光生载流子，有效地抑制了半导体光催化剂的载流子复合。这些活性自由基与光催化剂表面吸附的各类污染物发生氧化还原反应，能极大地提高光催化效率。

1.3 催化剂改性策略

光催化技术的高效实施，其核心的内容是光催化剂的选择。未经过改性的本征光催化剂由于其结构上的缺陷，展现出较差的光催化活性和稳定性。因此，为获取最佳的光催化活性及稳定性，科研工作者对本征光催化剂进行了各种各样的改性措施。以下是几种常见的催化剂改性策略。

1.3.1 离子掺杂

离子掺杂通常是利用物理或化学方法，将外离子引入催化剂晶格内部，使晶体内产生新电荷，形成缺陷或转变晶格类型，进而改变催化剂的能带结构和电子迁移性质，形成新的杂质能级；此外，还可改变催化剂的激发光波长，使催化剂展现出可见光光谱响应，增强对太阳光的转化能力。离子掺杂通常包括金属离子和非金属离子掺杂两种方式。金属离子掺杂一般是在催化剂的价带顶构建施主能级，或在导带底构建受主能级，进而在半导体材料中引入新的杂质能级，缩小催化剂的禁带宽度。而非金属离子掺杂是在晶格中引入缺陷能级，攫取光激发电子，提高光子利用率。

1.3.2 金属/贵金属沉积

研究表明，金属颗粒作为助催化剂，与催化剂复合后能有效改善催化剂的催化性能，其原因归因于以下一种或多种机制共同作用：①表面电子状态发生混合，提高了催化剂中的电荷分离效率，有利于光生电子在金属/半导体界面之间进行转移，进而延长载流子的寿命(Ben A M et al.，2016)；②在两者的接触面处，费米能级逐渐趋于稳定，两者之间会构建成肖特基势垒，形成陷阱，利于光生载流子的分离，降低光生载流子的复合概率；③金属单质的引入可促进具有低过电位的氧化还原反应；④贵金属的表面等离子体共振(surface plasmon resonance，SPR)有利于拓宽催化剂对可见光的响应，提升对光的利用率。总而言之，金属的负载促使催化剂在光催化活性方面得到极大提高。

1.3.3 构建异质结

构建异质结是提高光催化剂催化能力的有效手段之一。异质结复合光催化剂需由两种或两种以上半导体催化剂在微纳米尺度上以某种方式进行结合，相当于是一种半导体催化剂的电荷对另一种半导体催化剂中电荷的修饰，结合两种材料的优势能有效调节单一半导体催化剂的性能(Wang Z L et al.，2017；Sun L et al.，2016)；在异质结界面处，光激发产生的载流子可有效地分离与传输，进而提高材料的光催化性能。值得注意的是，不同半导体复合需考虑三方面的问题：两者之间的能带结构是否匹配？两者之间的有效接触面积如何调控？在构建异质结之后是否能实现有效的电荷定向传输？

1.3.4 形貌调控

另一种常见的催化剂改性手段是形貌调控(Cui Z et al.，2018；Weon S et al.，2018；Liu R R et al.，2018)，从微观角度来看，形貌直接决定了催化剂的晶粒尺寸、暴露晶面、比表面积和孔结构等特性。一般认为晶粒尺寸会影响光生载流子传输性能；纳米级晶粒尺寸有利于载流子由催化剂的体相向表面传输。而晶面会直接影响催化剂对污染分子的吸附，不同的暴露晶面，其氧化、还原能力各不相同，进而不同程度地影响界面电荷的分离效率。表面积与孔结构则会为催化反应提供活性位点，通常，比表面积和孔容越大，可为目标污染物的吸附提供更多的接触面。

1.3.5 缺陷工程

缺陷工程被认为是一种调控半导体催化剂微观电子结构和宏观物化性质的有效策略。通常在催化剂的合成过程中会不可避免地引入缺陷，不同程度地改变催化剂的光催化性能(Bai S et al.，2018；Zhang Y et al.，2020)。缺陷可大致分为点缺陷(空位或掺杂)、线缺陷(位错)、平面缺陷(晶界)和体相缺陷四种。目前，有大量文献报道关于利用缺陷工程来提高催化剂的催化性能，如通过本征缺陷拓宽催化剂的光吸收范围(Guan M et al.，2013)、表面缺陷提供反应活性位点(Zhang N et al.，2016)等。因此，有目的地构筑缺陷并深入探究其在光催化反应过程中的催化机理至关重要。

1.4 光催化技术的应用

1.4.1 空气净化

TiO_2光催化剂作为空气净化材料的典型代表之一，由于其表面产生的·OH能破坏污染气体分子的化学键，可将空气中甲醛、VOC中的苯系物等有害物质矿化为CO_2和H_2O，从而达到净化空气的目的。空气净化是光催化技术较为常见的应用之一。①可在建筑外装、内装上喷涂光催化剂来实现室内外空气的净化，室内需借助荧光或发光二极管(light-emitting diode，LED)等照明设备达到同样功能的净化效果。②在大型商场、学校、医院等公共设施安装空气净化系统，可有效分解室内因家装而挥发出的有毒、有害物质。此外，针对不同场所，开发了家庭空气净化系统(器)以及车载空气净化系统(器)等。近年来，在日本新干线部分车厢安装了光催化空气净化装置——内置TiO_2涂层的多孔陶瓷，以达到杀菌除臭、净化空气的效果。③日本利用光催化技术开发出尾气净化装置，用来去除汽车尾气中的有毒有害物质。道路建设中使用具有净化功能的道路建材(如涂料、水泥等)。2018年7月，北京地铁6号线全线喷涂光催化剂，以消除车厢异味，为乘客创造健康、舒适的出行环境。④在家用汽车、储存柜、鞋柜等狭小、密闭空间中，空气长时间不与外部对流，车厢、衣柜、鞋柜会出现异味，若利用光催化技术可以有效消除密闭空间的臭味异味。

1.4.2 水体净化

近年来，工业的迅猛发展，人口的急剧膨胀，进一步扩大了人类对淡水资源的需求，但这也造成了可利用水资源严重污染的问题。这些被污染的废水存在大量具有“致畸、致癌、致突变”的有毒有害物质，其可生物降解性差，对环境及生物体健康呈现出非常大的破坏力。常规处理方法(物理、化学等技术)不仅加工成本高昂，且具有降解效率低及二次污染等问题。因而，寻求高效、绿色安全、节能环保的技术去除水体污染物显得尤为重要。光催化技术可利用清洁的太阳能作为驱动力，在光催化剂表面将废水中的有毒有害物质彻底氧化为安全稳定的小分子，是一种经济、环保的废水处理技术。目前，光催化水体处理主要针对以下几种常见的废水。①随着国民可支配收入水平不断提高以及人类消费观念的转变，推动了服装等消费品需求的增长，进而加速了纺织产业链上印染加工行业的发展。染料的数量及种类不断增多，产生了大量染料废水，成为水体污染的重点来源之一。②生产抗生素主要包括微生物发酵、分离纯化、精制等过程。在制造过程中会产生大量高浓度有机废水，其特征主要为较大的化学需氧量(chemical oxygen demand，COD)($5\sim80g\cdot L^{-1}$)、较高的悬浮物(suspended solid，SS)浓度($0.5\sim25g\cdot L^{-1}$)、复杂的成分(中间代谢产物、表面活性剂、残留的高浓度酸、碱及有机溶剂等原料，以及存在生物毒性的物质)、较高的酸碱盐浓度、较大的 pH 波动以及间歇性排放。制造过程中，若原料用量不当还会造成抗性基因污染等，是当前处理成本高、治理难度大的有毒有机废水之一。

1.4.3　能源转化

一个世纪以来，矿物燃料(煤、石油、天然气等)的大肆开采与使用，释放出大量的温室气体(主要为 CO_2)，造成全球变暖，冰川冻土消融、海平面上升，严重危害自然生态系统的平衡，如何捕获、储存和利用大量排放于大气中的温室气体成为各国面临的迫切问题。因此，为了摆脱该困境，需开发具有经济效益且安全环保的可再生能源。基于半导体的“人工光合作用”将低密度、不连续的太阳能直接转化为高附加值的化学能(光解水产氢、固氮合成氨、二氧化碳还原为碳氢燃料、甲烷转化等)，不仅能缓解全球的温室效应，未来还将成为世界能源的主力军。

1.4.4　卫生医疗

目前，常用的卫生医疗消毒技术主要包括紫外照射杀菌和化学消毒剂，存在能耗高、细菌容易产生抗药性或诱发臭氧污染等缺点。而光催化技术因其在光照下可以产生活性氧物种(reactive oxygen species, ROS)，能抑制有害微生物的生长繁殖。近年来，该技术在杀灭大肠埃希氏菌、金黄色葡萄球菌、霉菌等病菌的同时，还能有效分解由病菌体内释放出的有毒、有害物质。该技术可使医院、医疗机构等设施、器械长期保持干净清洁。这将成为一种新兴的节能环保杀菌方法。

相比于传统的癌症治疗方法(放疗、化疗)，光催化治疗是一种温和、危害较小，也更容易针对病人的特定需求进行设计的方法。将光照射在特定的病变区域，利用其产生的活性物种与癌变细胞相互作用，破坏肿瘤细胞区域的氧化还原平衡，抑制癌细胞的生长与繁殖，从而达到治疗效果。最近，基于光催化剂的癌症治疗方法已成为抗癌研究的新趋势，部分光敏药物已初步应用于临床治疗。例如，清华大学朱永法教授开发出了具有红光响应的自组装超分子材料，实现了癌症和肿瘤的彻底快速治疗(Zhang Z J et al.，2021)。未来在科技的推动下，光催化技术有望成为真正治愈癌症的有效方法之一。

1.4.5　自清洁

除了对空气进行净化外，光催化剂还有自我净化的能力。由于自身具有较强的抗腐蚀能力和超亲水性，将其喷涂于物体表面(建筑外墙、道路建材、房屋顶棚、玻璃、瓷砖等)形成防污涂层，在太阳光的照射下，能快速分解表面的污染物质，且被雨水冲刷掉，进而一直保持清洁的表面，达到自洁的效果，这些实际应用不仅能杀菌消毒，还能抑制异味、防腐、防污垢等。例如，日本许多的体育馆、仓库、车站通道、商场、住宅大楼等均采用光催化材料设计。在中国，国家大剧院、国家体育馆、国家体育场、上海世博馆等，也采用了光催化技术来净化室内空气和维护建筑设施的洁净。

光催化技术作为一种绿色技术，其应用范围广泛，既可以用于光催化分解水产氢、光催化还原 CO_2 产碳氢燃料以此提供新能源，也可以用于工业中印染废水的治理，还可以氧化去除 VOC 如：甲醛、丙酮、苯、甲苯，对其实现矿化，将其转化成无毒的 CO_2 和 H_2O，亦可将其应用于消毒杀菌领域，对今年全球爆发的新冠病毒聚集场所而言，利用强氧化性的光催化材料进行杀菌显得尤为重要和必要。相对其他技术而言，光催化技术工艺简单，处理效果明显，操作可控。最重要的是可以有效地利用太阳能从而减少能源消耗，其产物无毒、无害、无二次污染。因此，未来随着光催化技术研究的深入开展，在家电、涂料、生活、建筑等领域的产品会持续增多，在大气污染治理、水污染治理、能源转化、医疗设施及器械等领域的应用也将不断扩大，可有效改善人类的居住环境，提升生活质量。

参 考 文 献

郭雪静，2015. BiOX(X =Cl，Br，I)材料制备以及光学性能的研究. 天津：南开大学.

黄润秋，2019. 以示范创建为抓手，深入推进生态文明建设. 中国生态文明. (1): 6-9.

生态环境部, 2020. 2019 年中国生态环境状况公报. 中国能源，42(7): 1.

王丽琼，2017. 基于 LMDI 中国省域氮氧化物减排与实现路径研究. 环境科学学报，37(6)：2394-2402.

英国石油公司，2019. BP 世界能源统计年鉴 2019(第 68 版). [2019-07-30]. https://www.bp.com/zh_cn/china/home/news/reports/statistical-review-2019.html.

张蕾，马振华，张磊，等，2017. 湿法并联氧化的脱硝机理. 环境工程学报, 11(7): 4190-4195.

Amoco B P, 2020. Energy outlook 2020 edition. [2021-05-07]. https://www.sohu.com/a/465119381_120391900.

Bai S, Zhang N, Gao C, et al., 2018. Defect engineering in photocatalytic materials. Nano Energy, 53: 296-336.

Bai Y, Wilbraham L, Slater B J, et al., 2019. Accelerated discovery of organic polymer photocatalysts for hydrogen evolution from water through the integration of experiment and theory. J. Am. Chem. Soc., 141(22): 9063-9071.

Ben A M, Hamdi A, Elhouichet H, et al., 2016. High photocatalytic activity of plasmonic Ag@AgCl/Zn2SnO4 nanocomposites synthesized using hydrothermal method. RSC Adv., 6(83): 80310-80319.

Boningari T, Ettireddy P, Somogyvari A, et al., 2015. Influence of elevated surface texture hydrated titania on Ce-doped Mn/TiO2 catalysts for the low-temperature SCR of NOx under oxygen-rich conditions. J. Catal., 325(4): 145-155.

Cao X, Chen Z, Lin R, et al., 2018. A photochromic composite with enhanced carrier separation for the photocatalytic activation of benzylic C–H bonds in toluene. Nat. Catal., 1(9): 704-710.

Chen B B, Wu B, Yu L M, et al., 2020. Investigation into the catalytic roles of various oxygen species over different crystal phases of MnO2 for C6H6 and HCHO oxidation. ACS Catal., 10(11): 6176-6187.

Chen P, Lei B, Dong X G, et al., 2020. Rare-earth single-atom La-N charge-transfer bridge on carbon nitride for highly efficient and selective photocatalytic CO2 reduction. ACS Nano, 14(11): 15841-15852.

Chen Z, Peng Y, Chen J J, et al., 2020. Performance and mechanism of photocatalytic toluene degradation and catalyst regeneration by thermal/UV treatment. Environ. Sci. Technol., 54(22): 14465-14473.

Cui X F, Wang J, Liu B, et al., 2018. Turning Au nanoclusters catalytically active for visible-light-driven CO2 reduction through bridging ligands. J. Am. Chem. Soc., 140(48): 16514-16520.

Cui Z, Dong X, Sun Y, et al., 2018. Simultaneous introduction of oxygen vacancies and Bi metal onto the {001} facet of Bi3O4Cl woven nanobelts for synergistically enhanced photocatalysis. Nanoscale, 10: 16928-16934.

Di G A, Catino A, Lombardi A, et al., 2020. Breath analysis for early detection of malignant pleural mesothelioma: Volatile organic compounds (VOCs) determination and possible biochemical pathways. Cancers, 12(5): 1262.

Dong S Y, Cui L F, Tian Y J, et al., 2020. A novel and high-performance double Z-scheme photocatalyst ZnO-SnO2-Zn2SnO4 for effective removal of the biological toxicity of antibiotics. J. Hazard. Mater., 399(Nova15): 123017.

Guan M, Xiao C, Zhang J, et al., 2013. Vacancy associates promoting solar-driven photocatalytic activity of ultrathin bismuth oxychloride nanosheets. J. Am. Chem. Soc., 135(28): 10411-10417.

Kubacka A, Muñoz-Batista J M, Ferrer M, et al., 2013. UV and visible light optimization of anatase TiO2 antimicrobial properties: Surface deposition of metal and oxide (Cu, Zn, Ag) species. Appl. Catal. B, 140-141(Null): 680-690.

Lerdan M T, Munger J W, Jacob D J, 2000. The NO2 flux conundrum. Science 289(5488): 2291-2293.

Li J X, Xu Y Q, Ding Z Z, et al., 2020. Photocatalytic selective oxidation of benzene to phenol in water over layered double hydroxide: A thermodynamic and kinetic perspective. Chem. Eng. J., 388: 124248.

Li M, Liu H, Geng G N, et al., 2017. Anthropogenic emission inventories in China: A review. Natl. Sci. Rev., 4(6): 834-866.

Li Y, Hui D, Sun Y, et al., 2021. Boosting thermo-photocatalytic CO2 conversion activity by using photosynthesis-inspired electron-proton-transfer mediators. Nat. Commun., 12(1): 123.

Lin J, Jing S, Xiao T, et al., 2020. Tunable photocatalytic water splitting by the ferroelectric switch in a 2D AgBiP2Se6 monolayer. J. Am. Chem. Soc., 142(3): 1492-1500.

Liu L, Liu J Q, Sun K L, et al., 2021. Novel phosphorus-doped Bi2WO6 monolayer with oxygen vacancies for superior photocatalytic water detoxication and nitrogen fixation performance. Chem. Eng. J., 411: 128629.

Liu R R, Ji Z J, Wang J, et al., 2018. Solvothermal fabrication of TiO2/sepiolite composite gel with exposed {001} and {101} facets and its enhanced photocatalytic activity. Appl. Surf. Sci., 441(MAY31): 29-39.

Liu Z Q, Epling S W, Anderson A J, 2011. Influence of Pt loading in aged NOx storage and reduction catalysts. J. Phys. Chem. C, 115(4):952-960.

Ong W J, Tan L L, Ng Y H, et al., 2016. Graphitic carbon nitride (g-C3N4)-based photocatalysts for artificial photosynthesis and environmental remediation: Are we a step closer to achieving sustainability? Chem. Rev., 116(12): 7159-7329.

Prier C K, Rankic D A, MacMillan D W, 2013. Visible light photoredox catalysis with transition metal complexes: Applications in organic synthesis. Chem. Rev., 113(7): 5322-5363.

Shirley H, Su X, Sanjanwala H, et al., 2019. Durable solar-powered systems with Ni-catalysts for conversion of CO2 or CO to CH4. J. Am. Chem. Soc., 141(16): 6617-6622.

Song C J, Qi D P, Han Y, et al., 2020. Volatile-organic-compound-intercepting solar distillation enabled by a photothermal/photocatalytic nanofibrous membrane with dual-scale pores. Environ. Sci. Technol., 54(14): 9025-9033.

Su K Y, Liu H F, Zeng B, et al., 2019. Visible-light-driven selective oxidation of toluene into benzaldehyde over nitrogen-modified Nb2O5 nanomeshes. ACS Catal., 10(2): 1324-1333.

Sun L, Han X, Jiang Z, et al., 2016. Fabrication of cubic Zn2SnO4/SnO2 complex hollow structures and their sunlight-driven photocatalytic activity. Nanoscale, 8(26): 12858-12862.

Wang H, Jiang S, Chen S, et al., 2016. Enhanced singlet oxygen generation in oxidized graphitic carbon nitride for organic synthesis. Adv. Mater., 28(32): 6940-6945.

Wang L, Zheng X, Chen L, et al., 2018. Van der Waals heterostructures comprised of ultrathin polymer nanosheets for efficient Z-scheme overall water splitting. Angew. Chem. Int. Ed., 57(13): 3454-3458.

Wang Z L, Hu T P, Dai K, et al., 2017. Construction of Z-scheme Ag3PO4/Bi2WO6 composite with excellent visible-light photodegradation activity for removal of organic contaminants. Chinese J. Catal., 38(12): 2021-2029.

Weon S, Choi E, Kim H, et al., 2018. Active {001} facet exposed TiO2 nanotubes photocatalyst filter for volatile organic compounds removal: From material development to commercial indoor air cleaner application. Environ. Sci. Technol., 52(16): 9330-9340.

Xu C, Pan Y, Wan G, et al., 2019. Turning on visible-light photocatalytic C-H oxidation over metal-organic frameworks by introducing metal-to-cluster charge transfer. J. Am. Chem. Soc., 141(48): 19110-19117.

Xu J, Liu N, Wu D, et al., 2020. Upconversion nanoparticle-assisted payload delivery from TiO2 under near-infrared light irradiation for bacterial inactivation. ACS Nano, 14(1): 337-346.

Xue F, Si Y T, Wang M, et al., 2019. Toward efficient photocatalytic pure water splitting for simultaneous H2 and H2O2 production. Nano Energy, 62: 823-831.

Xue M Q, Gu M L, Zhu X Y, et al., 2016. Fabrication of BiOIO3 nanosheets with remarkable photocatalytic oxidation removal for gaseous elemental mercury. Chem. Eng. J., 285(Null): 11-19.

Zhang G Q, Sewell D C, Zhang P X, et al., 2020. Nanostructured photocatalysts for nitrogen fixation. Nano Energy, 71: 104645.

Zhang N, Li X, Ye H, et al., 2016. Oxide defect engineering enables to couple solar energy into oxygen activation. J. Am. Chem. Soc., 138(28): 8928-8935.

Zhang Y, Tao L, Xie C, et al., 2020. Defect engineering on electrode materials for rechargeable batteries. Adv. Mater., 32(7): 1905923.

Zhang Z J, Wang L, Liu W X, et al., 2021. Photogenerated holes induced rapid eliminating of solid tumors by the supramolecular porphyrin photocatalyst. Natl. Sci. Rev., 8(5): 101-109.

Zhong L, Yu Y, Cai W, et al., 2015. Influence of Pt loading in aged NOx storage and reduction catalysts. Phys. Chem. Chem. Phys., 17:15036-15045.

第2章　g-C_3N_4提高光生载流子动力学的研究现状和挑战

在光催化技术的各项应用领域中，应用比较多的光催化剂是TiO_2、BiOBr、$(BiO_2)CO_3$等含有金属元素的光催化剂(Liu Z M et al.，2010；Ai Z H et al.，2011；Ding X et al.，2016)，不含金属元素的有机光催化剂的种类较少，然而这类光催化剂由于造价低廉、绿色环保、耐磨耐腐蚀等优点非常具有实际应用前景。因此，开展以不含金属元素的有机光催化剂进行光催化治理污染物、能源转化及杀菌消毒的研究具有重要意义。g-C_3N_4是一种低成本有机光催化剂材料，具有易制备、带隙适宜、功能可调、热/物理化学稳定性优异和光催化性能良好等特性，在光催化氧化还原研究领域引起了国内外研究者的极大兴趣(Wang X C et al., 2009；张金水等, 2014；Su F Z et al.，2010；Dong G H and Zhang L Z.，2013)。但是，根据文献报道，g-C_3N_4在光催化反应过程中存在着易失活、反应不彻底的问题。以g-C_3N_4去除NO为例，首先，不能彻底将NO氧化为硝酸根(NO_3^-)，总有一部分二次污染(NO_2)产生(Dong G H et al.，2015)；其次，所产生的NO_3^-会引起催化剂中毒(Dong G H et al., 2016)，导致g-C_3N_4活性逐渐消失。科研工作者们通过研究NO在g-C_3N_4体系中的去除机理，发现造成氧化不彻底的原因是活性物种的氧化能力不高；而造成催化剂中毒的原因是NO_3^-占据活性位点且不容易脱落。同时发现，g-C_3N_4体系中NO是通过光生空穴和超氧自由基的协同氧化去除的(Dong G H et al.，2015；Dong G H et al., 2016)。因此，针对第一个缺点，可以通过增强反应体系价带空穴和导带电子的氧化还原能力来解决。对于第二个缺点，可以通过构建异质结光催化剂来完成NO去除，因为异质结光催化剂氧化还原反应位点分别分布在光催化剂Ⅰ(PS Ⅰ)和光催化剂Ⅱ(PS Ⅱ)上(图2-1)(Dong G H et al., 2016；Zhao Z W et al., 2015)，两种活性位点之间距离比较大，由空穴与活性氧物种协同氧化去除NO过程就会被分成多步完成。异质结光催化剂可以分为传统异质结光催化剂和Z型异质结光催化体系。传统异质结光催化剂中光生载流子总是从能量高的能级向能量低的能级转移，最终使空穴和电子的氧化还原能力降低[图2-1(a)]。Z型异质结光催化体系是模仿植物光合作用开发的一种新型异质结光催化剂。它既能使氧化反应和还原反应分别发生在PS I和PS II上，又能提高空穴和电子的氧化还原能力[图2-1(b)](Zhou P et al., 2014；Martin D J et al.，2014)。所以在g-C_3N_4的基础上构建Z型异质结光催化体系可以解决g-C_3N_4光催化去除NO过程中氧化不彻底和催化剂易中毒的问题。

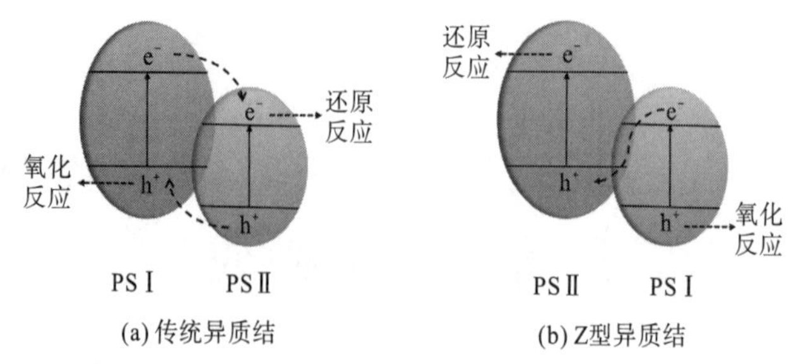

图 2-1 传统异质结(a)和 Z 型异质结(b)光催化体系

$g\text{-}C_3N_4$的光催化性能主要取决于光生载流子的迁移转化。载流子的迁移性能在很大程度上决定了活性物种的形成，这对基于 $g\text{-}C_3N_4$ 的光催化体系中的表面反应影响巨大。Z 型异质结光催化体系的构建可提升载流子迁移与分离效率，但只是其中一种较为高效的改性手段。因此，本章将概述迄今为止通过内部和外部改性策略优化 $g\text{-}C_3N_4$ 材料的载流子在界面、面内和层间迁移动力学的研究工作。

2.1 引 言

$g\text{-}C_3N_4$ 作为一种有机共轭半导体光催化剂，具有层状结构以及丰富的共价键和氢键[图 2-2(a)](Thomas A et al.，2008；Lotsch B V et al.，2007)。研究发现，三嗪(C_3N_3)环和三均三嗪/庚嗪(C_6N_7)环[图 2-2(b)～图 2-2(d)]是构成 $g\text{-}C_3N_4$ 同素异形体的基本构造单元(Zhao Y et al.，2015；Zambon A et al.，2016)。重要的是，三均三嗪环基的 $g\text{-}C_3N_4$ 具有高能量(～30 $kJ\cdot mol^{-1}$)，在常温条件下，被认为是最稳定的相(Edwin K et al.，2002)。在这种情况下，结构中的 C 和 N 原子以 sp^2 形式进行杂化，从而形成一个高度离域的 π 共轭体系(Wang X C et al.，2009；Zhang J S et al.，2010)。具体说来，$g\text{-}C_3N_4$ 由三均三嗪环和锥形的氮桥组成，C 和 N 原子之间通过共价键结合，三均三嗪环聚合物间由氢键联结形成类石墨相 π 共轭平面，同时层间的范德华力作用使得 π 共轭平面堆积形成类石墨相层状结构。结合理论计算和实验研究结果表明，$g\text{-}C_3N_4$ 的最高占据轨道(highest occupied molecular orbit，HOMO)和最低占据轨道(lowest unoccupied molecular orbit，LUMO)分别位于+1.4V 和−1.3V(vs NHE，pH=7)[图 2-2(e)]，禁带宽度在 2.7eV 左右，能很好地满足光解水制氢、产氧的热力学要求(Wang X C et al.，2009；Zhang J S et al.，2010)。

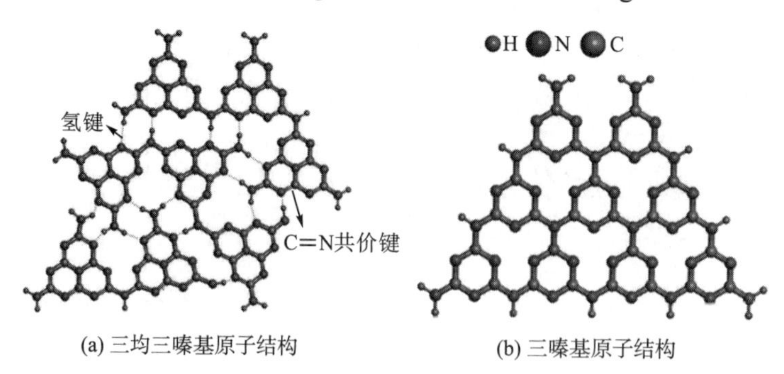

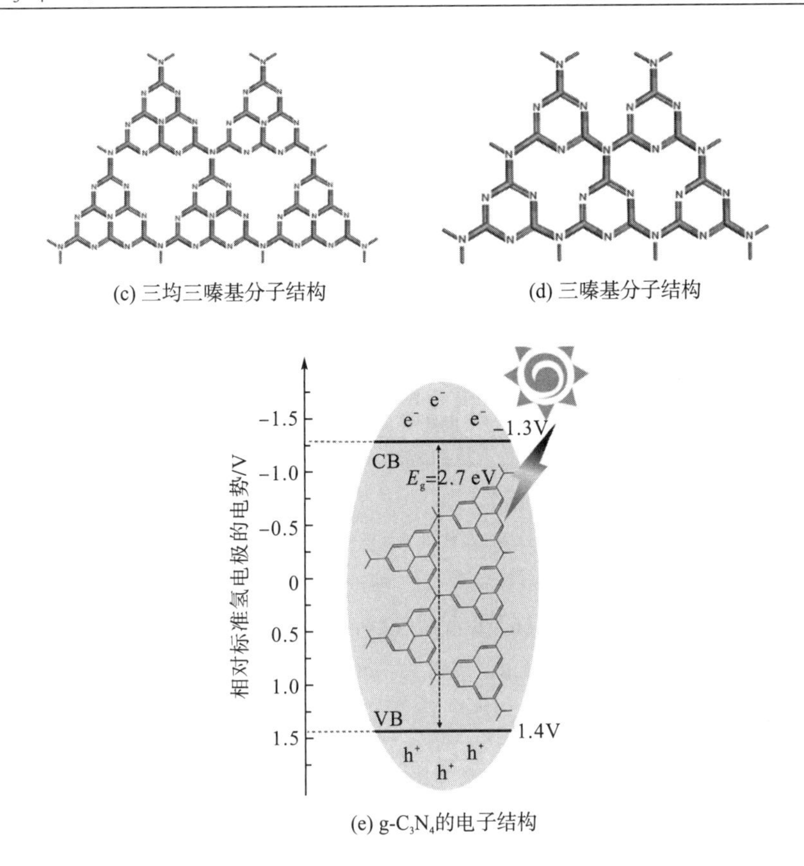

图 2-2　g-C_3N_4的原子结构、分子结构和电子结构

由于有机半导体 g-C_3N_4光催化剂的优异性能和多种潜在应用，其发展已成为近十年来人们关注的热点。g-C_3N_4作为光催化材料的主要优势有：合适的带隙、可调的禁带结构以满足各种氧化还原反应所需(Wang X C et al.，2012；Xia P F et al.，2020)、可见光响应(400nm≤λ≤780nm)(Wang X C et al.，2002)、高热稳定性(可承受 620℃以下的高温)(Wang Y et al.，2012)、极好的化学稳定性(耐酸、碱或有机溶剂)(Wang Y et al.，2012)、成本低廉、易于制备得到尺寸形貌各异的样品(Papailias I et al.，2020；Xu H et al.，2019；Cui L F et al.，2018；Xu G L et al.，2018)、极易通过剥离实现材料的功能化(Cheng F X et al.，2015)等。然而，未经改性的 g-C_3N_4因其较低的结晶度、块体结构、丰富的本征缺陷、极少的光生载流子陷阱中心，导致载流子(电子和空穴)复合快、电荷迁移慢，从而使得其光催化活性急剧下降。为了改善未改性 g-C_3N_4的电荷传输性质，研究者们开展了大量的研究工作。

据文献报道，影响 g-C_3N_4光催化性能的因素包括五个方面。

(1)表面性质(Zhou L et al.，2020；Liu Y Y et al.，2020；Ji H D et al., 2020；Muhammad T et al., 2014)。表面性质包含比表面积、尺寸、厚度、粗糙度、结晶度和形貌等。一般而言，表面积是影响反应基质吸附能力的关键因素(Che H N et al.，2020)。这是因为，大的比表面积可使催化剂具有较高的反应物吸附能力，并为光氧化还原反应提供丰富的反应活性位点。然而，由于煅烧不充分，大的比表面积的 g-C_3N_4通常具有较低的结晶度，且存在多处载流子复合中心，不利于光反应活性的提高。而有着纳米尺寸或厚度较小的光催化材料则会表现出量子尺寸效应，致使能带结构变宽，获得更正的价带(VB)和更负的导带(CB)，从而增强光催化的氧化还原活性(Qin Z X et al.，2020)。此外，g-C_3N_4的粗糙度和结晶度在一定程度上也会影响反应物的吸附和载流子的复合(Wang Y et al.，2012；Mohamed N A et al. , 2019)。至于光催化材料的形貌，可根据不同的合成工艺制备得到具有纳米孔(Wu K et al.，2020)、纳米片(Zhou L et al.，2020)、纳米管(Jia L et al.，2020)、纳米花(Wang H H et al.，2019)、纳米带(Zhao H F et al.，2019)、纳米球(Wu Y L et al.，2020)、纳米网(Shen L J et al.，2018)和其他纳米级的几何形状(Liu Y Y et al.，2020；Zeng Y X et al., 2019；Long D et al. 2020；Wu M et al.，2019)。这些纳米结构的形成，可通过光的反复折射来提高光吸收能力，并缩短载流子的传输距离。

(2) 光催化反应条件(Cheng R et al.，2019；Wang Z J et al.，2020；Cao J et al.，2019)。光催化的反应条件一般涉及湿度、O_2浓度(不适于对光催化 CO_2还原体系)、光照度等。在光催化反应过程中，湿度和 O_2对活性氧物种的生成至关重要。当光照度增强时，单位体积入射光子量增加，导致 g-C_3N_4表面活性物种的产生，从而加速光催化反应。

(3) 电子能带结构(Wang L J et al.，2019；Deng P Q et al., 2019；Li Y F et al., 2019)。g-C_3N_4的光催化活性取决于其带隙和所吸附污染物的氧化还原电势。受体和供体的电势应该分别比 g-C_3N_4的 CB 的电势更负，比 VB 电势更正，这才能在热力学上满足光催化氧化还原反应发生的基本条件。通常而言，具有更高数值的 VB 可以增强空穴的氧化性，而较低数值的 CB 可产生具有较高还原能力的电子。换言之，一方面，从能量空间离域性来看，VB 和 CB 的离域性越高，说明 VB 和 CB 能带得到的有效质量越小，因此，光激发得到的电子或空穴的迁移速度会越快；另一方面，对几何空间离域性而言，离域性越强，说明电子态没有局限在一个狭小的区域，而是弥散在大空间内，相应地，光激发的载流子就能在大空间内进行传输，从一个原子跃迁到另一个原子。

(4) 缺陷(Xie Y et al.，2020；Zhang J et al., 2020；Sun Z Z et al.，2020)。热力学第三定律指出：除绝对零度外，所有本征材料体系中都存在不同程度的不规则分布(Lankhorst M H R et al.，1997)。实际的晶体内部通常具有近似的空间点阵结构，一般存在一个或多个结构缺陷。晶体中存在的痕量杂质元素可在 g-C_3N_4中形成杂质缺陷(Xie Y et al.，2020；Zhang J et al., 2020；Sun Z Z et al., 2020)。这些缺陷在光催化过程中扮演着重要的角色。其中一些缺陷可以作为光生电子或空穴的捕获中心，减少载流子复合以提高光催化活性；而另一些缺陷则成为载流子的淬灭位点，降低光催化反应活性。

(5) 光生电子和空穴的分离与捕获(Zeng Z X et al.，2019；Shi H N et al.，2019；Tian N et al., 2020；Beyhaqi A et al.，2020；Lu M F et al.，2020；Fernandes R A et al.，2020)。光生电子和空穴历经多个过程，其中最重要的是光生载流子的分离和复合。光生载流子的复合对光催化反应会产生负面作用，这是因为，产生的光生电子将参与光催化还原反应，而光生穴将参与光催化氧化反应。如果没有合适的捕获剂，分离出来的电子和空穴可能在 g-C_3N_4内部或表面进行重新复合，发出荧光或热量。一般情况下，吸附在 g-C_3N_4表面的 OH^- 或 H_2O 分子可以充当空穴捕获剂以生成•OH 活性物种，该活性物种可以作为强氧化剂引发分子在气相和液相中的氧化还原反应(Beyhaqi A et al., 2020)。同时，吸附在 g-C_3N_4

表面的 O_2 可作为主要的电子捕获剂，它不仅可以阻止光生载流子的复合，还可以氧化羟化反应产物(Fernandes R A et al.，2020)。除此之外，光生电子也可以直接参与 CO_2 光还原反应(Shi H N et al.，2019)。有效地分离光生载流子，使其成为氧化还原反应的活性物种是光催化反应发生的先决条件。根据已有报道，g-C_3N_4 的光催化活性在很大程度上取决于载流子的分离和迁移效率(Kofuji Y S et al.，2017)。

研究结果表明，光生载流子能够以飞秒数量级的速率产生，远远超过光生载流子的捕获和复合时间(皮秒或纳秒数量级)(Kesselman J M et al.，1994)。事实上，有足够数量的光生载流子可以迁移至光催化材料表面，参与电荷转移的光催化反应。然而，光生载流子的复合率(小于 1 微秒)远高于光催化表面反应的速率(毫秒)。因此，只有降低光生载流子的复合率，才能使更多的载流子有效地参与光催化反应，提供更多的活性物种，从而贡献于光催化活性的提升。

为了提高 g-C_3N_4 的光生载流子分离及迁移效率，科研工作者们进行了大量研究，包括掺杂、共聚、引入缺陷、重构电子结构、设计纳米级几何形貌、提高结晶度或离域性、构建异质结/同质结(图 2-3)等。具体研究工作如下所述。

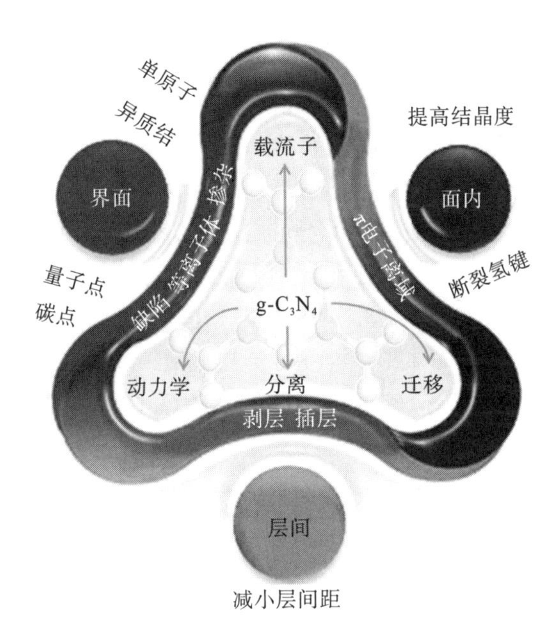

图 2-3　针对 g-C_3N_4 电荷分离的有效策略(从界面、面内和层间电荷传输的角度出发)

(1)科研工作者开展了大量关于 g-C_3N_4 的改性研究，如杂质元素掺杂 [P(Guo S et al.，2017；Zhu Y P et al.，2015；Zhang Y J et al.，2010)、I(Zhang G G et al.，2014)、O(Huang Z F et al.，2015；Wang Y X et al.，2017；Zhang J W et al.，2015；Li J H et al.，2017)、S(Wang K et al.，2015；Hong J D et al.，2012；Ke L et al.，2017；Jshabani M et al.，2017；Liu G et al.，2017)、B(Lin Z et al.，2013)、OH^- (Wang X L et al.，2013)以及 Fe(Oh Y et al.，2016)、Na(Zhang L S et al.，2018)、Co(Ghosh D et al.，2014)、Cr(Srinivasu K et al.，2016)、Ni(Srinivasu K et al.，2016)、V(Srinivasu K et al.，2016)、Mn(Srinivasu K et al.，2016)、

Ag (Srinivasu K et al., 2016) 等]、非金属自掺杂[C (Dong G H et al., 2012) 或 N (Tian N et al., 2020)、非金属共掺杂 (C/O (Wu J J et al., 2018)、S/O (Yuan S S et al., 2017)、P/O (Rong M C et al., 2016)、C/P (Wang H et al., 2017)、I/K (Guo Y R et al., 2018)、S/P (Hu S Z et al., 2015) 以及 Co/N/S (Liu J H et al., 2016)]、分子/官能团掺杂[均苯四甲酰亚胺或苯丙三酰亚胺 (Kofuji et al., 2020)、Fe(Ⅲ) {$PO_4[WO-(O_2)_2]_4$} 团簇 (Liu J H et al., 2016)、尿素 (Lau V et al., 2017)、H_2O (Sun J Y et al., 2018) 等]。此外，对含有 C 或 N 缺陷或官能团修饰[氨基 (Meng N N et al., 2018)、胺 (Xia P F et al., 2017)、氰胺 (Lau V et al., 2016)、氰基 (Niu P et al., 2018; Kong Y et al., 2020)]的 g-C_3N_4 也进行了深入研究。另外，关于对 g-C_3N_4 进行等离子体调控的改性策略如离子体处理 (Mao Z Yet al., 2017; Ji X G et al., 2017) 或等离子体加工处理表面等离子体共振 (surface plasmon resonance, SPR) 相关的贵金属：Au (Zada A et al., 2016)、Ag (Zhang W et al., 2016; Bu Y Y et al., 2014)、Pt (Xue J J et al., 2015) 以及非贵金属 (Dong F et al., 2015; Li Y H et al., 2017) 等也进行了相应的研究。

此外，C 点 (Fang S et al., 2016; Qu D et al., 2018; Wang Y G et al., 2016) 或量子点[C (Liu J et al., 2015; Wang F L et al., 2016; Zhao C et al., 2020; Wang W J et al., 2019)、石墨烯 (Ma Z J et al., 2016)、Pd (Li Y H et al., 2015)、CoP (Qi K Z et al., 2020)、Fe_3O_4 (Wang J F et al., 2018)、CdS (Zhu Z et al., 2017)、CdSe (Zhong Y Q et al., 2018)、SnO_2/ZnO (Vattikuti S V et al., 2018)]或单原子[(Pt (He T W et al., 2019)、Pd (Gao G P et al., 2016)、Ag (Chen Z P et al., 2016)、过渡金属 (Li X Y et al., 2016)]也被开发设计用于实现 g-C_3N_4 的优化。另外，g-C_3N_4 通过与其他半导体催化剂构建不同类型的异质结结构被证明可有效实现电荷的分离与迁移，比如，Ⅱ型异质结[Cu_2O (Chen J et al., 2014)、TiO_2 (Wu Y X et al., 2019)、Mxenes (Yang C et al., 2020)、$Bi_4O_5Br_2$ (Yi F T et al., 2020)、ZnTe (Wang Q L et al., 2019)、Nb_2O_5 (Khan I et al., 2019)、$BiPO_4$ (Ma X G et al., 2018)], Z-型异质结[CdS/Au (Zheng D D et al., 2015) 和 TiO_2 (Li Y H et al., 2017)], p-n 异质结[Cu_2O (Liu H et al., 2020)、BiOCl (Yin S et al., 2016)、$LaFeO_3$ (Xu Y H et al., 2020)、Cu_3P (Qin Z X et al., 2018)、NiO (Tian N et al., 2020)、$Bi_4Ti_3O_{12}$ (Fan G D et al., 2020)、Ag_2O (Guo Y et al., 2016)], g-C_3N_4/MOF 异质结[UiO-66 (Wang R et al., 2015; Shi L et al., 2015)、ZIF-8 (Wang C C et al., 2019)、MIL-53 (Al) (Guo D et al., 2015)、MIL-53 (Fe) (Bai C P et al., 2018)、MIL-100 (Fe) (Huang J et al., 2018)、NH_2-MIL-101 (Fe) (Liu B K et al., 2018)、MIL-101 (Fe) (Gong Y et al., 2018)、MIL-125 (Ti) (Wang H et al., 2015)、CuBTC (Giannakoudakis D A et al., 2017)、NH_2-MIL-88B (Fe) (Li X Y et al., 2017)、MIL-88B (Fe) (Lei Z D et al., 2018)、BUC-21 (Yi X H et al., 2019)], 同质异质结 (g-C_3N_4) (Dong F et al., 2013; Dong F et al., 2015; Liu G G et al., 2016; Zhou M J et al., 2017)。

(2) g-C_3N_4 面内的载流子迁移可通过破坏 H 键 (H 键在层内主要起着维持长程原子序的作用，当 H 键发生断裂时，层间原子序排列将被打破，导致短程原子序的形成及部分 N 原子的丢失，为 g-C_3N_4 提供了局域态，从而降低载流子复合率) (Kang Y Y et al., 2016; Kang Y Y et al., 2015; Rahaman M Z et al., 2017; Cui W et al., 2017)，提高结晶度 (Li X H et al., 2011; Schwing hammer K et al., 2014; Wang J H et al., 2016; Chen Z P et al., 2017; Lin L H et al., 2016)，扩展 π 电子离域[引入芳香基团，如 NH_x 和/或 C $\equiv$ N (Zhang

J S et al.，2012)、二萘嵌苯(Ye C et al.，2018)；嵌入芳香环，如 C 环(Che W et al.，2017)、石墨 C 环(Yu Y et al.，2018)、苯环(Kim H et al.，2017)]得到提升。

(3)此外，可通过将块体 $g-C_3N_4$ 剥离成纳米片(Dong F et al.，2015；Niu P et al.，2012；Papailias I et al.，2018；Yang P J et al.，2017；Shi A Y et al.，2017)，减少层间距(Zhao D M et al.，2017)，插入 K(Xiong T et al.，2016)、Rb/Cs(Li J Y et al.，2017)、K 和 NO_3^- (Cui W et al.，2017)(构建一条电子转移通道以此桥接层状 $g-C_3N_4$，从而增强电子离域和扩展 π 共轭)等，促进载流子的高效迁移。

$g-C_3N_4$是一种具有层状平面骨架且易于改性的半导体材料。这种典型的二维结构可以分为三种构建模块：界面、面内和层间。目前，尽管有一些文献针对 $g-C_3N_4$ 改性进行了详细的研究概括，然而，有关于二维 $g-C_3N_4$ 电荷分离和迁移的书籍仍未见报端。在设计性能优良的 $g-C_3N_4$ 材料时，应考虑到电荷迁移率是至关重要的。因此，本章主要突出了电荷迁移的重要性，以及在合理设计具有高催化活性的二维 $g-C_3N_4$ 材料时，将电荷的分离和迁移进行综合考虑。据此，首先，我们总结了具有各种掺杂元素或界面异质结结构的 $g-C_3N_4$；其次，概述了面内 $g-C_3N_4$ 的改性方法；再次，概括了层间 $g-C_3N_4$ 的光催化活性提升策略；最后，我们将对二维光催化材料的研究发展提供重要的见解。

2.2　调控电荷迁移的内部改性方法

2.2.1　外来非金属掺杂

掺入外来杂质元素已被用作一种简单可行的改性方法，旨在提高载流子的分离和迁移速率。在半导体中引入外来元素不仅可以减小带隙，优化其光学、导电和发光性能，而且可以拓宽材料在化学、物理甚至生物医学方面的应用(Erwin S C et al.，2005)。

如相关文献中所述，在 $g-C_3N_4$ 中掺入 P 可以调节电子使其进行重新分配，从而改善电学性质(Guo S et al.，2017；Zhu Y P et al.，2015；Zhang Y J et al.，2010)。Zhang 等(2010)以 1-丁基-3-甲基咪唑六氟磷酸盐为磷源(在合成过程中碳氢化合物、氟化铵等杂质会以气体形式释放出去)，以双氰胺为 $g-C_3N_4$ 合成的前驱体，在 550℃下进行 4 h 的二次热处理，制备出具有较强电导率和光电流强度的 P 掺杂 $g-C_3N_4$。如图 2-4(a)和图 2-4(b)所示，与未掺杂 $g-C_3N_4$ 相比，P 掺杂 $g-C_3N_4$ 的电导率增加了 4 个数量级，光电流得到了明显提升，同时加快了载流子的分离和迁移效率。P 原子有五个价电子，其中三个能在面内与相邻的 N 原子耦合形成共价键[图 2-4(c)]。而剩余的孤电子对不受共价键的约束，表现为未结合的电子，这些电子离域到 $g-C_3N_4$ 的 π 共轭三均三嗪结构中，有助于促进载流子的快速迁移。另外，P 因此具有难可逆氧化的性质，使得 $g-C_3N_4$ 的电导率得到增强。同样地，Zhang 等在 550℃、N_2 气氛下对双氰胺和碘铵的混合物进行加热处理 4h，可煅烧得到掺 I 的 $g-C_3N_4$(Zhang G G et al.，2014)。各项表征分析结果表明，具有扩展 π 共轭结构的 I 掺杂 $g-C_3N_4$ 的载流子迁移率可因富电子的 I(I^+和 I^{7+})的贡献而提高，I 掺杂中的 I 可向 $g-C_3N_4$ 提供电子。

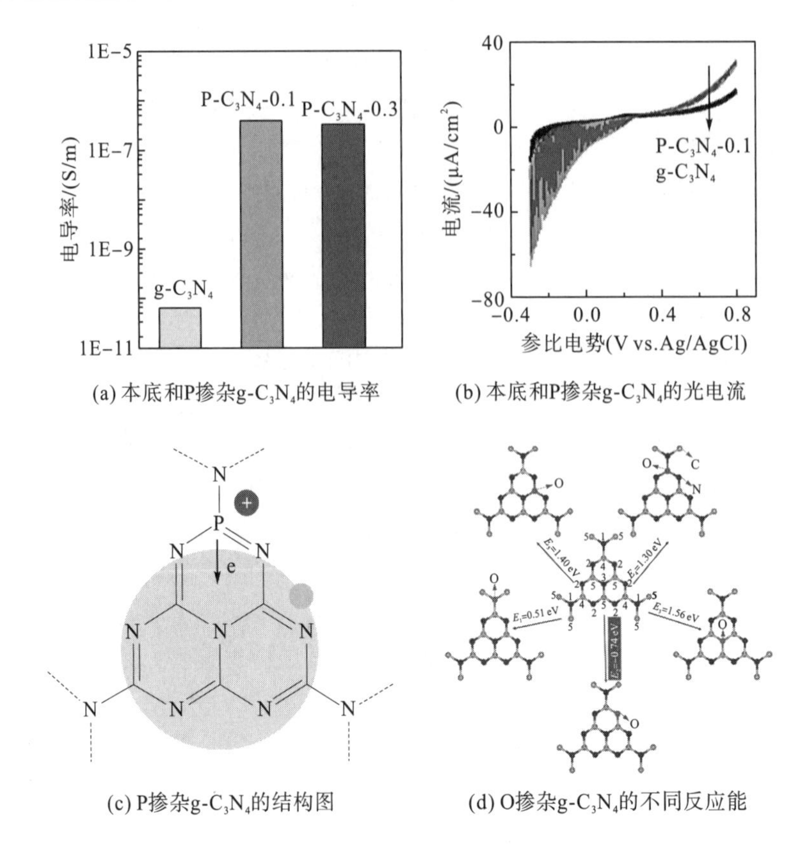

(a) 本底和P掺杂g-C_3N_4的电导率　(b) 本底和P掺杂g-C_3N_4的光电流

(c) P掺杂g-C_3N_4的结构图　(d) O掺杂g-C_3N_4的不同反应能

图 2-4　未掺杂和 P 掺杂 g-C_3N_4 的电导率(a)和光电流(b)、P 掺杂 g-C_3N_4(Zhang Y J et al., 2010)的结构图(c)及 O 掺杂 g-C_3N_4 的不同反应能(d)

此外，文献中也有类似的涉及 O 掺杂(Huang Z F et al.，2017；Wang Y X et al.，2017；Zhang J W et al.，2015；Li J H et al.，2017)或 S 掺杂 g-C_3N_4 (Wang K et al.，2015；Hong J D et al.，2012；Ke L et al.，2017；Jshabani M et al.，2017；Liu G et al.，2017)的报道。Li 等通过在 N_2 气流中煅烧三聚氰胺和 H_2O_2 的混合物，成功制得 O 掺杂 g-C_3N_4(Li J H et al.，2017)。与未改性 g-C_3N_4 相比，O 掺杂 g-C_3N_4 表现出较低的光致发光强度，表明载流子复合得到了有效抑制。在 O 掺杂 g-C_3N_4 中，O 取代了 N 原子，提供了额外的电子(因为 O 比 N 多一个电子)，额外电子将被重新分配给相邻的 C 原子，使 g-C_3N_4 具有较大的离域 π 键。因此，在 O 掺杂 g-C_3N_4 的导带底(conduction band minimum，CBM)下方形成缺陷态。此外，Huang 等利用密度泛函理论(density functional theory，DFT)计算来确定 O 掺杂周围的优先取代位置和电荷密度(Huang Z F et al.，2015)。他们认为 O 原子优先占据能量最低的双配位 N 位点(−0.74eV)[图 2-4(d)]，明显低于 O 掺杂相邻的 C 原子的电子密度，而相邻的 N 原子的电子密度却明显增加[图 2-5(a)和图 2-5(b)]。Wang 等通过煅烧硫脲合成了 S 掺杂 g-C_3N_4，并通过自旋极化密度泛函理论研究了自旋向上和自旋向下的差异(Wang K et al.，2015)。结果表明，S 掺杂产生了额外电子并引起自旋极化，表明 S 掺杂 g-C_3N_4 具有优异的电荷分离效率。因此，载流子迅速分离的根本原因可以归结为：①C—N 键长变化引起的晶格应变；②掺杂元素周围电荷重分布而产生电子极化效应，从而建立内部电场。

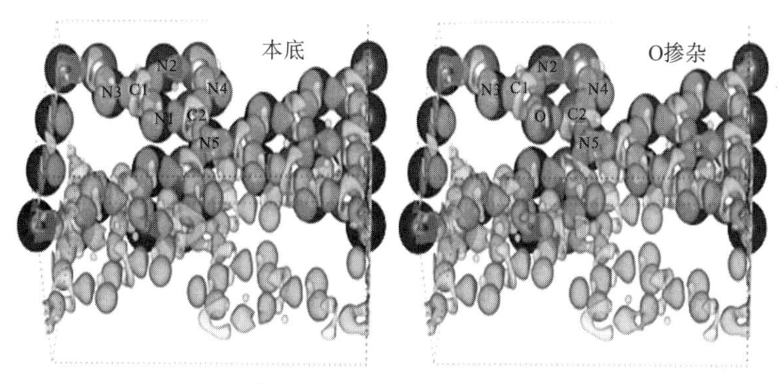

(a) 本底g-C_3N_4电荷密度图　(b) O掺杂g-C_3N_4电荷密度图

图 2-5　本底和 O 掺杂 g-C_3N_4 电荷密度(Huang Z F et al.，2015)

注：O 掺杂的 g-C_3N_4 中双配位 N 原子被 O 取代，使掺杂密度达到 1/32；深灰色和浅灰色表示不同的电荷密度，分别表示得到电子和失去电子的情况。

另一方面，Lin 等(2013)报道可通过在 550℃下煅烧尿素与不同添加量的 Ph_4BNa 2h 以制得含 B 官能团修饰的 g-C_3N_4。该官能团可充当路易斯酸位点，并与 g-C_3N_4 的固有路易斯碱位点聚结以生成酸碱中心，这有助于迅速分离光生激子。另外，对于 H 掺 g-C_3N_4 的研究也有所报道，Wang 及其同事(Wang X L et al.，2013)通过对未改性 g-C_3N_4 进行 NaOH 处理后获得了水合 g-C_3N_4。他们发现，OH^- (用于形成 H 键)扮演了三方面的作用：①缩短 H_2O 与 g-C_3N_4 之间的距离；②在潮湿的环境中，使光激发的电子与质子之间易于交换，从而促成有效的质子交换反应；③提升电荷分离动力学，可极大地提高界面传输效率。

2.2.2　非金属自掺杂

尽管杂原子的掺杂促进了载流子的分离和迁移，但是缺陷位点充当了载流子复合中心，尤其是在掺杂量高的情况下。这主要归因于杂原子掺杂的 g-C_3N_4 会伴随掺杂不对称和平面骨架变形的现象，增加平面导带的畸变(Dong G H et al.，2012)。因此，自掺杂的改性方法得以发展。正如 Dong 等所提出的，用 C 取代桥连的 N 原子可以形成离域的大 π 键[图 2-6(a)～图 2-6(f)]，快速的电荷迁移可增强 C 自掺杂 g-C_3N_4 的电导率(Daong G H et al.，2012)。与 C 自掺杂 g-C_3N_4 相比，N 自掺杂 g-C_3N_4 具有以下优点：

(1)N 原子具有更多的自由电子并具有更好的导电性，因为它很容易失去多余的电子并充当电子供体；

(2)丰富的电子促进了三嗪环共轭体系的离域和掺杂，有利于电荷分离；

(3)用 N^{5+}取代 C^{4+}会产生不成对自旋，破坏结构系统的电子对称性，因此，在可见光照射下，会激发电子从 VB 跃迁到 CB。Tian 等在 180℃下对尿素与三聚氰胺的混合物进行水热处理 2 h，结果发现，与原始 g-C_3N_4 相比，N 自掺杂(以三嗪环中 N 原子取代 C 原子的形式)g-C_3N_4 有更多的电子，这些电子聚集在 N 掺杂位点附近[图 2-6(g)]，诱导电荷重排产生电子极化效应，从而产生内部电场(Tian N et al.，2017)。光电流和 PL 实验结果证实了电荷的有效分离[图 2-6(h)和图 2-6(i)]。

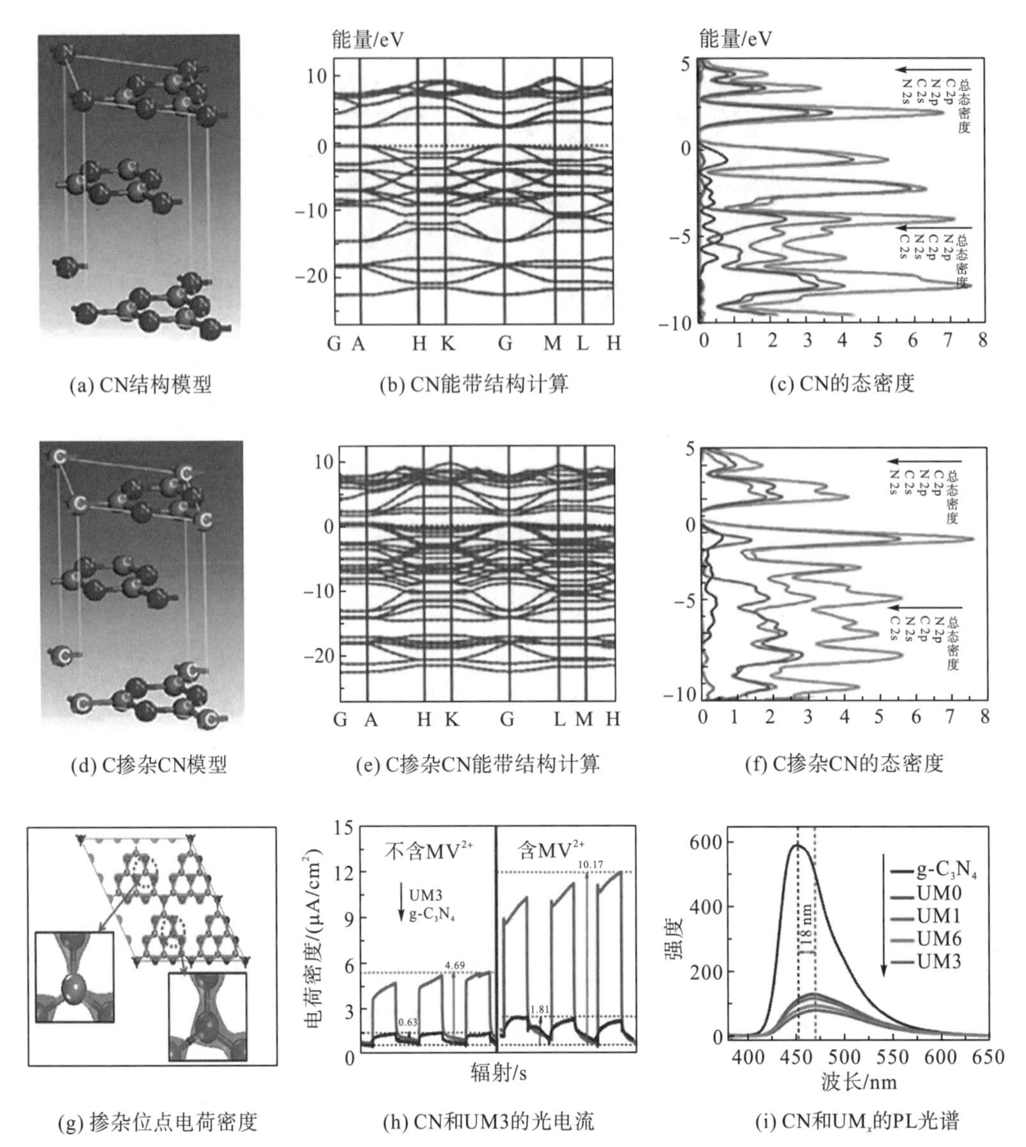

(a) CN结构模型　(b) CN能带结构计算　(c) CN的态密度

(d) C掺杂CN模型　(e) C掺杂CN能带结构计算　(f) C掺杂CN的态密度

(g) 掺杂位点电荷密度　(h) CN和UM3的光电流　(i) CN和UM_x的PL光谱

图2-6　未掺杂g-C_3N_4和C掺杂g-C_3N_4的晶体结构(a)～(f)(Dong G H et al., 2012)；未掺杂(左)和掺杂(右)位点的电荷密度(g)；可见光(λ>420nm)照射下，在引入/不引入1mmol/L甲基紫精($MVCl_2$)的情况下，g-C_3N_4和UM_3(当尿素和三聚氰胺的物质的量之比为3时制得的N掺杂g-C_3N_4)的光电流强度(h)；g-C_3N_4和UM_x(尿素和三聚氰胺物质的量之比为x的N掺杂g-C_3N_4)的光致发光光谱(i)(Tian N et al., 2017)

2.2.3　非金属/金属共掺杂

近年来，多元素共掺杂的方法也被用来实现电荷分离(Hu S Z et al., 2015)。研究发现，C/O(Wu J J et al., 2018)、S/O(Yuan S S et al., 2017)和P/O(Rong M C et al., 2016)共掺杂可以通过使CB的负移来优化电子结构，从而获得具有较大电导率的共掺杂g-C_3N_4。此外，有报道称C/P(Wang H et al., 2017)或I/K(Guo Y R et al., 2018)共掺杂可以通过两种方式促进电荷迁移：①共掺杂产生诱捕中心，抑制载流子复合；②增加C或I的量，提高电导率。

此外，Co、N 和 S 三掺杂 g-C_3N_4 也表现出较高的电子迁移效率(Zhang G et al.，2017)。

2.2.4　分子/官能团修饰

通常认为，导电单元的密度与 π 共轭 g-C_3N_4 的电导率直接相关，密集的 π 轨道耦合有利于载流子的有效传输。因此，科研工作者为了获得密集的 π 共轭骨架开展了深入的研究。Kofuji 等(2020)通过分别煅烧蜜勒胺和四苯四甲酸酐的混合物以及蜜勒胺和四苯四甲酸三酐的混合物，制得均苯四甲酸二酰亚胺(PDI)和均苯四甲酸三酰亚胺(MTI)修饰的 g-C_3N_4。研究发现 PDI 或 MTI 将稠密的蜜勒胺结构引入到改性的 g-C_3N_4 中。PDI/MTI 具有较高的电子亲和力。这些因素都有助于实现载流子的层内/层间传输[图 2-7(a)～图 2-7(d)]。此外，Liu 等通过将 $FeCl_3 \cdot 6H_2O$ 和 $H_3PW_{12}O_{40} \cdot xH_2O$ 进行混合搅拌制备了 Fe(III){$PO_4[WO(O_2)_2]_4$}($FePW_4$)团簇(Liu J H et al.，2016)，将 $FePW_4$ 团簇与得到的 g-C_3N_4 混合搅拌 12h，生成了超分子介导的 g-C_3N_4[图 2-8(a)和图 2-8(b)]。在 $FePW_4$ 驱动下，由于 π 堆垛和金属配位的特性产生了大量的表面缺陷，使得载流子的迁移率得到明显提升。此外，Lau 等利用一种 KSCN 熔盐合成了尿素衍生的 g-C_3N_4(Lau V W H et al.，2017)。研究结果表明，其独特的官能团能够：①充当氧化还原反应位点；②基于分子间反应来增强材料与反应物间的亲和力；③优化带隙结构或载流子动力学；④提高光催化材料与 Pt 的强烈反应，从而改善载流子的迁移性质[图 2-8(c)]。

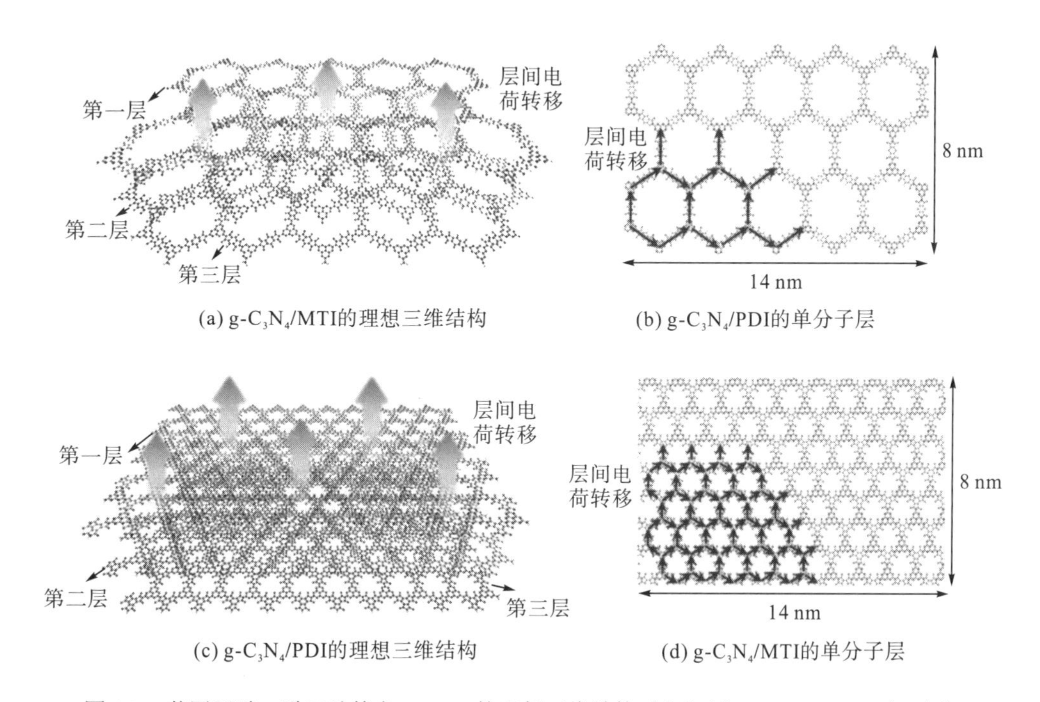

图 2-7　苯四甲酸二酰亚胺掺杂 g-C_3N_4 的理想三维结构[(a)和(c)]，g-C_3N_4 /PDI(一半为 PDI)/g-C_3N_4/MTI(一半为 MTI)及其单分子层(b)和(d) (Kofuji Y et al.，2020)

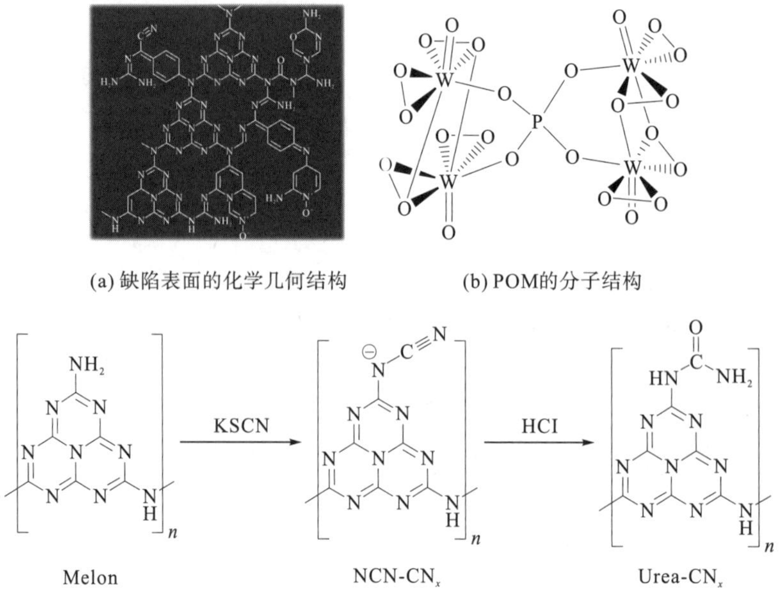

(a) 缺陷表面的化学几何结构　　(b) POM的分子结构

(c) 杂化物合成的简化过程

图 2-8　缺陷表面的化学几何结构(a)，阴离子过氧化物多金属氧酸盐(POM) $\{PO_4[WO(O_2)_2]_4\}^{3-}$ (Liu J H et al.，2016)的分子结构(b)，杂化材料合成的化学反应简化过程(c) (Lau V W H et al.，2017)

实际上，引入 Pt 并没有影响 PL 的衰减信号，这意味着光生载流子能够迁移到尿素基团上，这是电荷迁移的第一步；之后再转移至 Pt 上是第二步；这两步是独立的。与 CdS 基光催化材料相比，载流子迁移至与尿素相关的基团可被认为是提高电荷迁移率的决速步骤。众所周知，在载流子迁移过程中，基质与光催化剂界面间的激子反应显得至关重要。Sun 等发现基于多体微扰理论(Sun J Y et al.，2018)，吸附在 $g\text{-}C_3N_4$ 上的 H_2O 分子表现出敏感的激子性质：一方面，分子 H_2O 和 $g\text{-}C_3N_4$ 允许 H 键结合，这会影响界面激子的形成；另一方面，这些界面激子可以有效地分离光生载流子。总之，由于 H 键的作用，H_2O 中的具有重叠的 2p 轨道的 O 原子可以部分位于费米能级附近，电子可以从 $g\text{-}C_3N_4$ 和 H_2O 中的 O 原子的费米能级附近被激发到 CB 位置，最后形成空穴。以类似的方式，H_2O 分子与 $g\text{-}C_3N_4$ 之间的界面激子也可促进电荷分离(图 2-9)。

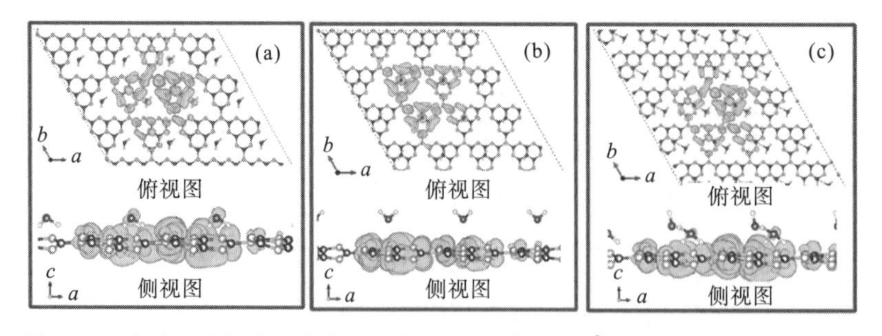

图 2-9　在真实空间中三维电子概率分布($|\psi(r_e;\ r_h)|^2$)随电子位置变化的函数

注：$(H_2O)_1$/hole(a)、$(H_2O)_1$/top(b)和$(H_2O)_1/(H_2O)_2$(c) (Sun J Y et al.，2018)的激发态，空穴位置略高于 p-N 原子的激发态。

值得注意的是，利用各种改性方法捕获光生电子来增强载流子动力学作为一种普适的改性策略已引起了研究者们的广泛关注。然而，出乎意料的是，通过捕获光生空穴提高羟基修饰的 $g\text{-}C_3N_4$ 的载流子迁移效率也有所报道(Li Y X et al.，2016 a，2016 b)。例如，Li 等在三聚氰胺中引入 KCl 和 NH_4Cl 成功合成了具有 OH 基团的碱性 $g\text{-}C_3N_4$(Li Y X et al.，2016)。研究表明，三聚氰胺表面的水分子由于吸湿作用提供了 OH^-，从而将 OH 基团引入 $g\text{-}C_3N_4$ 中。表面 OH 基团的引入不仅改变了 $g\text{-}C_3N_4$ 的电子结构，而且改变了其物理特性。更重要的是，电子自旋共振(electron spinresonance，ESR)实验证明，光生空穴可以被 OH 基团捕获，产生・OH 自由基，从而保证了光生载流子的有效分离。同样，Li 等也通过三聚氰胺热处理制备了羟基修饰的 $g\text{-}C_3N_4$(Li Y H et al.，2016 a)。结果表明，OH 基团的存在，一方面降低了 $O_2 \rightarrow \cdot O_2^-$ 自由基的热力学阈值，因为 C 原子可以嫁接到 OH 基团上；另一方面，OH 基团被光生空穴氧化形成・OH 自由基，使得 C_2H_5OH 对 CH_3CHO 呈现出较高的选择性氧化性能。

2.2.5 金属掺杂

与非金属或分子掺杂方法相比，金属掺杂似乎是一种更为高效的改性方法。基于离子-偶极相互作用的金属可以与 N 位之间的强配位来优化电荷分离和迁移。Oh 等通过将 Fe(II)Cl_2 和双氰胺的混合物在 600℃下加热 4h，成功合成了 Fe^{2+}功能修饰的 $g\text{-}C_3N_4$(Oh Y et al.，2016)。研究结果发现，Fe^{2+}可以与 $g\text{-}C_3N_4$ 的末端 N 位点配位形成 Fe 掺杂 $g\text{-}C_3N_4$。Fe^{2+}可以作为载流子俘获位点，以促进载流子分离和界面电荷传输。类似地，由于 Na^+和 N 原子的强相互作用，Na^+的掺入可扩展改性的 $g\text{-}C_3N_4$ 的 π 共轭结构，从而促进电子离域以提高载流子迁移率(Zhang L S et al.，2018)。Ghosh 等证实了将 3d 过渡金属(TMs，如 Cr、Fe、Co、Ni、V 或 Mn)掺入石墨烯改性的 $g\text{-}C_3N_4$(C_3N_4@石墨烯)中可潜在影响电荷迁移(Ghosh D et al.，2014)。在 C_3N_4@石墨烯上，电子将从石墨烯传输到 $g\text{-}C_3N_4$，而在 Cr 掺杂的 C_3N_4@石墨烯上，由于 Cr 掺杂的 C_3N_4 和未改性的石墨烯存在不同的静电势，因此会导致电子从掺杂的 C_3N_4 转移到石墨烯。据此，他们认为 TMs 包裹的 $g\text{-}C_3N_4$ 中存在不同的电荷迁移路径。然而，最近的研究(Srinivasu K et al.，2016)表明，大多数用于修饰的金属会产生中间杂质能级，从而阻止载流子迁移。因此，贵金属被选为调节电荷迁移的优良改性剂。在 $g\text{-}C_3N_4$ 结构中引入一系列贵金属，包括 Ag、Au、Pt 和 Pd。带隙结构变化结果证实，只有 Ag 掺杂 $g\text{-}C_3N_4$ 没有出现中间杂质能级，表现为既没有电子供体也没有受体能充当载流子复合位点(Srinivasu K et al.，2016)。

掺杂通常会产生一种表面态，从而形成能带弯曲(Zhang Z et al.，2012)，如图 2-10 所示。当没有对半导体进行掺杂时，E_F(体相)位于禁带中间位置，与 E_F(表面)的能量相等[图 2-10(a)]。此时，由于表面和体相之间没有电荷传输，能带是平坦的。然而，由于半导体中存在 n 型掺杂时，E_F(bulk)位于 CB 附近，其能级在平衡前高于 E_F(表面)[图 2-10(b)]。这种情况下，电子会从体相流至表面，导致 E_F(体相)值下降，而 E_F(表面)值增加，直到达到平衡状态。在[图 2-10(c)]中，此时，有一个向上的能带弯曲是由向表面移动引起的。同样，对于 p 型掺杂，E_F(体相)靠近半导体的 VB，其能级低于平衡前的 E_F(表面)[图 2-10(d)]。电子会从表面流向体相，从而导致能带向下弯曲[图 2-10(e)]。

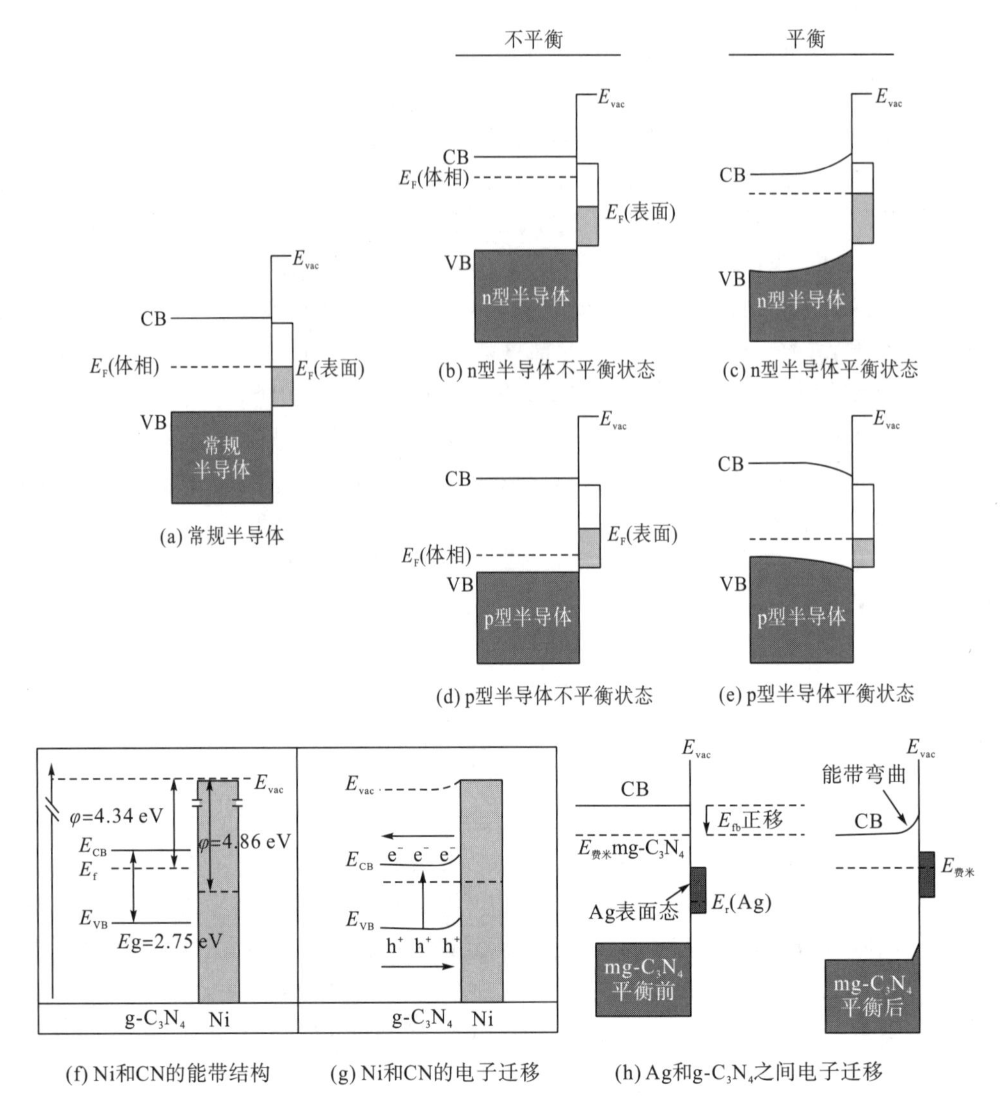

(f) Ni和CN的能带结构 (g) Ni和CN的电子迁移 (h) Ag和g-C_3N_4之间电子迁移

图 2-10 接近半导体表面电子能级的机制(Zhang Z et al.，2012；Bi LL et al.，2015；Patnaik et al.，2018)

注：E_{vac}表示真空度；E_F(体相)表示半导体的体相费米能级；E_F(表面)表示半导体的表面费米能级。

对于金属掺杂的 g-C_3N_4，在金属与 g-C_3N_4之间由于不同费米能(功函)引起的能带弯曲会产生肖特基势垒，此时，只允许 g-C_3N_4 的光生电子迁移至金属，从而促进载流子的分离并抑制其复合。因此，Bi 等以三聚氰胺和乙酰丙酮镍为原料，采用溶剂热法制备了 Ni 包覆的 g-C_3N_4(Bi L L et al.，2015)。从[图 2-10(f)]中可以看出，Ni (4.86eV)的功函高于 g-C_3N_4(4.34eV)。在光照射下，Ni 与 g-C_3N_4的紧密接触使 Ni 接收得到 g-C_3N_4的光生电子，直到达到费米能级[图 2-10(g)]。因此，同时形成了向上的能带弯曲和内部电场，恰到好处地优化了 Ni 负载的 g-C_3N_4的载流子动力学。同样地，由于 Ag 的费米能级低于 g-C_3N_4[图 2-10(h)]，Ag 掺杂 g-C_3N_4的能带向上弯曲，以此延缓载流子复合率，加快电荷迁移(Patnaik S et al.，2018)。

事实上，元素掺杂可能导致禁带宽度增大，也可能导致禁带宽度变小。掺杂引起的能带结构的变化因情况而异。因此，一个关于 C 自掺杂的案例研究(Dong G H et al.，2012)揭示了改性后的 $g-C_3N_4$ 中 N 原子有所损失并呈现出低的电负性，从而导致带隙变窄。掺杂的确可以改变 $g-C_3N_4$ 的物理化学性质，但并不是掺杂越多越好，适量的掺杂才是有益的改性措施。根据文献报道(Guo S et al.，2017；Zhu Y P et al.，2015；Zhang Y J et al.，2010)，对于 P 掺杂的 $g-C_3N_4$，P 的最佳掺杂量分别为 0.87%(质量分数)、1.3%(原子分数)和 0.6%(原子分数)；O 掺杂的最优掺杂量分别为 1.5%(Huang Z F et al.，2015)、1.63 mol%(Zhang J W et al.，2015)和 7.98 atom%(Li J H et al.，2017)；S 掺杂的最佳掺杂量分别为 0.05 atom%(Wang K et al.，2015)、0.8 wt.%(Hong J D et al.，2012)和 0.63 atom%(Jshabani M et al.，2017)。而 Fe(Oh Y et al.，2016)、Na(Zhang L S et al.，2018)和 Ag(Bu Y Y et al.，2014)的最佳掺杂量分别为 1 mol%、0.13 wt.%和 3 wt.%。Dong 等研究发现在 $g-C_3N_4$ 中，Na 的最佳负载量为 3 wt.%，而 K、Rb、Cs 的最优负载量为 5 wt.%(Dong F et al.，2017)。

2.2.6　缺陷工程

调控半导体光催化材料中的空位缺陷是一种有效的改性方法，它在整个光催化反应中所涉及的动力学、能量学和机制扮演着重要的角色(Li H et al.，2017)。近年来，关于含空位缺陷催化剂的报道受到研究者们越来越多的关注。空位在光催化剂表面形成的缺陷可以捕获电子从而还原电子受体，可将 O_2、H_2O、CO_2 和 N_2 进行还原，分别生成活性氧物种、H_2、CH_4 和氨气(Li H et al.，2017)。空位在光催化剂表面形成的缺陷也可以在半导体中形成缺陷能级，从而提高光的利用率，与此同时，其缺陷所致的局域态也能将光拓展至可见光甚至红外光(Serpone N et al.，2006)。此外，空位在光催化剂表面形成的缺陷还可以改变与目标污染物的吸附模式，通过表面悬挂键及离域电子来调控与目标污染物的配位结构和电子形态，从而提高催化剂与目标污染物的选择性(Sun Y F et al.，2015)。更为重要的是，空位在光催化剂表面形成的缺陷会因缺陷所在的位置、结构以及浓度潜在地影响光催化活性(Li H et al.，2017；Serpone N et al.，2006；Sun Y F et al.，2015；Aschauer U et al.，2010)。以 BiOCl 中的氧空位为例，暴露(001)晶面的 BiOCl 上的氧空位会优先选择性地通过单电子转移的模式将 O_2 活化为 $\cdot O_2^-$ 自由基；而暴露(010)晶面的 BiOCl 上的氧空位会倾向于通过双电子转移的模式优先活化为 O_2^{2-} 自由基。由此可推测，在半导体光催化剂中引入空位缺陷可与目标污染物分子发生底物活化，从而潜在地改变含缺陷催化剂表面的光催化降解途径。

2.2.6.1　N 缺陷改性

$g-C_3N_4$ 中的缺陷可分为两类：N 空位和 C 空位。N 空位通常比 C 空位更容易形成。H 键在具有 NH/NH_2(氨基)基团的聚合蜜勒单元中起连接作用，聚合蜜勒单元可通过煅烧富 N 材料获得。因此，通过高温煅烧去除氨基可以得到 N 缺陷修饰的 $g-C_3N_4$。Rahaman 等研究表明，光电流密度较低的体相 $g-C_3N_4$ 层内载流子迁移受限，而 N 空位缺陷修饰的 $g-C_3N_4$(橙色)可获得离域的光生载流子，保证载流子的有效分离(Rahaman M Z et al.，2017)。基于理论分析，由于 $g-C_3N_4$ 中缺陷的存在，由严格周期排列的 C/N 原子所产生的周期势场将被破坏，并且可引入能态(即缺陷能级)，使得电子存在于禁带内。这是因为缺陷可将缺陷能级引入到带隙中，从而降低带隙值。因此，对于 C 缺陷和 N 缺陷介导的 $g-C_3N_4$，缺陷能级分别位于 $g-C_3N_4$ 的 CB 下方和 VB 上方。

相比之下，Hong 等以硫代硫酸铵和制备的体相 $g-C_3N_4$ 为原料，经两步水热处理得到 N 空位修饰的 $g-C_3N_4$(Hong Z H et al.，2013)。他们指出氨基的丢失导致 N 空位的形成，这将影响额外电子的重新分布，从而导致在 $g-C_3N_4$ 的 CB 下方产生 N 空位相关的缺陷态。另外，这些额外电子能够捕获光生空穴，减少载流子空间位点的重叠以增加载流子分离。据 Sun 等报道，在具有 N 空位的 $g-C_3N_4$ 的 VB 上存在着额外的电子态，与其他缺陷相关态不同，它们可以充当复合位点(Sun N et al.，2012)。在这种情况下，这些光生载流子很可能得到有效分离而不是停滞于表面。相反，一些报道表明，N 空位诱导的缺陷态会接受价电子，从而提高光生载流子的分离效率(Zhang D et al.，2018；Shi L et al.，2018)。例如，Shi 等(Shi L et al.，2018)以肼为还原剂，通过光还原合成具有 N 缺陷的多孔 $g-C_3N_4$[图 2-11(a)]。N 空位源于 $g-C_3N_4$ 胺基的部分去除。一方面，N 空位的形成是在 $g-C_3N_4$ 的 CB 下方产生一个可以容纳价电子的缺陷能级，从而抑制辐射的载流子复合[图 2-11(b)和图 2-11(c)]；另一方面，N 空位通过将电子迁移到缺陷能级，创建了电荷传输的界面通道[图 2-12(a)]。

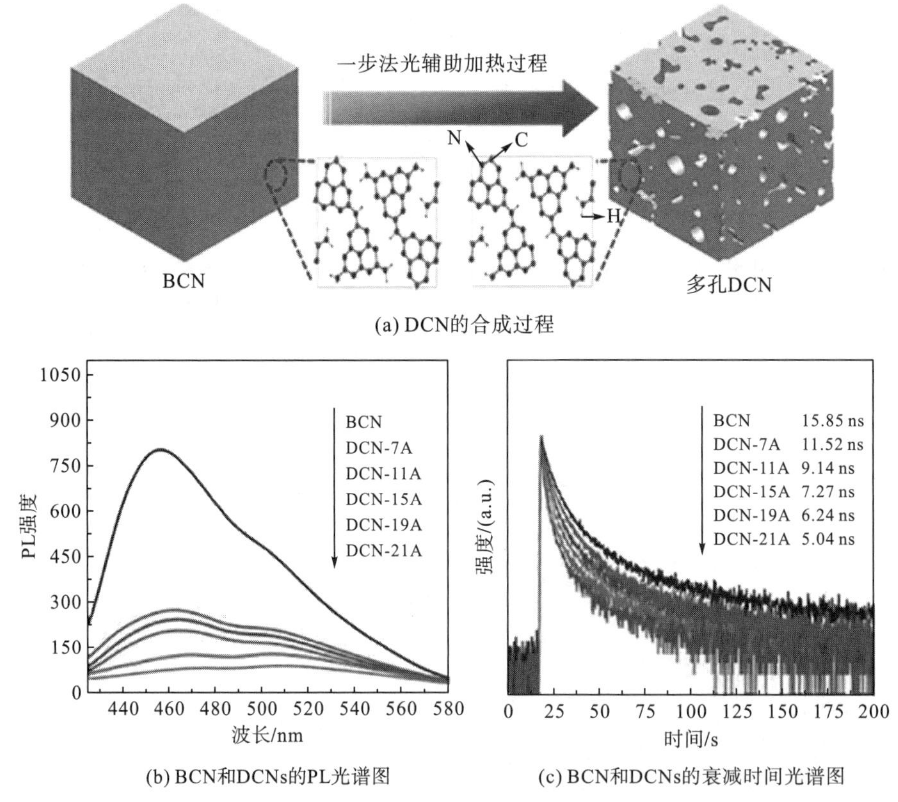

图 2-11 多孔含 N 缺陷 $g-C_3N_4$(DCN)的合成过程图(a)体相 $g-C_3N_4$(BCN)和 DCNs 的 PL 光谱图(b)以及衰减时间光谱图(c)

Niu 等报道了通过 H_2 加热过程将晶格 N 还原为 NH_3 而产生 N 空位修饰的 $g-C_3N_4$(Niu P et al.，2014)。能量变化最小的 N2 位(0.64eV)可以在 550℃高温煅烧处理下被 H_2 还原制得，形成 N 空位 g-C_3N_4[图 2-12(b)和图 2-12(c)]。这些 N 空位不仅可以通过降低带隙值来改变 g-C_3N_4的电子结构，而且可以抑制载流子的复合。然而，过量的 N 空位并不能改善电荷迁移，相反，它们可能成为复合位点，降低载流子的迁移率。

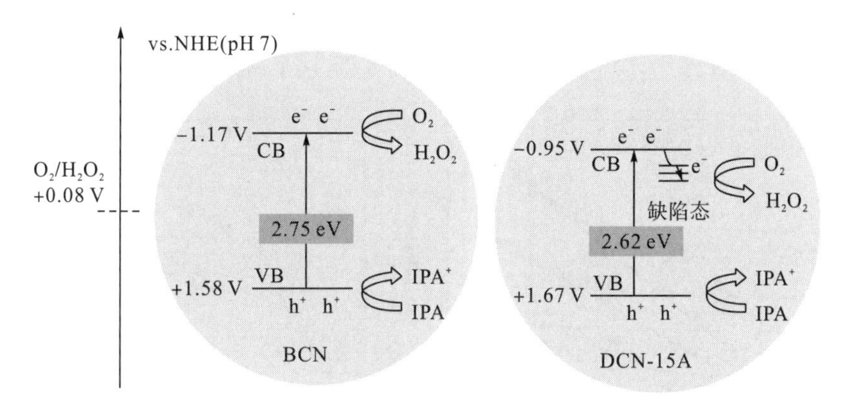

(a) BCN和DCN-15A上光激发产H_2O_2的原理

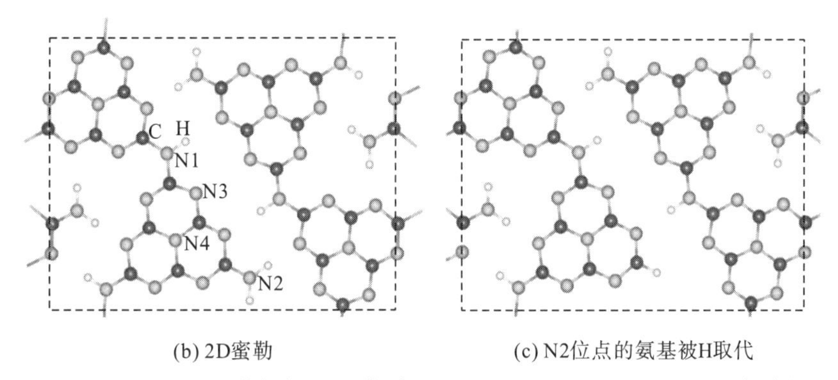

(b) 2D蜜勒　　(c) N2位点的氨基被H取代

图 2-12 BCN 和 DCN-15A 上光激发产 H_2O_2 的原理图(a)(Shi L et al.，2018)，2D 蜜勒(b)和 H_2 还原的蜜勒示意图，其中一个 NH_2 基团(c)(在 N2 晶格位)被 H 原子取代

注：白球、深灰球和浅灰球分别代表 H、C 和 N 原子。四个非等价晶格 N 位分别用 N1、N2、N3 和 N4 表示(Niu P et al.，2014)。

2.2.6.2 C 缺陷改性

此外，大量文献也明确指出，在 g-C_3N_4中引入 C 空位缺陷也是一种非常有前景可提高载流子分离/传输效率的方法(Li Y H et al.，2020；Liang Q H et al.，2015；Li Y H et al.，2018；Li S N et al.，2016；Dong G H et al. 2017)。Yang 等报道，在 NH_3 气流下对未改性 g-C_3N_4(BGCN)进行二次煅烧可以制备得到富含 C 空位缺陷的 g-C_3N_4(HGCNs)纳米片(Yang P J et al.，2017)。他们认为 C 空位的形成与 C 相关基团在高温下与 NH_3 发生化学反应有关。同时，他们提出，与 BGCN 相比，具有 C 空位缺陷的 HGCNs 电子受体浓度更高，图 2-13(a)的低斜率证明了这一点。这表明，C 空位缺陷的引入，可提高 HGCNs 光生电子的导电性和迁移率，从而表现出优异的光催化活性[图 2-13(b)]。

通过在 CO_2 中加热块体 g-C_3N_4 也可以实现(Li Y H et al.，2018)C 空位缺陷的引入。结果表明，在含 C 空位缺陷的 g-C_3N_4 上发生了有效的光生载流子分离和界面载流子的快速迁移[图 2-13(c)]。Dong 等证实了块体 g-C_3N_4 在 Ar 氛围中进行热处理也可以获得 C 空位缺陷(Dong G H et al., 2017)。与 N 原子相比，C 原子具有更大的表面积和较低的分子量，因此 C 可以获得更多的能量，且更容易从 g-C_3N_4 表面移除[图 2-14(a)～图 2-14(d)]。C 空位缺陷在一定程度上破坏了 g-C_3N_4 的 C—N 共价键的对称性，并产生了一些能够利用导电电子的单个 N 原子，这极大地离域了电子，阻止了电荷复合。

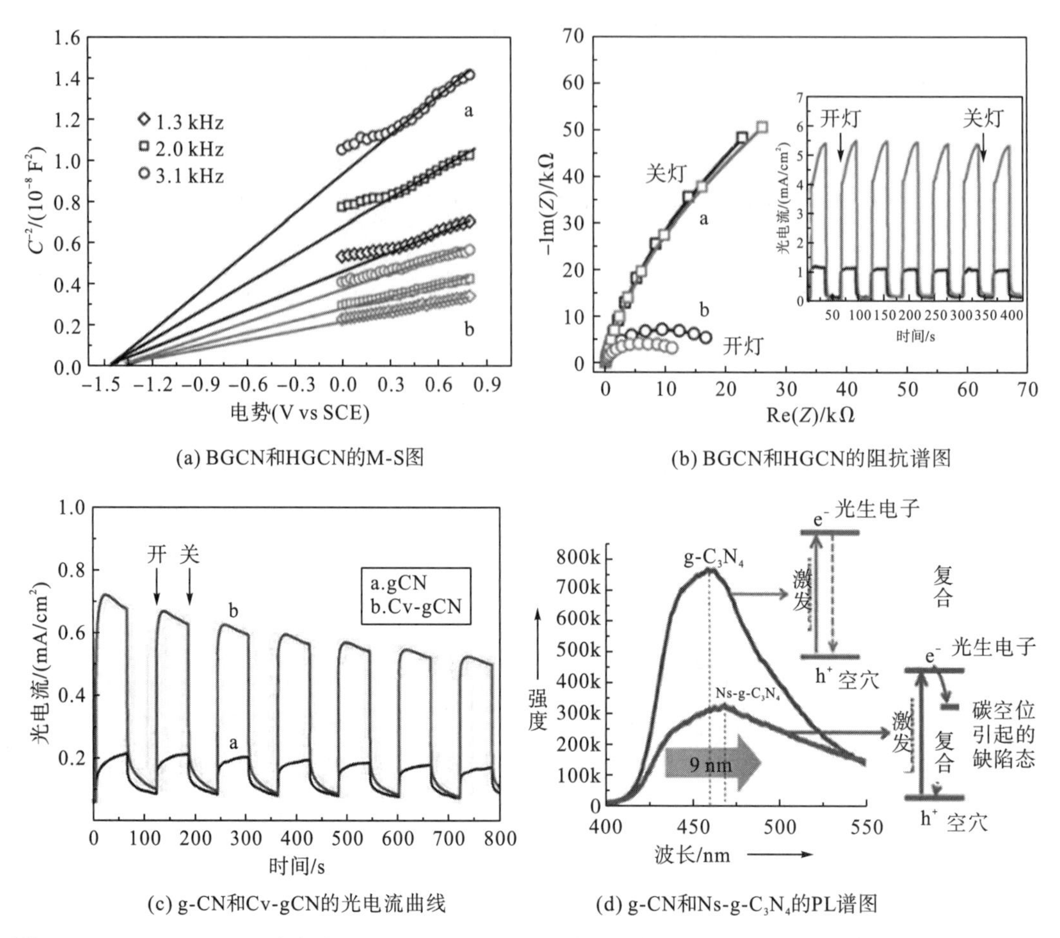

(a) BGCN和HGCN的M-S图
(b) BGCN和HGCN的阻抗谱图
(c) g-CN和Cv-gCN的光电流曲线
(d) g-CN和Ns-g-C_3N_4的PL谱图

图2-13 BGCN 和 HGCN 纳米片(Liang Q H et al., 2015)在不同频率下的M-S 图(a)；电化学阻抗谱(b)(插图为瞬态光电流响应)；利用可见光(>420 nm)研究了块状 g-C_3N_4(gCN)和含 C 空位 g-C_3N_4(Cv-gCN)的电极(Li Y H et al., 2018)随时间变化的光电流曲线(c)；g-C_3N_4 和 Ns-g-C_3N_4 的 PL 谱图(d)

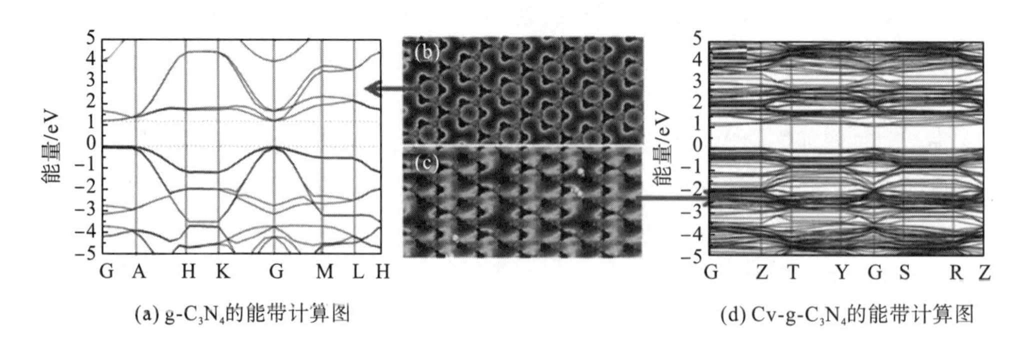

(a) g-C_3N_4的能带计算图
(d) Cv-g-C_3N_4的能带计算图

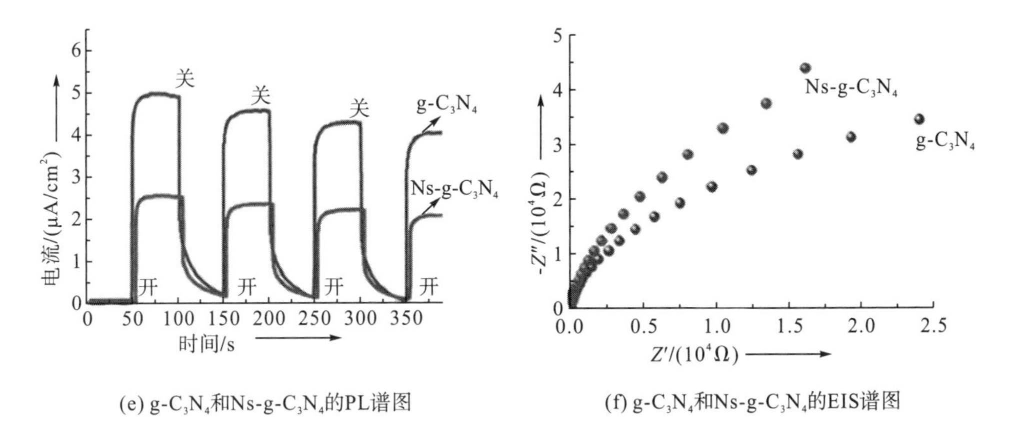

(e) g-C_3N_4和Ns-g-C_3N_4的PL谱图

(f) g-C_3N_4和Ns-g-C_3N_4的EIS谱图

图2-14 g-C_3N_4计算模拟的能带结构(a)和电子密度(b)；Cv-g-C_3N_4(Li S N et al.，2016)的电子密度(c)和能带结构(d)；g-C_3N_4和Ns-g-C_3N_4(Dong G H et al.，2017)的光电流强度(e)；g-C_3N_4和Ns-g-C_3N_4的电化学阻抗谱(f)

同样，Dong的研究小组(Dong G H et al.，2017)通过加热三聚氰胺和三聚氰酸的混合物制备得到具有C空位缺陷的g-C_3N_4。C空位缺陷不仅可以捕获光生电子，还可以阻止光生电子发生表面迁移。因此，C空位缺陷不仅扮演了电子存储的角色，还在一定程度上阻止了载流子的复合[图2-13(d)、图2-14(e)和图2-14(f)]。

从上述关于C或N空位缺陷修饰的g-C_3N_4相关报道可以发现，g-C_3N_4中C或N空位缺陷的形成一般需要进行二次甚至多次煅烧处理，从而使改性后的g-C_3N_4的比表面积增大。事实上，无论是C或N空位缺陷，还是增加比表面积，都有助于g-C_3N_4光反应活性的提高。然而，缺陷与比表面积之间存在着一种分工合作效应，即前者有利于光生载流子的有效分离，而后者则为光催化反应提供足够的活性位点。C空位和N空位均可导致g-C_3N_4的带隙因杂质能级而变小。能带结构中，N 2p轨道和C 2p轨道分别贡献于g-C_3N_4的VB和CB(Zhang X D et al.，2013)。g-C_3N_4中由于C—N共价键的断裂，导致C空位或N空位的生成。对于C空位修饰的g-C_3N_4，带隙值将通过正向移动CB而降低(Li S N et al.，2016)。因此，在g-C_3N_4的CB下方形成了中间缺陷能级。而对于含有N空位修饰的g-C_3N_4，VB通过负向移动导致了带隙的减小。因此，中间缺陷能级位于g-C_3N_4的VB上方。然而，空位缺陷的引入会影响g-C_3N_4的结构。在g-C_3N_4中，空位缺陷过少，电子结构不会发生明显变化。但空位过多，会引起载流子的复合以及g-C_3N_4的分解。

2.2.6.3 官能团配位工程

后功能化是提高载流子迁移率的另一可靠且具有前景的方法。由已有研究可知，含氧基团不仅可以为光催化过程提供额外的活性位点，还可以促进g-C_3N_4在H_2O中的扩散(Luo B et al.，2018；Yang L Q et al.，2017)。氨基可以稳定光生空穴并延长光生载流子寿命(Meng N N et al.，2018)。Meng等(Meng N N et al.，2018)通过二次热氧化处理获得二元官能团，包括含氧官能团和氨基修饰的g-C_3N_4(CNPS-NH_2)[图2-15(a)]。结果证明，用双官能团修饰的 g-C_3N_4 表现出较低的 PL 强度和增强的光电流信号[图 2-15(b)]。笔者认为，电荷迁移率得到提升最有可能是由于官能团在与吸附质反应之前先捕获了电荷。此外，Xia 等报道了胺改性的 g-C_3N_4 具有较强的电荷捕获能力(Xia P F et al.，2017)。因此，在改性的 g-C_3N_4 上发生快速的载流子分离和传输[图 2-15(c)～图 2-15(e)]。通过 KSCN 盐熔法制备得到氰胺配位的 g-C_3N_4(Lau V et al.，2016)。这项研究表明，在氰基和 Pt 位点之间建立了有效连接，使电子可以从 g-C_3N_4 传输到 Pt 中心。因此，g-C_3N_4 与 Pt 之间的强烈作用有利于载流子迁移。

也有一些关于在 g-C_3N_4 改性过程中同时产生氰基和 N 空位缺陷的报道(Niu P et al.，2018；Kong Y et al.，2020；Zhang D et al.，2018)。Niu 等的研究工作便是一个很好的例子，他们使用多重热处理将氰基和 N 空位缺陷引入 g-C_3N_4(Niu P et al.，2018)。根据实验和 DFT 结果，作者认为氰基可接收光生电子，而 N 空位缺陷则抑制载流子的复合。对于获得更好的载流子迁移性，非整体式改性似乎更为可取。Zhao 及其同事(Zhang D et al.，2018)在冷冻干燥条件下进行了加热处理，在 g-C_3N_4 中同时产生了氰基和 N 空位缺陷。他们惊奇地发现 NH_4Cl 的加入可以通过与 g-C_3N_4 形成二元配位来占据空间并抑制远程聚合[图 2-15(f)]。氰基和 N 空位缺陷的产生不仅捕获了 CB 中的电子，而且提供载流子分离位点，从而极大地促进了载流子分离。

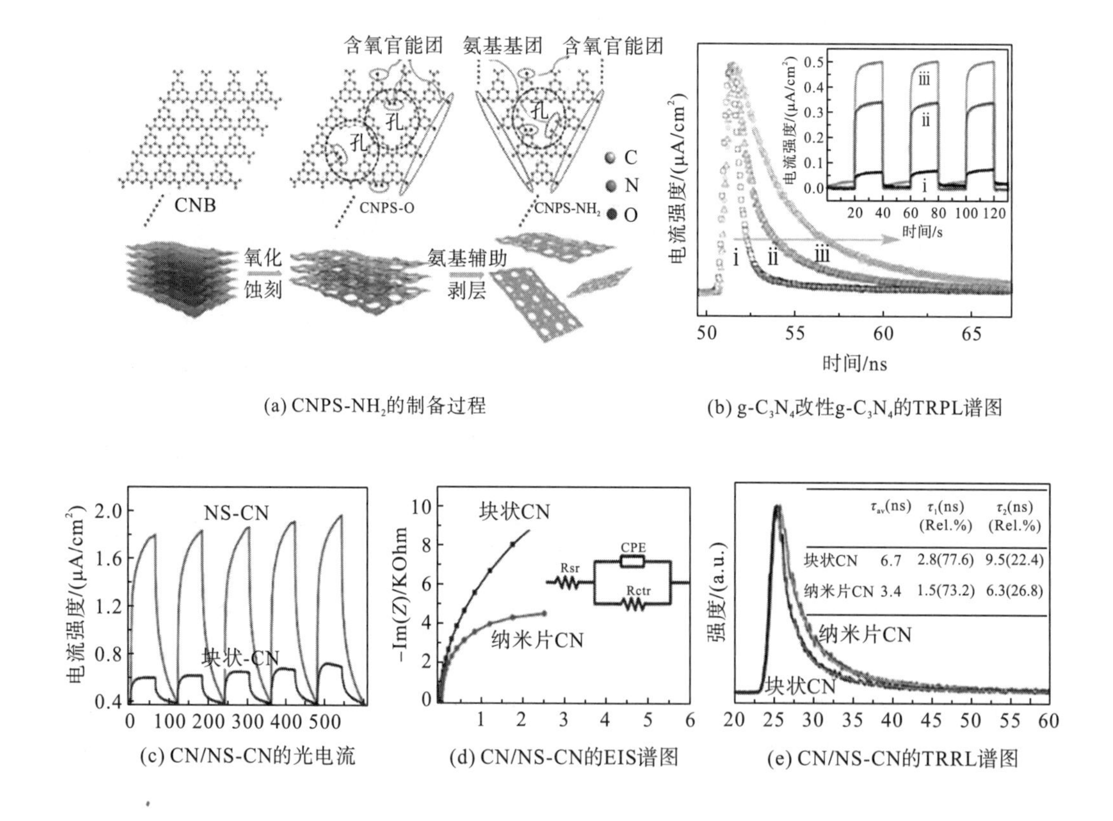

(a) CNPS-NH_2的制备过程　(b) g-C_3N_4改性g-C_3N_4的TRPL谱图

(c) CN/NS-CN的光电流　(d) CN/NS-CN的EIS谱图　(e) CN/NS-CN的TRRL谱图

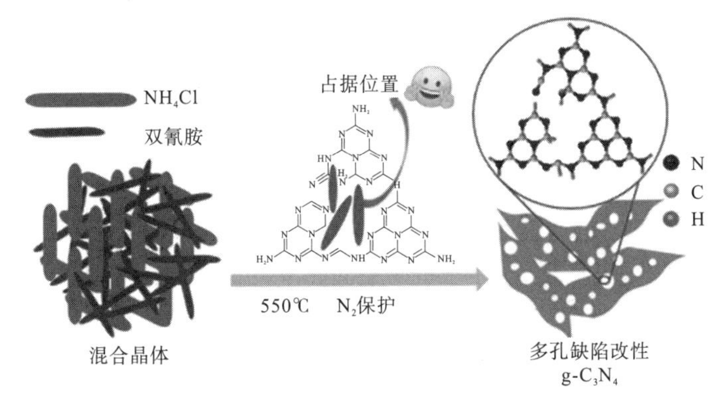

(f) 多孔缺陷改性的$g-C_3N_4$的制备方法

图 2-15　$CNPS-NH_2$的制备过程示意图(a)；块体$g-C_3N_4$(CNB)和改性$g-C_3N_4$(CNPS-O 和$CNPS-NH_2$)的时间分辨光致发光(TRPL)光谱(b)，插图为瞬态光电流强度(Meng N N et al.，2018)；体相 CN 和改性后的$g-C_3N_4$(NS-CN) (Xia P F et al.，2017)的瞬态光电流响应(λ=420 nm)(c)；电化学阻抗谱(EIS)、Nyquist 曲线(d)及 TRPL 谱图(e)；多孔缺陷改性的$g-C_3N_4$的制备方法示意图(f) (Zhang D et al.，2018)

2.3　调整界面电荷迁移的外部改性方法

2.3.1　碳点/碳量子点耦合

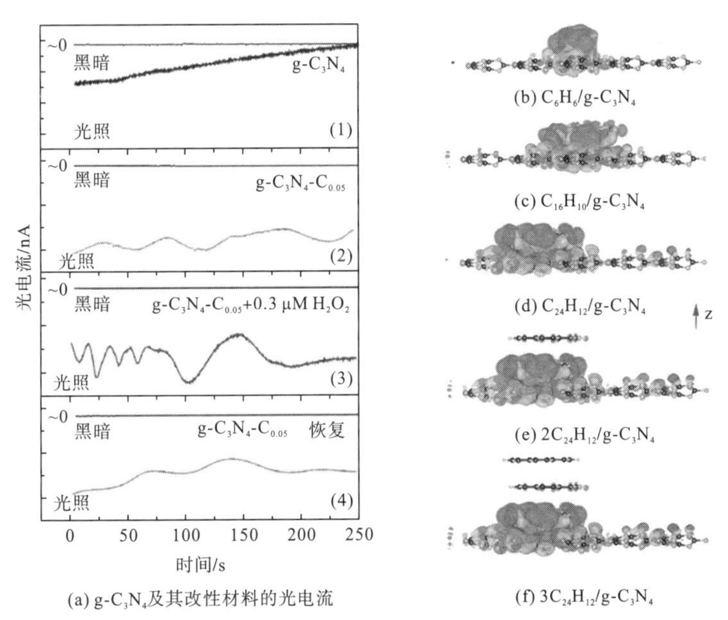

(a) $g-C_3N_4$及其改性材料的光电流

图 2-16　$g-C_3N_4$，$g-C_3N_4$-C0.05，$g-C_3N_4$-C0.05(加入少量 0.3 $\mu mol \cdot L^{-1}$的H_2O_2)的光电流强度(a)。石墨烯量子点/$g-C_3N_4$复合物的三维电荷密度差图侧视图：$C_6H_6/g-C_3N_4$(b)、$C_{16}H_{10}/g-C_3N_4$(c)、$C_{24}H_{12}/g-C_3N_4$(d)、$2C_{24}H_{12}/g-C_3N_4$(e)和$3C_{24}H_{12}/g-C_3N_4$(f)。

注：深灰色和浅灰色等表面分别表示单个石墨烯量子点和$g-C_3N_4$单层的消耗面积和累积面积。深灰色区域和浅灰色区域负电荷密度差值分别为−0.00067 e Å^{-3}和 0.00067 e Å^{-3}。灰色区域代表超胞的横截面。

C 被认为是半金属，因此 C 材料可以发挥金属的作用并表现出类似金属的性质。C 与光催化剂的耦合可产生莫特-肖特基效应，并加快 C 掺杂光催化剂界面处的电子转移和载流子分离(Fang S et al.，2016)。C 点(定义为直径小于 10nm 的单分散石墨纳米颗粒)具有良好的导电性，常被选作典型的 C 材料与 g-C_3N_4 进行耦合并从 g-C_3N_4 中接受光生电子。Qu 及其同事(Qu D et al.，2018)以柠檬酸为碳源，尿素为 g-C_3N_4 的前驱体，采用简易煅烧工艺实现了碳纳米点功能化 g-C_3N_4 的合成。将 C 点嵌入 g-C_3N_4 中，首先，由于 C 点的 π 共轭 sp^2 与蜜瓜胺单元杂化增大了 C 点负载的 g-C_3N_4 的共轭长度，导致带隙减小；其次，Pt 的光还原发生在 C 点位置，表明 C 点可以用作电子受体，并有利于阻碍载流子复合；再者，C 点可以消除由于生成过 H_2O_2 而对本体 g-C_3N_4 的腐蚀效应[图 2-16(a)、图 2-17(a)和图 2-17(b)]。

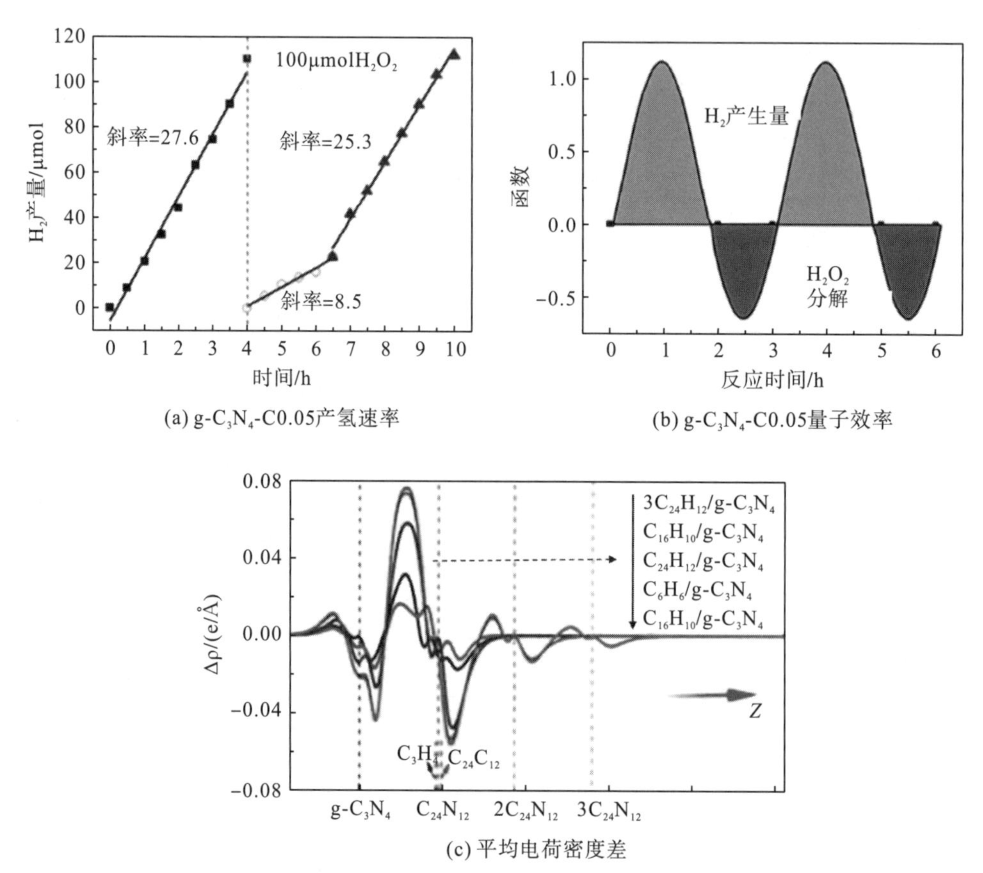

(a) g-C_3N_4-C0.05产氢速率

(b) g-C_3N_4-C0.05量子效率

(c) 平均电荷密度差

图 2-17 g-C_3N_4-C(0.05)在封闭体系中(4h 后引入 100 μmol 的 H_2O_2)产 H_2 量(a)；CDs 的生成速率决定了 H_2O_2 的生成和光降解速率(b) (Qu D et al.，2018)；石墨烯量子点/g-C_3N_4 纳米复合物的平面平均电荷密度差(c)作为 z 方向位置的函数。

注：正负值分别表示电荷累积和消耗。垂直的虚线表示 g-C_3N_4 和石墨烯量子点的中心位(Ma Z J et al.，2016)。

Kang 等还研究了 C 点在 g-C_3N_4 体系中，光生电子传输和光致发光以及电子受体方面的重要作用(Kang Y Y et al.，2015)。他们发现，对于 C 点掺杂的 g-C_3N_4，光催化的初始阶段取决于 g-C_3N_4，而第二阶段的化学键/催化作用由 C 点决定。C 点和 g-C_3N_4的协同作用使 H_2和 O_2析出。大豆油通常作为 C 源来合成 C 点修饰的 g-C_3N_4(Qu D et al.，2018)。研究还发现，C 点的引入使电子从 g-C_3N_4迁移到 C 点，有效促进了载流子的分离，同时增加了 C 的电导率。但是，g-C_3N_4中 C 点浓度过高则会阻碍光吸收，削弱界面电荷迁移并降低光催化性能。

量子点(QDs)是安全无毒的，当与 g-C_3N_4结合后，表现出很高的转换能力以及良好的电子传输特性。多项研究明确表明，C 量子点不仅可以作为光敏剂，扩大 g-C_3N_4的光能收集范围，还可以捕获电子，减少载流子的复合(Wang F L et al.，2016；Zhao C et al.，2020；Wang W J et al.，2019)。石墨烯具有完美的 sp^2杂化二维 C 结构，还可以作为导电通道和电子受体。作为一种半导体，g-C_3N_4与其表面的石墨烯量子点(GQDs)可构成Ⅱ型异质结。据 Ma 等(Ma Z J et al.，2016)报道，GQDs 和 g-C_3N_4之间形成的界面使得电荷能够者重排，导致电子在 GQDs 上进行消耗，在 g-C_3N_4单层上进行电子累积[图 2-16(b)～图 2-16(f)]。由于载流子分离方向相反，就会形成一个电场。此外，GQDs 尺寸的增加会导致 GQDs 耦合 g-C_3N_4的界面处发生更为强烈的杂化，这将进一步促进载流子发生迁移[图 2-17(c)]。

2.3.2 金属量子点耦合

贵金属量子点也被用来提高体相 g-C_3N_4的电子传导率。Li 及其同事制备得到 Pd 量子点修饰的 g-C_3N_4(Li Y H et al.，2015)。结合 PL 和光电流的结果，发现 Pd 量子点的引入显著提高了电荷的分离和传输效率。

除了单量子点的修饰之外，二元量子点也被用来优化 g-C_3N_4的电子迁移能力。Qi 等(2020)首先通过加热工艺，然后进行化学电镀处理制备了负载 CoP 量子点的 g-C_3N_4。对电流、电化学阻抗和 PL 光谱进行综合分析，结果表明 g-C_3N_4中的 CoP 量子点可捕获光生电子并促进电荷转移。Wang 等通过磷酸盐化法在 g-C_3N_4上制备得到非晶态磷化钌(RP)量子点(Wang J F et al.，2018)。基于实验结果，作者发现 RP 量子点能够接收光激发的电子，而牺牲剂三乙醇胺(TEOA)可用来消耗光生空穴，同时 RP 量子点使这些电子与质子结合生成 H_2[图 2-18(a)]。此外，在 g-C_3N_4中引入量子点可以提高电荷迁移效率，充分利用量子点的电子接受能力，类似于 Fe_3O_4(Zhu Z et al.，2017)等。

Zhou 的研究小组发现，由于功函的不同，掺入 g-C_3N_4的 CdSe 量子点可形成一个内建电场(Zhong Y Q et al.，2018)：CdSe 量子点的功函为 4.76eV，而 g-C_3N_4的功函为 3.9eV，表明 g-C_3N_4的费米能级(E_f)大于 CdSe 量子点。CdSe 量子点和 g-C_3N_4一旦结合，g-C_3N_4的自由电子就可以扩散并累积到 CdSe 量子点中，然后直到达到平衡的能级态，如[图 2-18(b)]所示。随后，将导致相反的能带扭曲发生(CdSe 量子点向下移动，g-C_3N_4向上移动)，使得电子不受空穴限制而得到释放。

二元量子点也被开发出来用以提高 g-C_3N_4的载流子迁移率。Vattikuti 等设计了具有三维导电网络的 SnO_2/ZnO 量子点功能化的 g-C_3N_4，其中 SnO_2/ZnO 量子点可以用作 g-C_3N_4层间的间隔物(Vattikuti S V et al.，2018)。据报道，由于 g-C_3N_4的 CB 电位(−1.2 eV vs NHE)比 ZnO(−0.4eV vs NHE)和 SnO_2(−0.1eV vs NHE)更负，因此 g-C_3N_4可以将光生电子从 g-C_3N_4转移到 ZnO 和 SnO_2，从而增强电荷的传输和迁移效率[图 2-18(c)]。

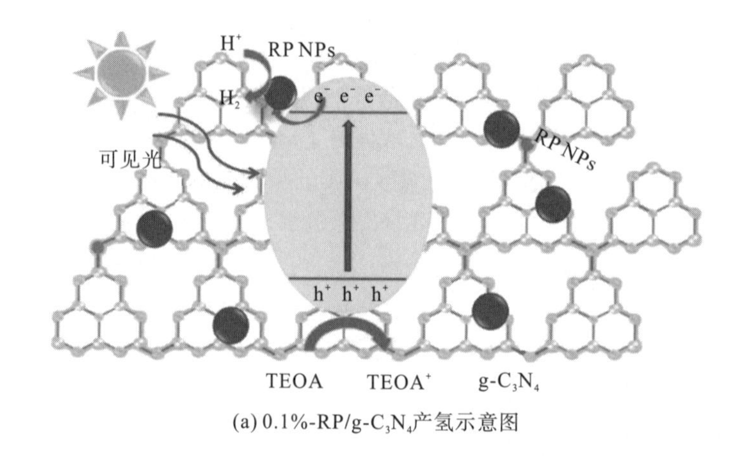

(a) 0.1%-RP/g-C_3N_4产氢示意图

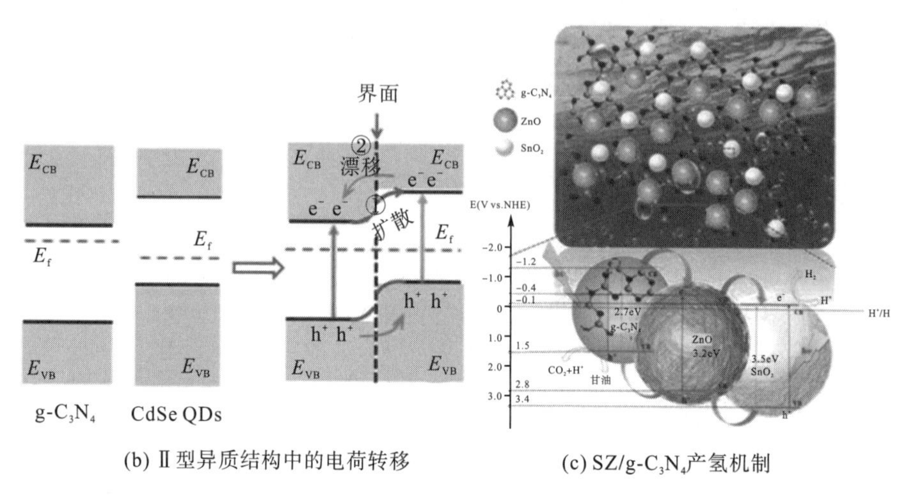

(b) Ⅱ型异质结构中的电荷转移

(c) SZ/g-C_3N_4产氢机制

图 2-18 0.1%-RP/g-C_3N_4光产H_2(Wang J F et al.,2018)的机理图(a);II型异质结构中的电荷输运(Zhong Y Q et al., 2018)过程(b)由两个半导体的功函(或费米能,E_f)决定(b);可见光下 SZ/g-C_3N_4复合材料(Vattikuti S V et al., 2018)产H_2机制(c)

事实上,与金属量子点相比,C 量子点具有无毒、生物相容性、环保、成本低等特点。对 C 量子点修饰的 g-C_3N_4进行的研究表明,其在光催化方面具有巨大的应用潜力。尽管如此,C 的量子产率相对较低,在合成过程中需使用有毒化学试剂。因此,在实验构思时,设计出产率高且不使用有害化学试剂的 C 量子点修饰的 g-C_3N_4是最为首要的关键点。

2.3.3 等离子体耦合

2.3.3.1 等离子体处理

等离子体处理可以调整表面性质,包括亲水性和化学键组成,从而保留光催化剂的原始结构。与传统的物理方法不同,无热等离子体的特征在于,载流子温度较高(1×10^4～1×10^5K),反应温度低(接近常温),使反应性物种易于在光催化剂表面发生反应。据 Liu

等报道(Liu J H et al., 2016),通过等离子体轰击使得 C—NH_2 基团氧化为 C—O/C═O 官能团成为可能。伴随着等离子体处理,设计的 g-C_3N_4 表现出更高的表面能和不同的化学性质,这是由于引入了亲水性物质,增加了电子电导率并因此促进了电荷分离。等离子体处理 g-C_3N_4 的另一个很好的例子是用 O_2 气体,由于所用的 O_2 浓度高,它在 g-C_3N_4 的表面上产生—COOH/—OH 基团,可以作为实现高效电荷分离的电子捕获中心。

2.3.3.2　等离子体处理过程

用作染料敏化剂的纳米金属等离子体可以吸收共振激子,并利用 SPR 激发将其传输到相邻的光催化剂中。贵金属[如 Au(Zada A et al., 2016; Xue J J et al., 2015; Zhang Q Z et al., 2017)、Ag(Zhang W et al., 2016; Bu Y Y et al., 2014)等]和非贵金属[如 Bi(Dong F et al., 2015; Li Y H et al., 2017)]具有良好的电导率,所以它们适合发挥 SPR 效应。由于它们具有良好的导电迁移率和高的吸收截面,可以产生电场,提高载流子分离率。据报道,当金属和 g-C_3N_4 整合到一起时,可形成金属/半导体异质结。具有不同带隙结构的光催化剂和不同功函的金属会产生不同类型的异质结(肖特基势垒或欧姆接触)(Li X H et al., 2013)。如果金属和光催化剂界面的电势能够进行很好的匹配,则电子将被捕获,从而促进载流子分离。Zhang 等提出了 Ag SPR 调控 g-C_3N_4 的复合物上的电子转移途径(Zhang W et al., 2016)。如图 2-19(a)所示,由于 Ag 显示出较大的功函,因此可以在 Ag 与 g-C_3N_4 之间的界面处形成肖特基势垒。光生电子倾向于从 g-C_3N_4 的 CB 转移到 Ag,电子可在该金属周围累积。考虑到 SPR 效应,在可见光的照射下,Ag 还导致光生电子和空穴的产生,进一步促进活性基团和 Ag^+ 的产生。此外,由于 g-C_3N_4 的 CB 电位(−1.3eV,相对于普通氢电极,NHE)高于 Ag^+/Ag(0.7991V,相对于 NHE),因此能够产生有效的充电电路,从而将 Ag^+ 原位还原为 Ag 单质。根据文献(Zada A et al., 2016),Au 也展现出独特的 SPR 效应,并且在潮湿空气条件下具有强大的耐腐蚀性和抗氧化性。因此,Zada 等成功地制备了金属元素 Au 掺杂的 SnO_2/g-C_3N_4(Au/SO/CN)复合材料(Zada A et al., 2016),发现等离体 Au 充当了电子捕获剂,仅在可见光(λ<470nm)照射下从 g-C_3N_4 的 CB 上接受光生电子[图 2-19(b)]。此外,Xue 等合成了双金属(Au/Pt)修饰的 g-C_3N_4(Xue J J et al., 2015),并指出 Au 产生了 SPR 效应,而 Pt 仅起着电子捕获的作用[图 2-19(c)]。这是因为对于 Au/g-C_3N_4 和 Au/Pt/g-C_3N_4 这两种复合材料而言,在 UV-vis DRS 图谱中,都可观察到以 550nm 为中心的强吸收共振峰,这是由 Au 的 SPR 效应引起的,而不是 Pt。除了 Pt 具有比 g-C_3N_4 的 CB(−1.09 eV)更高的功函(5.65 eV)以外,电子还可以直接从 g-C_3N_4 转移到 Pt 纳米颗粒上。另外,通过原位处理方法还可制备得到 Au/$NaYF_4$: Yb^{3+}、Er^{3+} 和 Tm^{3+} 共掺杂的 g-C_3N_4(Zhang Q Z et al., 2017)。如 UV-vis-NIR 光谱[图 2-20(a)]所示,Au 纳米颗粒在 520nm 处显示共振信号;因此,在紫外光照射下,Au 纳米粒子只能将价电子传输到表面,因为 Au 具有比 g-C_3N_4 更高的功函[图 2-19(d)]。但是,在可见光照射下(λ>475nm),由 Au 纳米粒子的 SPR 效应驱动的高能电子可以越过能垒并转移到 g-C_3N_4 的 CB 上。然而,尽管添加 Au 纳米颗粒可引起 SPR 效应并促进载流子的快速转移,但是过量掺入 Au 纳米颗粒会导致界面缺陷的形成而产生不利影响,因为这些界面缺陷可能成为载流子的复合位点并降低光透过率。因此,应精巧地设计负载在 g-C_3N_4 上的 Au 的含量,以获得最优的光催化效果和最佳的电荷分离效率。

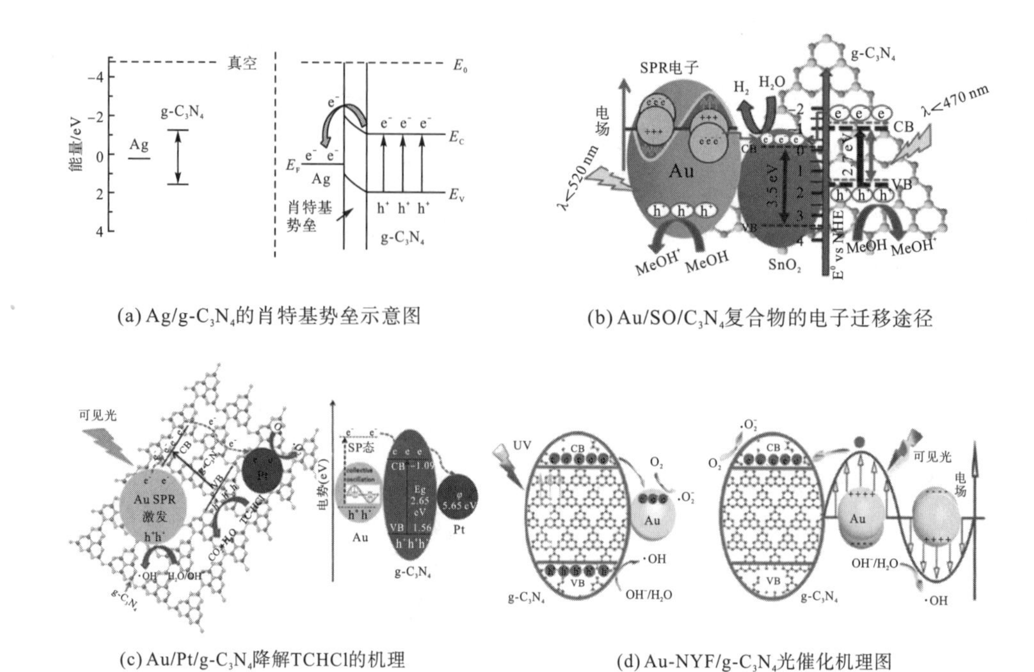

(a) Ag/g-C₃N₄的肖特基势垒示意图

(b) Au/SO/C₃N₄复合物的电子迁移途径

(c) Au/Pt/g-C₃N₄降解TCHCl的机理

(d) Au-NYF/g-C₃N₄光催化机理图

图 2-19 Ag 的功函和 $g\text{-}C_3N_4$ 的 CB/VB 位置，以及在 Ag 和 $g\text{-}C_3N_4$ 之间产生的肖特基势垒示意图(Zhang W et al.，2016)(a)；形成的 Au/SO/CN 纳米复合物(Zada A et al.，2016)的电子结构和光生载流子的传输/分离途径(b)；在可见光照射下，Au/Pt/$g\text{-}C_3N_4$ 纳米复合物对 TCHCl 光降解(Xue J J et al.，2015)的机理图(c)；制备提到的光催化剂的 UV-vis-NIR 吸收光谱(d)(插图是 H_2O 中 Au 纳米粒子的光谱)

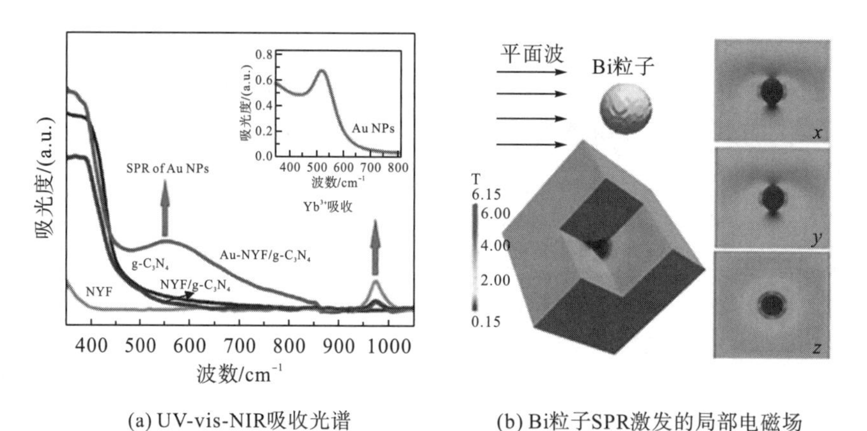

(a) UV-vis-NIR吸收光谱

(b) Bi粒子SPR激发的局部电磁场

图 2-20 Au-NYF/$g\text{-}C_3N_4$ 样品(Zhang Q Z et al.，2017)在紫外光照射下(左)和可见光(λ>475nm)照射下(右)的机理图(a)；由来自 z 方向的平面波(λ=420nm)辐射的 Bi 粒子的 SPR 激发的局部电磁场(b)

注：图(b)展示了一个三维视图和垂直于 x、y 和 z 轴的二维横截面图。比例尺表示场强的相对增幅 $T=|E/E_{inc}|^2$ (Dong F et al.，2015)。

贵金属负载到 $g\text{-}C_3N_4$ 中以形成 $g\text{-}C_3N_4$ 复合材料虽可极大地提高载流子传输速率，然而，这类金属的高昂价格阻碍了其在实际中的应用。因此，金属 Bi 单质已被用作贵金属的替代品在 $g\text{-}C_3N_4$ 表面上产生 SPR 效应。如 Dong 等(Dong F et al.，2015)所述，通过水热处理将 Bi 单质引入到 g-C_3N_4中可产生以下两方面的作用：一方面，由于 Bi 单质的富电子特性产生了具有类似莫特-肖特基效应的 Bi 单质修饰的 g-C_3N_4，从而降低了 PL 强度；另一方面，由于 Bi 和 g-C_3N_4的功函不同，电子从 g-C_3N_4的 CB 流向 Bi 单质，从而为电子传输建立势垒。金属 Bi 单质的存在能够引起 SPR 效应，产生一个内建电场，从而使 Bi 单质修饰的 g-C_3N_4展现出高效的载流子分离效率[图 2-20(b)]。

2.3.4 单原子修饰

随着纳米催化改进和表征技术的不断进步，科研工作者发现表面不饱和配位原子能够充当催化的活性位点(Gao G P et al.，2016；Chen Z P et al.，2016)。因此，为了提高光催化活性，研究人员把希望寄托于通过重新排列纳米晶体的尺寸、形貌和晶面来调整催化剂表面原子的分布和结构。目前，纳米晶的尺寸已经可以减小到原子团簇或单原子水平，可允许能级和电子结构发生根本的变化(He T W et al.，2019；Chen Z P et al.，2017)。与传统的纳米催化剂不同，在多种情况下，单原子修饰的催化剂因其特殊的结构特征能够表现出优异的光催化选择性和稳定性。单原子修饰的材料不仅为理解分子水平上的光催化反应机理提供理想的模型和研究平台，而且有望成为一种具有工业催化应用潜力的新型催化剂。

2.3.4.1 电子转移

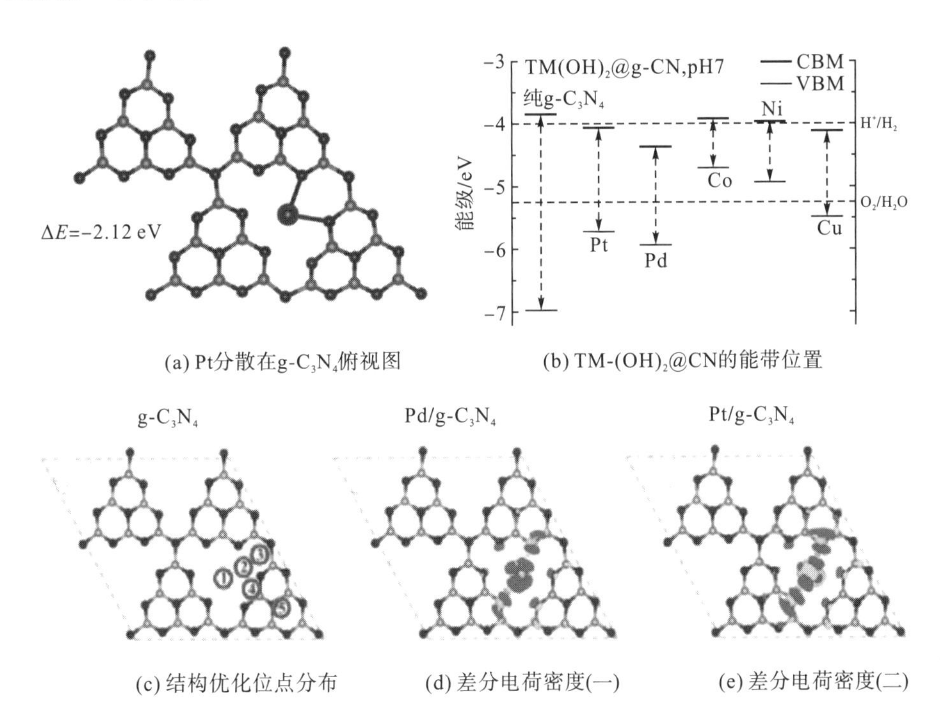

(a) Pt分散在g-C_3N_4俯视图 (b) TM-$(OH)_2$@CN的能带位置

(c) 结构优化位点分布 (d) 差分电荷密度(一) (e) 差分电荷密度(二)

图 2-21 单原子 Pt 分散在 g-C_3N_4上(He T W et al.，2019)的俯视图(a)。TM-$(OH)_2$ @ CN(Li X Y et al.，2016)的能带位置(b)。g-C_3N_4的结构优化(c)：位点①为六重腔中心；②为六重腔角落；③为五元环顶部；④为六重腔边缘；⑤为 g-C_3N_4的顶部。Pd/g-C_3N_4(d)和 Pt/g-C_3N_4(e)在等值面为−0.005 e/$Å^3$(浅灰色表示电荷累积)和 0.005 e/$Å^3$(深灰色代表电荷消耗)的三维差分电荷密度(Gao G P et al.，2016)

He 等研究发现(He T W et al.，2019)，单分散的 Pt 原子可以通过与两个 N 原子进行配位，牢固地锚定在 $g-C_3N_4$ 的空位中[图 2-21(a)]。对于 $g-C_3N_4$ 上的单原子 Pt，电子可以从 Pt 流向硝基苯。根据 Bader 电荷分析，可以从单原子 Pt 的周围移除 1.12 个电子，而在每个硝基基团中可累积 0.99 个电子，这表明单原子 Pt 捕获的电荷易于被利用，从而引起载流子分离。此外，Li 等发现具有纳米孔结构的 $g-C_3N_4$ 可使孤立的 TM 原子(TM 包括 Pt、Pd、Co、Ni 和 Cu)锚定在与 sp^2-键合的 N 原子的主体上(Li X Y et al.，2016)。一方面，通过锚定作用形成了强大的共价 TM—N 键，从而阻止了 TM 的移动和聚集。另一方面，锚定作用可在 TM 上产生有利于光催化反应的极化载流子。借助电荷密度图[图 2-21(b)]，发现在 $Pd-(OH)_2$ 修饰的 $g-C_3N_4$ 中，VBM 电荷主要分布在 $Pd-(OH)_2$ 上；而 CBM 电荷主要分布于 $g-C_3N_4$。这意味着在 $Pd-(OH)_2$ 修饰的 $g-C_3N_4$ 上可以实现载流子的有效分离。

Gao 等也通过基于 DFT 模拟交换电子密度发现，单个 Pd/Pt 原子可以与 $g-C_3N_4$ 发生强烈反应(Gao G P et al.，2016)。如图 2-21(c)～图 2-21(e)所示，对于 Pd 修饰的 $g-C_3N_4$，Pd 原子的 d 轨道主要发现电荷消耗。而对于 Pt 修饰的 $g-C_3N_4$，电荷消耗伴随着 Pt 原子的累积。因此，与单原子 Pd 相比，Pt 单原子有两个单电子，有望与目标反应物发生强烈的相互作用。

2.3.4.2 局部电荷重分布

相关文献报道(Zeng Z X et al.，2020；Xiao X D et al.，2020)已明确表明，$g-C_3N_4$ 与单个原子之间存在一个定向电子传输通道，从而有利于载流子的分离。事实上，通过电子轨道杂化，伴随着电子传输及局部电子重新分布，导致了 $g-C_3N_4$ 配体与单原子之间发生相互作用。因此，通过将单个原子锚定在 $g-C_3N_4$ 上，可以从本质上改变局域电子特征，对载流子动力学产生积极的影响。有报道称，在 $g-C_3N_4$ 表面和层间分别负载单原子 Pt(Zeng Z X et al.，2020)，可以不同程度地改变其电子态分布。前者产生了电荷积累区，其周围是电荷耗尽区[图 2-22(a)和图 2-22(b)]；而后者源于层间约束效应引起电荷极化而出现电荷耗尽减少的情况[图 2-22(c)和图 2-22(d)]。有趣的是，对于单原子 Pt 负载于 $g-C_3N_4$ 层间而言，可获得更高的沿垂直方向的离域电荷密度，同时获得较低的质子吸附能(−1.36 eV)和比表面负载单原子 Pt 更小的理论吉布斯自由能(−1.29 eV)，这有利于质子吸附并有力地促进 H_2 的生成。此外，Xiao 等(2020)通过将 Cu 原子与 3 个平面内 N 原子($Cu-N_3$)键合，以及将 Cu 原子与 $g-C_3N_4$ 层间的 4 个 N 原子($Cu-N_4$)键合，构建了双电荷传输通道。如图 2-22(e)和图 2-22(g)所示，Cu $3d_{x^2-y^2}$ 与 N $2p_x$/N $2p_y$ 轨道杂化形成面内键，促进了沿平面方向的电子传输；而从图 2-22(f)和图 2-22(h)可以发现，电荷从 N 2p 轨道传输到 Cu 3d 轨道，以及构建了 Cu 与相邻 N 原子之间沿 z 方向的电荷传输通道。因此，根据 DFT 计算结果，通过在面内和层间分别进行单原子 Cu 锚定 $g-C_3N_4$，均可显著优化载流子动力学。

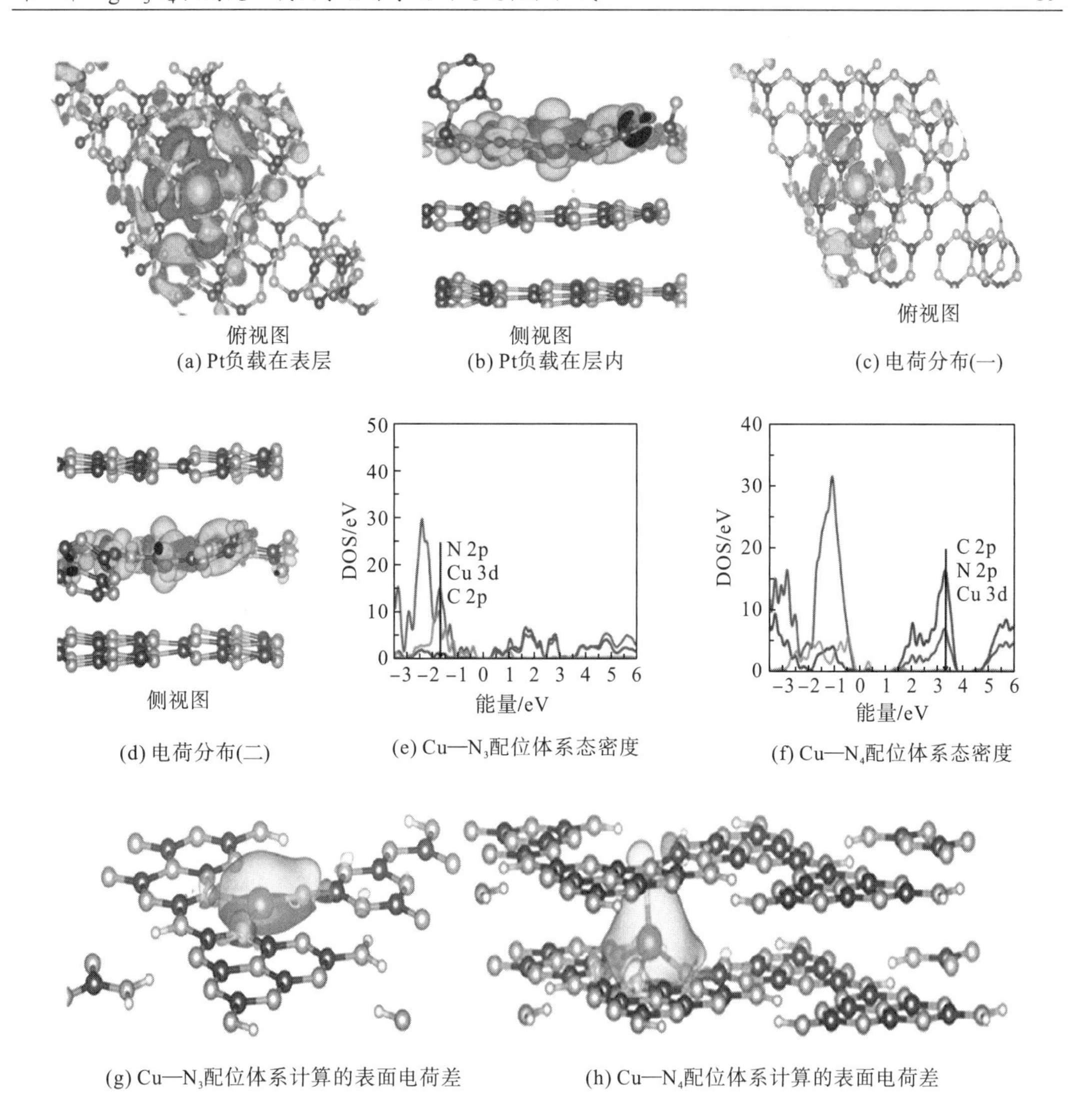

图 2-22 单原子 Pt 负载(Zeng Z X et al., 2020)在 g-C_3N_4 表层(SA-Pt/g-C_3N_4-Sur)(俯视图)(a)及层内(SA-Pt/g-C_3N_4-In)(b)的电荷分布侧视图，及相应的俯视图(c 和 d)；Cu—N_3(e)和 Cu—N_4 配位体系(f)的态密度；Cu—N_3(g)和 Cu—N_4(h)配位体系计算的表面电荷差(Xiao X D et al., 2020)

2.3.4.3 固定单原子

事实上，单原子与 g-C_3N_4 之间的相互作用对固定这些活性单原子至关重要。为了进一步优化单原子锚定光催化剂的稳定性，Li 等将体相 g-C_3N_4 与 H_2PtCl_6 进行混合，在 70℃下搅拌 4～10h，制备了单原子 Pt 修饰的 g-C_3N_4(Pt-CN)(Li X G et al., 2016)。研究发现 g-C_3N_4 中的三均三嗪单元与 H_2PtCl_6 反应生成丰富的 Pt-N/C 键，赋予相对低温制备得到的 Pt-CN 呈现出良好的稳定性。此外，与体相 g-C_3N_4 和 Pt-NPs-CN 相比，由于 g-C_3N_4 中含有孤立的单原子 Pt，其荧光寿命显著提高[图 2-23(a)、图 2-23(b)、图 2-23(d)]。这使得 Pt-CN 具有近带边电子陷阱状态[图 2-23(c)]，从而提供了充足的光激发电子来参与氢离子的还原。更有趣的是，Li 等报道 Pt^{2+}或 Cu^{2+}与 g-C_3N_4 之间存在金属至配体的电荷转移(Metal-to-Ligand Charge Transfer，MLCT)，N 原子具有 6 个未配对电子，可为 Pt^{2+}或 Cu^{2+}在 g-C_3N_4 中的锚定提供理想位点(Li Y R et al.，2016)。以 Pt^{2+}配位的 g-C_3N_4 为例，典型的 MLCT 驱动的光激发过程[图 2-23(e)]的形成，使得 N 共轭芳香单元的局部作用成为可能，而不是传统的 HOMO 到 LUMO 跃迁。这进一步促使电荷不必历经长距离的输运过程，因此降低了电荷复合/弛豫的机会。

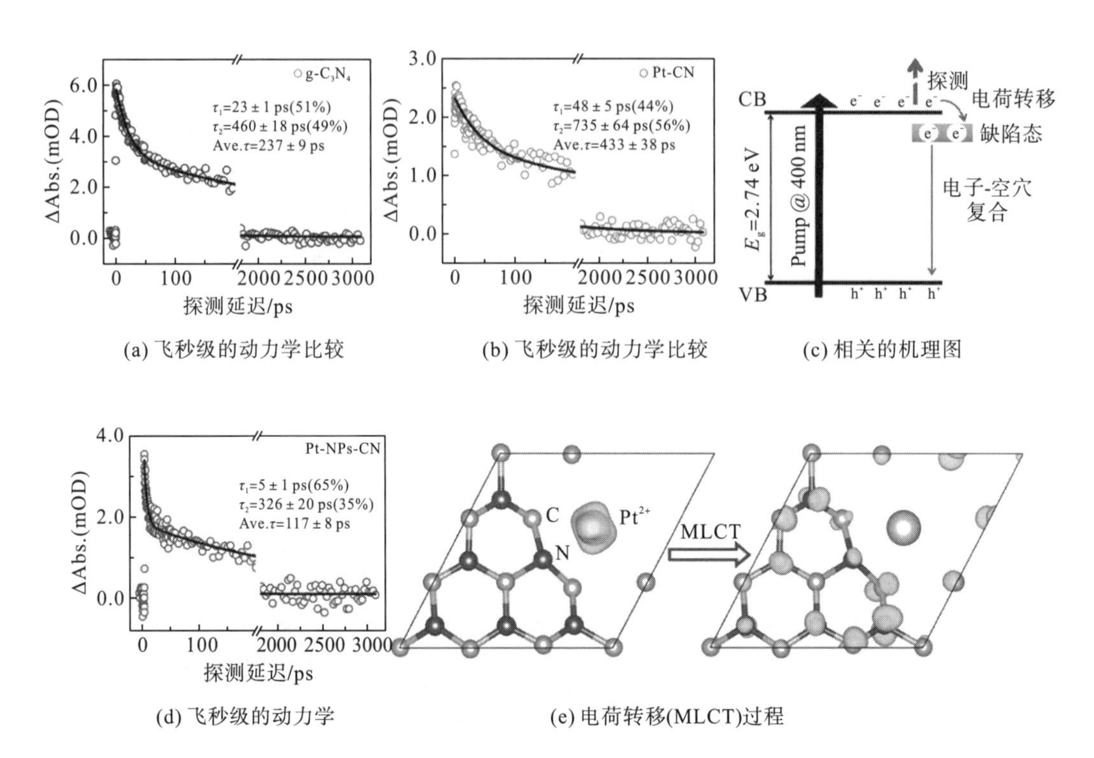

(a) 飞秒级的动力学比较 (b) 飞秒级的动力学比较 (c) 相关的机理图
(d) 飞秒级的动力学 (e) 电荷转移(MLCT)过程

图 2-23 g-C_3N_4(a)和 Pt 单原子修饰的 g-C_3N_4(Pt-CN)(b)及 Pt 纳米粒子修饰的 g-C_3N_4(Pt-NPs-CN)(d)在 750 nm 下对超快飞秒级的动力学比较；相关的机理图(c)(Li X G et al.，2016)；光生电荷密度(e)从 Pt^{2+}诱导的杂化 HOMO 态跃迁到 g-C_3N_4-Pt^{2+}的 LUMO 态，证实了金属到配体的电荷转移(MLCT)过程

注：(浅灰色泡状体代表电子的数量(Li Y R et al.，2016)。

2.3.5 构建异质结

将其他材料与 g-C_3N_4结合来构建界面异质结是一种有效的提高载流子迁移率的方法。根据与 g-C_3N_4 结合的组分不同，可将 g-C_3N_4 异质结分为三类：g-C_3N_4-半导体、g-C_3N_4-MOFs(MOFs：金属有机骨架)和 g-C_3N_4-金属/碳。其中，g-C_3N_4-半导体异质结可进一步分为三种类型：传统 II 型[图 2-24(a)和图 2-24(b)]、Z 型[图 2-24(c)和图 2-24(d)]和 p-n 异质结[图 2-24(e)和图 2-24(f)](Fu J W et al.，2018)。g-C_3N_4-金属/C 复合体系在前面部分已经进行了相应的概述，以下各节将对其他类型进行详细说明。

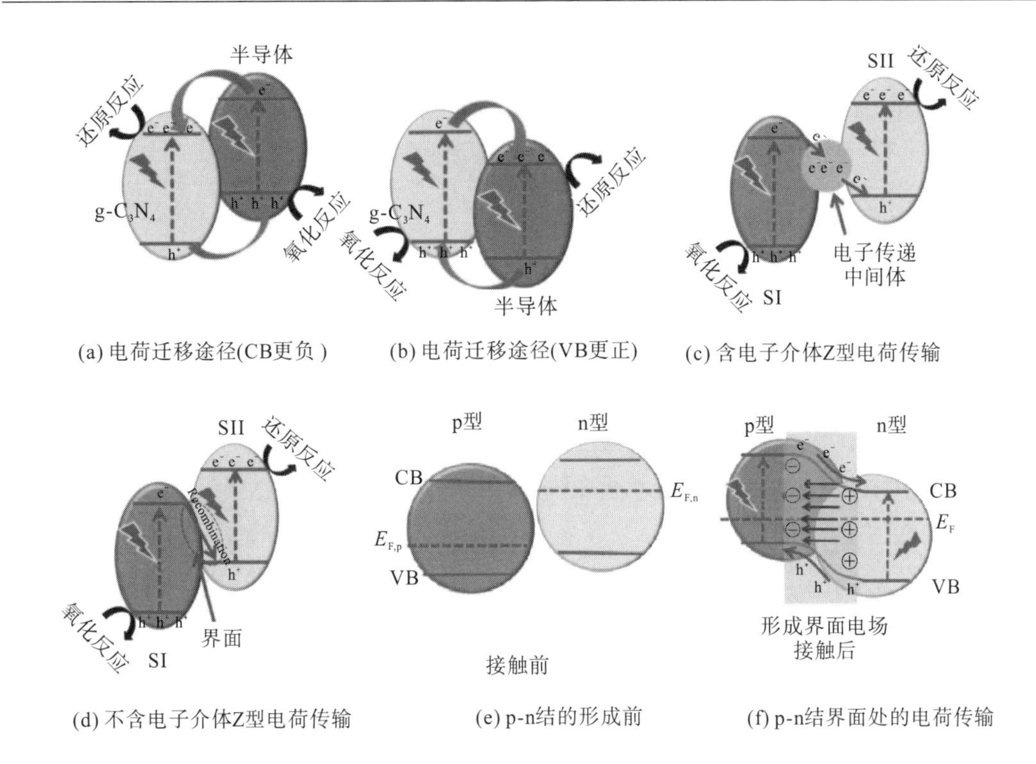

图 2-24 传统Ⅱ型 g-C_3N_4基异质结构的电荷迁移途径是通过将 g-C_3N_4附着在另一种带有更负 CB(a)和带有更正 VB(b)的光催化剂上建立的；含(c)或不含(d)电子介体的光催化剂之间的 Z 型电荷传输；用费米能级(E_F)，CB 和 VB 解释两种光催化剂接触前(e)后(f)，p-n 结的形成过程(Fu J W et al.，2018)

2.3.5.1 Ⅱ型异质结

带隙匹配以及 g-C_3N_4与半导体之间形成紧密界面接触是实现高效Ⅱ型异质结的先决条件。如图 2-24(a)所示，异质结包含半导体(具有相对较高的 CB 值)和 g-C_3N_4，这可以使半导体的导电电子迁移并保留到 g-C_3N_4的 CB 处。据 Chen 等报道，通过原位加热工艺制得 Cu_2O 纳米粒子改性的 g-C_3N_4(Chen J et al.，2014)。根据紫外可见漫反射光谱(UV-vis DRS)和 VB X 射线光电子能谱(XPS)测量的结果显示，Cu_2O 的 CB 电位比 g-C_3N_4的 CB 电位大 1.11eV，因此 Cu_2O 可以转移其电子到 g-C_3N_4。1.84eV 的 VB 电位差使 g-C_3N_4的光生空穴转移到 Cu_2O，以此获得较低的载流子复合率。然而，由具有较低 CB 电位的半导体(大于 g-C_3N_4的 CB 值)和 g-C_3N_4组成的这类异质结是非常罕见的。

相反，图 2-24(b)中所示的 g-C_3N_4基Ⅱ型异质结十分常见。大量的半导体，如 TiO_2(Wu Y X et al.，2019)、Ti_3C_2 MXene(Vattikuti S V et al.，2018)、$Bi_4O_5Br_2$(Yi F T et al.，2020)、ZnTe(Wang Q L et al.，2019)、Nb_2O_5(Khan I et al.，2019)、$BiPO_4$(Ma X G et al.，2018)等可以与 g-C_3N_4耦合形成 g-C_3N_4基Ⅱ型异质结。例如，Sun 等(Sun L M et al.，2014)报道的 Zn_2GeO_4(绝对真空标度下，VB=−5.80 eV，CB=−3.18 eV)与 g-C_3N_4之间可成功构建异质结(绝对真空度下，VB=−7.95 eV，CB=−3.64eV)。不同的功函使电子能从 Zn_2GeO_4传输到 g-C_3N_4，直到达到匹配的费米能级，从而产生带正电的 Zn_2GeO_4和带负电的 g-C_3N_4。

然后，在界面处形成内建电场，有利于载流子的传输和分离。众所周知，在成功构建 g-C_3N_4 基Ⅱ型异质结之后，可有效分离光生载流子。但是，由于光生电子和空穴分别积聚在 CB 下方和 VB 上方，因此还原和氧化能力会相应地减弱。

2.3.5.2 Z 型异质结

Z 型异质结不仅可实现载流子的高效分离，还可保留相应的强氧化还原能力。载流子传输有两种，即介导的 Z 型电荷迁移[图 2-24(c)]和直接 Z 型电荷迁移[图 2-24(d)]。前者通常使用导电良好的纳米金属作为电子介质，而后者则依赖于紧密的界面接触。在 Z 型异质结系统中，它们在调节两个半导体催化剂之间的光生电子方面起着至关重要的作用。以 Z 型 CdS/Au/g-C_3N_4 异质结为例(Zheng D D et al.，2015)，具有高电导率的纳米 Au 可以作为电子调节器，诱发 CdS 和 g-C_3N_4 之间进行电荷迁移。在可见光照射下，CdS 产生的光生电子迁移到金属 Au 上，随后迁移到 g-C_3N_4 的 VB 处，与 g-C_3N_4 的光生空穴重新结合。相比之下，在这种情况下 Z 型 CdS/Au/g-C_3N_4 异质结显示出较强的氧化还原性能。

没有电子介体的 g-C_3N_4 基 Z 型异质结也引起了研究者的极大关注。Li 等(Li Y H et al.，2017)采用一步混合煅烧法设计出一种基于金红石型 TiO_2($rTiO_2$)和 g-C_3N_4 量子点(T-CN QDs)的 Z 型异质结。基于活性物种的分析，他们发现 •OH 和 •O_2^- 是改善 T-CN QDs 复合物光反应的主要活性物种。g-C_3N_4 的 CB 和 VB 计算估值分别为−1.24V 和 1.15V(vs NHE)，$rTiO_2$ 的 CB 和 VB 计算估值分别为−0.23V 和 2.74V(vs NHE)。而 OH^-/•OH 的电势(2.4V，vs NHE)高于 g-C_3N_4，因此，•OH 的形成可能源于 $rTiO_2$ 的空穴与 OH^-/H_2O 的相互作用；•O_2^- 可能是吸附的 O_2 与 g-C_3N_4 上 CB 电子的反应产生。因此，可以获得无介导 Z 型异质结构的 T-CN QDs，即在可见光的照射下，$rTiO_2$ 的 CB 电子直接转移到 g-C_3N_4 的 VB 中，然后与 g-C_3N_4 中空穴复合。结果显示，具有较强氧化还原能力的 T-CN QDs 可保持较高 CB 电位和较低的 VB 电位。

事实上，有研究表明，Ⅱ型异质结可以通过调节界面能带弯曲转换为直接 Z 型异质结(Huang Z F et al.，2017)。Huang 等成功地合成了 g-C_3N_4-$W_{18}O_{49}$ 复合材料(Huang Z F et al.，2017)。结果表明，g-C_3N_4 具有比 $W_{18}O_{49}$ 更高的费米能，具体差值为：在 0.5 M 的 Na_2SO_4 溶液中，$\Delta E_F = E_F$ (g-C_3N_4)−E_F ($W_{18}O_{49}$)=0.42eV；在 Na_2SO_4 和 CH_3OH 混合液中，$\Delta E_F = E_F$ (g-C_3N_4)−E_F ($W_{18}O_{49}$)=0.21eV]，这使 g-C_3N_4 和 $W_{18}O_{49}$ 在界面处出现能带向上弯曲和向下弯曲。相应地，Ⅱ型异质结被成功构建[图 2-25]。然而更有趣的是，在三乙醇胺(TEOA)混合溶液中，g-C_3N_4 比 $W_{18}O_{49}$ 具有更低的费米能，ΔE_F 为−0.59eV，使得 g-C_3N_4 和 $W_{18}O_{49}$ 分别呈现出能带向下和向上弯曲。在这种情况下，g-C_3N_4 的光激发电子和 $W_{18}O_{49}$ 的空穴会流向界面，但既不会迁移到 g-C_3N_4 的能带上，也不会迁移到 $W_{18}O_{49}$ 的能带上；因此，光生载流子在界面上不可避免地发生复合。幸运的是，g-C_3N_4 的光生空穴和 $W_{18}O_{49}$ 的电子可以被保留下来，这不仅有助于高效的载流子分离，而且可以提供良好的 H_2 产生速率。

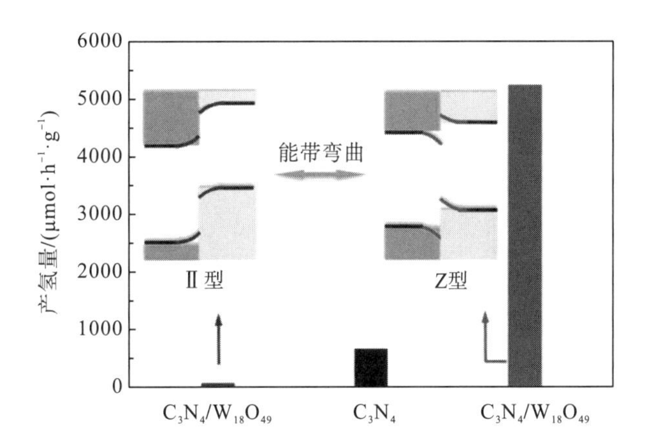

图 2-25 基于界面能带弯曲，Ⅱ型异质结转换为直接 Z 型异质结的示意图(Huang Z F et al.，2017)

2.3.5.3 p-n 异质结

通常，n 型和 p 型材料的费米能级分别位于其 CB 和 VB 附近[图 2-24(e)]。耦合半导体的 M-S 图中正负斜率同时存在，可用于证明 p-n 异质结的成功构建。含氨基的 g-C_3N_4 可用作提供电子的 n 型光催化剂。p-n 异质结设计被认为是促进 g-C_3N_4 载流子分离行之有效的方法。Cu_2O(Liu H et al.，2020)、BiOCl(Yin S et al.，2016)、$LaFeO_3$(Xu Y H et al.，2020)、Cu_3P(Qin Z X et al.，2018)、BiOI(Fan G D et al.，2020)、Ag_2O(Fan G D et al.，2020)和 $Bi_4Ti_3O_{12}$(Guo Y et al.，2016)可作为 p 型材料与 g-C_3N_4 结合以形成 p-n 异质结。g-C_3N_4 基 p-n 异质结构复合材料具有三个重要特征[图 2-24(f)]：

(1) 首先，由于费米能级的不相匹配，p 型半导体与 g-C_3N_4 的紧密接触使得电子从 g-C_3N_4 流向半导体；

(2) 其次，g-C_3N_4 带正电，而在 p 型半导体中将产生负电荷，从而在界面处形成内部电场；

(3) 在光照下，由于产生了内部电场，光生电子从 p 型半导体的 CB 转移到 g-C_3N_4 的 CB 上，而相应的光生空穴则在相反的方向上进行迁移。

因此，p-n 异质结将有效抑制 p 型半导体改性的 g-C_3N_4 材料上光生载流子的复合。

2.3.5.4 g-C_3N_4/MOF 异质结

金属有机骨架材料(metal organic framework，MOF)是一类金属连接的有机化合物，具有与金属氧化物半导体相似的光催化性质。然而，纯 MOF 只能被紫外光激发以产生载流子，MOF 的 CB 和 VB 可认为是由外部金属空轨道和外部有机基团轨道组成。MOF 材料作为载流子分离调节剂的应用潜力已被开发研究。UiO-66 是一种与 Zr 相关的 MOF，由于其良好的物理化学稳定性而被开发用于光催化反应(Cavka J et al.，2008)。Wang 等使用煅烧与水热处理相结合的方法(Wang R et al.，2015)，获得具有不同 g-C_3N_4 含量(UG-x)的 g-C_3N_4 涂层的 UiO-66 复合材料[图 2-26(a)]。PL 测试表明，在 UG-x 复合物中可以进行快速的载流子迁移。然而，如图 2-26(b)所示，UG-x 复合物中 PL 强度随 g-C_3N_4 含量的增加而增加，这意味着 UG-x 复合材料中 g-C_3N_4 的含量增多导致 g-C_3N_4 与 UiO-66 之间的有效接触面减少，伴随着光生电子仅在界面处开始分离。界面处的电子将通过 PL 辐射释放能量，增强 PL 信号强度。

Shi 及其同事通过静电自组装方法开发了包裹 g-C_3N_4的 UiO-66 材料(Shi L et al.，2015)。他们指出 UiO-66(CB 为−0.6 eV 的半导体)与 g-C_3N_4之间由于不平行的带隙结构可形成异质结。PL 和衰减曲线测量结果表明，将 UiO-66 和 g-C_3N_4结合在一起不仅可以大大降低 PL 信号强度，而且可以延长荧光寿命[图 2-26(c)和图 2-26(d)]。这是由于形成了 g-C_3N_4(带负电荷)和 UiO-66(带正电荷)的异质结所致。g-C_3N_4/UiO-66 复合物的静电效应以及 g-C_3N_4 的特殊纳米片状使光生电子易于在界面处从 g-C_3N_4 传输到 UiO-66[图 2-26(e)]。此外，g-C_3N_4/UiO-66 复合物的强电子浓度可以使 UiO-66 中的电子在较长时间内保持聚集。

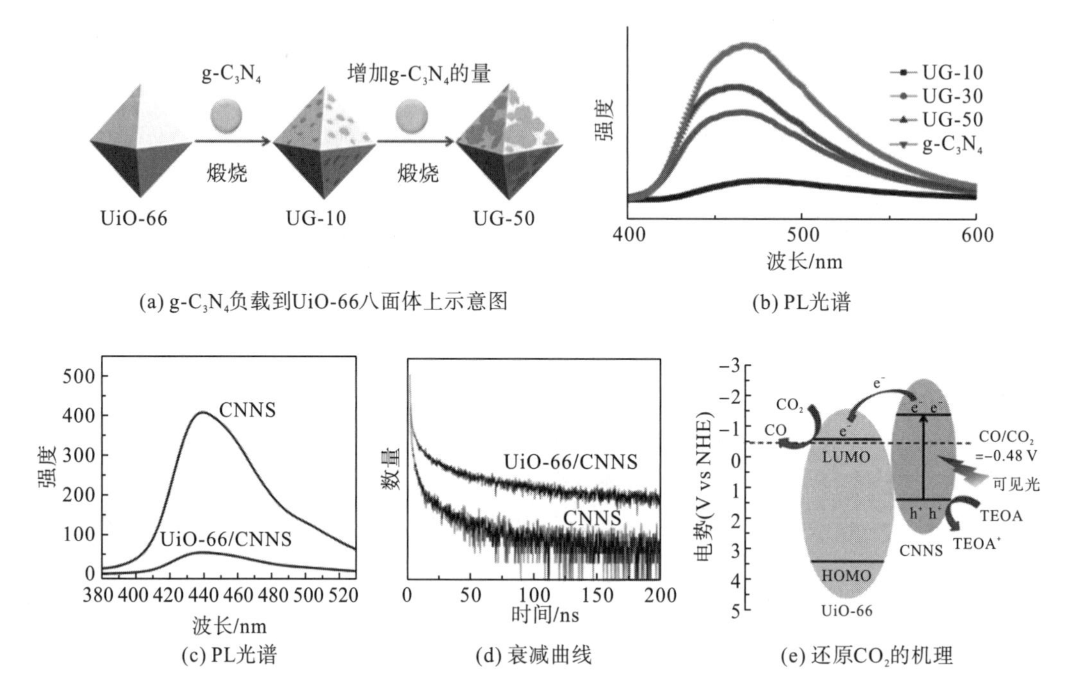

图 2-26 通过煅烧处理将 g-C_3N_4负载到 UiO-66 八面体上的示意图(a)，g-C_3N_4含量的增加使 UiO-66 八面体上 g-C_3N_4的覆盖率提高；g-C_3N_4，UG-x(x=10、30 和 50)的 PL 光谱图(b)(Cavka J et al.，2008)；氮化碳纳米片(CNNS)和 UiO-66 / CNNS(含质量分数为 10%的 CNNS)的 PL 谱(c)和衰减曲线(d)；UiO-66/CNNS 异质结在可见光下还原 CO_2 的机理(e)(Shi L et al.，2015)

除 UiO-66 外，其他 MOF 如 ZIF-8(Wang C C et al.，2019)、MIL-53(Al)(Guo D et al.，2015)、MIL-53(Fe)(Bai C P et al.，2018)、MIL-100(Fe)(Huang J et al.，2018)、NH_2-MIL-101(Fe)(Liu B K et al.，2018)、MIL-101(Fe)(Gong Y et al.，2018)、MIL-125(Ti)(Wang H et al.，2015)、CuBTC(Giannakoudakis D A et al.，2017)、NH_2-MIL-88B(Fe)(Li X Y et al.，2017)、MIL-88B(Fe)(Lei Z D et al.，2018)和 BUC-21(Yi X H et al.，2019)等也可以与 g-C_3N_4 结合以实现电荷的高效分离。

2.3.6　同质异质结

具有不同带隙值的 g-C_3N_4可通过对多种前驱体进行煅烧处理而获得，如硫脲（样品标记为 CN-T）、尿素（样品标记为 CN-U）或三聚氰胺（样品标记为 CN-M）。在此背景下，通过焙烧硫脲和尿素混合物构建了 g-C_3N_4/g-C_3N_4异质结构（CN-TU）（Dong F et al.，2013）。X 射线衍射（X-ray diffractron，XRD）和透射电子显微镜（transmission electron microscope，TEM）图谱显示，CN-TU 的衍射角介于 CN-T 和 CN-U 之间，CN-T 和 CN-U 的明显界限证实了同质异质结的存在。根据 UV-vis DRS 光谱的结果可知，CN-T 和 CN-U 的能隙排列与Ⅱ型异质结非常吻合。如图 2-27(a)所示，不同的能隙排列促进了载流子的运输。与Ⅱ型异质结相比，通过不同的方法构建的 g-C_3N_4基同质异质结在提升载流子动力学方面取得了异曲同工之妙。

无独有偶，可通过同样的方法（煅烧三聚氰胺和尿素的混合物）获得 g-C_3N_4基的Ⅰ型异质结（Dong F et al.，2015）。如图 2-27(b)所示，0.17eV 的 CB 电势差驱动光生电子从 CN-U 的 CB 流向 CN-M，然而，由于 VB 电势差极小，相应的空穴不会从 CN-M 转移到 CN-U。通过比较Ⅰ型异质结和Ⅱ型异质结，前者表现出更好的光氧化性能，Ⅰ型异质结由于保留了空穴因而具有更强的氧化电位。

此外，通过添加 $NaBH_4$对 g-C_3N_4进行二次焙烧处理，可得到 g-C_3N_4基的 p-n 异质结（Liu G G et al.，2016）。p 型 g-C_3N_4的设计来源于氨基（电子给体）到-C≡N 基团（电子受体）的转化。引入具有强还原电位的 $NaBH_4$不仅可以释放 H_2将 g-C_3N_4中的晶格 N 还原为氨，还可以直接与 g-C_3N_4反应，裂解 g-C_3N_4中的均三嗪杂环，从而产生 C≡N 键。C≡N 键是产生具有 p 型半导体性质的 g-C_3N_4的电子受体。因此，g-C_3N_4中的 p-n 异质结类似于Ⅱ型异质结，一方面产生界面电场，另一方面使电子和空穴反向迁移，最终促进电荷分离[图 2-27(c)]。

g-C_3N_4基同质 p-n 结为设计新型同质结开辟了新途径。Zhou 等通过原位加热硫脲和尿素合成了 n-n 同质结的 g-C_3N_4（Zhou M J et al.，2017）。M-S 图的正斜率表明所制备的光催化剂具有 n 型半导体特征，成功地构建了具有 g-C_3N_4的 n-n 同质结[图 2-27(d)]，电子和空穴迁移方式类似于Ⅱ型异质结。

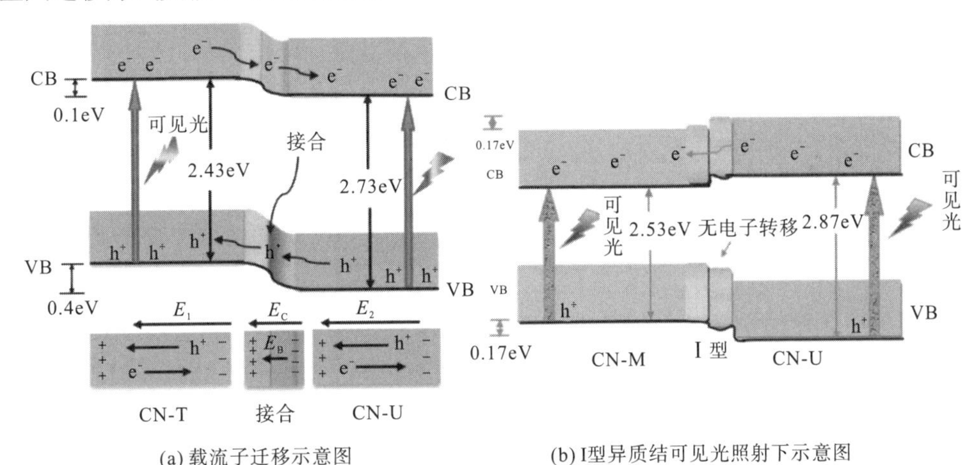

(a) 载流子迁移示意图　　(b) Ⅰ型异质结可见光照射下示意图

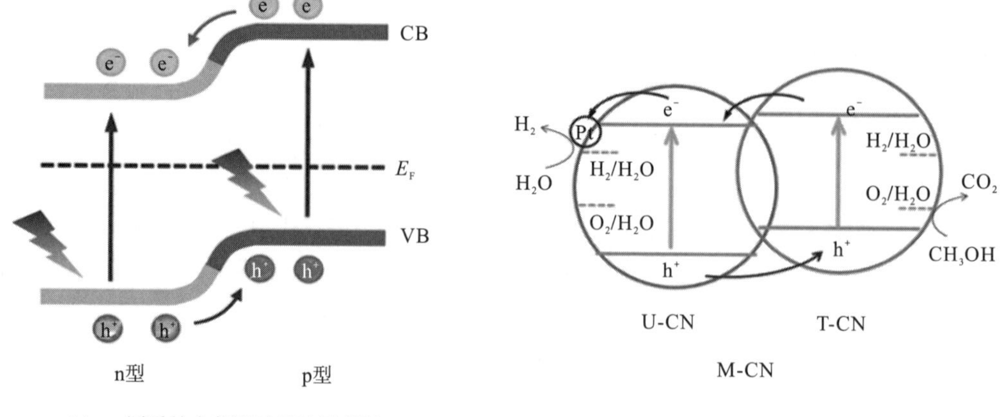

(c) p-n同质结中载流子迁移示意图

(d) 光催化材料的光催化析氢示意图

图 2-27 g-C_3N_4/g-C_3N_4异质结中两种光催化剂及其界面处的载流子迁移示意图(a)：E_C代表两组分的接触电场；E_B表示界面消耗层中的势垒(在光催化过程中，$E_B<E_C$)；E_1和E_2分别表示由CN-T和CN-U空间电荷分布激发的内电场(Dong F et al.，2013)；I型g-C_3N_4/g-C_3N_4异质结构在可见光照射下的示意图(b)(Dong F et al.，2015)；具有p-n同质结的改性光催化剂中载流子迁移示意图(c)(Liu G G et al.，2016)；M-CN光催化材料的光催化析氢(Zhou M J et al.，2017)示意图(d)

2.4 面内载流子迁移

2.4.1 H键断裂

因氨基的存在，g-C_3N_4含有C、N和部分H。由于含胺组分的不充分缩合，大量H键超越了共价键占主导的层内构型。因此，人们可能会产生疑问：H键在载流子传输中的作用是什么？首先，与共价键相比，围绕H键的电子轨道充分重叠似乎勉强足以触发载流子运输。Kang等解释了层间载流子传输的束缚势垒达到33.2eV，而对于H键的束缚势垒为7.9eV，这表明g-C_3N_4的中间层或H键的载流子迁移似乎难以进行(Kang Y Y et al.，2016)。然而，带有H键的g-C_3N_4可能导致光生载流子局域在蜜瓜胺内，导致层间的转移降低。但是，含H键的g-C_3N_4可使载流子位于三嗪环单元中，从而导致载流子向较低的跨中间层迁移跨跃。研究还发现，g-C_3N_4中H键的存在可以通过阻止胺类物质来阻止胺和Pt之间的配位。因此，H键断裂的观点被提出。

与共价键相比，H键的稳定性较弱，且往往不能经受住高温煅烧或化学处理。因此，Kang等在540～610℃的Ar气中焙烧未经处理的g-C_3N_4来选择性地破坏H键(Kang Y Y et al.，2016)。XRD图谱表明，随着温度的升高，13.1°峰(维持层内长程原子序列的H键)变弱，这表明H键的断裂发生在层内结构中。由于g-C_3N_4上的H键主要用于维持层间长程原子的有序性，当H键断裂时，层间有序排列的原子将被破坏，从而导致N原子的部分损失。因此，当煅烧温度达到620℃时，通过破坏面内H键以获得均匀的非晶态g-C_3N_4(CAN)(Kang Y Y et al.，2015)。长程原子链的断裂是g-C_3N_4中形成短程排列的基础，而短程排列是由于煅烧过程中氨基基团的大量外部运动，导致蜜瓜胺基团的外部扭曲而形成的。$g\text{-}C_3N_4$中无定形短程原子构型阻止了长程辐射复合，这将促进载流子分离，从而消除每个三嗪环单元内载流子的密集局域化，并降低层间和 H 键的高势垒。

尽管非晶态 $g\text{-}C_3N_4$(aCN)允许适度的载流子传输，但 Rahaman 等认为，改性前 aCN 析氢的过程中量子效率(QE)较低，因为它的光捕获能力低，光子损耗大，电荷寿命短，载流子迁移阻力大(Rahaman M Z et al.，2017)。他们还认为，QE 和析氢速率的增强是由于良好的光捕获能力和高效的载流子迁移率，这与纳米光催化剂的晶相及结构特征有关。因此，通过将三聚氰胺与双氰胺在 600℃的 N_2气氛中共聚合 4h，制备出具有分层结构的三维海绵状 CAN(3D-aCN)。3D-aCN 材料在 13° 附近显示出一个平坦的 XRD 衍射峰，证实了 H 键的断裂，导致了短程原子有序的形成和 N 原子的部分损失，这为 3D-aCN 提供了局域态，从而降低载流子的复合。如 SAED 所示，信号扩散衍射环证实了 3D-aCN 中无定形结构的存在。此外，根据 M-S 图可知，3D-aCN 表现出更负的平带电势，从而提高了电导率和载流子迁移率。M-S 图不仅能显示高效的载流子分离，而且还能表示载流子复合率的降低。另外，3D-aCN 独特的多孔骨架结构为电子提供了面内通道，以减小载流子的扩散距离。

用尿素和 $SrCO_3$共缩合制备的 SrO 修饰的 $g\text{-}C_3N_4$(SCN)，显示出非晶结构的优点(Cui W et al.，2017)。其中，$SrCO_3$中 CO_3^{2-} 释放的 H_2和 CO_2攻击 $g\text{-}C_3N_4$的 H 键，可以进一步破坏层内 H 键，生成非晶态 $g\text{-}C_3N_4$。$g\text{-}C_3N_4$的非晶结构一方面通过抑制辐射复合途径极大地降低 PL 强度，另一方面，生成短程原子序列，降低载流子局域化和层间及 H 键的势垒，从而有利于载流子的分离。

2.4.2　提高结晶度

据报道，结晶度与体相和表面载流子扩散动力学密切相关。低结晶度与不完全热聚合/缩聚以及残留的氨基基团有关。这些氨基在 $g\text{-}C_3N_4$中可以表现为缺陷，导致中间能级的形成，使得禁带值通过 VB 带边上移而减小。相应地，VB 电位升高会导致载流子迁移率降低；因此，利用阳极氧化铝(anodic aluminum oxide，AAO)模板产生的限制效应设计高结晶度的 $g\text{-}C_3N_4$(Li X H et al.，2011) [图 2-28(a)]。正如预期的那样，得到的氨基较少的 $g\text{-}C_3N_4$(CNR)[图 2-28(b)]反映出强烈的缩合，因此，通过这种方式可以使得面内电荷迁移率得以提高，同时获得具有较少缺陷的 CNR。然而，这种 AAO 模板每 g 高达 200 美元，高昂的价格限制了其工业化应用(Li X H et al.，2011；Schwing hammer K et al.，2014)。

在热缩合过程中加入 HCl，通过质子化可制备高结晶度的 $g\text{-}C_3N_4$(Wang J H et al.，2016)。$g\text{-}C_3N_4$中具有不成对电子的 N 原子[图 2-28(c)]能够破坏层内 H 键(通过 HCl 的攻击)，使中间体自由聚合。制得的 $g\text{-}C_3N_4$(CN-400-1M)显示出高度结晶，如(002)峰的半峰宽降低[图 2-28(d)]以及衍射图案中出现六边形衍射斑[图 2-28(e)]。$g\text{-}C_3N_4$的热缩合分多个阶段进行，但传统的合成工艺产生了大量的缺陷，阻碍了载流子的分离。相反，酸质子化过程增强了 $g\text{-}C_3N_4$的聚合动力学，导致结晶度高、缺陷少。通过不同的光电流分析表明，$g\text{-}C_3N_4$的结晶度通过对传统的缩合反应动力学进行修正，只有三均三嗪发生了酸质子化，结晶度有所提高。Chen 等通过对 g-C_3N_4 前驱体和碱金属盐的混合物进行焙烧热处理，成功合成了掺杂亚稳态多元盐的 g-C_3N_4，由于其亚稳态性质和良好的骨架序列而具有良好的结晶特征(Chen Z P etl al.，2017)。

从动力学角度来看，本体聚合处理会直接导致结晶度变差，这主要是由于固相聚合过程中间体扩散的固有限制。较弱的缩合反应产生 1D NH 桥连的蜜勒胺链(Lin L H et al.，2016)[图 2-28(f)]，它们以 Z 字形排列并通过 H 键连接。但是，这种键可能会阻碍 g-C_3N_4 的面内电子传导并削弱导电性。因此，人们期望制备得到完全聚合，结晶度高，且几乎没有缺陷(作为载体的湮灭点)的 g-C_3N_4。

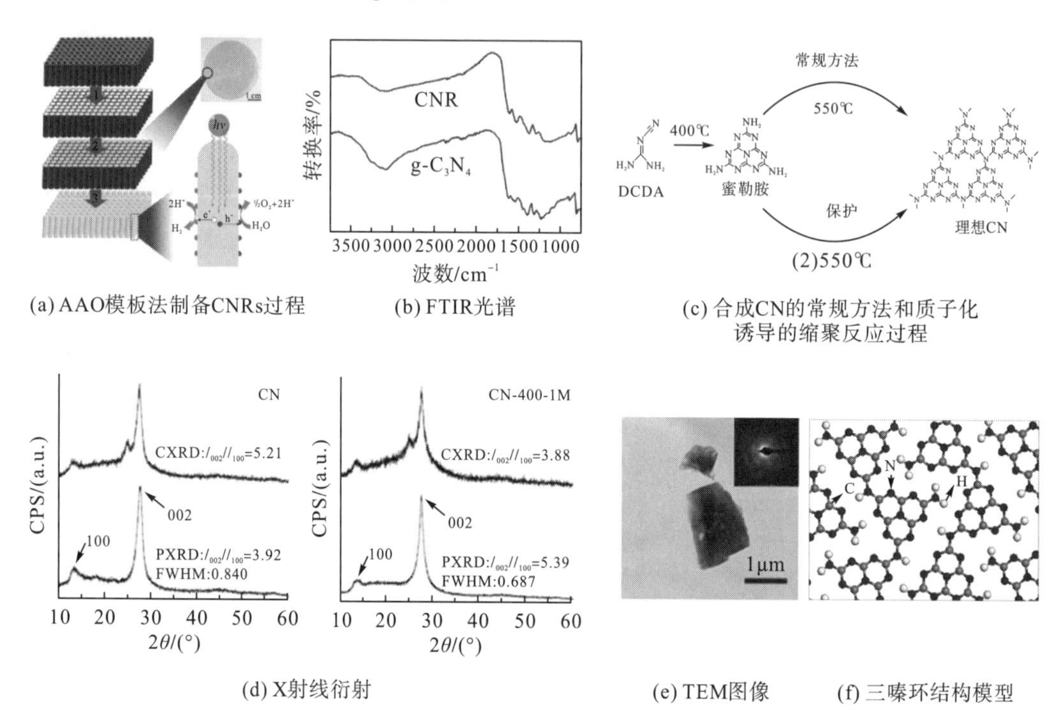

(a) AAO模板法制备CNRs过程　(b) FTIR光谱　(c) 合成CN的常规方法和质子化诱导的缩聚反应过程

(d) X射线衍射　(e) TEM图像　(f) 三嗪环结构模型

图 2-28　AAO 模板法制备 CNRs(a)包括三个步骤：首先，用单体氰胺填充 AAO 模板(灰色)；其次，将填充后的模板在 600℃的 N_2 气中煅烧 4h；最后，通过蚀刻模板得到 CNRs(浅灰色)。CNR_S 和 g-C_3N_4(Liu X H et al.，2011)的傅里叶变换红外(FTIR)光谱(b)。合成 CN 的常规方法和质子化诱导的缩聚反应过程(c)，DCDA 表示双氰胺。CN 和 CN-400-1M 的粉末 X 射线衍射(PXRD)/毛细 X 射线衍射(CXRD)图谱(d)，插图显示的是半峰宽(FWHM)值和(002)/(100)峰值比。CN-400-1M 的透射电子显微镜(TEM)图像(e)，插图为电子衍射图(Wang J H et al.，2016)。三嗪环结构模型(f)。(Lin L H et al.，2016)

Lin 等通过双氰胺与盐熔体(KCl/LiCl)的自聚合反应，获得高结晶度的 g-C_3N_4(Lin Z et al.，2013)。将具有蜜瓜胺基序的 g-C_3N_4 和熔盐在 550℃下进行热处理，通过破坏大量的 H 键而形成具有三均三嗪亚基的高结晶度 g-C_3N_4，热力学上激发了化学结构的重建并改变了结晶动力学。因此，所制得的结晶 g-C_3N_4 通过其扩展以及完全缩合的结构优势明显地提高了载流子的运输和迁移能力，其结构中的 π 电子体系促进了载流子的快速迁移，同时降低了缺陷浓度以确保较低的载流子复合率。

2.4.3 扩展π电子离域

2.4.3.1 引入芳香基团

$sp^2\pi$共轭体系能极大地影响g-C_3N_4的光催化性能。通过将芳香族物质锚定在g-C_3N_4表面可增强π电子离域，间接地改变材料的特性。因此，Zhang 等通过多个单体共聚将几个带有 NH_x和/或 C≡N 基团的有机物质嵌入到 g-C_3N_4结构中(Zhang J S et al.，2012)[图 2-29(a)]。C/N 摩尔比的增加使固态 ^{13}C NMR 出现新信号，证明芳香族 C 基团已嵌入到 g-C_3N_4的聚合物结构中。较高的光电流和较小直径的半圆形 Nyquist 图也证实了这一点，表明 g-C_3N_4结构中芳香族物质的存在大大扩展了π电子的离域，该芳香族物质通过改善载流子迁移率而改变原有的电子性质。

据报道，在 g-C_3N_4结构中嵌入芳香族官能团不仅可以扩展π电子离域，还可以构建双异质结结构以促进载流子的分离(Zhang M W et al.，2014)。因此，Zhang 等使用几种具有特殊化学性质的单体与尿素缩合，获得的低维(LD)g-C_3N_4 纳米片呈现芳香族化合物修饰的异质结构(Zhang J S et al.，2012)。在 g-C_3N_4中引入芳香族基团可以改变π电子离域，同时可以平衡 LD 纳米结构中的量子尺寸效应，进而明显提高光捕获效率。此外，增强的电子顺磁共振(electron paramagnetic resonance，EPR)信号反映出光生电荷的消耗，光生电荷的结合能的降低，以及黑暗和光照下的孤对电子数量的减少。

具有扩展的π-π 电子相互作用的 3,4,9,10-苝四羧酸二酐(PD)在 g-C_3N_4表面锚定后，增加了光生电荷的扩散长度，并促进了良好的电子迁移，优化了电学性质(Forrest S R et al.，1997；Ronconi F et al.，2015；Li J X et al.，2016)。Wu 等设计出一种利用不同数量 PD 和氰胺共聚的合成策略，将二萘嵌苯单元插入到g-C_3N_4基质中(Ye C et al.，2018) [图2-29(b)]。XPS 光谱中显示出高C 比和新的 O1s 峰表明 g-C_3N_4基质发生了变化(因为PD 含有较高的C

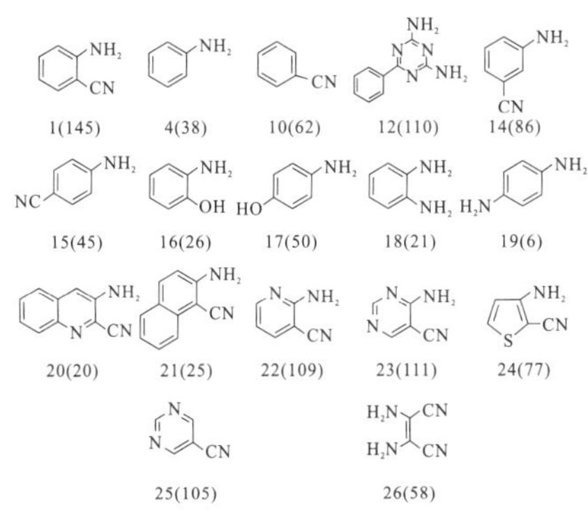

(a) 单体功能化的g-C_3N_4

(b) 插入二萘嵌苯的g-C_3N_4的示意图

图 2-29 单体功能化的 g-C_3N_4(a)，括号中的数字表示由相应单体功能化的 g-C_3N_4的析氢速率(HERs)(μmol·h^{-1})，g-C_3N_4的 HER 为 18μmol·h^{-1}(Zhang J S et al.，2012)；插入二萘嵌苯的 g-C_3N_4的示意图(b)(Ye C et al.，2018)

和 O 含量）。TG 分析也证实了 $g-C_3N_4$ 中包含了二萘嵌苯单元。此外，由于来自芳香族 C 环的孤对电子数量增加，EPR 信号增强，这反映了 $g-C_3N_4$ 杂环（Zhang J S et al.，2012）的高效延伸和离域。EIS 和 PL 的结果表明，在 $g-C_3N_4$ 上存在着一种扩展离域的二萘嵌苯结构，能够通过将电子从 $g-C_3N_4$ 基团传输到二萘嵌苯来改变载流子的传输方式。

2.4.3.2 嵌入 C 链或芳香环

一种新的基于 C 链或芳香族合并到 $g-C_3N_4$ 中的框架策略，通过加速光生载流子的空间分离，明显改善电荷迁移动力学。因此，Li 等通过热解三聚氰胺和甘氨酸的混合物，将两个 C 原子的 C 链并入到 $g-C_3N_4$（Li Y X et al.，2019）。他们发现，短 C 链可以与 $g-C_3N_4$ 层中丰富的缺陷通过共价键相互连接，形成一个有效的电子传递通道，而不是具有丰富 H 键的体相 $g-C_3N_4$ 层。同样地，如图 2-30（a）所示，将具有芳香族结构的 C 环嵌入到 $g-C_3N_4$ 中，因其不同的电子亲和力而改善电子传输特性（Che W et al.，2017）。$g-C_3N_4$ 中具有末端未配对电子的 N 位为建立异质结提供了理想的位置。因此，Che 等通过对葡萄糖和蜜勒胺进行脱水，然后聚合，成功制得了 C 环掺杂的 $g-C_3N_4$（$C_{ring-C3}N_4$）（Che W et al.，2017）。TEM/HRTEM（TEM 和高分辨率 TEM）以及 X 射线吸收近边缘光谱仪（XANES）用于确认 $g-C_3N_4$ 中 C 环的存在[图 2-30（b）]。如图 2-30（c）所示，C 环嵌入到 $g-C_3N_4$ 之后，电荷密度得到明显改善。同时，EIS 证明载流子传输能垒减小，这是由于电荷密度的增加所致。而瞬态开路电压衰减的结果表明 $C_{环}-C_3N_4$ 具有高能量和较长的载流子寿命。$C_{环}-C_3N_4$ 的 UV-vis DRS 光谱和态密度（density of state，DOS）的结果证明，在 VB 上形成新的中间带隙，将提供具有较低能量的不同传输路径。此外，由于 C 环和 $g-C_3N_4$ 的功函不同而产生的电荷梯度会推动电子和空穴向不同方向移动，直到确定了的反应区域。$C_{环}-C_3N_4$ 表现出较好的亲电性，促进了表面吸附和 H 离子的还原，从而大大抑制了载流子的复合。

在 $g-C_3N_4$ 中掺杂 C 环被认为是改变电荷转移动力学的有效方法。因此，Yu 等制备出在表面及不同深度处掺杂 C 环的 $g-C_3N_4$（Yu Y et al.，2018）。如图 2-30（d）所示，0.332nm 的晶格条纹归因于石墨 C。石墨（0.215nm）和 $g-C_3N_4$（0.237nm）之间的晶格条纹差异进一步证实了 C 环的引入[图 2-30（e）]。此外，随着电子以更强的电负性从外部传输到内层，因此将 C 环引入 $g-C_3N_4$ 会产生一个内部电场[图 2-30（f）]，内部电场极大地增强了电子的向外运动。然而，源自内部电场的巨大势垒阻止了内部对应的光生空穴移动到次外层。同样，电荷迁移也发生在次外层和最外层之间。这种独特的载流子分离方式大大降低了其复合的可能性。

Kim 等通过取代部分叔 N 原子合成了苯修饰的 $g-C_3N_4$（Kim H et al.，2017）。如图 2-30（g）所示，如果没有尿素和偏苯三甲酸（TMA）的协同作用，就不会成功实现苯环掺杂：①尿素中的—NH_2 部分引发 TMA 中—COOH 的中心 C 的亲核攻击；②尿素热处理过程中会产生三嗪并发生脱水反应；③$g-C_3N_4$ 中的三均三嗪单元作用于苯环的部分引入，从而改变空间构型。DFT 模拟表明，苯掺杂通过破坏局部对称性而引起结构变形，苯掺杂位点周围的载流子持续分离。另外，恒定的 PL 信号证实了这一点，因为苯的掺杂量高于给定值，此外，稳定的荧光信号给出了证据，当苯掺杂量高于给定值时，一方面充当电荷捕获中心，抑制了电荷复合；另一方面，在有序和无序的庚嗪相关链的界面上将载流子输送到不同能级。

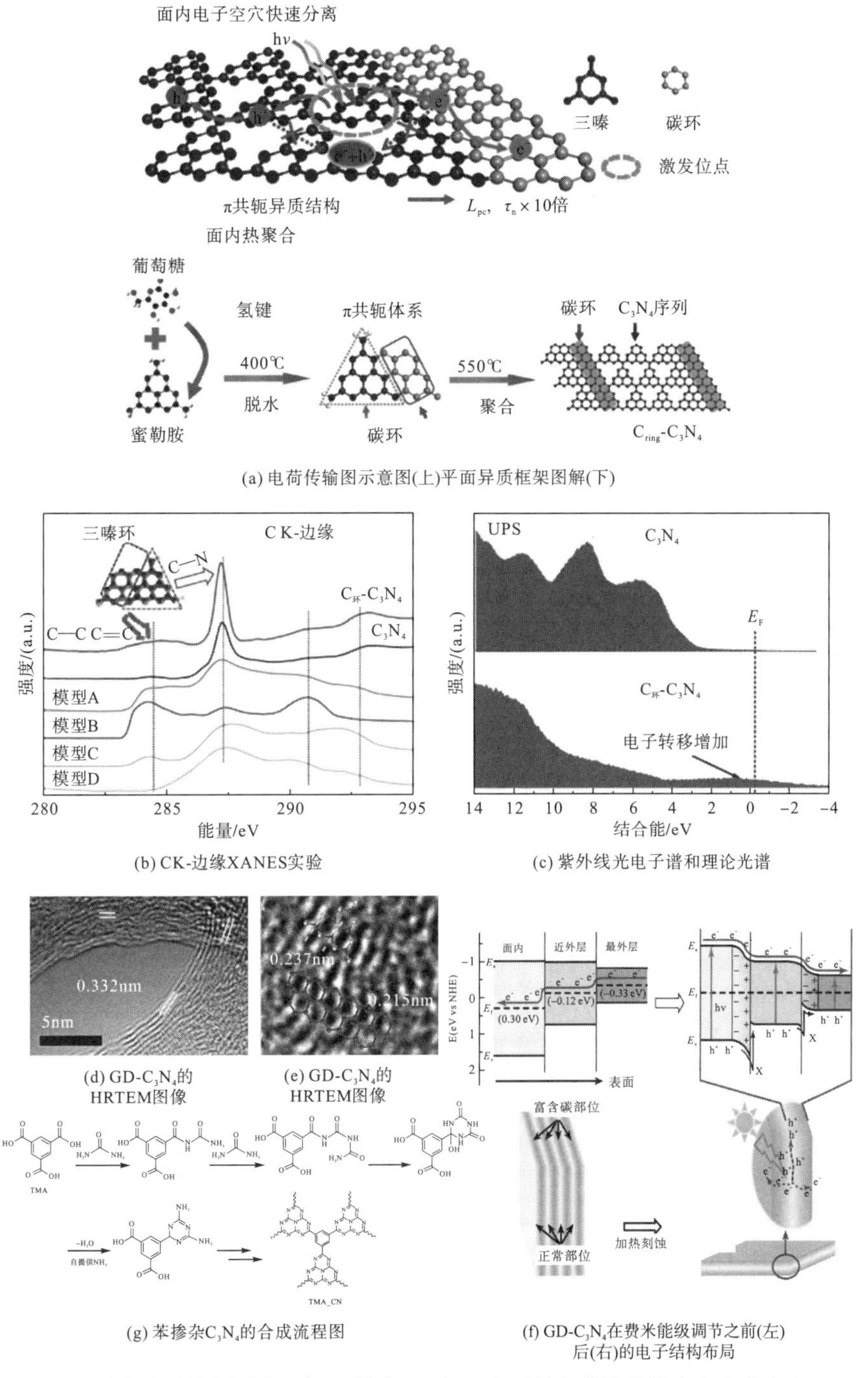

(a) 电荷传输图示意图(上)平面异质框架图解(下)

(b) CK-边缘XANES实验

(c) 紫外线光电子谱和理论光谱

(d) GD-C_3N_4的HRTEM图像

(e) GD-C_3N_4的HRTEM图像

(g) 苯掺杂C_3N_4的合成流程图

(f) GD-C_3N_4在费米能级调节之前(左)后(右)的电子结构布局

图2-30　$C_{环}$-C_3N_4的电荷传输图[(a)，上]，其中L_{pc}和τ_n分别是电荷扩散长度和电荷寿命，$C_{环}$-C_3N_4合成方法的平面异质框架图解[(a)，下]；CK-边缘XANES实验和理论光谱(b)，其中模型A～D分别表示面内$C_{环}$-C_3N_4异质结构，混合$C_{环}$-C_3N_4，C掺杂C_3N_4和纯C_3N_4；紫外线光电子谱(UPS)(c)(Che W et al., 2017)；GD-C_3N_4的HRTEM图像[(d)和(e)]；GD-C_3N_4在费米能级调节之前(左)和之后(右)的电子结构布局(f)，以及通过热蚀刻产生掺杂的层状GD-C_3N_4的方法(Yu Y et al., 2018)；苯掺杂C_3N_4的合成流程图(g)(Kim H et al., 2017)

2.5 层间电荷传输

与 3D 光催化材料不同，2D $g-C_3N_4$之间的弱共价键和固有的石墨 π 共轭结构导致横向载流子迁移和层间激发电子分离困难。Kang 等指出，在中间层存在一个高达 33.2 eV 的势垒，它可以阻止电子在层间传输(该值是根据中间层的静电势计算得出的)。为了减少载流子的复合，使电子在单层上积累，优化层间激发电子解离和载流子迁移率至关重要(Kang Y Y et al.，2016)。

如文献(Wang X C et al.，2012；He Y M et al.，2015)所述，聚合物层堆叠的 $g-C_3N_4$ 材料的载流子复合速率快，反应活性位点少。因此，人们寄希望于具有超薄结构的 $g-C_3N_4$ 实现高效载流子分离并提高其氧化还原能力，同时提供较大的比表面积和优异的光催化活性。

2.5.1 体相 $g-C_3N_4$ 的剥离

当 $g-C_3N_4$ 纳米层的厚度减小到超薄水平时(Dong F et al.，2015)，其聚合网络中的范德瓦耳斯力和 H 键在空气中的热氧化作用下均不稳定，易在体相结构中断裂。对于半导体 $g-C_3N_4$ 而言，纳米片状可以提供较大的比表面积和足够的活性位点，降低载流子扩散程度，从而降低载流子复合的可能性。Niu 等(Niu P et al.，2012)通过在空气中进行高温氧化蚀刻得到了具有 2D 纳米薄片的 $g-C_3N_4$[图 2-31(a)]。通过将氧化蚀刻时间延长到 2h，得到厚度为 2nm 的 $g-C_3N_4$ 纳米片，从而提出了一种逐层剥离的机理。另外，与块状 $g-C_3N_4$ 相比，$g-C_3N_4$ 纳米片的 I-V 曲线响应良好，表明 $g-C_3N_4$ 纳米片的平面内具有足够的电荷转移能力。

在不同气体中进行热处理可实现块体 $g-C_3N_4$ 的剥离，如 CO_2(Li Y H et al.，2018)、NH_3(Xia P F et al.，2017)、H_2(Liao J Z et al.，2020)及惰性气体(Papailias I et al.，2018；Li Y H et al.，2020)等。Yang 等(2017)报道了水蒸气对 $g-C_3N_4$ 的剥离作用，他们认为 H_2O 分子能够插入 $g-C_3N_4$ 层间的原因是水分子的尺寸(0.25 nm)小于 $g-C_3N_4$ 的层间距(0.326 nm)。反应方程式如下：

$$CN(s)+H_2O(g)\xrightarrow{500℃,4h}CO(g)+H_2(g)+NO(g) \tag{2-1}$$

该反应生成了 CO、H_2 和 NO，它们都可充当气泡，在各层之间相互交织将 $g-C_3N_4$ 的厚度减小到几层甚至单层[图 2-31(b)]。UV-vis DRS 结果表明，$g-C_3N_4$ 薄纳米片的形成大大降低了层间电子耦合。

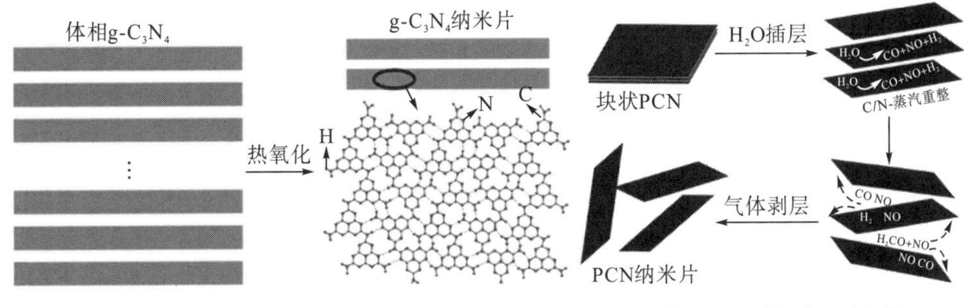

图 2-31 块状 g-C_3N_4 和 g-C_3N_4 纳米片的结构示意图(a)；块状 PCN 通过水蒸气重整实现剥离(b)（Yang P J et al.，2017）

为了获得具有超薄纳米片甚至单层的 g-C_3N_4，以下几种制备方法被研究开发出来，如表 2-1 所示。值得注意的是，不同于超小纳米尺寸对无机金属氧化物光催化材料的作用，g-C_3N_4 的共轭度以及 π 电子离域显得尤为重要(Shi A Y et al.，2017)。这是因为某些过程不可避免地会由于引入异杂原子而破坏 π 电子离域，从而降低 g-C_3N_4 的共轭度并增大光学带隙，使 g-C_3N_4 难以吸收光子。因此，合理设计纳米级甚至亚纳米级的 g-C_3N_4 材料至关重要。

表 2-1 制备剥离的 g-C_3N_4 的方法及其性质

光催化剂(参考文献)	方法	厚度/nm	比表面积/($m^2 \cdot g^{-1}$)	CB/VB 值/V	光致发光寿命/ns
CN-550 (Dong F et al.，2015)	热氧化蚀刻	16	151	−1.16/1.7	5.36
m-CNNS (Ji J J S et al.，2017)	机械研磨	2	63.6	—	—
CCNNSs (Ou H H et al.，2017)	超声-离心	3.7	203	—	—
S-ACN (Song T et al.，2019)	蒸汽缩聚	0.64	328.6	−0.34/2.24	4.40
HC-CN (Xing W N et al.，2018)	Ni 箔激发的热缩聚	—	39.2	−1.1/1.82	6.2
CBCN (Li Y F et al.，2020)	热缩聚	—	116.56	−0.26/1.62	29.69
MCN (Wang J J et al.，2020)	硬模板法	12	190.7	—	59
CNK-OH/酸 (Li Y X et al.，2019)	混合煅烧法	1.9	136.8	—	—

注释：CN-550 表示块体 g-C_3N_4 在空气中于 500℃焙烧 2 h；m-CNNS 表示 Py-COOH(钠盐)改性的 CN 纳米片(CNNs)；CCNNSs 表示结晶氮化碳纳米片；S-ACN 表示富碳、多孔、大尺寸、少层的 CN 纳米片；HC-CN 表示高度结晶的 g-C_3N_4 纳米薄片；CBCN 表示 C 桥连修饰的 g-C_3N_4 纳米薄片；MCN 表示介孔 g-C_3N_4；CNK-OH/酸表示用 0.05 mol/L 质子(H_2SO_4)溶液处理的 OH 基团修饰的聚合 g-C_3N_4。

有报道称(Han Q et al.，2016；Han Q et al.，2015；Shi L et al.，2016)，将 g-C_3N_4 剥离为超薄层，极大地影响其表面、光学和电子性质(表 2-2)。首先，通过溶剂热剥离法(Han Q et al.，2016)获得了厚度小于 0.5nm 的单层 g-C_3N_4 纳米网。与体相 g-C_3N_4 相比，单层 g-C_3N_4 纳米网由于多孔结构和剥离作用，具有增大的比表面积($331m^2 \cdot g^{-1}$)，由于多重折射效应而极大提高的光吸收能力，超强的 PL 淬灭信号及提升的光电流强度[图 2-32(a)]，由于 VB 上移(0.35 eV)和 CB 上移(0.35eV)而拓宽的能带(2.75eV)[图 2-32(b)]，以及优异的析氢速率($8510\mu mol\cdot h^{-1}\cdot g^{-1}$)。同样地，采用球磨剥离法(Han Q et al.，2015)制备了 1～2 层厚度为 0.35～0.7nm 的 g-C_3N_4纳米片(UGCNPs)。与体相 g-C_3N_4相比，UGCNPs 具有增加的比表面积($97m^2\cdot g^{-1}$)，些许下降的光吸收能力，更小的 EIS 半圆环及强的光电流信号[图 2-32(c)和图 2-32(d)]，由于 VB(0.22eV)和 CB(0.31eV)同时负向移动所致的宽的带隙(2.69 eV)[图 2-32(e)]，因此极大提升了产氢速率($1365\mu mol\cdot h^{-1}\cdot g^{-1}$)。

Shi 等报道，对于 3～4 层的 g-C_3N_4纳米片，质子化 g-C_3N_4纳米片(P-PCNNS)是通过 H_3PO_4辅助质子化剥离法得到的(Shi L et al.，2016)。相比之下，P-PCNNS 厚度为 1～1.1nm，拥有超薄和多孔纳米片结构，高表面积($55.4m^2\cdot g^{-1}$)，轻微蓝移的光吸收带边，长 PL 荧光寿命及高光电流强度[图 2-32(f)～图 2-32(h)]，通过反向移动 CB 和 VB 而扩大的带隙(2.74eV)以及良好的产氢速率($195.8\mu mol\cdot h^{-1}$)。

对于 5～6 层约 1.8nm 厚的剥层 g-C_3N_4而言(Zhang H et al.，2015)，与体相 g-C_3N_4相比，其展现出轻微的吸收带边蓝移，由于 VB 正向移动 1.2V 及 CB 负向移动−1.4V 而增加的带隙(2.6eV)[图 2-32(i)]，以及明显增强的苯酚氧化活性。与此同时，对于 6～9 个单原子层(Yang S B et al.，2013；Xu H et al.，2014)甚至更多的 g-C_3N_4而言，结果表明，当 CB/VB 向相反方向移动时，带隙增大，这是由于纳米尺度的粒子而造成的量子尺寸效应(QCEs)。对于单层 g-C_3N_4而言，QCEs 能诱导更少的能级分裂，使 g-C_3N_4的能带明显增大；而对于多层 g-C_3N_4而言，由于多原子的重叠，会发生强烈的能级分裂，从而导致带隙略微扩大。更重要的是，这些剥离的 g-C_3N_4纳米片缩短了载流子的迁移距离，从而加速了载流子的迁移和分离效率。

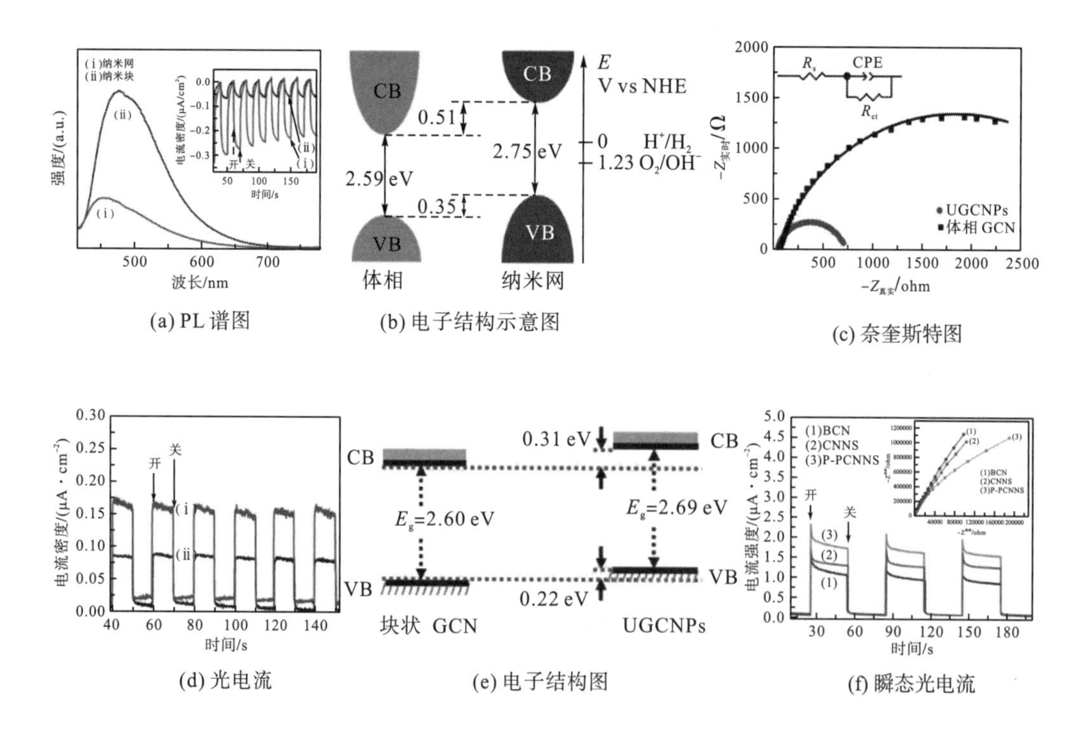

(a) PL 谱图　(b) 电子结构示意图　(c) 奈奎斯特图

(d) 光电流　(e) 电子结构图　(f) 瞬态光电流

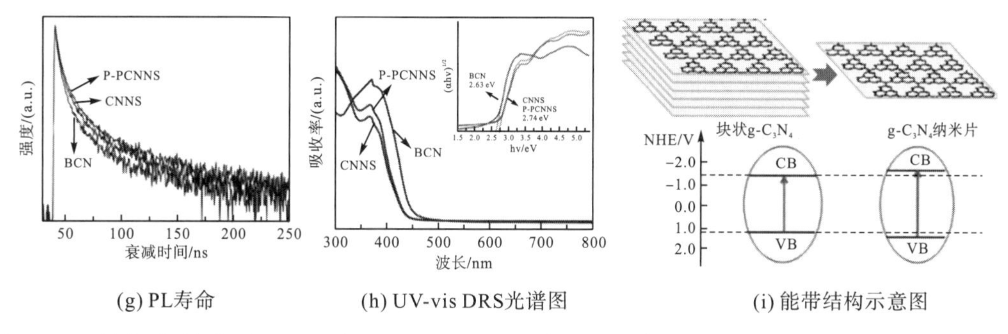

(g) PL寿命　　(h) UV-vis DRS光谱图　　(i) 能带结构示意图

图 2-32　体相和纳米网 g-C_3N_4(Han Q et al.，2016)的 PL 强度(a)及电子结构示意图(b)；体相 g-C_3N_4(Bulk GCN)和超薄 g-C_3N_4纳米薄片(UGCNPs)(Han Q et al.，2015)的奈奎斯特图(c)；光电流图(d)及电子结构图(e)；g-C_3N_4(BCN)、g-C_3N_4纳米片(CNNS)和质子化多孔 g-C_3N_4纳米片(P-PCNNS)(Shi L et al.，2016)的瞬态光电流(f)和 PL 寿命(g)以及 UV-vis DRS 光谱图(h)；g-C_3N_4和 g-C_3N_4纳米片体能带结构示意图(i)(Zhang H et al.，2015)

表 2-2　具有单层或多层剥离的 g-C_3N_4的性质

光催化剂缩写（参考文献）	前驱体	尺寸/nm	层数/层	带隙增幅/eV	CB/VB 值/V	比表面积/($m^2 \cdot g^{-1}$)
g-C_3N_4纳米网（Han Q et al.，2016）	二氰二胺	<0.5	1	0.16	−0.69/2.06	331
UGCNPs（Han Q et al.，2015）	三聚氰胺	0.35～0.7	1～2	0.09	−1.55/1.14	97
P-PCNNS（Shi L et al.，2016）	二氰二胺	1～1.1	3～4	0.11	−1.29/1.45	55.4
g-C_3N_4纳米片(Zhang H et al.，2015)	单氰胺	～1.8	5～6	0.2	-1.4/1.2	—
g-C_3N_4纳米片(Niu P et al.，2012)	二氰二胺	～2	6～7	0.2	—	306
g-C_3N_4纳米片(Yang S B et al.，2013)	商业 g-C_3N_4	2	6～9	0.3	-1.4/1.25	384
GA-C_3N_4（Xu H et al.，2014）	二氰二胺	2～3	6～10	0.15	—	30.1

注：UGCNPs 为超薄石墨相碳化氮纳米片。P-PCNNS 为质子化多孔石墨相碳化氮纳米片。GA-C_3N_4为类石墨烯碳化氮。

2.5.2　层间插层用于电荷迁移

2.5.2.1 层间距的影响

据报道，大多数具有共轭体系的半导体表现出单线态 Frenkel 激子固有的强库仑相互作用，导致激子解离速度慢、结合能大。通过 DFT 计算预测克服层间激子和载流子迁移率所需的较小层间距(Lin Z et al.，2013；Gou Y F et al.，2016；Algara S G et al.，2014)。间距减小通常是因为层间键合，这种作用表现为中间层的强烈极化或层间载流子相互作用，即由于部分正负电荷之间的反应，可以形成致密的堆叠层，促进载流子和能量的转移。因此，Zhang 等借助共聚合方法成功地将 g-C_3N_4的层间间距从 0.326nm 减小到 0.292nm(Zhang G et al.，2017)[图 2-33(a)]。他们发现，在完全对称的 2D 构型中，不可能发生电子跃迁，但是由于电荷和极化，在 g-C_3N_4的层间间距缩小的情况下，n→π^*电子跃迁是可能的。同时，与 $\pi \to \pi^*$跃迁相比，$n \to \pi^*$需要更少的共振能量。另外，较小的 $g\text{-}C_3N_4$ 层间间距不仅加速了面内载流子迁移，而且还促进了单重态激子的分裂，有利于载流子从本体快速迁移到界面而不发生复合。

Zhao 等结合超声和煅烧方法合成了具有较短层间距的 $g\text{-}C_3N_4$(Zhao D M et al.,2017)。与以前的报道不同，他们观察到将具有庚嗪的块状 $g\text{-}C_3N_4$ 经超声处理后可生成具有无序层状结构的 $g\text{-}C_3N_4$ 薄片。因此，相邻层内的 C 和 N 变得彼此更接近且促进了杂化。随后，无序的超薄纳米片(厚约 1 nm)通过二次煅烧形成具有更多不饱和 N 位的 $g\text{-}C_3N_4$。这种不饱和 N 位点的形成可以捕获从 VB 激发的电子，增强激发电子从 VB 迁移到 CB 中的 N 未占据轨道，从而促进有效的光催化还原反应。

来自无序结构的层间强烈的 C 和 N 相互作用可以形成导电电路，以便在重构的 $g\text{-}C_3N_4$ 纳米片中实现快速电子迁移[图 2-33(b)]。

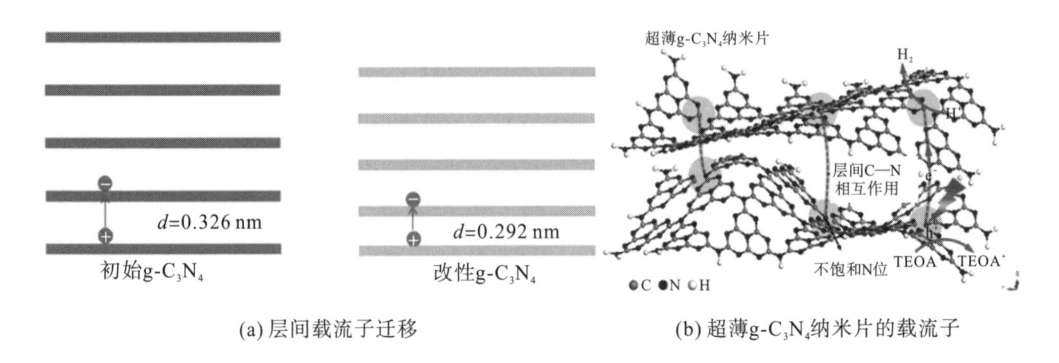

图 2-33 改性前的 CN(d=0.326 nm) (a)(左)和改性后层间距减少的 CN-OA-m(d=0.316nm)的层间载流子迁移(a)(右)；可见光照射下，超薄 $g\text{-}C_3N_4$ 纳米片的载流子迁移图(b)(Zhao D M et al.，2017)

2.5.2.2 插层的影响

关于层状半导体光催化剂，通过插层的方式可得到性能优异的 $g\text{-}C_3N_4$。Cui 等开发了一种新的方法，通过使用层间插碱的方法来改善层内载流子传输，从而获得垂直的电子传输路径(Cui W et al.，2017)。使用初湿含浸法加热 KBr 和硫脲的混合物制得 K 插层的 $g\text{-}C_3N_4$(表示为 CN-K)。插入 K 后，CN-K 的层间距比初始 $g\text{-}C_3N_4$ 的层间距显著增加，表明 K 原子插入了 $g\text{-}C_3N_4$ 层间。DFT 模拟表明，层间 K 桥连将是最稳定的构型[图 2-34(a)]。根据电子局域函数(electron localization function，ELF)，K 原子与相邻的两层之间存在化学键，形成一个电子隧道来桥接两层，从而增强了电子离域并扩展了 π 共轭作用。对于 CN-K，sp^2 轨道将缺少电子，而 p_z 轨道将接收电子，这可以提高载流子迁移率。Li 等探索了其他碱(Rb 和 Cs)层间插入对 $g\text{-}C_3N_4$ 的载流子迁移率的影响，实验和 DFT 结果均表明 Rb/Cs 层间插入可以起到与 K 类似的作用，而层间掺入 Rb 的 $g\text{-}C_3N_4$ 具有更高的光催化活性和稳定性(Li J Y et al.，2017)。如图 2-35(a)和图 2-35(b)所示，EPR 峰呈现明显增加(无明显缺陷)，N2p 的态密度(PDOS)右移证明 Rb/Cs 插入 $g\text{-}C_3N_4$ 后扩展了 π 共轭，这意味着局域化的 π 键没有离开基本面。此外，静电势被用来测定层间电子转移的能垒。如图 2-35(c)所示，第二层(L2)和第三层(L3)中存在着能垒梯度增强的趋势，表明 Rb/Cs 的层间插入可以大大减小 L2 和 L3 之间的电荷迁移势垒。此外，与 CN-K 相比，CN-Rb 和 CN-Cs 的 L1 的势垒均增加，从而获得了垂直于 g-C_3N_4层的独特内建电场，从而确保电荷可以以 L1→ L2→L3 单向传输方式垂直迁移。因此，碱金属的层间插入不仅有助于降低 g-C_3N_4的面内载流子复合，而且还可以构建一条定向的电荷传输路径以抑制随机的载流子迁移。Huang 等报道了层间插入 Cl 的 g-C_3N_4有着与碱金属(K，Rb 或 Cs)插层相似的效果(Huang Z F et al.，2015)。

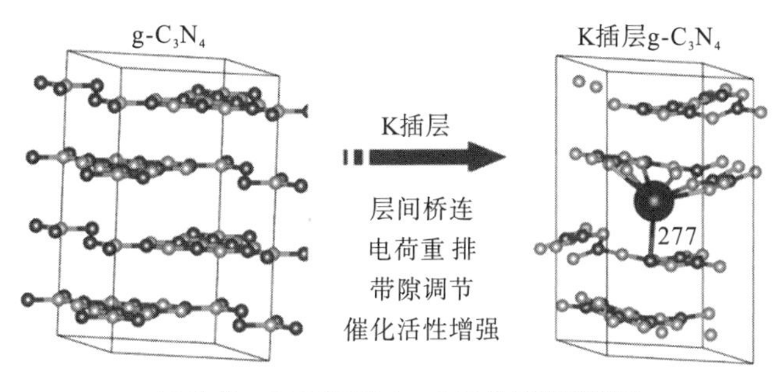

(a) 块状g-C_3N_4和K嵌入g-C_3N_4的结构模型图

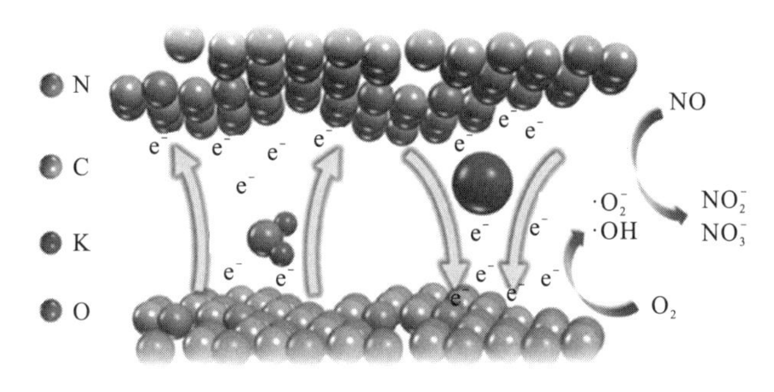

(b) NO光氧化机理图

图 2-34　块状 g-C_3N_4和 K 嵌入 g-C_3N_4的结构模型图(a)(Xiong T et al.，2016)；K/ NO_3^-共掺杂的 g-C_3N_4双向电子传输通道的机理图和 NO 光氧化的机理(b)(Cui W et al.，2017)

Cui 等也进行了相应的研究，发现通过单向传输在单层上累积的电荷，最终将发生载流子复合(Cui W et al.，2017)。因此，通过对硫脲和 KNO_3混合物进行高温焙烧处理，将 K 和 NO_3^-共同插入 g-C_3N_4层间。一方面，与初始的 g-C_3N_4(−34.16eV)相比，所得共插层的 g-C_3N_4在层间电荷迁移方面显示出较低的势垒(−28.17eV)[图 2-35(d)]；另一方面，创建了双向通道来驱动电子反向传输[图 2-34(b)]。最终光生载流子被有效分离和迁移，从而使其具有足够多的电子产生活性物种参与光催化氧化还原反应，大大增强了光催化活性。

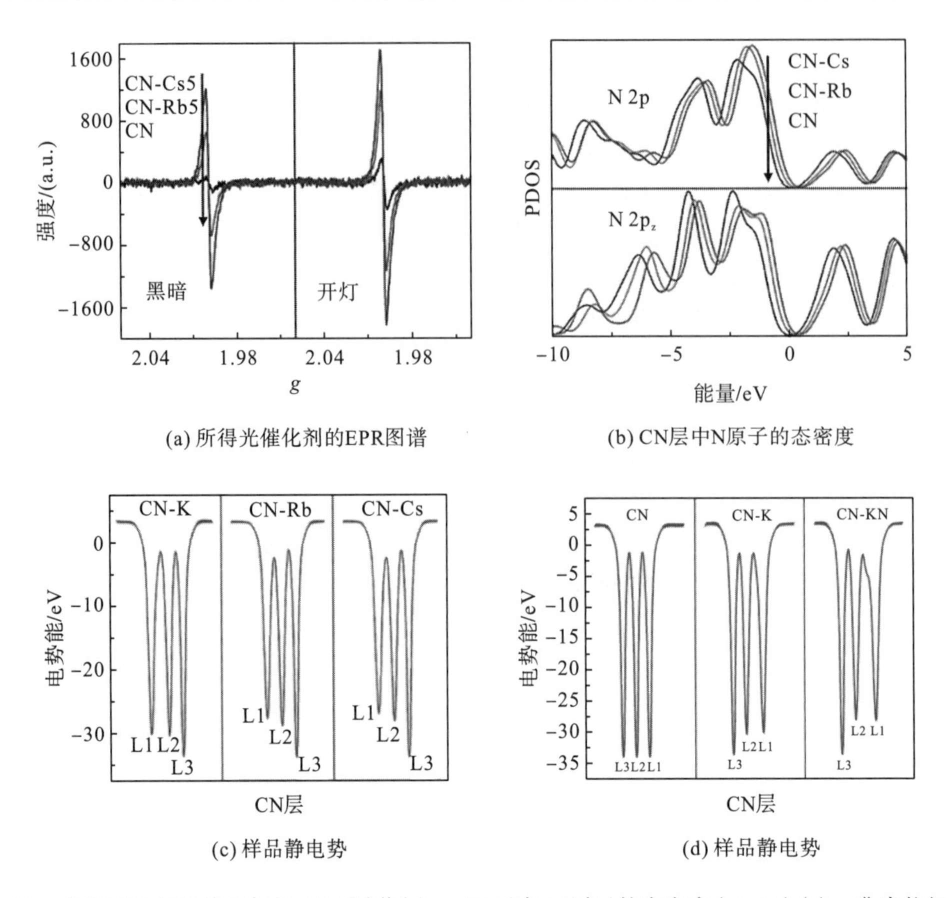

(a) 所得光催化剂的EPR图谱

(b) CN层中N原子的态密度

(c) 样品静电势

(d) 样品静电势

图 2-35 常温下所得光催化剂的 EPR 图谱(a)；CN 层中 N 原子的态密度(PDOS)(b)，费米能级设置为 0eV；样品的静电势(c)(Li J Y et al., 2017)；样品的静电势(d)

2.6 总结与展望

半导体 2D g-C_3N_4 易于制备，具有良好的带隙结构，较强的化学物理稳定性以及易于剥离/插层等特性，因此，在可见光激发的光催化氧化还原领域得到了广泛的应用。研究人员一直致力于大幅提高 g-C_3N_4 在光催化反应中的光反应活性。通常，g-C_3N_4 的光活性强度取决于载流子的分离/迁移速率。在该体系中，可以通过掺杂异杂原子/分子/配体、共聚前驱体、引入缺陷、重构带隙结构、制备不同纳米几何形态、增加结晶度和离域性、构建异质/同质异质结构等方法，实现基于载流子分离和迁移而提高光催化性能的 g-C_3N_4 的开发。根据 g-C_3N_4 的层状平面结构特征，改性可以分为界面、面内和层间三种模式进行。

g-C_3N_4 的光催化过程是一个非均相催化过程，只能发生在 g-C_3N_4 的表面。因此，为了促进有效的光催化反应，光生载流子需要迁移到 g-C_3N_4 的表面。然而，只有那些迁移到 g-C_3N_4 表面并没有复合的载流子才能参与光催化反应，然后与被吸收的电子受体或供体反应，引发光氧化还原反应。因此，光生载流子的有效分离及迁移在整个光催化过程中起着至关重要的作用。

虽然基于该方面的研究工作已经取得了良好的进展，但是关于改性 $g\text{-}C_3N_4$ 的实际应用尚存的一些问题，仍未完全得到解决。因此，有必要指出这些问题，并提出以下对策。

(1)尽管有多种多样针对改善 $g\text{-}C_3N_4$ 光生载流子动力学的修饰策略，但仍难以概括总结出哪一种是最有效的方法。单一的修饰方法，如金属修饰、离子掺杂、缺陷工程等都可在一定程度上影响 $g\text{-}C_3N_4$ 的稳定性，并且在特定条件下都可以作为光生载流子的复合中心而不是活性中心。而至于半导体耦合改性修饰而言，$g\text{-}C_3N_4$ 和其他光催化剂之间内建电场的形成加速了光生载流子的分离；然而，当光产生的电子或空穴沿着能量梯度从一个半导体能带边缘转移到另一个能带边缘时，会有能量损失。为了减少这些尚存的缺点，探索一种基于多通道载流子分离的有效策略势在必行。以 Xiao 等的研究为例，其构建了基于 Cu 原子和面内 $g\text{-}C_3N_4$ 中三个的 N 原子成键(即面内电荷迁移通道)及 Cu 原子和两个相邻 $g\text{-}C_3N_4$ 层中四个 N 原子成键(即层间电荷传输通道)的电荷载流子双通道，以此极大地改善了 $g\text{-}C_3N_4$ 的载流子动力学(Xiao X D et al.，2020)。

(2)大多数基于 $g\text{-}C_3N_4$ 的文献报道存在以下问题：能耗高(合成温度高于 500℃；某些热处理需要特殊保护气氛，如 H_2、N_2、Ar、He 等)；耗时长(合成时间为 2～6h，自然冷却至室温大约需要 10h)；产量低(样品的产率低于 10%)；释放有害气体(如聚合过程中会释放 NH_3)；差强人意的光催化性能(污染物的降解率大部分都小于 50%，在 420nm 处的量子产率小于 10%)。因此需要寻求其他简便快捷的合成方法以获得高产率、高光催化活性的 $g\text{-}C_3N_4$。微波水热合成是一种省时、低能耗、相对高产、形貌可控、光催化性能较好的方法，可成为高效制备 $g\text{-}C_3N_4$ 的有效替代方法。

(3)定量载流子动力学包括三个性能参数，即载流子迁移率、荧光寿命和扩散长度(即扩散过程)。到目前为止，文献报道了一些对载流子迁移率的定量测量，如飞行时间(time of flight，TOF)、瞬态光电流(transient photocurrent，TPC)、光致发光猝灭、霍尔效应、空间电荷限制电流(SCLC)、太赫兹光诱导瞬态吸收等(Huang J S et al.，2015)。其中，TPC 和 TOF 测量由于电荷捕获和脱离捕获过程中容易产生电荷陷阱，从而延迟电荷提取过程，延长传输时间，反而反映的是载流子迁移的真实行为。然而，霍尔效应和 SCLC 测量表征了能带输运性质，这是材料固有的载流子迁移率，因此远高于 TPC 或 TOF 测量得到的迁移率。因此，需要慎重选择 $g\text{-}C_3N_4$ 的载流子迁移率测量方法，并在相同的测试条件下进行比较。

至于荧光寿命，测量值强烈依赖于材料的结晶度和形态。测量载流子寿命的方法有时间分辨光致发光(time-rescolution photo luminescence，TRPL)、瞬态光电压(transient photovoltage，TPV)、阻抗谱(impedance spectroscopy，IS)和瞬态吸收(transient absorptio，TA)。TRPL 或 TA 的测量值应该是材料的有效电荷荧光寿命，而不是材料的本征或体电荷荧光寿命。荧光寿命是评估光生载流子动力学最常见和最直接的依据，然而一些文献报道混淆地使用了平均荧光寿命强度的计算公式：

$$\tau_{\text{int}}=\frac{B_1\tau_1^2+B_2\tau_2^2}{B_1\tau_1+B_2\tau_2} \tag{2-2}$$

其中，$B\tau$ 与受激发物质发出的光子数成正比。

平均荧光寿命振幅为

$$\tau_{\text{amp}} = \frac{B_1\tau_{1+}B_2\tau_2}{B_1 + B_2} \tag{2-3}$$

其中，B 指的是振幅，τ 是平均荧光寿命且为分子的特征值，定义为荧光强度衰减到初始值 I_0 的 1/e（37%）时所需要的时间。

换言之，使用错误的公式进行计算会导致荧光寿命和光生载流子动力学产生极大的偏差。根据式(2-4)和式(2-5)，由于电子传递速率(k_{ET})/效率(η_{ET})跟荧光寿命有关，所以 $k_{\text{ET}}/\eta_{\text{ET}}$ 和荧光寿命之间存在直接关系：

$$k_{\text{ET}} = \frac{1}{\tau_{\text{ave}}(\text{改性g}-\text{C}_3\text{N}_4)} - \frac{1}{\tau_{\text{ave}}(\text{纯g}-\text{C}_3\text{N}_4)} \tag{2-4}$$

$$\eta_{\text{ET}} = 1 - \frac{\tau(\text{改性g}-\text{C}_3\text{N}_4)}{\tau(\text{纯g}-\text{C}_3\text{N}_4)} \tag{2-5}$$

因此，在研究中谨慎使用所涉及的公式尤为重要。

载流子扩散长度依赖于荧光寿命和迁移率，可由下公式测得：

$$L_{\text{n}} = \sqrt{D_{\text{n}}\tau_{\text{n}}}\ (\text{电子})；\quad L_{\text{p}} = \sqrt{D_{\text{p}}\tau_{\text{p}}}\ (\text{空穴}) \tag{2-6}$$

其中，L 为扩散长度，D 为扩散系数，τ 为荧光寿命，单位为 s。事实上，大多数定量载流子动力学分析的文献报道几乎都没有考虑扩散长度。因此，同步测量载流子迁移率、荧光寿命和扩散长度是系统获取载流子动力学信息的关键。

(4) $g\text{-}C_3N_4$ 基异质结的光生载流子运动会导致电子漂移和迁移，前者不需要内建电场作为驱动力，而后者则是必需的。只有在 $g\text{-}C_3N_4$ 基异质结构中有足够大的内建电场才足以触发电子迁移。但是，在一些有关 $g\text{-}C_3N_4$ 改性的文章中模糊地描述了漂移和迁移这两个不同的载流子运动行为。为此，应设定用于异质结内的光生载流子迁移的内建电场的标准值，以避免出现不恰当的描述。

(5) 迄今为止，$g\text{-}C_3N_4$ 光催化剂已被用于制氢、CO_2 还原、降解有机物和有机合成等方面。尽管电荷载流子的有效分离和迁移对 2D $g\text{-}C_3N_4$ 的光催化活性至关重要，但有时底物的位阻效应和电子结构效应也会影响光催化反应活性。因此，需要更详细的信息才能对这种典型的有机光催化剂有更深的理解。光催化剂的表征和反应监测需要同时采用一些超快速和原位表征技术。另外，还应使用 DFT 计算来模拟反应过程。只有这样，我们才能有针对性地设计和合成高效的 2D $g\text{-}C_3N_4$ 光催化材料。

(6) 优化 $g\text{-}C_3N_4$ 载流子的动力学无疑是为了提高其光催化性能，扩大其应用领域。由于具有良好的生物相容性，可见光驱动的 $g\text{-}C_3N_4$ 光催化剂具有广泛的实际应用。$g\text{-}C_3N_4$ 已广泛应用于空气净化、废水处理、消毒、荧光探针、传感器等领域。以 Dong 等的研究为例，其开发了 $g\text{-}C_3N_4$ 负载的 Al_2O_3 泡沫陶瓷组件并应用于医院通风系统，初步实现了室内空气净化的应用(Dong F et al.，2014)。Sun 等充分利用制备的氧化石墨烯改性 $g\text{-}C_3N_4$ 在水中对大肠杆菌进行灭菌测试(Sun L et al.，2017)。结果表明，在可见光照射 2h 后，大肠杆菌杀灭率为 97.9%。此外，在可见光照射 2h 后，N 空位缺陷修饰的 $g\text{-}C_3N_4$ 对卡马西平的降解率可达到 100%(Cao J et al.，2019)。Meng 等设计了一种基于 $g\text{-}C_3N_4$ 的湿度传感器，可以实现对 0%～97%室内湿度的快速有效监测(Meng W Q et al.，2020)。Badiei 等基于改性 $g\text{-}C_3N_4$，研制了一种可同时定量 CN^- 和 $Cr_2O_7^{2-}$ 的双发射荧光探针(Shiravand G et

al.，2020）。虽然改进后的 g-C_3N_4在工业应用方面取得了一定的进展，但在各个领域实现多功能、高效率、自动化的应用仍任重道远。

参 考 文 献

张金水, 王博, 王心晨, 2014. 氮化碳聚合物半导体光催化. 化学进展, 26（1）: 19-29.

Ai Z H, Ho W K, Lee S C, 2011. Efficient visible light photocatalytic removal of NO with BiOBr-graphene nanocomposites. J. Phys. Chem. C, 115（51）: 25330-25337.

Algara S G, Severin N, Chong S Y, et al., 2014. Triazine-based graphitic carbon nitride: A two-dimensional semiconductor. Angew. Chem. Inter. Edit., 53（29）: 7450-7455.

Aschauer U, Chen J, Selloni J, et al., 2010. Peroxide and superoxide states of adsorbed O_2 on anatase TiO_2（101）with subsurface defects. Phys. Chem. Chem. Phys., 12（40）: 12956-12960.

Bai C P, Bi J C, Wu J B, et al., 2018. Fabrication of noble-metal-free g-C_3N_4-MIL-53（Fe）composite for enhanced photocatalytic H_2 generation performance. Appl. Organomet. Chem., 32（12）: 4597.

Beyhaqi A, Zeng Q Y, Chang S, et al., 2020. Construction of g-C_3N_4/WO_3/MoS_2 ternary nanocomposite with enhanced charge separation and collection for efficient wastewater treatment under visible light. Chem, 247（May）: 118697.

Bi L L, Xu D D, Zhang L J, et al., 2015. Metal Ni-loaded g-C_3N_4 for enhanced photocatalytic H_2 evolution activity: the change in surface band bending. Phys. Chem. Chem. Phys., 17（44）: 29899-29905.

Bu Y Y, Chen Z Y, Li W B, et al., 2014. Using electrochemical methods to study the promotion mechanism of the photoelectric conversion performance of Ag-modified mesoporous g-C_3N_4 heterojunction material. Appl. Catal. B, 144: 622-630.

Buis T, Bansal P, Lee B K, et al., 2020. Facile fabrication of novel Ba-doped g-C_3N_4 photocatalyst with remarkably enhanced photocatalytic activity towards tetracycline elimination under visible-light irradiation. Appl. Surf. Sci., 506（Mara 15）:144184.

Cao J W, Zhang J Y, Dong X A, et al., 2019. Defective borate-decorated polymer carbon nitride: Enhanced photocatalytic NO removal, synergy effect and reaction pathway. Appl. Catal. B, 249: 266-274.

Cao J, Nie W S, Huang L, et al., 2019. Photocatalytic activation of sulfite by nitrogen vacancy modified graphitic carbon nitride for efficient degradation of carbamazepine. Appl. Catal. B, 241: 18-27.

Cavka J, Hafizovic, Jakobsen S, et al., 2008. A new zirconium inorganic building brick forming metal organic frameworks with exceptional stability. J. Am. Chem. Soc., 130（42）: 13850-13851.

Che H N, Liu C B, Che G B, et al., 2020. Facile construction of porous intramolecular g-C_3N_4-based donor-acceptor conjugated copolymers as highly efficient photocatalysts for superior H_2 evolution. Nano Energy, 67: 104273.

Che W, Cheng W R, Yao T, et al., 2017. Fast photoelectron transfer in（C-ring）-C_3N_4 plane heterostructural nanosheets for overall water splitting. J. Am. Chem. Soc., 139（8）: 3021-3026.

Chen J, Shen S H, Guo P H, et al., 2014. In-situ reduction synthesis of nano-sized Cu_2O particles modifying g-C_3N_4 for enhanced photocatalytic hydrogen production. Appl. Catal. B, 152: 335-341.

Chen Z P, Mitchell S, Vorobyeva, et al., 2017, Stabilization of single metal atoms on graphitic carbon nitride. Adv. Funct. Mater., 27: 1605758.

Chen Z P, Pronkin S, Fellinger T, et al., 2016. Merging single-atom-dispersed silver and carbon nitride to a joint electronic system via copolymerization with silver tricyanomethanide. ACS Nano, 10 (3):3166-3175.

Chen Z P, Savateev, Aleksanr, et al., 2017. "The easier the better" preparation of efficient photocatalysts-metastable poly (heptazine imide) salts. Adv. Mater., 29 (32): 1700555.

Cheng F X, Wang H N, Dong X P, et al., 2015. The amphoteric properties of g-C_3N_4 nanosheets and fabrication of their relevant heterostructure photocatalysts by an electrostatic re-assembly route. Chem. Commun., 51 (33): 7176-7179.

Cheng R, Wen J Y, Xia J Y, et al., 2019. Visible-light photocatalytic activity and photo-corrosion mechanism of Ag_3PO_4/g-C_3N_4/PVA composite film in degrading gaseous toluene. Catal. Today, 335: 565-573.

Cui L F, Song J L, McGuire A F, et al., 2018. Constructing highly uniform onion-ring-like graphitic carbon nitride for efficient visible-light-driven photocatalytic hydrogen evolution. ACS Nano, 12 (6): 5551-5558.

Cui W, Li J Y, Cen W L, et al., 2017. Steering the interlayer energy barrier and charge flow via bioriented transportation channels in g-C_3N_4: Enhanced photocatalysis and reaction mechanism. J. Catal., 352: 351-360.

Cui W, Li J Y, Dong F, et al., 2017. Highly efficient performance and conversion pathway of photocatalytic NO oxidation on SrO-clusters@amorphous carbon nitride. Environ. Sci. Technol., 51 (18): 10682-10690.

Deng P Q, Xiong J S, Lei S J, et al., 2019. Nickel formate induced high-level in situ Ni-doping of g-C_3N_4 for a tunable band structure and enhanced photocatalytic performance. J. Mater. Chem. A, 7 (39): 22385-22397.

Ding X, Ho W K, Shang J, et al., 2016. Self doping promoted photocatalytic removal of no under visible light with Bi_2MoO_6: Indispensable role of superoxide ions. Appl. Catal. B, 182: 316-325.

Dong F, Li Y H, Wang Z Y, et al., 2015. Enhanced visible light photocatalytic activity and oxidation ability of porous graphene-like g-C_3N_4 nanosheets via thermal exfoliation. Appl. Surf. Sci., 358 (DECa15PTaA): 393-403.

Dong F, Ni Z L, Li P D, et al., 2015. A general method for type I and type II g-C_3N_4/g-C_3N_4 metal-free isotype heterostructures with enhanced visible light photocatalysis. New. J. Chem., 39 (6): 4737-4744.

Dong F, Zhao Z W, Xiong T, et al., 2013. In situ construction of g-C_3N_4/g-C_3N_4 metal-free heterojunction for enhanced visible-light photocatalysis. ACS Appl. Mater. Inter., 5 (21): 11392-11401.

Dong F, Wang Z Y, Li Y H, et al., 2014. Immobilization of polymeric g-C_3N_4 on structured ceramic foam for efficient visible light photocatalytic air purification with real indoor illumination. Environ. Sci. Technol., 48 (17): 10345-10353.

Dong F, Zhao Z W, Sun Y J, et al., 2015. An advanced semimetal-organic Bi spheres-g-C_3N_4 nanohybrid with SPR-enhanced visible-light photocatalytic performance for NO purification. Environ. Sci. Tech., 49 (20): 12432-12440.

Dong G H, Zhang L Z, 2013. Synthesis and enhanced Cr (VI) photoreduction property of formate anion containing graphitic carbon nitride. J. Phys. Chem. C, 117 (8): 4062-4068.

Dong G H, Ho W K, Zhang L Z, 2015. Facile synthesis of porous graphene-like carbon nitride ($C_6N_9H_3$) with excellent photocatalytic activity for NO removal. Appl. Catal. B, 174-175: 477-485.

Dong G H, Zhao K, Zhang L Z, et al., 2012. Carbon self-doping induced high electronic conductivity and photoreactivity of g-C_3N_4. Chem. Commun., 48 (49): 6178-6180.

Dong G H, Yang L P, Wang F, et al., 2016. Removal of nitric oxide through visible light photocatalysis by g-C_3N_4 modified with perylene imides. ACS Catal., 6 (10): 6511-6519.

Dong G H, Jacobs D L, Zang L, et al., 2017. Carbon vacancy regulated photoreduction of NO to N_2 over ultrathin g-C_3N_4 nanosheets. Appl. Catal. B, 218: 515-524.

Edwin K, Marcus S, Elisabeth H B, et al., 2002. Tri-s-triazine derivatives. Part I. From trichloro-tri-s-triazine to graphitic

C_3N_4 structures. New. J. Chem., 26 (5): 508-512.

Erwin S C, Zu L J, Haftel M I, et al., 2005. Doping semiconductor nanocrystals. Nature, 436 (7047): 91-94.

Fan G D, Du B H, Zhou J J, et al., 2020. Stable Ag_2O/g-C_3N_4 p-n heterojunction photocatalysts for efficient inactivation of harmful algae under visible light. Appl. Catal. B, 265: 118610.

Fang S, Xia Y, Lv K L, et al., 2016. Effect of carbon-dots modification on the structure and photocatalytic activity of g-C_3N_4. Appl. Catal. B, 185: 225-232.

Fernandes R A, Sampaio M J, Drazic G, et al., 2020. Efficient removal of parabens from real water matrices by a metal-free carbon nitride photocatalyst. Sci. Total Environ., 716 (May10): 135346.

Forrest S R, et al., 1997. Ultrathin organic films grown by organic molecular beam deposition and related techniques. Chem. Rev., 97 (6): 1793-1896.

Fu J W, Yu J G, Jiang C J, et al., 2018. g-C_3N_4-based heterostructured photocatalysts. Adv. Energy Mater., 8 (3): 1701503.

Gao G P, Jiao Y, Waclawik E R, et al., 2016. Single atom (Pd/Pt) supported on graphitic carbon nitride as an efficient photocatalyst for visible-light reduction of carbon dioxide. J. Am. Chem. Soc., 138 (19): 6292-6297.

Ghosh D, Periyasamy G, Pati S K, et al., 2014. Transition metal embedded two-dimensional C_3N_4-graphene nanocomposite: A multifunctional material. J. Phy. Chem. C, 118 (28): 15487-15494.

Giannakoudakis, Dinitrios A, Travlou N A, et al., 2017. Oxidized g-C_3N_4 nanospheres as catalytically photoactive linkers in MOF/g-C_3N_4 composite of hierarchical pore structure. Small, 13 (1): 1601758.

Gong Y, Yang B, Zhang H, et al., 2018. A g-C_3N_4/MIL-101 (Fe) heterostructure composite for highly efficient BPA degradation with persulfate under visible light irradiation. J. Mater. Chem. A, 6 (48): 23703-23711.

Gou Y F, Li J, Yuan Y P, et al., 2016. A rapid microwave-assisted thermolysis route to highly crystalline carbon nitrides for efficient hydrogen generation. Angew. Chem. Inter. Edit., 55 (47): 14693-14697.

Guo D, Wen R Y, Liu M M, et al., 2015. Facile fabrication of g-C_3N_4/MIL-53 (Al) composite with enhanced photocatalytic activities under visible-light irradiation. Appl. Organomet. Chem., 29 (10): 690-697.

Guo S, Tang Y Q, Xie Y, et al., 2017. P-doped tubular g-C_3N_4 with surface carbon defects: Universal synthesis and enhanced visible-light photocatalytic hydrogen production. Appl. Catal. B, 218: 664-671.

Guo Y R, Liu Q, Li Z H, et al., 2018. Enhanced photocatalytic hydrogen evolution performance of mesoporous graphitic carbon nitride co-doped with potassium and iodine. Appl. Catal. B, 221: 362-370.

Guo Y, Li J H, Gao Z Q, et al., 2016. A simple and effective method for fabricating novel p-n heterojunction photocatalyst g-C_3N_4/$Bi_4Ti_3O_{12}$ and its photocatalytic performances. Appl. Catal. B, 192: 57-71.

Han Q, Zhao F, Hu C G, et al., 2015. Facile production of ultrathin graphitic carbon nitride nanoplatelets for efficient visible-light water splitting. Nano Res., 8 (5): 1718-1728.

Han Q, Wang B, Gao J, et al., 2016. Atomically thin mesoporous nanomesh of graphitic C_3N_4 for high-efficiency photocatalytic hydrogen evolution. ACS nano, 10 (2): 2745-2751.

He T W, Zhang C M, Zhang L, et al., 2019. Single Pt atom decorated graphitic carbon nitride as an efficient photocatalyst for the hydrogenation of nitrobenzene into aniline. Nano Res., 12: 1817-1823.

He Y M, Zhang L H, Teng B T, et al., 2015. New application of Z-scheme Ag_3PO_4/g-C_3N_4 composite in converting CO_2 to fuel. Environ. Sci. Technol., 49 (1): 649-656.

Ho W K, Lee S C, 2011. Efficient visible light photocatalytic removal of NO with BiOBr-Graphene nanocomposites. J. Phys. Chem.

C, 115 (51): 25330-25337.

Hong J D, Xia X Y, Wang Y S, et al., 2012. Mesoporous carbon nitride with in situ sulfur doping for enhanced photocatalytic hydrogen evolution from water under visible light. J. Mater. Chem., 22: 15006-15012.

Hong Z H, Shen B, Chen Y L, et al., 2013. Enhancement of photocatalytic H_2 evolution over nitrogen-deficient graphitic carbon nitride. J. Mater. Chem. A, 1 (38): 11754-11761.

Hu S Z, Ma L, Xie Y, et al., 2015. Hydrothermal synthesis of oxygen functionalized S-P codoped g-C_3N_4 nanorods with outstanding visible light activity under anoxic conditions. Dalton Trans., 44 (48): 20889-20897.

Huang J S, Shao Y H, Dong Q F, et al. 2015. Organometal trihalide perovskite single crystals: A next wave of materials for 25% efficiency photovoltaics and applications beyond? J. Phys. Chem. Lett., 6 (16): 3218-3227.

Huang J, Zhang X B, Song H Y, et al., 2018. Protonated graphitic carbon nitride coated metal-organic frameworks with enhanced visible-light photocatalytic activity for contaminants degradation. Appl. Surf. Sci., 441 (MAY31): 85-98.

Huang Z F, Song J J, Pan L, et al., 2015. Carbon nitride with simultaneous porous network and O-doping for efficient solar-energy-driven hydrogen evolution. Nano Energy, 12: 646-656.

Huang Z F, Song J J, Wang X, et al., 2017. Switching charge transfer of $C_3N_4/W_{18}O_{49}$ from type-II to Z-scheme by interfacial band bending for highly efficient photocatalytic hydrogen evolution. Nano Energy, 40: 308-316.

Ji H D, Du P H, Zhao D Y, et al., 2020. 2D/1D graphitic carbon nitride/titanate nanotubes heterostructure for efficient photocatalysis of sulfamethazine under solar light: Catalytic "hot spots" at the rutile-anatase-titanate interfaces. Appl. Catal. B, 263: 118357.

Ji J J, Wen J, Shen Y F, et al., 2017. Simultaneous noncovalent modification and exfoliation of 2D carbon nitride for enhanced electrochemiluminescent biosensing. J. Am. Chem. Soc., 139 (34): 11698-11701.

Ji X G, Yuan X H, Wu J J, et al., 2017. Tuning the photocatalytic activity of graphitic carbon nitride by plasma-based surface modification. ACS Appl. Mater. Inter., 9 (29): 24616-24624.

Jia L, Cheng X X, Wang X N, et al. 2020. Large-scale preparation of g-C_3N_4 porous nanotubes with enhanced photocatalytic activity by using salicylic acid and melamine. Ind. Eng. Chem. Res., 59 (3): 1065-1072.

Jshabani M, Shariatinia Z, Badie A, et al., 2017. Controllable synthesis of mesoporous sulfur-doped carbon nitride materials for enhanced visible light photocatalytic degradation. Langmuir, 33 (28): 7062-7078.

Kang Y Y, Yang Y Q, Yin L C, et al., 2015. An amorphous carbon nitride photocatalyst with greatly extended visible-light-responsive range for photocatalytic hydrogen generation. Adv. Mater., 27 (31): 4572-4577.

Kang Y Y, Yang Y Q, Yin L C, et al., 2016. Selective breaking of hydrogen bonds of layered carbon nitride for visible light photocatalysis. Adv. Mater., 28 (30): 6471-6477.

Ke L, Li P F, Wu X, et al., 2017. Graphene-like sulfur-doped g-C_3N_4 for photocatalytic reduction elimination of $UO2^{2+}$ under visible Light. Appl. Catal. B, 205: 319-316.

Ke L, Li P F, Wu X, et al., 2017. Graphene-like sulfur-doped g-C_3N_4 for photocatalytic reduction elimination of UO_2^{2+} under visible Light. Appl. Catal. B, 205: 319-326.

Kesselman J M, Shreve G A, Hoffman M R, et al., 1994. Flux-matching conditions at TiO_2 photoelectrodes is interfacial electron-transfer TiO_2 rate-limiting in the TiO_2-catalyzed photochemical degradation of organics? J. Phy. Chem., 98 (50): 13385-13395.

Khan I, Baig N, Qurashi, et al., 2019. Graphitic carbon nitride impregnated niobium oxide (g-C_3N_4/Nb_2O_5) type (II) heterojunctions and its synergetic solar-driven hydrogen generation. ACS Appl. Mater. Inter., 2 (1): 607-615.

Kim H, Gim S, Jeon T H, et al., 2017. Distorted carbon nitride structure with substituted benzene moieties for enhanced visible light photocatalytic activities. ACS Appl. Mater. Inter., 9 (46): 40360-40368.

Kofuji Y, Ohkita S, Shiraishi Y, et al., 2017. Mellitic triimide-doped carbon nitride as sunlight-driven photocatalysts for hydrogen peroxide production. ACS Sustain. Chem. Eng., 5 (8): 6478-6485.

Kong Y, Lv C, Chen G, et al., 2020. Cyano group modified g-C_3N_4: Molten salt method achievement and promoted photocatalytic nitrogen fixation activity. Appl. Surf. Sci., 515 (Juna 15): 146009.

Lankhorst M H R, Bouwmeester H J M, Verweij H, et al., 1997. Thermodynamics and transport of ionic and electronic defects in crystalline oxides. J. Am. Ceram. Soc., 80 (9): 2175-2198.

Lau V W H, Moudrakovski I, Botari T, et al., 2016. Rational design of carbon nitride photocatalysts by identification of cyanamide defects as catalytically relevant sites. Nat. Commun., 7 (1): 12165.

Lau V W H, Yu V W Z, Eheat F, et al., 2017. Urea-modified carbon nitrides: Enhancing photocatalytic hydrogen evolution by rational defect engineering. Adv. Energy Mater., 7 (12): 1602251.

Lei Z D, Xue Y C, Chen W Q, et al., 2018. The influence of carbon nitride nanosheets doping on the crystalline formation of MIL-88B(Fe) and the photocatalytic activities. Small, 14 (35):1802045.

Li H, Li J, Ai Z H, et al., 2017. Oxygen vacancy - mediated photocatalysis of BiOCl: reactivity, selectivity, and perspectives. Angew. Chem. Inter. Edit., 57 (1): 122-138.

Li J H, Shen B, Hong Z H, et al., 2017. A facile approach to synthesize novel oxygen-doped g-C_3N_4 with superior visible-light photoreactivity. Chem. Commun., 48 (98): 12017-12019.

Li J X, Li Z J, Ye C, et al., 2016. Visible light-induced photochemical oxygen evolution from water by 3,4,9,10-perylenetetracarboxylic dianhydride nanorods as an n-type organic semiconductor. Catal. Sci. Technol., 6: 672-676.

Li J Y, Cui W, Sun Y J, et al., 2017. Directional electron delivery via a vertical channel between g-C_3N_4 layers promotes photocatalytic efficiency. J. Mater. Chem. A, 5 (19): 9358-9364.

Li S N, Dong G H, Hailili R, et al., 2016. Effective photocatalytic H_2O_2 production under visible light irradiation at g-C_3N_4 modulated by carbon vacancies. Appl. Catal. B, 190: 26-35.

Li X G, Bi W T, Zhang L, et al., 2016. Single-atom Pt as co-catalyst for enhanced photocatalytic H_2 evolution. Adv. Mater., 28 (12): 2427-2431.

Li X H, Zhang J S, Chen X F, et al., 2011. Condensed graphitic carbon nitride nanorods by nanoconfinement: Promotion of crystallinity on photocatalytic conversion. Chem. Mater., 23 (19): 4344-4348.

Li X H, Antonietti, Markus, et al., 2013. Metal nanoparticles at mesoporous N-doped carbons and carbon nitrides: functional Mott-Schottky heterojunctions for catalysis. Chem. Soc. Rev., 42 (16): 6593-6604.

Li X Y, Cui P, Zhong W H, et al., 2016. Graphitic carbon nitride supported single-atom catalysts for efficient oxygen evolution reaction. Chem. Commum., 52 (90): 13233-13236.

Li X Y, Pi Y H, Wu L Q, et al., 2017. Facilitation of the visible light-induced Fenton-like excitation of H_2O_2 via heterojunction of g-C_3N_4/NH_2-Iron terephthalate metal-organic framework for MB degradation. Appl. Catal. B, 202: 653-663.

Li Y F, Wang S, Chang W, et al., 2019. Preparation and enhanced photocatalytic performance of sulfur doped terminal-methylated g-C_3N_4 nanosheets with extended visible-light response. J. Mater. Chem. A, 7 (36): 20640-20648.

Li Y H, Li P Y, Guo H D, et al., 2015. Mechanism of NO photocatalytic oxidation on g-C_3N_4 was changed by Pd-QDs modification. Molecules, 21 (1): 36-46.

Li Y H, Lv K L, Ho W K, et al., 2017. Enhanced visible-light photo-oxidation of nitric oxide using bismuth-coupled graphitic carbon nitride composite heterostructures. Chinese J. Catal., 38: 321-329.

Li Y H, Lv K L, Ho W K, et al., 2017. Hybridization of rutile TiO_2（$rTiO_2$）with g-C_3N_4 quantum dots（CN QDs）: An efficient visible-light-driven Z-scheme hybridized photocatalyst. Appl. Catal. B, 202：611-619.

Li Y H, Ho W K, Lv K L, et al., 2018. Carbon vacancy-induced enhancement of the visible light-driven photocatalytic oxidation of NO over g-C_3N_4 nanosheets. Appl. Surf. Sci., 430（faba1）: 380-389.

Li Y F, Wang S, Chang W, et al., 2020. Co-monomer engineering optimized electron delocalization system in carbon-bridging modified g-C_3N_4 nanosheets with efficient visible-light photocatalytic performance. Appl. Catal. B, 274: 119116.

Li Y H, Gu M L, Shi T, et al., 2020. Carbon vacancy in C_3N_4 nanotube: Electronic structure, photocatalysis mechanism and highly enhanced activity. Appl. Catal. B, 262: 118281.

Li Y R, Wang Z W, Xia T, et al., 2016. Implementing metal-to-ligand charge transfer in organic semiconductor for improved visible-near-infrared photocatalysis. Adv. Mater., 28（32）: 6959-6965.

Li Y X, Ouyang S X, Xu H, et al., 2016a. Constructing solid-gas-interfacial fenton reaction over alkalinized-C_3N_4 photocatalyst to achieve apparent quantum yield of 49% at 420 nm. J. Am. Chem. Soc., 138（40）: 13289-13297.

Li Y X, Xu H, Ouyang S X, et al., 2016b. In situ surface alkalinized g-C_3N_4 toward enhancement of photocatalytic H_2 evolution under visible-light irradiation. J. Mater. Chem. A, 4（8）: 2943-2950.

Li Y X, Ouyang S X, Xu H, et al., 2019. Targeted exfoliation and reassembly of polymeric carbon nitride for efficient photocatalysis. Adv. Funct. Mater., 29（27）: 1901024.

Li Y X, Ren J, Ouyang S X, et al., 2019. Atomic carbon chains-mediated carriers transfer over polymeric carbon nitride for efficient photocatalysis. Appl. Catal. B, 259: 118027.

Liang Q H, Li Z, Huang Z H, et al., 2015. Holey graphitic carbon nitride nanosheets with carbon vacancies for highly improved photocatalytic hydrogen production. Adv. Funct. Mater., 25（44）: 6885-6892.

Liao J Z, Cui W, Li J Y, et al., 2020. Nitrogen defect structure and NO plus intermediate promoted photocatalytic NO removal on H-2 treated g-C_3N_4. Chem. Eng. J., 379: 122282.

Lin L H, Ou H H, Zhang Y F, et al., 2016. Tri-s-triazine-based crystalline graphitic carbon nitrides for highly efficient hydrogen evolution photocatalysis. ACS Catal., 6（6）: 3921-3931.

Lin Z, Wang X, et al., 2013. Nanostructure engineering and doping of conjugated carbon nitride semiconductors for hydrogen photosynthesis. Angew. Chem. Int. Ed., 52（6）: 1735-1738.

Liu B K, Wu Y J, Han X L, et al., 2018. Facile synthesis of g-C_3N_4/amine-functionalized MIL-101（Fe）composites with efficient photocatalytic activities under visible light irradiation. J. Mate. Sci. Mater. Electron, 29（20）: 17591-17601.

Liu C Y, Zhang Y H, Dong F, et al., 2017. Chlorine intercalation in graphitic carbon nitride for efficient photocatalysis. Appl. Catal. B, 203: 465-474.

Liu G G, Zhao G X, Zhou W, et al., 2016. In situ bond modulation of graphitic carbon nitride to construct p-n homojunctions for enhanced photocatalytic hydrogen production. Adv. Funct. Mater., 26（37）: 6822-6829.

Liu G, Niu P, Sun C H, et al., 2017. Unique electronic structure induced high photoreactivity of sulfur-doped graphitic C_3N_4. J. Am. Chem. Soc., 132（33）: 11642-11648.

Liu H, Zhu X D, Han R, et al., 2020. Study on the internal electric field in the Cu_2O/g-C_3N_4 p-n heterojunction structure for enhancing visible light photocatalytic activity. New. J. Chem., 44（5）: 1795-1805.

Liu J H, Xie S Y, Geng Z B, et al., 2016. Carbon nitride supramolecular hybrid material enabled high-efficiency photocatalytic water treatments. Nano Lett., 16 (10): 6568-6575.

Liu J, Liu Y, Liu N Y, et al., 2015. Metal-free efficient photocatalyst for stable visible water splitting via a two-electron pathway. Science, 347: 970-974.

Liu W, Yanase T, Iwasa T, et al., 2020. Post-annealed graphite carbon nitride nanoplates obtained by sugar-assisted exfoliation with improved visible-light photocatalytic performance. J. Colloid Interf. Sci., 567: 369-378.

Liu Y Y, Guo X L, Chen Z T, et al., 2020. Microwave-synthesis of g-C_3N_4 nanoribbons assembled seaweed-like architecture with enhanced photocatalytic property. Appl. Catal. B, 266: 118624.

Liu Z M, Ma L L, Junaid A S M, 2010. NO and NO_2 adsorption on Al_2O_3 and Ga modified Al_2O_3 surfaces: a density functional theory study. J. Phys. Chem. C, 114 (10): 4445-4450.

Long D, Chen W L, Rao X, et al., 2020. Synergetic effect of C-60/g-C_3N_4 nanowire composites for enhanced photocatalytic H_2 evolution under visible light irradiation. Chemcatchem, 12 (7):2022-2031.

Lotsch B V, Doeblinger M, Sehnert J, et al., 2007. Unmasking melon by a complementary approach employing electron diffraction, solid-state NMR spectroscopy, and theoretical calculations-structural characterization of a carbon nitride polymer. Chem. Euro. J., 13 (17): 4969-4980.

Lu M F, Li Q Q, Zhang C L, et al., 2020. Remarkable photocatalytic activity enhancement of CO_2 conversion over 2D/2D g-C_3N_4/$BiVO_4$ Z-scheme heterojunction promoted by efficient interfacial charge transfer. Carbon, 160: 342-352.

Luo B, Song R, Jing D W, et al., 2018. Significantly enhanced photocatalytic hydrogen generation over graphitic carbon nitride with carefully modified intralayer structures. Chem. Eng. J., 332: 499-507.

Ma X G, Hu J S, He H, et al., 2018. New understanding on enhanced photocatalytic activity of g-C_3N_4/$BiPO_4$ heterojunctions by effective interfacial coupling. ACS. Appl. Nano Mater., 1 (10): 5507-5515.

Ma Z J, Sa R J, Li Q H, et al., 2016. Interfacial electronic structure and charge transfer of hybrid graphene quantum dot and graphitic carbon nitride nanocomposites: Insights into high efficiency for photocatalytic solar water splitting. Phys. Chem. Chem. Phys., 18 (2): 1050-1058.

Mao Z Y, Chen J J, Yang Y F, et al., 2017. Modification of surface properties and enhancement of photocatalytic performance for g-C_3N_4 via plasma treatment. Carbon, 123: 651-659.

Martin D J, Reardon P, Moniz S, et al., 2014. Visible light-driven pure water splitting by a nature-inspired organic semiconductor-based system. J. Am. Chem. Soc., 136 (36): 12568-12571.

Meng N N, Ren J, Liu Y, et al., 2018. Engineering oxygen-containing and amino groups into two-dimensional atomically-thin porous polymeric carbon nitrogen for enhanced photocatalytic hydrogen production. Energy Environ. Sci., 11: 566-571.

Meng W Q, Wu S Y, Wang X W, et al., 2020. High-sensitivity resistive humidity sensor based on graphitic carbon nitride nanosheets and its application. Sens. Actuators B: Chem., 315 (Jula): 128058.

Mohamed N A, Safaei J, Ismail A F, et al., 2019. The influences of post-annealing temperatures on fabrication graphitic carbon nitride, (g-C_3N_4) thin film. Appl. Surf. Sci., 489 (SEPa30): 92-100.

Muhammad T, Cao C B, K.Butt F, et al., 2014. Large scale production of novel g-C_3N_4 micro strings with high surface area and versatile photodegradation ability. CrystEngComm, 16 (9): 1825-1830.

Niu P, Zhang L L, Liu G, et al., 2012. Graphene-like carbon nitride nanosheets for improved photocatalytic activities. Adv. Funct. Mater., 22 (22): 4763-4770.

Niu P, Yin L C, Yang Y, et al., 2014. Increasing the visible light absorption of graphitic carbon nitride (melon) photocatalysts by homogeneous self-modification with nitrogen vacancies. Adv. Mater., 26 (47): 8046-8052.

Niu P, Qiao M, Li Y F, et al., 2018. Distinctive defects engineering in graphitic carbon nitride for greatly extended visible light photocatalytic hydrogen evolution. Nano Energy, 44: 73-81.

Oh Y, Hwang J O, Lee E S, et al., 2016. Divalent Fe atom coordination in two-dimensional microporous graphitic carbon nitride. ACS Appl. Mater. Inter., 8 (38): 23438-25443.

Ou H H, Lin L H, Zheng Y, et al., 2017. Tri-s-triazine-based crystalline carbon nitride nanosheets for an improved hydrogen evolution. Adv. Mater., 29 (22): 1700008.

Papailias I, Todorova N, Giannakopoulou, et al., 2018. Chemical vs thermal exfoliation of g-C_3N_4 for NOx removal under visible light irradiation. Appl. Catal. B, 239: 16-26.

Papailias I, Todorova N, Giannakopoulou T, et al., 2020. Novel torus shaped g-C_3N_4 photocatalysts. Appl. Catal. B, 268: 118733.

Patnaik S, Sahoo D, Prava, et al., 2018. An overview on Ag modified g-C_3N_4 based nanostructured materials for energy and environmental applications. Renew. Sust. Energ. Rev., 82 (pta1): 1297-1312.

Qi K Z, Lv W X, Khan I, et al., 2020. Photocatalytic H_2 generation via CoP quantum-dot-modified g-C_3N_4 synthesized by electroless plating. Chinese J. Catal., 41 (1): 114-121.

Qin Z X, Wang M L, Li R, et al., 2018. Novel Cu_3P/g-C_3N_4 p-n heterojunction photocatalysts for solar hydrogen generation. Sci. China Mater., 61: 861-868.

Qin Z X, Huang Z X, Wang M L, et al., 2020. Synergistic effect of quantum confinement and site-selective doping in polymeric carbon nitride towards overall water splitting. Appl. Catal. B, 261: 118211.

Qu D, Liu J, Miao X, et al., 2018. Peering into water splitting mechanism of g-C_3N_4-carbon dots metal-free photocatalyst. Appl. Catal. B, 227: 418-424.

Rahaman M Z, Tapping P, et al., 2017. A benchmark quantum yield for water photoreduction on amorphous carbon nitride. Adv. Funct. Mater., 27 (39): 1702384

Rahman M, Davey K, et al., 2017. Counteracting blueshift optical absorption and maximizing photon harvest in carbon nitride nanosheet photocatalyst. Small, 13 (23): 1700376.

Ronconi F, Syrgiannis Z, Bonasera A, et al., 2015. Modification of nanocrystalline WO_3 with a dicationic perylene bisimide: applications to molecular level solar water splitting. J. Am. Chem. Soc., 137 (14): 4630-4633.

Rong M C, Cai Z X, Xie L, et al., 2016. Study on the ultrahigh quantum yield of fluorescent P,O-g-C_3N_4 nanodots and its application in cell imaging. Chem. Euro. J., 22 (27): 9387-9395.

Schwing hammer K, Mesch M B, et al., 2014. Crystalline carbon nitride nanosheets for improved visible-light hydrogen evolution. J. Am. Chem. Soc., 136 (5): 1730-1733.

Serpone N, Nick et al., 2006. Is the band gap of pristine TiO_2 narrowed by anion- and cation-doping of titanium dioxide in second-generation photocatalysts? J. Phys. Chem. B, 110 (48): 24287-24293.

Shen L J, Lei G C, Fang Y X, et al., 2018. Polymeric carbon nitride nanomesh as an efficient and durable metal-free catalyst for oxidative desulfurization. Chem. Commun., 54 (20): 2475-2478.

Shi A Y, Li H H, Yin S, et al., 2017. Effect of conjugation degree and delocalized 7-system on the photocatalytic activity of single layer g-C_3N_4. Appl. Catal. B, 218: 137-146.

Shi H N, Long S, Hou J G, et al., 2019. Defects promote ultrafast charge separation in graphitic carbon nitride for enhanced visible-light-driven CO_2 reduction activity. Chem. Asian. J., 25 (19): 5028-5035.

Shi L, Wang T, Zhang H B, et al., 2015. Electrostatic self-assembly of nanosized carbon nitride nanosheet onto a zirconium metal-organic framework for enhanced photocatalytic CO_2 reduction. Adv. Funct. Mater., 25 (33): 5360-5367.

Shi L, Chang K, Zhang H, et al., 2016. Drastic enhancement of photocatalytic activities over phosphoric acid protonated porous g-C_3N_4 nanosheets under visible light. Small, 12 (32): 4431-4439.

Shi L, Yang L Q, Zhou W, et al., 2018. Photoassisted construction of holey defective g-C_3N_4 photocatalysts for efficient visible-light-driven H_2O_2 production. Small, 14 (9): 1703142.

Shiravand G, Ghasemi J B, Badiei A, et al., 2020. A dual-emission fluorescence probe for simultaneous quantification of CN- and $Cr_2O_7^{2-}$ ions based on modified g-C_3N_4. J. Photoch. Photobio. A, 389: 112261.

Song T, Zhang P Y, Wang T T, et al., 2019. Vopor-polymerization strategy to carbon-rich holey few-layer carbon nitride nanosheets with large domain size for superior photocatalytic hydrogen evolution. Appl. Surf. Sci., 464 (JANa15): 195-204.

Srinivasu K, Modak B, Ghosh S K, et al., 2016. Improving the photocatalytic activity of s-triazine based graphitic carbon nitride through metal decoration: An ab initio investigation. Phys. Chem. Chem. Phys., 18 (38): 26466-26474.

Su F Z, Mathew S C, Lipner G, et al., 2010. mpg-C_3N_4-catalyzed selective oxidation of alcohols using O_2 and visible light. J. Am. Chem. Soc., 132 (46): 16299-16301.

Sun J Y, Li X X, Yang J L, et al., 2018. The roles of buckled geometry and water environment in the excitonic properties of graphitic C_3N_4. Nanoscale, 10 (8): 3738-3743.

Sun L M, Qi Y, Jia C J, et al., 2014. Enhanced visible-light photocatalytic activity of g-C_3N_4/Zn_2GeO_4 heterojunctions with effective interfaces based on band match. Nanoscale, 6: 2649-2659.

Sun L, Zhang Y J, Ye X S, et al., 2017. Removal of I-from aqueous solutions using a biomass carbonaceous aerogel modified with KH-560. ACS Sustain. Chem. Eng., 5 (9): 8693-8701.

Sun N, Liang Y, Ma X J, et al., 2017. Reduced oxygenated g-C_3N_4 with abundant nitrogen vacancies for visible-light photocatalytic applications. Chemistry, 23 (61): 15466-15473.

Sun Y F, Gao S, Lei F C, et al., 2015. Atomically-thin two-dimensional sheets for understanding active sites in catalysis. Chem. Soc. Rev., 44 (3): 623-636.

Sun Z Z, Wang W, Chen Q W, et al., 2020. A hierarchical carbon nitride tube with oxygen doping and carbon defects promotes solar-to-hydrogen conversion. J. Mater. Chem. A, 8 (6): 3160-3167.

Tahir M, Cao C, Butt F K, et al., 2014. Large scale production of novel g-C_3N_4 micro strings with high surface area and versatile photodegradation ability. CrystEngComm, 16 (9): 1825-1830.

Tian N, Zhang Y H, Li X W, et al., 2017. Precursor-reforming protocol to 3D mesoporous g-C_3N_4 established by ultrathin self-doped nanosheets for superior hydrogen evolution. Nano Energy, 38: 72-81.

Tian N, Huang H W, Wang S B, et al., 2020. Facet-charge-induced coupling dependent interfacial photocharge separation: A case of BiOI/g-C_3N_4 p-n junction. Appl. Catal. B, 267: 118697.

Thomas A, Fischer A, Goettmann F, et al., 2008. Graphitic carbon nitride materials: Variation of structure and morphology and their use as metal-free catalysts. J. Mater. Chem., 18 (41): 4893-4908.

Vattikuti S V, Prabhakar, Reddy P, et al., 2018. Visible-light-driven photocatalytic activity of SnO_2-ZnO quantum dots anchored on g-C_3N_4 nanosheets for photocatalytic pollutant degradation and H_2 production. ACS omega, 3 (7):7587-7602.

Wang C C, Yi X H, Wang P, et al. 2019. Powerful combination of MOFs and C_3N_4 for enhanced photocatalytic performance. Appl.

Catal. B, 247: 24-28.

Wang F L, Wang Y F, Feng Y P, et al., 2016. Novel ternary photocatalyst of single atom-dispersed silver and carbon quantum dots co-loaded with ultrathin g-C_3N_4 for broad spectrum photocatalytic degradation of naproxen. Appl. Catal. B, 221: 510-520.

Wang H H, Lin Q Y, Yin L T, et al., 2019. Biomimetic design of hollow flower-like g-C_3N_4@PDA organic framework nanospheres for realizing an efficient photoreactivity. Small, 15（16）: 1900011.

Wang H, Wang B, Bian Y R, et al., 2017. Enhancing photocatalytic activity of graphitic carbon nitride by codoping with P and C for efficient hydrogen generation. ACS Appl. Mater. Inter., 7（26）: 21730-21737.

Wang H, Yuan X Z, Wu Y, et al., 2015. Synthesis and applications of novel graphitic carbon nitride/metal-organic frameworks mesoporous photocatalyst for dyes removal. Appl. Catal. B, 174: 445-454.

Wang J F, Chen J, Wang P F, et al., 2018. Robust photocatalytic hydrogen evolution over amorphous ruthenium phosphide quantum dots modified g-C_3N_4 nanosheet. Appl. Catal. B, 239: 578-585.

Wang J H, Shen Y F, Li Y, et al., 2016. Crystallinity modulation of layered carbon nitride for enhanced photocatalytic activities. Chem. Euro. J., 22（35）: 12449-12454.

Wang J J, Wang Y, Wang W, et al., 2020. Tunable mesoporous g-C_3N_4 nanosheets as a metal-free catalyst for enhanced visible-light-driven photocatalytic reduction of U（VI）. Chem. Eng. J., 383:123193.

Wang K, Li Q, Liu B S, et al., 2015. Sulfur-doped g-C_3N_4 with enhanced photocatalytic CO_2-reduction performance. Appl. Catal. B, 176: 44-52.

Wang L J, Zhou G, Tian Y, et al., 2019. Hydroxyl decorated g-C_3N_4 nanoparticles with narrowed bandgap for high efficient photocatalyst design. Appl. Catal. B, 244: 262-271.

Wang L Y, Hong Y Z, Liu E l, et al., 2020. Rapid polymerization synthesizing high-crystalline g-C_3N_4 towards boosting solar photocatalytic H_2 generation. Int. J. Hydrog. Energy, 45（11）: 6425-6436.

Wang Q L, Wang X K, Yu Z H, et al., 2019. Artificial photosynthesis of ethanol using type-II g-C_3N_4/ZnTe heterojunction in photoelectrochemical CO_2 reduction system. Nano Energy, 60: 827-835.

Wang R, Gu L N, Zhou J J, et al., 2015. Quasi-polymeric metal-organic framework UiO-66/g-C_3N_4 heterojunctions for enhanced photocatalytic hydrogen evolution under visible light irradiation. Adv. Mater. Inter., 2（10）: 1500037.

Wang W J, Zeng Z T, Zeng G M, et al., 2019. Sulfur doped carbon quantum dots loaded hollow tubular g-C_3N_4 as novel photocatalyst for destruction of Escherichia coli and tetracycline degradation under visible light. Chem. Eng. J., 378: 122132

Wang X C, Maeda K, Chen X F, et al., 2009. Polymer semiconductors for artificial photosynthesis: Hydrogen evolution by mesoporous graphitic carbon nitride with visible light. J. Am. Chem. Soc., 131（5）: 1680-1681.

Wang X C, Maeda K, Thomas A, et al., 2009. A metal-free polymeric photocatalyst for hydrogen production from water under visible light. Nat. Mater., 8（1）: 76-80.

Wang X C, Blechert S, Antonietti M, et al., 2012. Polymeric graphitic carbon nitride for heterogeneous photocatalysis. ACS Catal., 2（8）: 1596-1606.

Wang X L, Fang W Q, Wang H F, et al., 2013. Surface hydrogen bonding can enhance photocatalytic H_2 evolution efficiency. J. Mater. Chem. A, 1（45）: 14089-14096.

Wang Y G, Bai X, Qin H F, et al., 2016. Facile one-step synthesis of hybrid graphitic carbon nitride and carbon composites as high-performance catalysts for CO_2 photocatalytic conversion. ACS Appl. Mater. Inter., 8（27）: 17212-17219.

Wang Y X, Wang H, Chen F Y, et al., 2017. Facile synthesis of oxygen doped carbon nitride hollow microsphere for photocatalysis.

Appl. Catal. B, 206: 417-425.

Wang Y, Wang X C, Antonietti M, et al., 2012. Polymeric graphitic carbon nitride as a heterogeneous organocatalyst: From photochemistry to multipurpose catalysis to sustainable chemistry. Angew. Chem. Inter. Edit., 51（1）: 68-89.

Wang Z J, Qiao W, Yuan M, et al., 2020. Light-intensity-dependent semiconductor-cocatalyst interfacial electron transfer: A dilemma of sunlight-driven photocatalysis. J. Phys. Chem. Lett., 11（6）: 2369-2373.

Wu J J, Li N, Zhang X H, et al., 2018. Heteroatoms binary-doped hierarchical porous g-C_3N_4 nanobelts for remarkably enhanced visible-light-driven hydrogen evolution. Appl. Catal. B, 226: 61-70.

Wu K, Chen D D, Lu S Y, et al., 2020. Supramolecular self-assembly synthesis of noble-metal-free（C, Ce）co-doped g-C_3N_4 with porous structure for highly efficient photocatalytic degradation of organic pollutants. J. Hazard. Mater., 382（Jana15）: 121027.

Wu M, Guo Y S, Nie T, et al., 2019. Template-free synthesis of nanocage-like g-C_3N_4 with high surface area and nitrogen defects for enhanced photocatalytic H_2 activity. J. Mater. Chem. A, 7（10）: 5324-5332.

Wu Y L, Wang F L, Jin X Y, et al., 2020. Highly active metal-free carbon dots/g-C_3N_4 hollow porous nanospheres for solar-light-driven PPCPs remediation: Mechanism insights, kinetics and effects of natural water matrices. Water Res., 172（Apra1）: 115492.

Wu Y X, Liu L M, An X Q, et al., 2019. New insights into interfacial photocharge transfer in TiO_2/C_3N_4 heterostructures: Effects of facets and defects. New. J. Chem., 43（11）: 4511-4517.

Xia P F, Zhu B C, Yu J G, et al., 2017. Ultra-thin nanosheet assemblies of graphitic carbon nitride for enhanced photocatalytic CO_2 reduction. J. Mater. Chem. A, 5（7）: 3230-3238.

Xia P F, Cao S W, Zhu B C, et al., 2020. Designing a 0D/2D S-scheme heterojunction over polymeric carbon nitride for visible-light photocatalytic inactivation of bacteria. Angew. Chem. Int. Ed., 59（13）: 5218-5225.

Xiao X D, Gao Y T, Zhang L P, et al., 2020. A promoted charge separation/transfer system from Cu single atoms and C_3N_4 layers for efficient photocatalysis. Adv. Mater., 32（33）: 2003082.

Xie Y, Li Y X, Huang Z H, et al., 2020. Two types of cooperative nitrogen vacancies in polymeric carbon nitride for efficient solar-driven H_2O_2 evolution. Appl. Catal. B, 265: 118581.

Xing W N, Tu W G, Han Z H, et al., 2018. Template-induced high-crystalline g-C_3N_4 nanosheets for enhanced photocatalytic H_2 evolution. ACS Energy Lett., 3（3）: 514-519.

Xiong T, Cen W L, Zhang Y X, et al., 2016. Bridging the g-C_3N_4 Interlayers for Enhanced Photocatalysis. ACS Catal., 6（4）: 2462-2472.

Xu G L, Zhang H B, Wei H B, et al., 2018. Integrating the g-C_3N_4 nanosheet with B-H bonding decorated metal-organic framework for CO_2 activation and photoreduction. ACS Nano, 12（6）: 5333-5340.

Xu H, Yan J, She X J, et al., 2014. Graphene-analogue carbon nitride: Novel exfoliation synthesis and its application in photocatalysis and photoelectrochemical selective detection of trace amount of Cu^{2+}. Nanoscale, 6: 1406-1415.

Xu H, She X J, Fei T, et al., 2019. Metal-oxide-mediated subtractive manufacturing of two-dimensional carbon nitride for high-efficiency and high-yield photocatalytic H_2 evolution. ACS nano, 13（10）: 11294-11302.

Xu J, Zhang L W, Shi R, et al., 2013. Chemical exfoliation of graphitic carbon nitride for efficient heterogeneous photocatalysis. J. Mater. Chem. A, 1（46）: 14766-14772.

Xu Y H, Ding L J, Wen Z R, et al., 2020. Core-shell $LaFeO_3$@g-C_3N_4 p-n heterostructure with improved photoelectrochemical performance for fabricating streptomycin aptasensor. Appl. Surf. Sci., 511（Maya1）: 145571.

Xue J J, Ma S S, Zhou Y M, et al., 2015. Facile photochemical synthesis of Au/Pt/g-C_3N_4 with plasmon-enhanced photocatalytic activity for antibiotic degradation. ACS Appl. Mater. Inter., 7 (18): 9630-9637.

Yang C, Tan Q Y, Li Q, et al., 2020. 2D/2D Ti_3C_2 MXene/g-C_3N_4 nanosheets heterojunction for high efficient CO_2 reduction photocatalyst: Dual effects of urea. Appl. Catal. B, 268: 118738.

Yang L Q, Huang J F, Shi L, et al., 2017. A surface modification resultant thermally oxidized porous g-C_3N_4 with enhanced photocatalytic hydrogen production. Appl. Catal. B, 7: 6225-6234.

Yang P J, Ou H H, Fang Y X, et al., 2017. A facile steam reforming strategy to delaminate layered carbon nitride semiconductors for photoredox catalysis. Angew. Chem. Int. Ed., 56 (14): 3992-3996.

Yang S B, Gong Y J, Zhang J S, et al., 2013. Exfoliated graphitic carbon nitride nanosheets as efficient catalysts for hydrogen evolution under visible light. Adv. Mater., 25 (17): 2452-2456.

Ye C, Li J X, Wu H L, et al., 2018. Enhanced charge separation efficiency accelerates hydrogen evolution from water of carbon nitride and 3,4,9,10-perylene-tetracarboxylic dianhydride composite photocatalyst. ACS Appl. Mater. Inter., 10 (4): 3515-3521.

Yi F T, Ma J Q, Lin C W, et al., 2020. Insights into the enhanced adsorption/photocatalysis mechanism of a $Bi_4O_5Br_2$/g-C_3N_4 nanosheet. J. Alloys Compd., 821:153557.

Yi X H, Wang F X, Du X D, et al., 2019. Facile fabrication of BUC-21/g-C_3N_4 composites and their enhanced photocatalytic Cr (VI) reduction performances under simulated sunlight. Appl. Organomet. Chem., 33 (1): 4621.

Yin S, Di J, Li M, et al., 2016. Ionic liquid-assisted synthesis and improved photocatalytic activity of p-n junction g-C_3N_4/BiOCl. J. Mater. Sci., 51: 4769-4777.

Yu Y, Yan W, Wang X F, et al., 2018. Surface engineering for extremely enhanced charge separation and photocatalytic hydrogen evolution on g-C_3N_4. Adv. Mater., 30 (9): 1705060.

Yuan S S, Zhang Q T, Xu B, et al., 2017. A new precursor to synthesize g-C_3N_4 with superior visible light absorption for photocatalytic application. Catal. Sci. Technol., 7 (9): 1826-1830.

Zada A, Humayun M, Raziq F, et al., 2016. Exceptional visible-light-driven cocatalyst-free photocatalytic activity of g-C_3N_4 by well designed nanocomposites with plasmonic Au and SnO_2. Adv. Energy Mater., 6 (21): 1601190.

Zambon A, Mouesca J M, Gheorghiu C et al., 2016. s-Heptazine oligomers: Promising structural models for graphitic carbon nitride. Chem. Sci., 7 (2): 945-950.

Zeng Y X, Li H, Luo J M, et al., 2019. Sea-urchin-structure g-C_3N_4 with narrow bandgap ((similar to) 2.0 eV) for efficient overall water splitting under visible light irradiation. Appl. Catal. B, 249: 275-281.

Zeng Z X, Quan X, Yu H T, et al., 2019. Nanoscale lightning rod effect in 3D carbon nitride nanoneedle: Enhanced charge collection and separation for efficient photocatalysis. J. Catal., 375: 361-370.

Zeng Z X, Su Y, Quan X, et al., 2020. Single-atom platinum confined by the interlayer nanospace of carbon nitride for efficient photocatalytic hydrogen evolution. Nano Energy, 69: 104409.

Zhang D, Guo Y L, Zhao Z K, et al., 2018. Porous defect-modified graphitic carbon nitride via a facile one-step approach with significantly enhanced photocatalytic hydrogen evolution under visible light irradiation. Appl. Catal. B, 226: 1-9.

Zhang G G, Zhang M W, Ye X X, et al., 2014. Iodine modified carbon nitride semiconductors as visible light photocatalysts for hydrogen evolution. Adv. Mater., 26 (5): 805-809.

Zhang G, Wang P, Lu W T, et al., 2017. Co nanoparticles/Co, N, S tri-doped graphene templated from in situ-formed Co, S co-doped g-C_3N_4 as an active bifunctional electrocatalyst for overall water splitting. ACS Appl. Mater. Inter., 9 (34): 28566-28576.

Zhang H, Guo L H, Zhao L X, et al., 2015. Switching oxygen reduction pathway by exfoliating graphitic carbon nitride for enhanced photocatalytic phenol degradation. J. Phys. Chem. Lett., 6 (6): 958-963.

Zhang J S, Chen X F, Takanabe K, et al., 2010. Synthesis of a carbon nitride structure for visible-light catalysis by copolymerization. Angew. Chem. Int. Ed., 49 (2): 441-444.

Zhang J S, Zhang G G, Chen X F, et al, 2012. Co-monomer control of carbon nitride semiconductors to optimize hydrogen evolution with visible light. Angew. Chem. Int. Ed. 51 (13): 3237-3241.

Zhang J S, Zhang G G, Chen X F, et al., 2012. Co-monomer control of carbon nitride semiconductors to optimize hydrogen evolution with visible light. Angew. Chem. Int. Ed., 51 (13): 3183-3187.

Zhang J W, Gong S, Mahmood N, et al., 2015. Oxygen-doped nanoporous carbon nitride via water-based homogeneous supramolecular assembly for photocatalytic hydrogen evolution. Appl. Catal. B, 221: 9-16.

Zhang J, Chen J W, Wan Y F, et al., 2020. Defect engineering in atomic-layered graphitic carbon nitride for greatly extended visible-light photocatalytic hydrogen evolution. ACS Appl. Mater. Inter., 12 (12): 13805-13812.

Zhang L S, Ding N, Hashimoto M, et al., 2018. Sodium-doped carbon nitride nanotubes for efficient visible light-driven hydrogen production. Nano Res., 011 (4): 2295-2309.

Zhang M W, Wang X C, et al., 2014. Two dimensional conjugated polymers with enhanced optical absorption and charge separation for photocatalytic hydrogen evolution. Energy Environ. Sci., 7 (6): 1902-1906.

Zhang Q Z, Deng J J, Xu Z H, et al., 2017. High-efficiency broadband C_3N_4 photocatalysts: synergistic effects from upconversion and plasmons. ACS Catal., 7 (9): 6225-6234.

Zhang W, Zhao L, Deng H P, et al., 2016. Ag modified g-C_3N_4 composites with enhanced visible-light photocatalytic activity for diclofenac degradation. J. Mol. Catal. A: Chem, 423: 270-276.

Zhang X D, Xie X, Wang H, et al., 2013. Enhanced photoresponsive ultrathin graphitic-phase C_3N_4 nanosheets for bioimaging. J. Am. Chem. Soc., 135 (1): 18-21.

Zhang Y J, Mori T, Ye J H, et al., 2010. Phosphorus-doped carbon nitride solid: Enhanced electrical conductivity and photocurrent generation. J. Am. Chem. Soc., 132 (18): 6294-6295.

Zhang Z, Yates J T, et al., 2012. Band bending in semiconductors: chemical and physical consequences at surfaces and interfaces. Chem. Rev., 112 (10): 5520-5551.

Zhao C, Liao Z Z, Liu W, et al. 2020. Carbon quantum dots modified tubular g-C_3N_4 with enhanced photocatalytic activity for carbamazepine elimination: Mechanisms, degradation pathway and DFT calculation. J. Hazard. Mater., 381 (Jana5): 120957.

Zhao D M, Chen J, Dong C L, et al., 2017. Interlayer interaction in ultrathin nanosheets of graphitic carbon nitride for efficient photocatalytic hydrogen evolution. J. Catal., 352: 491-497.

Zhao H F, Wang S J, He F T, et al., 2019. Hydroxylated carbon nanotube/carbon nitride nanobelt composites with enhanced photooxidation and H_2 evolution efficiency. Carbon, 150: 340-348.

Zhao Y, Zhang J, Qu L T, et al., 2015. Graphitic carbon nitride/graphene hybrids as new active materials for energy conversion and storage. ChemNanoMat, 1 (5): 298-318.

Zhao Z W, Sun Y J, Dong F, et al., 2015. Graphitic carbon nitride based nanocomposites: A review. Nanoscale, 7 (1): 15-37.

Zheng D D, Pang C Y, Wang X C, et al., 2015. The function-led design of Z-scheme photocatalytic systems based on hollow carbon nitride semiconductors. Chem. Commum., 51 (98): 17467-17470.

Zhong Y Q, Chen W W, Yu S, et al., 2018. CdSe quantum dots/g-C_3N_4 heterostructure for efficient H_2 production under visible light irradiation. ACS omega, 3（12）: 17762-17769.

Zhou L, Feng J R, Qiu B C, et al., 2020. Ultrathin g-C_3N_4 nanosheet with hierarchical pores and desirable energy band for highly efficient H_2O_2 production. Appl. Catal. B, 267: 118396.

Zhou M J, Hou Z H, Zhang L, et al., 2017. n/n junctioned g-C_3N_4 for enhanced photocatalytic H_2 generation. Sustain. Energy Fuels, 1（2）: 317-323.

Zhou P, Yu J G, Jaroniec M, 2014. All-solid-state Z-scheme photocatalytic systems. Adv. Mater., 26（29）: 4920-4935.

Zhu Y P, Ren T Z, Yuan Z Y, et al.,2015. Mesoporous phosphorus-doped g-C_3N_4 nanostructured flowers with superior photocatalytic hydrogen evolution performance. ACS Appl. Mater. Inter., 7（30）:16850-16856.

Zhu Z, Yu Y, Dong H J, et al., 2017. Intercalation effect of attapulgite in g-C_3N_4 modified with Fe_3O_4 quantum dots to enhance photocatalytic activity for removing 2-mercaptobenzothiazole under visible light. ACS Sustain. Chem. Eng., 5（11）: 10614-10623.

第 3 章　$g-C_3N_4$的缺陷调控及光催化作用机制

3.1　含三配位氮空位($N3_C$) $g-C_3N_4$高效稳定去除 NO 的光催化机制

3.1.1　引言

随着废水的肆意排放，以及污染气体排放量的不断增加，环境状况每况愈下。通过采用生物法(Sepehri A et al., 2018; 2019)，如活性污泥处理法(Sepehri A et al., 2020)，已经在水污染治理方面取得了可喜的进展。而大气污染控制仍显得十分棘手，尤其是 NO 气体污染。热催化反应(Nova I et al., 2001)、电极清洗(Chung S J et al., 2013)、生物过滤(Okuno K et al., 2000)和选择性催化还原(Koebel M et al., 2002)的方法可以去除 ppm(百万分之一)级以上而非 ppb(十亿分之一)级的低浓度 NO 气体，这使得 NO 不能被选择性地以一种稳定且不伴随二次污染的方式进行消除。近年来，人们提出了基于光催化还原的策略来控制低浓度 NO，该策略可以有效地将 NO 还原为 N_2 和 O_2(Dong G H et al., 2017)。然而，该反应并没有实现理想的 NO 光催化还原效率，而且在反应过程中还必须负载贵金属(Au 或 Ag)。因此，科研人员一直期望利用光催化氧化反应将 NO 高效转化为无毒无害的化合物。

NO_2 作为典型的机动车尾气，其毒性比 NO 更大(Duan Y Y et al., 2019)。研究焦点大都集中于利用太阳光实现对低浓度 NO 的高效光催化氧化，却忽视了中间产物 NO_2 带来的不利影响，该问题尚未引起人们的研究关注。在 NO 光催化氧化反应过程中，人们迫切希望找寻一种光催化剂，不仅可以迅速将 NO 光催化氧化为 NO_3^-，而且可以降低原位生成的 NO_2 的浓度。然而，实际情况是，实现这一目标需要突破巨大的技术瓶颈。

$g-C_3N_4$ 作为最理想的光催化材料之一，因其具有合适的带隙和优异的光催化反应活性，在多种光催化氧化还原反应的实际应用中发挥了潜在的价值，如废水处理(Liu D J et al., 2018)、析 H_2/O_2(Jo W K et al., 2017; Yang X F et al., 2019)、NO 光还原为 N_2(Dong G H et al., 2017)、CO_2 光还原为 CO(Xia P F et al., 2019)、固氮(Dong G H et al., 2015)、抗菌(Li Y et al., 2019)和去除气态 Hg^0(Liu D J et al., 2019)等领域具有广阔的应用前景。然而，目前基于利用 C_3N_4 对 NO 催化氧化减排的报道主要存在以下几个问题：催化活性低、NO_2 生成浓度高、稳定性差、易失活以及反应机理尚不清晰(Duan Y Y et al., 2019; Cheng J S et al., 2018; Li Y H et al., 2020)。实现 NO 到 NO_3^- 有效且稳定的转化，关键在于寻找合适的催化剂以实现高效的 NO 光催化氧化。

最近，通过缺陷设计显著提高了 g-C_3N_4 的光催化性能，这种设计能促进电荷迁移(Cui W et al.，2017)，构建丰富的活性中心以优化反应物(如 O_2、H_2O 和目标污染物)(Li Y H et al.，2020；Dong X A et al.，2018)的吸附以及降低光化学反应的活化能垒(Li J Y et al.，2017)。这类缺陷包括：碳空位、氮空位和双重空位。早期工作中，Niu 等已证明通过高温煅烧法(600℃，4h)引入的氮空位对 g-C_3N_4 的电子结构可产生较大影响(Niu P et al.，2012)。实际上，目前已经开发出很多基于煅烧方法来制备含氮空位 g-C_3N_4(Duan Y Y et al.，2019；Cheng J S et al.，2018；Cui W et al.，2017；Dong X A et al.，2018；Li J Y et al.，2017；Niu P et al.，2012；Niu P et al.，2014；Kong L R et al.，2018)的方法。实验证实，在还原气氛(H_2)(Niu P et al.，2014)或惰性气流[如 N_2(Li Y H et al.，2020)或 Ar(Tay Q L et al.，2015)]中加入盐[KCl 和 LiCl(Liu J Y et al.，2018)、$NaHCO_3$(Zhang H G et al.，2018)]或浓缩 HNO_3(Kong L R et al.，2018)或 $N_2H_4 \cdot H_2O$(Wu J J et al.，2019)，进行两步或多步热处理(T≥550℃)，可以制备出具有氮空位的 C_3N_4。虽然这些特定的改性策略能够提高性能，但它们大都存在以下问题：一方面，这些合成方法需要对前驱体进行预处理，然后在特定气氛(有时甚至是有毒有害气体)中加热，整个合成过程既复杂又耗时，且对环境不友好；另一方面，对 g-C_3N_4 中氮空位位点的研究，目前的报道仅集中于两个配位的氮原子($N2_C$)而不是三个配位的氮原子($N3_C$)。理论上，$N3_C$ 位点的氮空位比 $N2_C$ 位点可提供更多的孤对电子。此外，$N3_C$ 位点比 $N2_C$ 位点需要更多的能量才能被修复，从而可以建立一个稳固且难以修复的空位结构。更为重要的是，原位生成的中间/最终产物倾向于吸附在光催化剂表面，这极大地占据了活性氮空位的位点并降低产物的扩散速率。与此同时，随着反应时间的延长，活性物种会逐渐被消耗，从而导致光催化稳定性差。直到现在，通过简单的方法(不含有毒化学物质、较低温度和较短煅烧时间、不引入特定气氛)制备一种既具有高光催化氧化性能又具有强稳定性的含氮空位的多功能 g-C_3N_4 仍然是一项艰巨的任务。

本节通过直接煅烧三聚氰胺和偶氮二甲酰胺的混合物(简称 AC)制得了含氮空位($N3_C$)的 C_3N_4，氮空位充当活性中心，扩展了光吸收能力，同时减小了禁带宽度，并促进了电荷分离。理论模拟和原位红外漫反射光谱测量结果表明，O_2 和 NO 分子可在基于 $N3_C$ 位点的氮空位上被化学吸附活化，该处的光生电子将传递给 O_2 和 NO 分子以产生 $\cdot O_2^-$ 和 NO_2^-。同时，中间/最终产物不会因占据活性位点而使活性降低。更有趣的是，由随时间变化的 ESR 图谱的分析结果表明，尽管随着反应时间的延长不可避免地消耗了活性物种，但研究发现，由于 $^1O_2$ 的存在，经过 5 次连续的循环试验后，稳定性仍然得以较好保持。综上所述，氮空位设计所致的多协同效应极大地促进了 NO 光催化氧化反应以及保持了光催化剂的强稳定性。

3.1.2 光催化活性装置

在连续流动反应器(常温)中进行 NO 光催化氧化，该反应器由不锈钢制成，容积为 4.5L(30cm×15cm×10cm，长×宽×高)(图 3-1)。在反应器上放置一盏 LED 灯(λ≥420nm)作为可见光光源。将 0.2g 样品置于盛有 30mL 去离子水的烧杯中，超声处理 30min。将悬浮液倒入玻璃器皿(直径为 12cm)中于 60℃蒸发除去多余水分。NO 压缩气瓶(50ppm)提供 600 ppb 的 NO 气体，空气发生器(Teledyne Technologies Company，型号 701)提供的气流稀释 NO 的初始浓度。采用气体混合瓶对气流进行预混，同时用质量流量控制器将气体流量控制在 1.0L/min。吸附-脱附达到平衡后开灯。为了确保 NO 和 NO_x(NO_x ═ NO+NO_2)的采样速率保持在 1.0L/min，采用光化学 NO_x 分析仪(Teledyne Technologies Company，T200)对 NO 浓度进行连续监测。NO 的去除率(η)按 $\eta=(1-C/C_0)\times100\%$计算，其中 C 和 C_0 分别是出口和进口气流中 NO 的浓度。

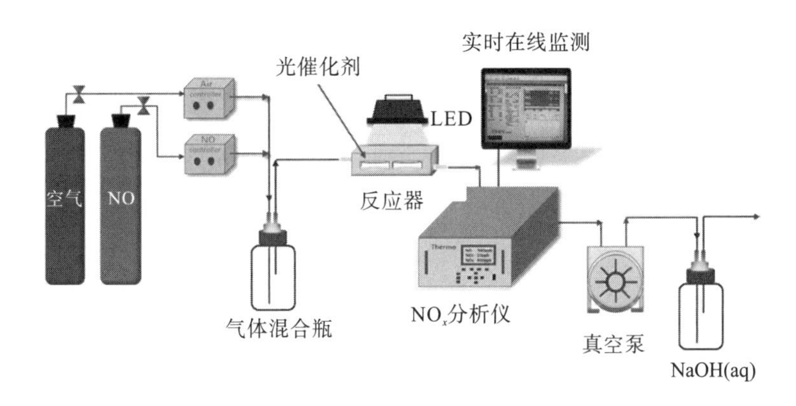

图 3-1 NO 光催化氧化示意图

3.1.3 样品制备与表征测试

本节研究使用的所有化学试剂均为分析纯，无须进一步纯化处理。在 100mL 坩埚中，用三聚氰胺(10g)混合不同量的 AC 来合成含氮空位的 C_3N_4。将混合物在 500℃下加热 2h。添加 AC 实现改性的 g-C_3N_4 命名为 AC-CN_x，其中 x=l、2、3、5、6。为了进行参照对比，在相同的实验条件下，仅加热三聚氰胺(10g)来制备块体 C_3N_4(简称 CN)。

3.1.3.1 材料表征测试

采用 Bruker D8 Advance X 射线衍射仪(XRD)在 Cu Kα 辐照(40kV，40mA)下分析所得样品的晶体结构。通过扫描电子显微镜(SEM，JEOL JSM-6490)和透射电子显微镜(TEM，JEOL JSM-2010)观测光催化剂的形貌。用 X 射线光电子能谱(XPS Perkin-Elmer-PHI 5000C，Al-KR)研究分析样品的表面组分，XPS 光谱使用 284.4 eV 处的 C 1s 峰进行校准(即表面污染碳)。使用 Bruker-ESR A300 光谱仪在室温下测量电子顺磁共振(EPR)信号。紫外-可见分光光度计(Shimadzu UV3600)(以 $BaSO_4$ 为参比，用 Kubelka-Munk 法)计算吸光度。利用荧光光谱仪(Hitachi F-4500)测量光致发光光谱(photo luminscence，PL)。使用 Micrometrics ASAP2020 系统，在 77K 下测量 N_2 的吸附-脱附等温曲线，测量样品应在 180℃下真空干燥一夜。使用装有液氮冷却的 MCT 检测器的 Nicolet iS50 光谱仪(Thermo)获得 FTIR 光谱。用荧光分光光度计(FLSP-920)测定室温下的时间分辨荧光发射光谱(TRPL)。与此同时，光电化学实验的处理流程与我们之前的报道保持一致(Duan Y Y et al.，2019)。

3.1.3.2 NO光催化氧化的 *in situ* DRIFTS 光谱测量

采用装有原位漫反射池(Harrick)的Vertex 70FTIR光谱仪(Bruker)进行 *in situ* DRIFTS测试(Zhou Y et al.，2016)。反应仓有三个窗口，分别是两个用于红外测量的KBr窗口和一个用于照明的石英窗口，照明窗口采用KL2500型液晶灯(SCHOTT)。光催化反应池深3mm，包括2.4mm的惰性筛分SiO_2颗粒层(100～200μm)，其上层是0.6mm的光催化剂层。气体流速控制在200mL·min^{-1}。催化剂样品在反应室于250℃的He氛围中进行预处理，以去除可能残留的碳氢化合物、CO_2和H_2O。接着用He吹扫催化剂至冷却到28℃。然后，将反应混合物(60ppm NO和混有10%O_2的He)通入反应池。当He吹扫5min后，通入NO使其吸附在光催化剂表面。红外线扫描范围为400～600cm^{-1}，平均扫描次数超过100次。以KBr作为背景光谱。

3.1.3.3 活性物种捕获测试

为了探索NO的催化氧化机理，通过活性物种捕获实验对所有相关的活性物种进行了探测研究。重铬酸钾($K_2Cr_2O_7$)、碘化钾(KI)、甘露醇、色氨酸、过氧化氢酶(CAT)和超氧化物歧化酶(SOD)分别作为光生电子、空穴、氢氧自由基(·OH)、单线态氧($^1O_2$)、过氧化氢(H_2O_2)和超氧自由基(·O_2^-)的清除剂。具体地，将含有1%(质量分数)上述清除剂的光催化剂(0.2g)分别分散在盛有30 mL水的样品盘中，然后进行光催化活性测试。

3.1.3.4 DFT模拟

采用密度泛函理论(DFT)和GGA-PBE电子交换泛函进行密度泛函计算。使用带有广义梯度相关函数的Vienna ab initio模拟包(VASP code 5.4.1)来研究g-C_3N_4样品的电子结构(Grimme S，2006；Kresse G et al.，1996 a，1996 b；Perdew J P et al.，1996)。计算通过使用VASP 5.4.1，其中截断设置为400eV的PAW赝势方法来表示电子-离子的相互作用。在结构优化过程中的分子力和能量分别收敛于10^{-4}eV/atom和0.05eV/Å。Brillouin区分别以3×3×1 Monkhorst-Pack *k*-points采样。使用2×2×3超胞模型在10Å真空层中对2Dg-C_3N_4晶体结构展开模拟计算。在g-C_3N_4的几何建模过程中，氮空位的存在将对其局部电子结构产生影响。因此，需要构建一个具有氮空位(去除一个具有三个配位的氮原子)的g-C_3N_4晶体模型。模拟计算包含两个部分：首先，优化初始晶胞的结构以构建最稳定的晶体结构，通过在不同位置上建立氮空位进行结构优化，发现具有$N3_C$空位的g-C_3N_4结构的能量最低。接着进行能带结构和电子态密度(DOS)研究的相关能量计算。所有计算都在倒易空间中展开，以提高仿真的效率和准确性。

使用以下方程式计算含/不含氮空位的C_3N_4晶体对O_2、NO、NO_2、HNO_2和HNO_3的吸附能(ΔE_{ads})：$\Delta E_{ads}=E_{total}-E_{CN}-E_{molecule}$。其中，$\Delta E_{ads}$代表吸附能，$E_{total}$表示表面吸附小分子($O_2$、NO、$NO_2$、$HNO_2$或$HNO_3$)的g-$C_3N_4$晶体模型的总能量，$E_{CN}$表示纯g-$C_3N_4$晶体模型的能量，$E_{molecule}$表示吸附的小分子的能量。

3.1.4　表征结果与讨论

3.1.4.1　NO 光催化氧化的应用

每个样品的 NO 光催化性能测试结果如图 3-2(a)所示。AC-CN 样品中的 AC-CN_4表现出最佳性能(40.3%)，中间产物 NO_2在 60min 后，其生成浓度达 36.3ppb(图 3-3)。然而，随着 AC 添加量的进一步增加会使活性降低。在相同条件下，CN 样品仅展现出 17.7%的 NO 去除率，中间产物 NO_2的生成浓度为 102.9ppb。以往报道中的关于 g-C_3N_4去除 NO 的实验过程主要存在两个问题：①NO 的光氧化活性在大约 30min 后会因为活性位点被占据而降低(Cheng J S et al.，2018；Li Y H et al.，2018)；②NO_2(毒性远大于 NO)的生成浓度高达到 100ppb 以上(Duan Y Y et al.，2019；Li Y H et al.，2018)。由图 3-2 可观察到，活性最佳的 AC-CN_4不仅显著增强了 NO 去除效率，而且延长了光催化有效反应时间，同时降低了 NO_2生成浓度。更重要的是，5h 连续循环测试后，NO 去除率仍没有明显的衰减[图 3-2(b)]。由此可初步证明，AC-CN_4是一种高效且稳定的光催化剂。

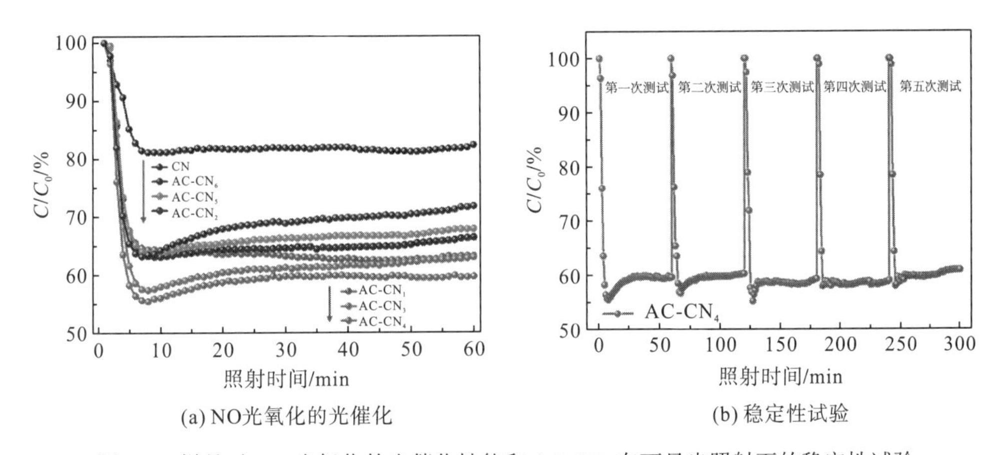

(a) NO光氧化的光催化　　(b) 稳定性试验

图 3-2　样品对 NO 光氧化的光催化性能和 AC-CN_4在可见光照射下的稳定性试验

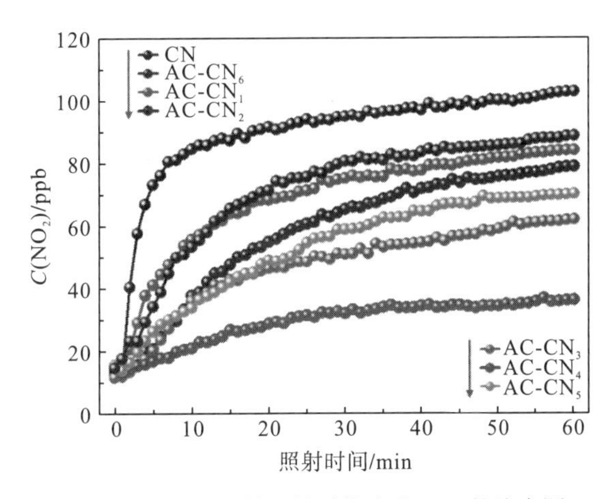

图 3-3　所有获得样品的原位生成 NO_2的浓度图

3.1.4.2 AC 加入对 C_3N_4 晶体结构的影响

如图 3-4(a)所示，通过 XRD 分析了不同质量比的 AC 加入对 g-C_3N_4 结晶相的改变。在 XRD 图谱中，所有 g-C_3N_4 样品在 13.0° 处出现了一个弱峰，在 27.5° 处呈现出一个强峰。同时，AC-CN_x 材料中均未发现 AC 的衍射峰，这可归因于 AC 的完全热解。因此，很容易确定 AC 的引入对 g-C_3N_4 的结晶度几乎没有影响。但随着三聚氰胺中 AC 量的增加，主峰开始向左移动[图 3-4(b)]。这意味着 AC 在高温下释放出的气体使 C_3N_4 形成多孔结构而增大了层间距。

为了揭示 AC 添加后的结构演变过程，分别研究了经不同温度热处理(100～500℃)的三聚氰胺单体和 AC-CN_4 的 X 射线衍射图谱。通过比较图 3-4(c)和图 3-4(d)中的 XRD 图谱，我们发现 CN 和 AC-CN_4 显示出相似的衍射峰，表明 AC 的加入不会改变晶相。同时我们发现，AC 的引入使两个明显的特征峰都向小角度发生偏移，这也证实了 AC 的存在使 AC-CN_4 具有较小尺寸织构特征。

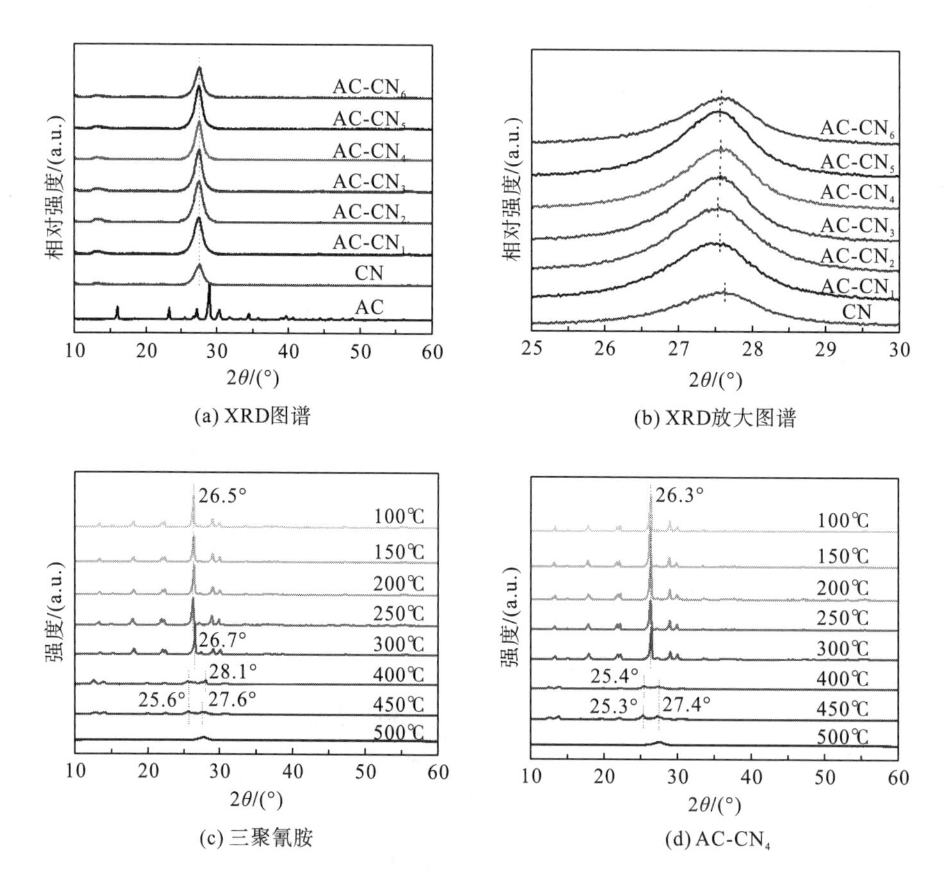

图 3-4 制备得到的 XRD 图谱、相应的 XRD 放大图谱、三聚氰胺和 AC-CN_4 在不同热处理温度(100～500℃)下的 XRD 图谱

3.1.4.3 N 空位的确定与形成机制

通过 X 射线光电子能谱(X-ray photoelectron spectroscopy，XPS)来追踪 AC 加入三聚氰胺后的表面官能团演变过程。从图 3-5(a)和图 3-6 可以清楚地观察到 C、N 和痕量 O 元素的存在。图 3-7(a)显示了高分辨 XPS 的 C1s 峰，其中可观察到两处位于 284.4eV 和 288.2 eV 的特征峰，分别对应于 sp^2 杂化的 C—C 键和 C-N_3 (Xia P F et al.，2017)。在 N 1s 光谱[图 3-7(b)]中，位于 398.7eV、399.6eV 和 401.2eV 处的三个特征峰分别归属于 sp^2 杂化的 N 与 C 的键合(C—N—C，N_{2C})，叔 N(N-C_3，N_{3C})和氨基官能团(C-NH_x，x 为 1 或 2) (Liao J Z et al.，2020)。AC-CN_4 中的 $N2_C$，$N3_C$ 和 C-NH_x 的峰强度都显著降低，这表明 N 元素的丢失；元素分析也证实了这一点(表 3-1，C/N 从 CN 的 0.5636 增加到 AC-CN_4 的 0.5643)。同时，$N2_C$ 与 $N3_C$ 的峰面积比从 CN 的 2.358 增加到 AC-CN_4 的 3.225。而它们中的 $N2_C/NH_x$ 保持不变，接近 7.4。因此，该结果表明形成的 N 空位位于 $N3_C$ 位置。理论上讲，$N3_C$ 可以提供比 $N2_C$ 更多可用的孤对电子以加快 NO 的光催化氧化反应。

为了更好地获取改性前后光催化剂的化学结构差异，进行了 FTIR 分析测试。乍一看，所有的 C_3N_4 样品都表现出极其相似的特征信号峰[图 3-5(b)]。具体地，可以看出在 813cm^{-1} 处有一个尖锐的信号峰，在 1247～1645cm^{-1} 处有多个强吸收峰，皆对应于典型的 C—N 三均三嗪环结构[图 3-7(c)](Xia P F et al.，2017)。明显的是，与 CN 相比，AC-CN_4 中 C-N 相关峰的透射率有所降低，这意味着三均三嗪单元由于 $N3_C$ 的部分丢失而发生断裂。同时，为了进一步了解氮空位的形成，对 AC 和 AC-CN_4 分别进行了随温度变化(100～500℃)的 FTIR 光谱的细致分析[图 3-7(e)和图 3-7(f)]。通过仔细比较，发现峰的位置和强度均无明显变化。

通过研究电子顺磁共振(EPR)可以进一步证明，AC-CN_4 中存在着氮空位[图 3-7(d)]。很容易发现，在黑暗条件下，AC-CN_4 可给出明显的 EPR 响应(g 为 2.003)，而 CN 却无 EPR 信号响应。EPR 信号是由庚嗪环碳原子上的孤对电子引发产生的(Yang X F et al.，2019)。开灯后，AC-CN_4 的 EPR 强度得到大幅增加，表现出强烈的光敏性和较高的未成对电子浓度，这两点均有利于光催化反应的进行。这些结果与 XPS 和 FTIR 分析一致，共同证实了氮空位的成功引入。

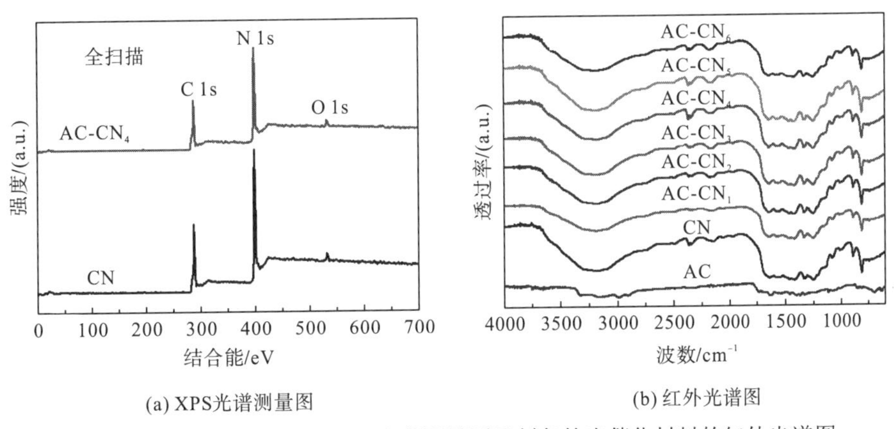

(a) XPS光谱测量图 (b) 红外光谱图

图 3-5 CN 和 AC-CN_4 的 XPS 光谱测量图及制备的光催化材料的红外光谱图

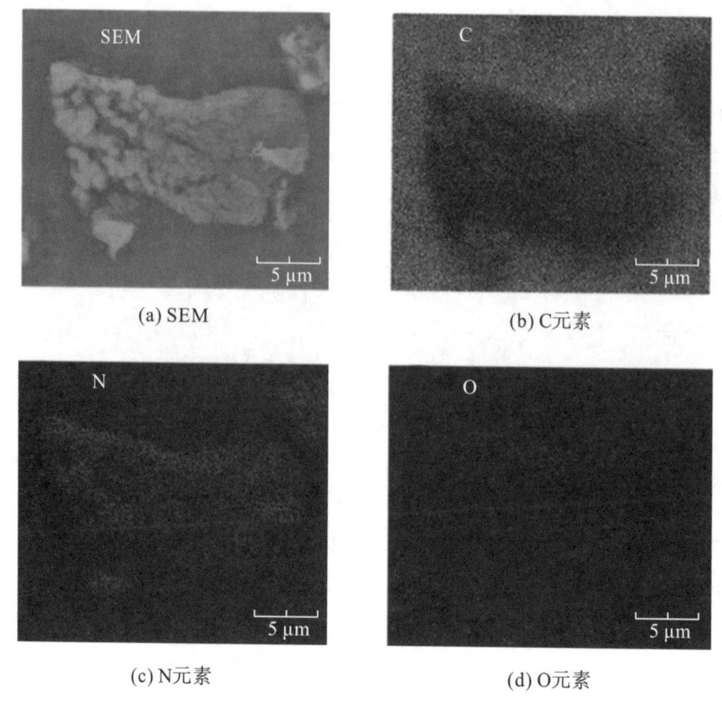

(a) SEM (b) C元素

(c) N元素 (d) O元素

图 3-6 AC-CN_4的元素映射图像

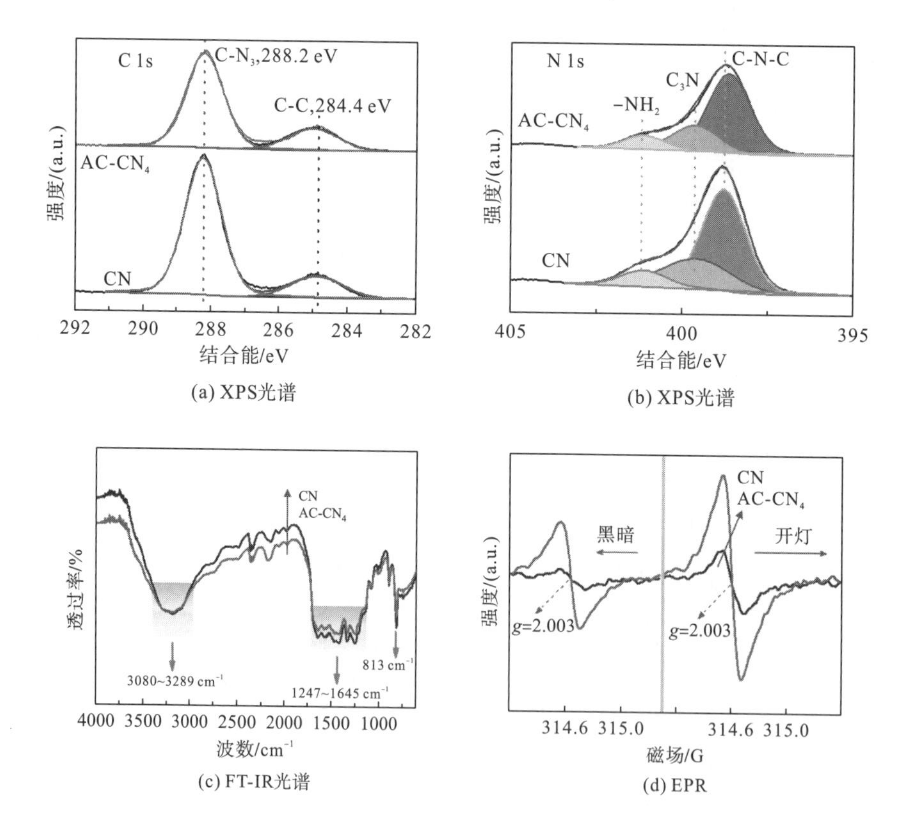

(a) XPS光谱 (b) XPS光谱

(c) FT-IR光谱 (d) EPR

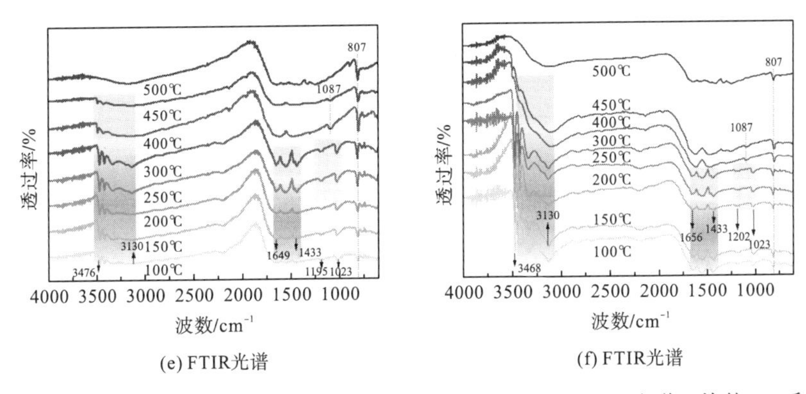

(e) FTIR光谱 (f) FTIR光谱

图 3-7 CN 和 AC-CN_4的 C1s 和 N1s XPS 光谱；CN 和 AC-CN_4的 FT-IR 光谱；块体 CN 和 AC-CN_4的 EPR 光谱不同热处理温度(100～500℃)下三聚氰胺和 AC-CN_4的 FT-IR 谱

表 3-1 由元素分析得到的所制备 g-C_3N_4样品的 C/N 及 N 和 C 相应的百分比

样品名称	C/N	N/%	C/%
CN	0.5636	61.05	34.41
AC-CN_1	0.5607	60.83	34.11
AC-CN_2	0.5597	60.48	33.85
AC-CN_3	0.5614	60.59	34.02
AC-CN_4	0.5643	60.67	34.23
AC-CN_5	0.5646	60.27	34.03
AC-CN_6	0.5665	60.18	34.09

根据分析结果，含氮空位 AC-CN_x的形成机理如下。如图 3-8 所示，通过在 500℃下将 AC 和三聚氰胺的混合物直接煅烧 2h 即可获得富含氮空位的 g-C_3N_4。首先，在 195～210℃(阶段一)加热条件下，AC 会发生热分解，产生大量的 N_2和少量 CO/CO_2。N_2在氮空位形成过程中起着至关重要的作用。最近有报道称，可以在 N_2气流下煅烧三聚氰胺得到含氮空位的 g-C_3N_4(Cao J et al.，2019)。在本节中，在原位生成的 N_2(含少量 CO 和 CO_2)气氛下热处理三聚氰胺，更容易制备出含氮空位缺陷的 AC-CN_x(阶段二)。事实上，已经有大量文献报道有关氮空位缺陷的 C_3N_4(Niu P et al.，2012；Niu P et al.，2014；Kong L R et al.，2018；Tay Q L et al.，2015；Liu J Y et al.，2018；Zhang H G et al.，2018；Wu J J et al.，2019；Wang Z Y et al.，2019；Tu W G et al.，2017)。而与以往的报道不同，这种一步法制备 C_3N_4的最大优势是方法简单，既不需要酸碱或有毒试剂的辅助，也无须气流辅助。

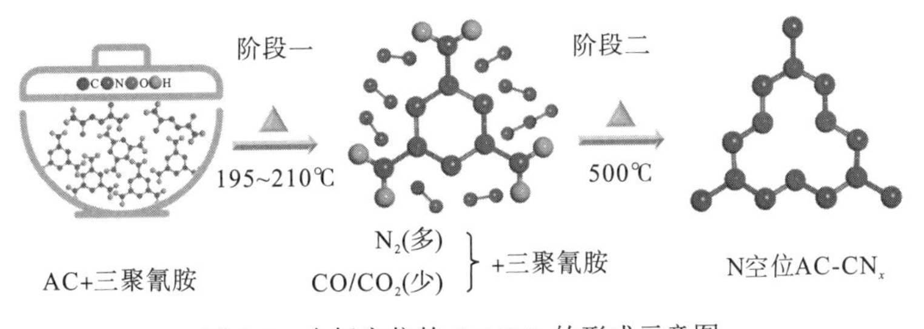

图 3-8 含氮空位的 AC-CN_x的形成示意图

表 3-2 CN 和 AC-CN_4 的表面性质和光催化活性

样品名称	比表面积/($m^2 \cdot g^{-1}$)	孔容/($cm^3 \cdot g^{-1}$)	平均孔径/nm	NO 去除率/%
CN	5.8	0.04	1021.2	17.7
AC-CN_4	8.4	0.05	713.1	40.3

3.1.4.4 氮空位对织构的影响

优化 g-C_3N_4 的结构性质是扩大其光吸收和提高其光催化活性的有效方法。为此，本节开展了氮空位形成对 g-C_3N_4 的形态结构变化的研究。图 3-9(a)为合成的 CN、AC-CN_1 和 AC-CN_4 的实物图片。可以明显地发现，AC-CN_4 的颜色比块体 CN 的颜色更深，可初步认为 AC-CN_4 具有更长的吸收波长。此外，这 3 个样品的形貌依次为块体、多孔结构，再到细小的粉末状颗粒。同样在图 3-9(b)～图 3-9(e)中的 SEM 和 TEM 图像中可看出厚块状 CN 向具有多孔纳米颗粒的 AC-CN_4 的演变，其中可以明显观察到样品的形态差异。正如我们在图 3-9(b)中看到的那样，SEM 图像中的 CN 看起来像一块厚板。相反，可以明显观察到 AC-CN_4[图 3-9(c)]沿基面出现厚层剥落而形成剥离的纳米颗粒。这些尺寸为 100～200nm 的堆叠纳米颗粒分散在剥离层上。图 3-9(d)中的 TEM 图像再次证实 CN 是块体结构。而从图 3-9(e)中可观察到，AC-CN_4 由于纳米颗粒的产生，出现一些几乎透明的空洞，这表明那些由 AC 热解产生的气体可以很好地作为气泡模板。

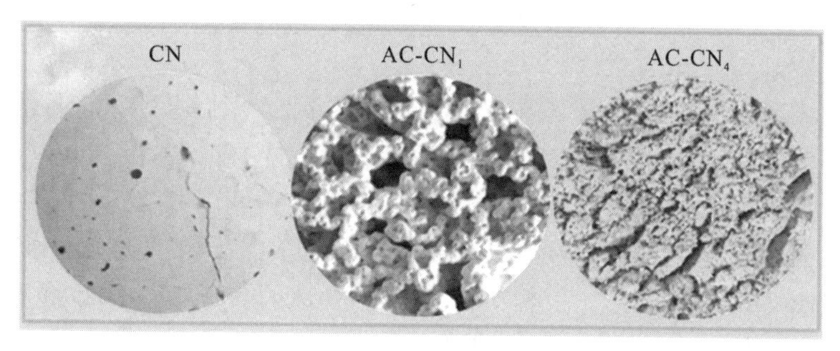

(a) 实物图

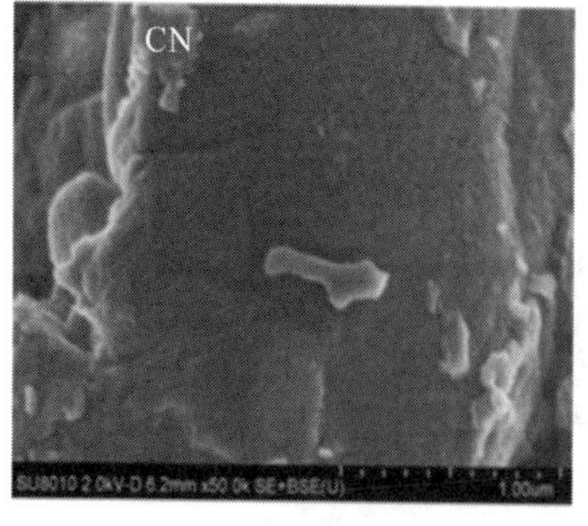

(b) SEM图(一)

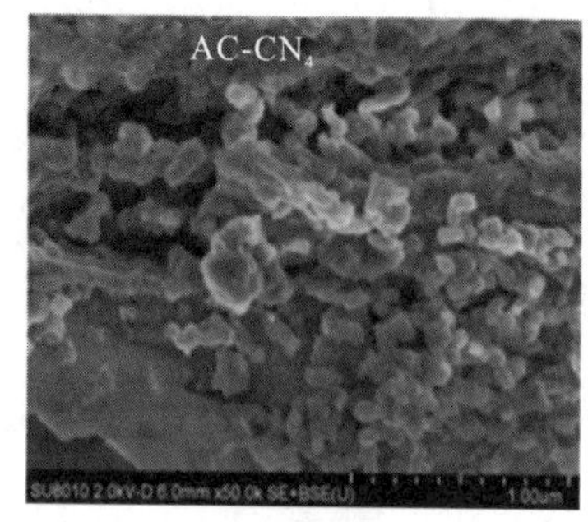

(c) SEM图(二)

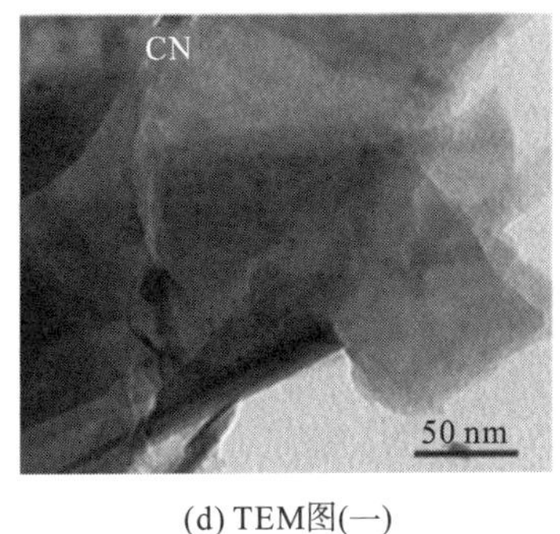

(d) TEM图(一)

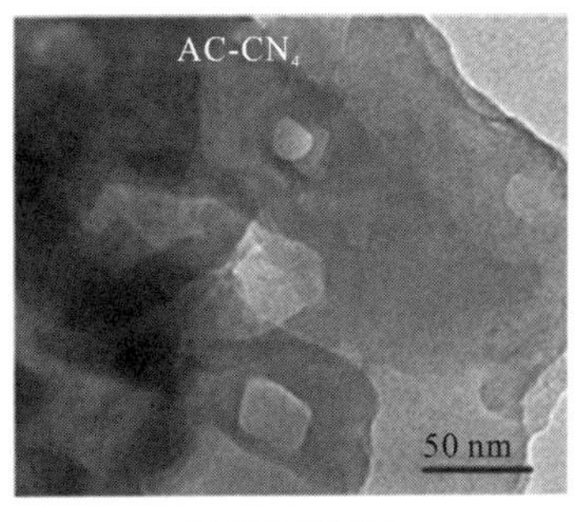

(e) TEM图(二)

图 3-9　所制备得到的固体样品：CN、AC-CN_1和 AC-CN_4，CN 和 AC-CN_4的扫描电镜和透射电镜图像

样品的比表面积通过 Brunauer-Emmett-Teller(BET)测量(图 3-10)。AC-CN_4的等温线属于 IV 型曲线(典型的 H3 磁滞回线，P/P_0在 0.8~1.0 范围)，证明了中/大孔的产生，这与 SEM 和 TEM 图像结果非常吻合(Cao S W et al.，2015)。AC-CN_4的孔径比 CN 略小，说明在三聚氰胺中加入 AC 后使 AC-CN_4形成小孔。计算得出，AC-CN_4的表面积($8.4m^2 \cdot g^{-1}$)略大于 CN($5.8m^2 \cdot g^{-1}$)。而 CN 和 AC-CN_4对应的 NO 去除率分别为 17.7%和 40.3%(表 3-2)。基于此，我们有理由得出结论：在该体系中，光催化性能的提高与表面积的增加并不相关。

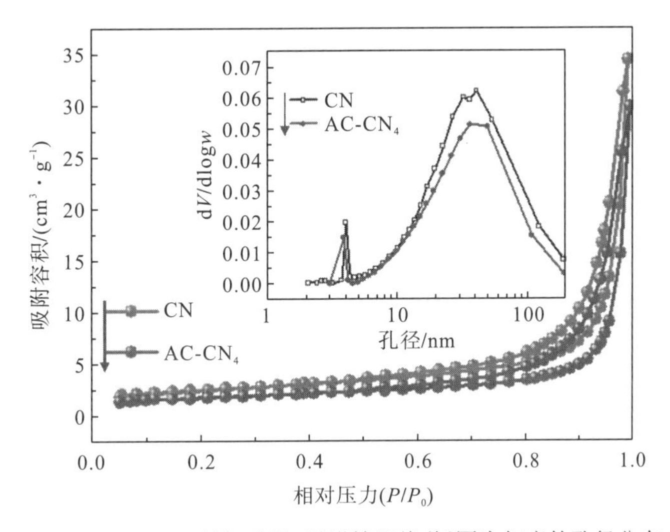

图 3-10　CN 和 AC-CN_4的氮吸附-脱附等温线(插图为相应的孔径分布曲线)

3.1.4.5　氮空位对光学性质的影响

如图 3-11(a)所示，利用紫外-可见漫反射光谱(DRS)分析 CN 和 AC-CN_4的光学性质，其中 AC-CN_4表现出明显的红移并延伸吸收带尾至 800nm。此外，随着 AC 含量的增加，所有 AC-CN 光催化剂的吸收带边缘都发生红移，可见光吸收能力增强(图 3-12)。这一结果可能是由氮空位的存在而导致的。此外，AC-CN_4和 CN 的禁带宽度分别为 2.56eV 和 2.78eV。图 3-11(b)中的态密度(DOS)分析表明，AC-CN_4的禁带宽度比 CN 更窄。UV-vis DRS 和 DOS

的测量都表现出禁带宽度减小的结果。AC-CN_4的带隙减小有助于吸收利用更多的可见光。

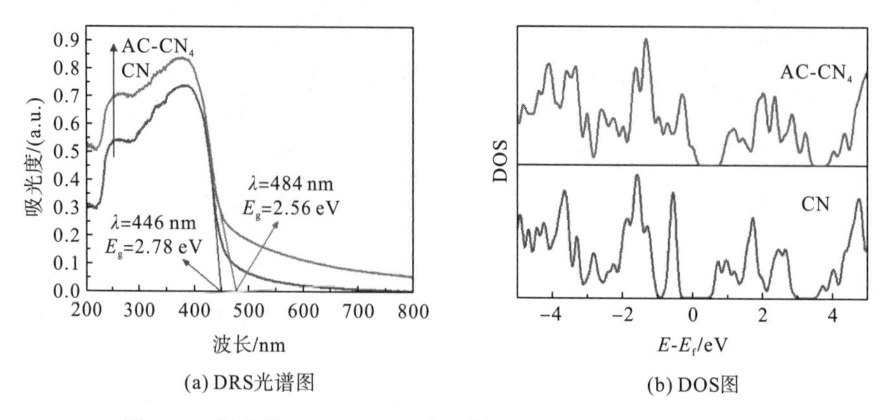

(a) DRS光谱图 (b) DOS图

图 3-11 样品的 UV-Vis DRS 光谱图，CN 和 AC-CN_4的 DOS 图

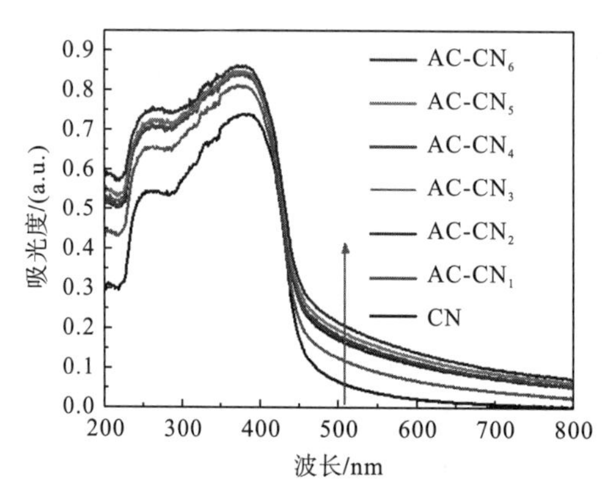

图 3-12 样品的紫外可见光谱图

为了确定相应的导带(CB)位置，相应地做出 M-S 图[图 3-13(a)和图 3-13(b)]。CN 和 AC-CN_4的平带电位分别为−0.63V 和−0.83V(相对于普通氢电极)。因此，结合带隙和 CB 边的计算可得 CN 的价带(VB)为 2.15eV，AC-CN_4的价带(VB)为 1.73eV。图 3-13(c)描绘了所确定的能带结构比对图。

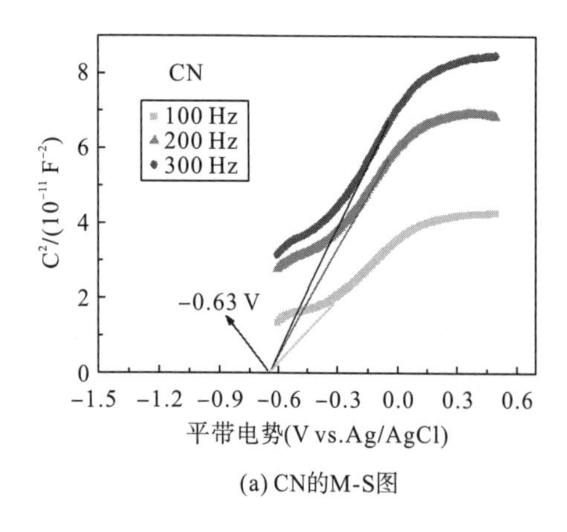

(a) CN的M-S图

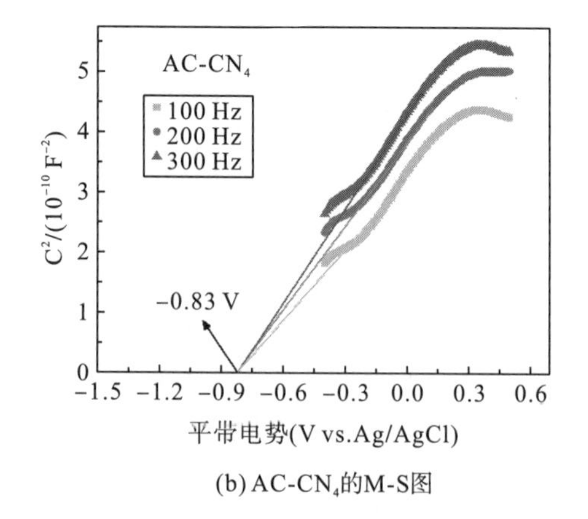

(b) AC-CN_4的M-S图

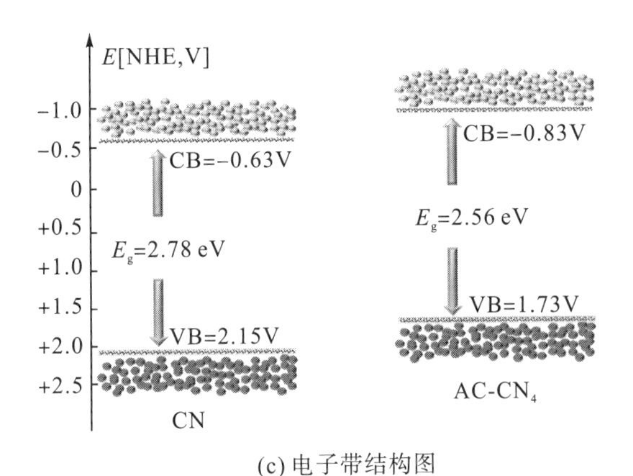

(c) 电子带结构图

图 3-13 CN 和 $AC-CN_4$的 M-S 图和电子带结构图

光生载流子的分离与传输在光激发 NO 催化反应中起着主导的作用，因此本书利用光电化学测试进行了相应的研究。图 3-14(a)中，$AC-CN_4$中，强 PL 猝灭信号表明光生电子的复合由于氮空位引入而受到极大的抑制。此外，如图 3-15 所示，随着发泡剂 AC 量的增加，所制备样品的 PL 峰也逐渐削弱。与此同时，与 CN 中微弱的 SPS 信号形成鲜明对比，$AC-CN_4$显示出明显增强的 SPS 响应，表明 $AC-CN_4$中电荷的分离效率更高[图 3-14(b)]。在图 3-14(c)中，$AC-CN_4$表现出更高的瞬态光电流响应，反映其增强的电荷迁移动力学。另外，从 EIS 谱[图 3-14(d)]可以看出，$AC-CN_4$比 CN 呈现出一个更小的高频半圆。同时，为了更好地对比，还通过时间分辨光致发光(time-resolution photoluminescence，TRPL)光谱研究了光生载流子动力学（图 3-16）。与 CN(6.87ns)相比，$AC-CN_4$具有更长的 PL 寿命(9.0ns)，表明 $AC-CN_4$有效地加快了载流子传输(表 3-3)。$AC-CN_4$良好的电荷迁移特性促使其表现出高电导率。氮空位的引入，加快的电荷迁移动力学和充足的电子可以加速表面 NO 光氧化反应，从而使得 $AC-CN_4$的催化性能显著提高。

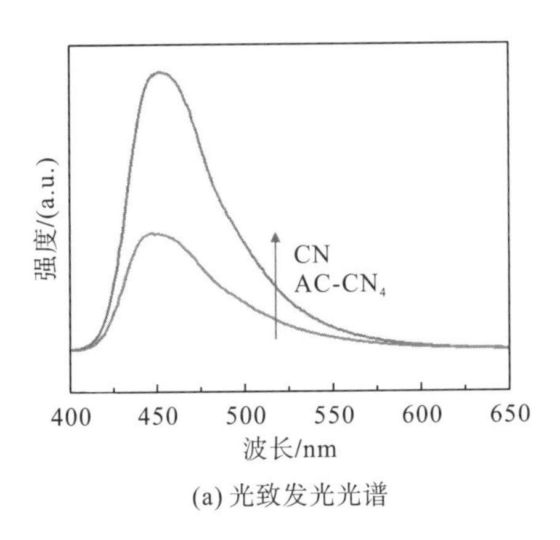

(a) 光致发光光谱

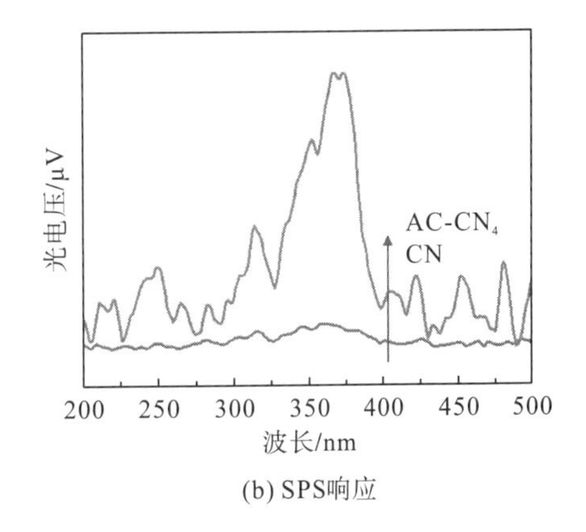

(b) SPS响应

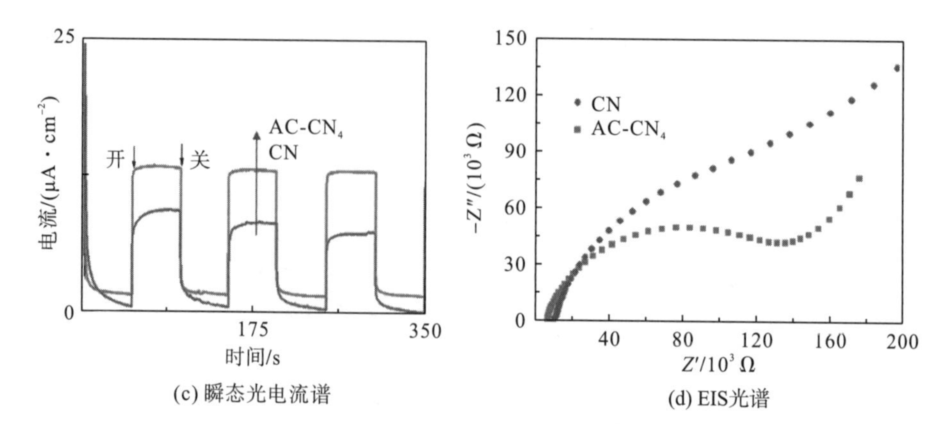

(c) 瞬态光电流谱 (d) EIS光谱

图 3-14 CN 和 $AC\text{-}CN_4$ 的光致发光光谱、SPS 响应、瞬态光电流谱和 EIS 光谱

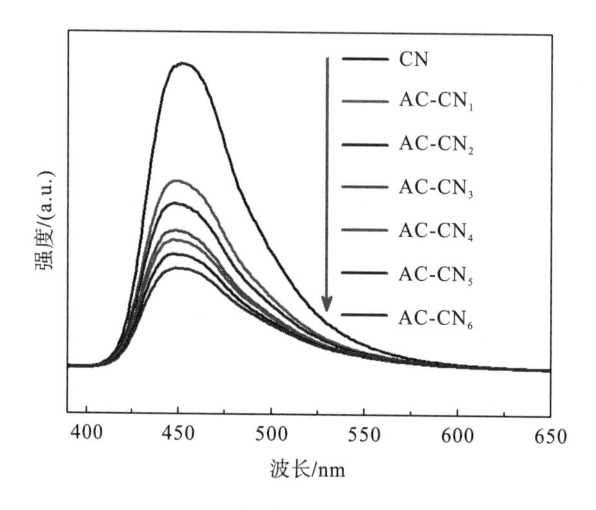

图 3-15 所制备样品的 PL 图谱

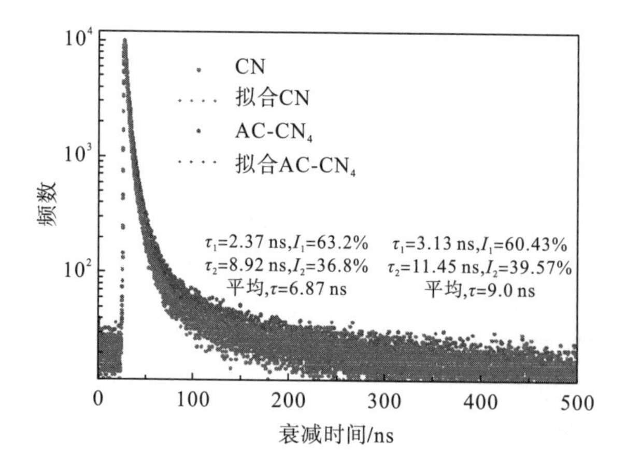

图 3-16 CN 和 $AC\text{-}CN_4$ 时间分辨光致发光动力学图

表 3-3　CN 和 AC-CN_4发射衰减的动力学参数

样品名称	组成	寿命/ns	相对百分比/%	χ^2	平均寿命/ns
CN	τ_1	2.37	63.2	1.158	6.87
	τ_2	8.92	36.8		
AC-CN_4	τ_1	3.13	60.43	1.161	9.0
	τ_2	11.45	39.57		

3.1.4.6　光催化氧化 NO 的反应途径

为了揭示在该反应体系中涉及的 NO 光氧化过程，进行了相应的程序升温脱附(tencperature-programmed desorption，TPD)测试研究。图 3-17(a)比较了 CN 和 AC-CN_4的 NO TPD 测试结果。在 AC-CN_4中，可以观察到两种强的 NO 吸附物种，而 CN 中仅观察到一种 NO 吸附物种。处于 259℃附近的峰表示物理吸附，AC-CN_4的峰强度明显高于 CN。此外，在 372℃处，对于 AC-CN_4，可观察到对应 NO 强的化学吸附物质峰，而 CN 尚不存在此特征信号峰。这些结果证明了 AC-CN_4表面的氮缺陷有利于 NO 吸附。

吸附作为氧化去除 NO 的起始步骤，优先地对其进行了理论计算研究。如图 3-17(c)所示，NO 键长为 1.173Å，与游离 NO 分子(即 1.174Å)几乎相同，表明 NO 在 CN 表面吸附较弱。而 AC-CN_4的 ELF(0.823)计算值大于 CN(0.807)。值得注意的是，图 3-17(b)中显示 AC-CN_4中的 C 原子与 NO 分子中的 N 原子之间存在共价键，因此 NO 分子可以从中解离活化。根据图 3-17(c)中 NO 的进一步吸附模型发现，NO 的键长从 CN 中的 1.173Å 延长到 AC-CN_4中的 1.242Å，NO 在 AC-CN_4上的吸附能和电荷迁移(分别为−1.27eV 和 0.50e)远大于 CN(分别为−0.15eV 和 0.001e)。因此，氮空位的引入可以在热力学上驱动 NO 吸附并促进后续的光催化氧化反应。

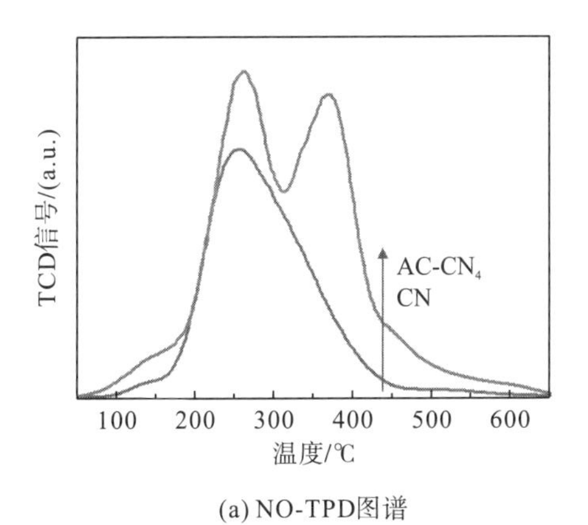

(a) NO-TPD图谱

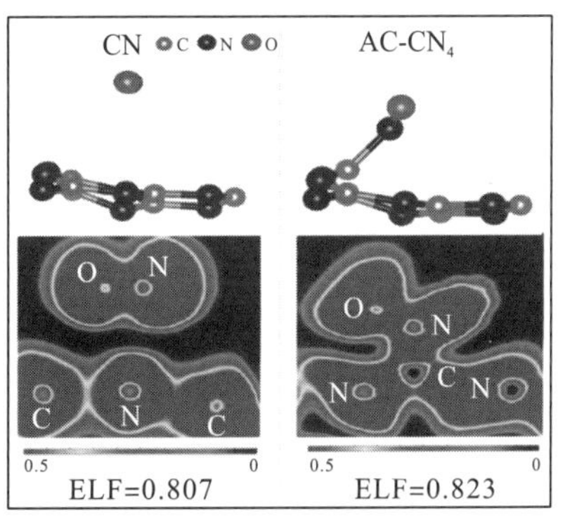

(b) 电子局域函数

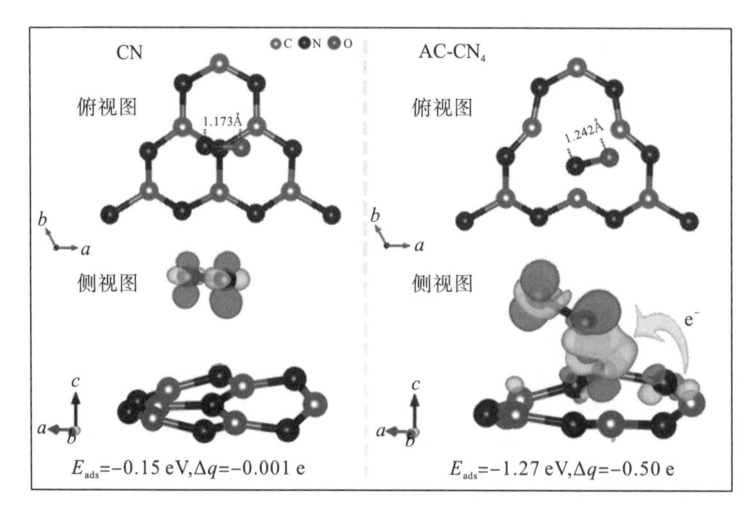

(c) NO吸附结构图

图 3-17 NO-TPD 图谱，电子局域函数(ELF)，CN 和 AC-CN_4 结构优化后的 NO 吸附

注：(c)中上方为俯视图，下方为侧视图；深灰色表示失去电子；浅灰色表示得到电子。E_{ads} 和 Δq 分别代表 NO 分子的吸附能和总电荷。

为了明晰 NO 高效去除过程中涉及的活性氧物种(reactive oxygen species，ROS)，进行了 ESR 测试。在黑暗条件下，无法检测到相关的 ESR 信号，这意味着光照是自由基产生的必要条件。当 CN 和 AC-CN_4 暴露在光照下时，DMPO-・O_2^-[图 3-18(a)]和 DMPO-・OH[图 3-18(b)]出现典型的四重峰。然而，AC-CN_4 产生的 DMPO-・O_2^-(e^- $+O_2\rightarrow$・O_2^-)和 DMPO-・OH(・$O_2^-\rightarrow H_2O_2\rightarrow$・OH)的 ESR 信号比 CN 强，同样证明了 AC-CN_4 的光催化性能得到增强。另外，DMPO-・OH 加合物的强度比 DMPO-・O_2^- 加合物的强度弱得多。单线态氧($^1O_2$)作为一种有效的氧化剂在 NO 光氧化反应中的应用很少受到关注。传统意义上，$^1O_2$ 是由・O_2^- 和 h^+ 反应产生(Wang H et al.，2015)，而实际上，$^1O_2$ 的产生是源于材料的三重态激子与基态氧分子之间的共振能量转移，以活化分子 O_2 的方式而产生(Wang H et al.，2016)。为了验证光催化氧化 NO 过程中 $^1O_2$ 的真实存在，对 $^1O_2$ 的形成进行了深入的研究[图 3-18(c)]。AC-CN_4 的 $^1O_2$ 峰强度比 CN 高，并且 $^1O_2$ 的 ESR 信号强度远远超过・O_2^- 和・OH。

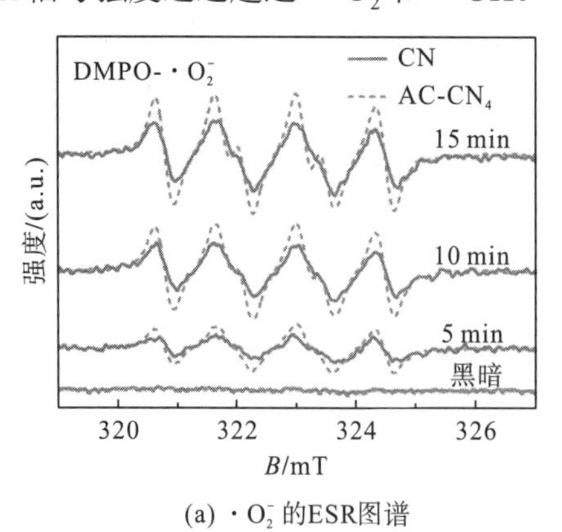

(a)・O_2^- 的ESR图谱

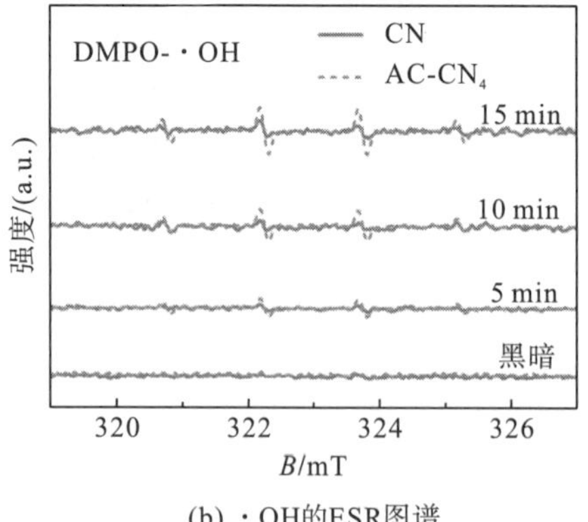

(b)・OH的ESR图谱

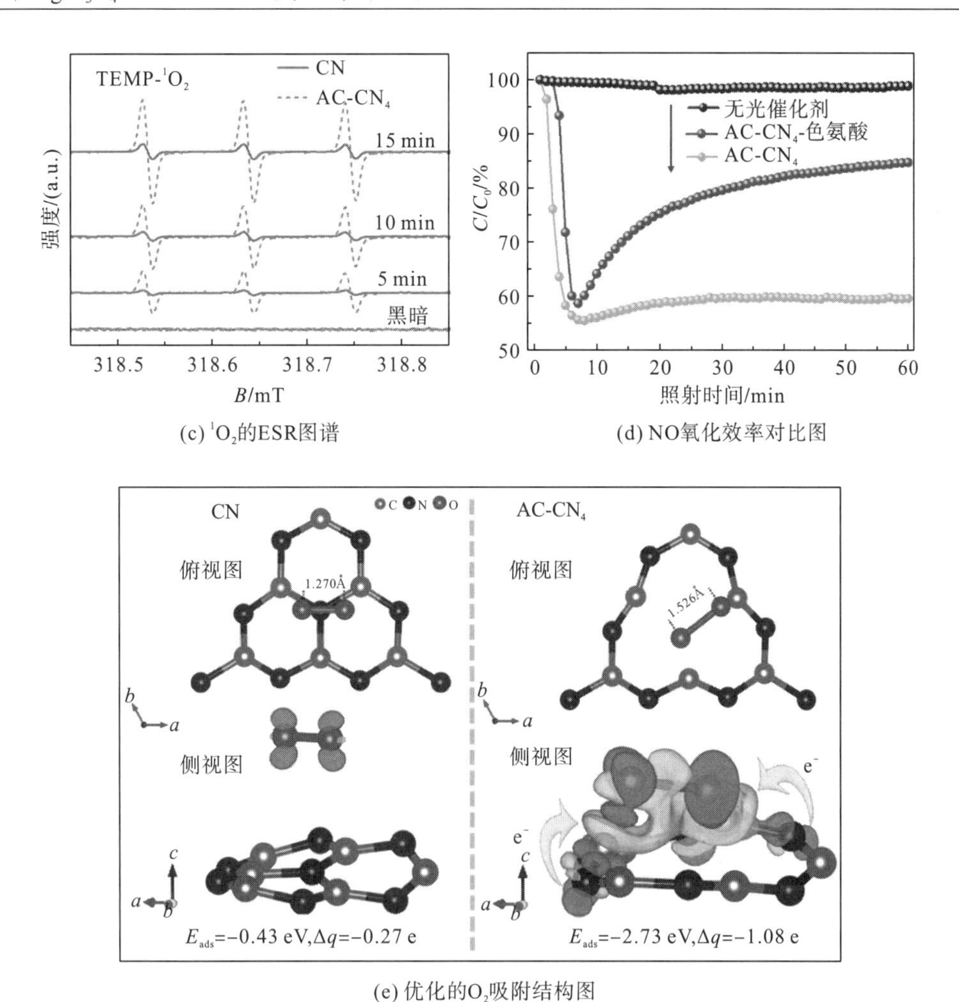

(c) $^1O_2$的ESR图谱 (d) NO氧化效率对比图

(e) 优化的O_2吸附结构图

图 3-18 • O_2^-，• OH 和 $^1O_2$ 在黑暗和可见光照射下(λ≥420nm)的 DMPO 自旋捕捉 ESR 图谱，加入不同清除剂后的 AC-CN_4 上的 NO 氧化效率对比图，CN 和 AC-CN_4 的电子迁移：优化的 O_2 吸附俯视图和侧视图，其中深灰色表示得电子，浅灰色表示失电子。E_{ads} 和 Δq 分别代表 O_2 分子的吸附能和总电荷。E_{ads} 为负表示散热，Δq 为负表示电子积累。键长的单位是 Å。

此外，为了明确 $^1O_2$ 活性物种在 NO 氧化反应中的主要作用，进行了清除剂试验[图 3-18(d)]，选择色氨酸作为 $^1O_2$ 的清除剂。结果表明色氨酸的添加可明显抑制 NO 氧化去除率，由此可推测 $^1O_2$(由 O_2 活化产生)是 NO 去除反应过程中的主要活性物种。同时，如图 3-19 所示，• O_2^- 和 h^+也可作为 AC-CN_4 在 NO 光氧化中的主要活性物种。另一方面，可观察到色氨酸加合物的不同趋势线，即反应活性在 7min 内迅速增加，然后逐渐下降。结果表明，这种与众不同的活性变化表明 • O_2^-/h^+(与电荷迁移有关)在 NO 氧化反应过程中占主导地位(0～7min)，在此期间 • O_2^-/h^+与 $^1O_2$ 在能量转移过程中相互竞争。随着反应时间的延长，• O_2^-/h^+受到抑制，促进了 $^1O_2$ 的形成，从而使光催化活性在 7min 后下降。相比之下，可以发现 CN 的主要活性物种是 h^+和 • O_2^- (图 3-19)。

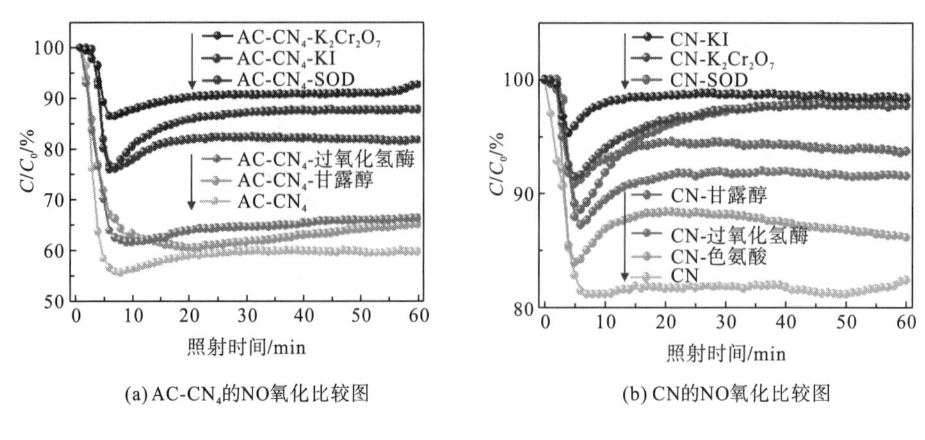

(a) AC-CN4的NO氧化比较图

(b) CN的NO氧化比较图

图 3-19 添加不同清除剂的 AC-CN4 和 CN 的 NO 氧化比较图

因为 AC-CN4 的 VB 电位($E\varphi_{VB}$=1.73eV，相对于普通氢电极)不足以将 H_2O 氧化成・OH 自由基[$E\varphi$(H_2O/・OH)=2.37eV，相对于普通氢电极]，因此检测到的・OH 自由基的 ESR 信号应来自 $\cdot O_2^-$ 的转化。由于从 $\cdot O_2^-$ 到•OH 的转化非常缓慢，我们可以看到 •OH 自由基的浓度较低[图 3-21(d)]。拓宽的可见光响应范围使 AC-CN4 样品中可产生高浓度的 $^1O_2$[图 3-11(a)]。与・OH 和・O_2^- 自由基不同，$^1O_2$ 可以从催化剂表面扩散到空气中攻击 NO。因此，不难理解的是，AC-CN4 的光反应活性增强是由于・O_2^-(主要活性物种)和高浓度 $^1O_2$ 的产生。因此，根据 ESR 结果可以推断出包括・O_2^- 和 $^1O_2$ 在内的 ROS 会促进 AC-CN4 的特殊反应活性。进一步地，通过基于 DFT 的几何优化研究了 O_2 在光催化剂表面的吸附行为。从图 3-18(e)中可以发现，O_2 分子在极少的电荷迁移下，微弱地吸附在体相 CN 上；相反，氮空位改性的 AC-CN4 产生较强的化学吸附和高效的电子迁移。对于 AC-CN4，可以明显地观察到在 N 原子和两个 O 原子周围分别发生了电荷消耗和电荷累积。结果，电荷在氮空位处积累，并且所产生的电子云连接两个 O 原子，从而激活 O_2 分子，计算得出的 O_2 键长由 CN 的 1.27Å 增加到 AC-CN4 的 1.526Å。此外，AC-CN4 上的 O_2 的 ΔE_{ads}(负值)可以达到−2.73eV，伴随着约 1.08 个电子可以从 AC-CN4 转移到 O_2，远远超过 CN(ΔE_{ads}=−0.43eV 和 0.27 个电子)。同时，光生电子与分子 O_2 之间的反应可生成活性・O_2^-。

在实验观测和 DFT 计算结果的基础上，采用原位 DRIFTS 光谱监测中间产物可确定催化剂氧化去除 NO 的反应路径。从图 3-20(a)中观察得到，CN 表面的氮氧化物相对较少，存在微弱的吸附峰：螯合亚硝酸盐(583cm^{-1} 和 887cm^{-1})(Hadjiivanov K I，2007)，NO 相关物质(901cm^{-1}、1093cm^{-1} 和 2076cm^{-1} 分别对应 N_2O_4、NO 和 NO_2)(Hadjiivanov K I.，2007；Weingand T et al.，2002)，双齿 NO_2^- 物质(1133cm^{-1})(Wu J C S et al., 2006)和双齿硝酸盐(1208cm^{-1} 和 1224cm^{-1})(Konstantin H et al.，2002)(表 3-4)。在 NO 开始氧化时，吸附起最主要作用。显然，NO 吸附效果欠佳导致 CN 低的反应活性。但是，AC-CN4 的 NO 吸附模式与 CN 完全不同。图 3-20(b)所示，可在 AC-CN4 上检测到各种与 NO 相关的信号峰(800～2230cm^{-1})(表 3-5)。这些位于 925cm^{-1}、955cm^{-1}、2069cm^{-1} 和 2187cm^{-1}(2225cm^{-1})的信号依次对应于 N_2O_4(Konstantin H et al.，2002)、N_2O_3(Laane J et al.，1980)、NO_2(Laane

J et al.，1980；Kantcheva M.，2001）和 N_2O 特征峰（Ramis G et al.，1990），所有特征峰都证明了 NO 吸附在 AC-CN_4的表面。另外，NO^-/NOH（分别对应位于 1167cm^{-1}、1180cm^{-1}和 1198cm^{-1}处的信号峰）是通过发生歧化反应 $3NO+OH^- = NO_2+NO^-+NOH$ 而产生的（Laane J et al., 1980）。更为有趣的是，这些位于 893cm^{-1}（1210cm^{-1}）、977cm^{-1}、1010cm^{-1}（1051cm^{-1}、1076cm^{-1}和 1102cm^{-1}）和 1222cm^{-1}的强吸附峰依次对应NO_2^-（Ramis G et al.，1990）、螯合硝酸盐（Zhou Y et al.，2016）、单齿亚硝酸盐/双齿硝酸盐（Wu J C S et al.，2006; Laane J et al.，1980）和双齿硝酸盐（Konstantin H et al.，2002；Kantcheva M，2001；Lin Y M et al.，2014），它们都是通过 NO 分子与 AC-CN_4中具有很强活化能力的双配位 N 原子之间的相互作用形成的。强烈的 NO 吸附，包括物理吸附和化学吸附，与 TPD 分析结果相一致，这为 AC-CN_4实现 NO 氧化反应提供了可行性。

当达到 NO 吸附-脱附平衡之后，CN 和 AC-CN_4在可见光照射下会出现大量的含 N 官能团。对于 CN 而言，NO_2（933cm^{-1}和 2097cm^{-1}）（Wu J C S et al.，2006）、N_2O_3（966cm^{-1}）（Konstantin H et al.，2002; Ramis G et al.，1990）、N_2O（2237cm^{-1}）（Kantcheva M，2001）的信号变强，说明 NO 不能被有效地活化和氧化[图 3-20（c）]。照射 28 min 后，1144cm^{-1}处的峰对应 NO^-/NOH，而位于 857cm^{-1}（871cm^{-1}）、984cm^{-1}、1003cm^{-1}、1024cm^{-1}（1049cm^{-1}）和 1107cm^{-1}的吸收峰可以分别归属为螯合亚硝酸盐（Hadjiivanov K I.，2007）、螯合硝酸盐（Zhou Y et al.，2016）、桥连硝酸盐（Kantcheva M et al.，2004；Huang S J et al.，2000）、单齿亚硝酸盐/双齿硝酸盐和亚硝酸盐（Wu J C S et al.，2006；Konstantin H et al.，2002；Laane J et al.，1980）。另外，还可以观察到NO_2^-（在 880cm^{-1}、1207cm^{-1}和 1246cm^{-1}处）的吸收峰（表 3-6）。如图 3-20（c）所示，与NO_3^-相关的物质的信号峰减弱，而与NO_2^-相关基团的信号峰增强。根据以上结果，我们可以得出结论：缓慢的 NO 氧化伴随着 CN 不完全氧化的发生。

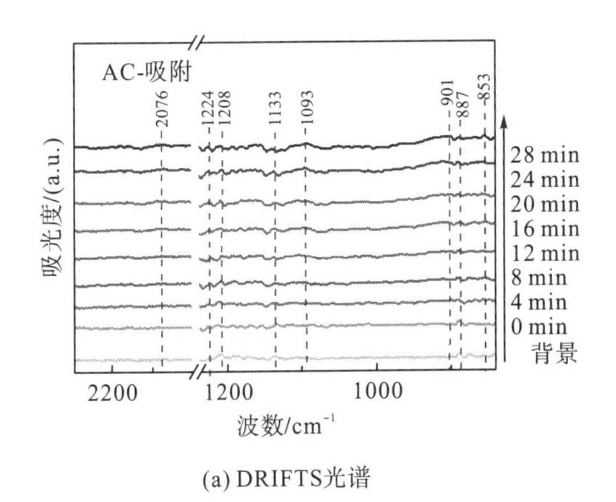

(a) DRIFTS光谱

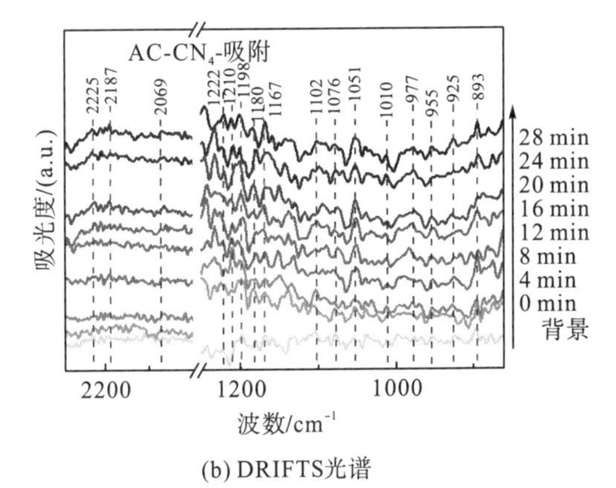

(b) DRIFTS光谱

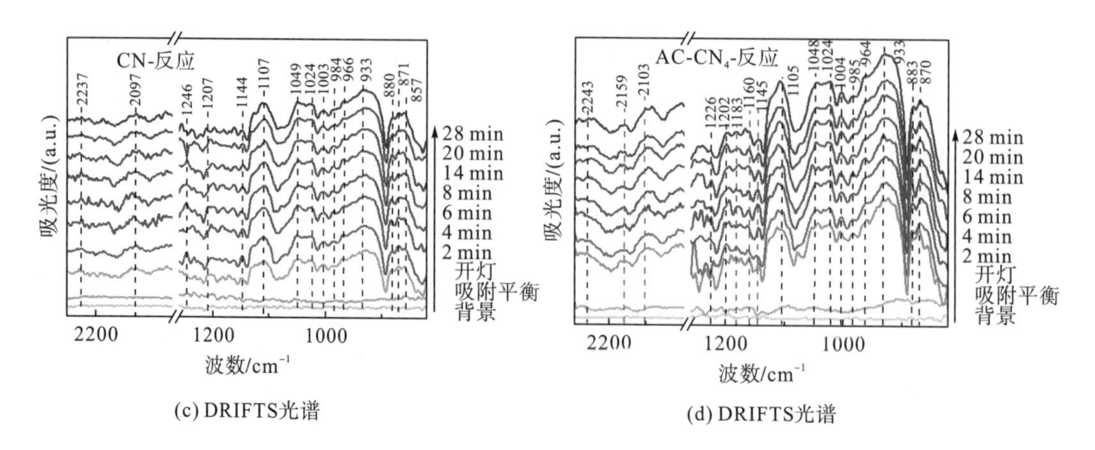

(c) DRIFTS光谱　　(d) DRIFTS光谱

图 3-20　分别在 CN 和 AC-CN_4 上的吸附和反应的时间相关 DRIFTS 光谱

表 3-4　CN 上 NO 吸附的 IR 分析结果

波数/cm^{-1}	基团	波数/cm^{-1}	基团
2076	NO_2	1093	NO
1208(1224)	双齿硝酸盐	901	N_2O_4
1133(1179)	NO^- /NOH	853(887)	螯合亚硝酸盐

表 3-5　AC-CN 上的 NO 吸附的 IR 分析结果

波数/cm^{-1}	基团	波数/cm^{-1}	基团
2225	N_2O	1010(1051,1076 和 1102)	单齿亚硝酸盐/双齿硝酸盐
2187	N_2O	977	螯合硝酸盐
2069	NO_2	955	N_2O_3
1222	双齿硝酸盐	925	N_2O_4
1210	NO_2^-	893	NO_2^-
1167(1180 和 1198)	NO^- /NOH		

表 3-6　CN 上 NO 反应的 IR 分析结果

波数/cm^{-1}	基团	波数/cm^{-1}	基团
2237	N_2O	1003	桥连硝酸盐
2097	NO_2	984	螯合硝酸盐
1207(1246)	NO_2^-	966	N_2O_3
1144	NO^- /NOH	933	NO_2
1107	亚硝酸盐	880	NO_2^-
1024(1049)	单齿亚硝酸盐/双齿硝酸盐	857(871)	螯合亚硝酸盐

对于 AC-CN_4而言，除了与 CN 相同的官能团外，在 2103cm^{-1}(2159cm^{-1})和 1226cm^{-1}处可观察到新的特征峰，可归属为 NO^+(Hadjiivanov K I，2007)和双齿 NO_3^- (Wu J C S et al.，2006；Laane and Ohlshe J R，1980)[图 3-20(d)]。然而，NO_2、N_2O_3 和 N_2O 的信号逐渐减弱(表 3-7)。这一结果不仅证明了 h^+可以直接和 NO 反应，而且证明了 AC-CN_4 具有很强的氧化能力，可将 NO 氧化为 NO_3^-。综上所述，AC-CN_4 具有优异的 NO 氧化性能，但其良好的可循环利用诱因尚不清楚。稳定性作为实际应用中的关键因素，在性能评价中起着至关重要的作用。为此，采用了中间/主要终产物吸附模型来揭示材料稳定性原因，在后面的讨论中将进一步进行阐述。

表 3-7　AC-CN_4上 NO 反应的 IR 对应官能团

波数/cm^{-1}	基团	波数/cm^{-1}	基团
2243	N_2O	1024(1048)	单齿亚硝酸盐/双齿硝酸盐
2103(2159)	NO^+	1004	桥连硝酸盐
1226	双齿 NO_3^-	985	螯合硝酸盐
1202	双齿 NO_2^-	964	N_2O_3
1160(1183)	NO^- /NOH	933	NO_2
1145	NO^- /NOH	883	NO_2^-
1105	亚硝酸盐	870	螯合亚硝酸盐

大量研究表明，光催化剂在活性位点不被占据的情况下会表现出良好的催化稳定性(Duan Y Y et al.，2019；Li Y H et al.，2020；Wang S B et al.，2015；Zhao Y X et al.，2019)。然而，这些研究缺乏实验或 DFT 理论支撑，以进行详尽的原理剖析。根据原位红外分析结果，NO_2 和 NO_3^-(包括少量 NO_2^-)分别是 AC-CN_4 体系中的主要中间产物和终产物。如图 3-21(a)～图 3-21(c)所示，展现的是 NO_2、NO_2^- 和 NO_3^- 的吸附模拟。模拟结果显示，化学吸附仅存在于 NO_2 中。AC-CN_4 的 E_{ads} 为 0.97eV，并且有 0.29 个电子从其表面迁移至 NO_2 分子。相比之下，CN 的 E_{ads} 为 0.37eV，从 CN 表面到 NO_2 的电荷迁移数为 0.21，小于 AC-CN_4 表面的电荷迁移数。AC-CN_4 上发生的明显的电子迁移直接证明了 NO_2 到 NO_3^- 的氧化过程。相反，值得注意的是，NO_2^- 或 NO_3^- 在 AC-CN_4 表面的吸附都是具有高能垒的非自发过程。正如预期，它很好地验证了反应终产物(NO_2^- 和 NO_3^-)在实验过程中没有占据 AC-CN_4 的活性位点。

考虑到活性物种的决定性作用，利用随时间变化的 ESR 测量结果来追踪 $\cdot O_2^-$、$\cdot OH$ 和 $^1O_2$ 的变化[图 3-21(d)]。$\cdot O_2^-$(活性贡献主要物种)和 $\cdot OH$(活性贡献次要物种)的信号都呈高斯分布趋势，它们可以在 30min 时达到饱和浓度，然后信号强度随之降低。这种自由基信号的衰减暗示大多数光催化剂在反应 30min 后活性消失，甚至稳定性也不尽如人意。CN 和 AC-CN_4 的 $\cdot O_2^-$ 和$\cdot OH$ 的信号强度在 30min 时达到峰值，随后逐渐下降；而随着光照时间的延长没有使 $^1O_2$ 的产生量减少。CN 中 $^1O_2$ 的信号增强较慢，而 AC-CN$_4$ 的该信号明显增强。因此，$^1O_2$ 的产生抵消了 • O_2^- 和 •OH 的消耗，还意外地增强了 AC-CN$_4$ 的光催化稳定性。

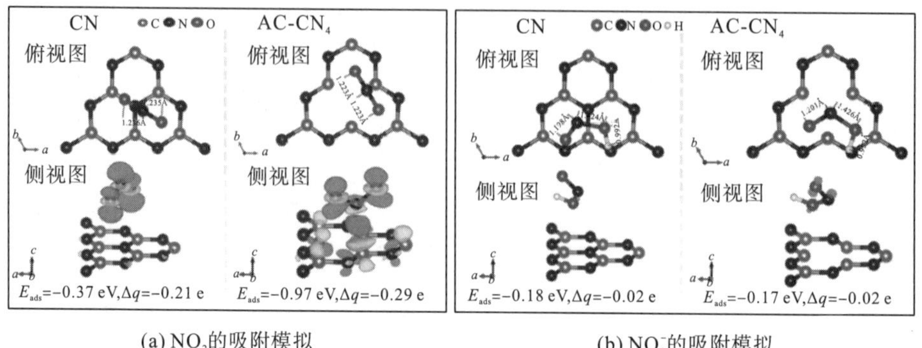

(a) NO_2的吸附模拟 (b) NO_2^-的吸附模拟

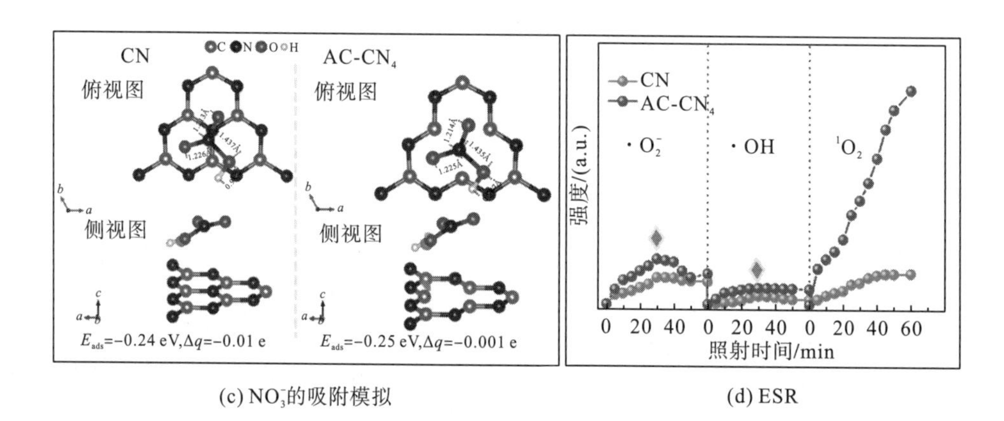

(c) NO_3^-的吸附模拟 (d) ESR

图 3-21 吸附模型：优化的 NO_2，HNO_2 和 HNO_3，其中深灰色代表得到电子；浅灰色代表失去电子。E_{ads} 和 Δq 分别代表 NO_2、HNO_2 和 HNO_3 的吸附能和总电荷。E_{ads} 为负值时表示放热。Δq 为负值时表示电荷累积。键长的单位为 Å。 • O_2^-、 • OH 和 $^1O_2$ 随时间变化的 ESR 信号

3.1.5 光催化机制

基于上述研究，可以提出如下合理的吸附机理（图 3-22）。在没有可见光照射的情况下，对于 AC-CN$_4$，NO 分子首先直接与 O_2 氧化而吸附在 AC-CN$_4$ 的表面上生成 NO_2[式（3-1）]，随后与 NO/NO_2 反应生成少量中间产物，如 N_2O_3 和 N_2O_4[式（3-2）和式（3-3）]。同时，部分 NO 分子会与 OH^- 反应生成 NO^-/NOH[式（3-4）]，接着 NO^- 和 O_2 之间反应生成 NO_2^-[式（3-5）]。然而，NO 分子在 CN 表面仅以 NO_2 和 N_2O_4 的形式进行少量吸附。

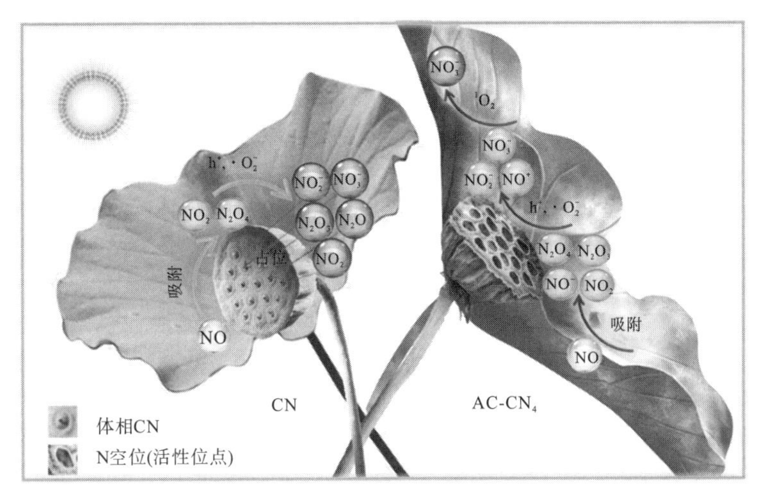

图 3-22　NO 氧化的反应机理

$$2NO + O_2 \longrightarrow 2NO_2 \tag{3-1}$$

$$NO + NO_2 \longrightarrow N_2O_3 \tag{3-2}$$

$$2NO_2 \longrightarrow N_2O_4 \tag{3-3}$$

$$NO + OH^- \longrightarrow NO^- + NOH \tag{3-4}$$

$$2NO^- + O_2 \longrightarrow 2NO_2^- \tag{3-5}$$

在可见光照射下，$AC\text{-}CN_4$ 的 NO 反应途径如下：①光生电子（e^-）和空穴（h^+）[式(3-6)]的产生；②氮空位作为 e^- 的捕获中心，活化 N_2 和 O_2 以形成 NO_2^- 和 $\cdot O_2^-$（包括 $^1O_2$）[式(3-7)和式(3-8)]；③吸附的 NO/NO_2^- 先被 h^+ 和 $\cdot O_2^-$ 迅速氧化，然后 $^1O_2$ 作为主要的活性物种而产生终产物 NO_3^- [式(3-9)～式(3-11)]。ESR 和 DFT 计算表现出令人满意的结果，活性物种的消耗和光生载流子的复合并没有导致光催化活性降低，这得益于 $^1O_2$ 的及时生成以及中间产物（NO_2^-）和终产物（NO_2^-/NO_3^-）在催化剂表面的微弱吸附。相比之下，对于 CN 而言，活性自由基的过度消耗以及大量中间产物/终产物占据了活性位点，不可避免地导致了差的光催化活性与稳定性。

$$AC-CN_4 + h\nu \longrightarrow +h_{AC-CN_4}^{+} \tag{3-6}$$

$$NO_2 + e_{AC\text{-}CN_4^-} \longrightarrow NO_2^- \tag{3-7}$$

$$O_2 + e_{AC\text{-}CN_4^-} \longrightarrow \cdot O_2^- \tag{3-8}$$

$$NO/NO_2^- + \cdot O_2^- \longrightarrow NO_3^- \tag{3-9}$$

$$NO_2^- + \cdot O_2^- + h_{AC\text{-}CN_4^+} \longrightarrow NO_3^- \tag{3-10}$$

$$NO_2^- + {}^1O_2 \longrightarrow NO_3^- \tag{3-11}$$

氮空位的引入显著提高了 $AC\text{-}CN_4$ 的光催化性能和稳定性。首先，氮空位使 $AC\text{-}CN_4$ 具有更窄的带隙，强的光吸收能力和快速的载流子迁移速率。此外，O_2 分子活化产生的 $^1O_2$ 将 NO 氧化的有效反应时间延长至 60min。更为重要的是，优化后的独特氮空位使中间/终产物在 $AC\text{-}CN_4$ 上呈现出微弱的吸附，最终通过未被占据的活性位点来提高光催化活性和稳定性。

3.1.6 小结

总而言之，通过简单的煅烧法可以制备得到具有三配位($N3_C$)氮空位修饰的 AC-CN_4。丰富氮空位的存在使 AC-CN_4 比 CN 具有更宽的可见光吸收范围和更快的电荷迁移速率。引入的氮空位在 AC-CN_4 中作为反应位点，既削弱了中间产物(NO_2)/最终产物(NO_2^- 和 NO_3^-)的吸附，又促进了 O_2 分子的活化产生 $^1O_2$，这些都有利于增强 AC-CN_4 的稳定性和 NO 氧化性能。我们认为，设计并制造出这种能促进稳定性和光催化活性的含氮空位的 g-C_3N_4 可作为未来面向实际应用的首要目标。

3.2 含碳空位 C_3N_4 纳米管：电子结构及光催化性能增强机制

3.2.1 引言

对具有管状纳米结构的 g-C_3N_4 进行精细设计可作为增强光催化性能的可靠方法。最近，Zhou 等(2018)通过去模板合成法制备了具有优异光催化产 H_2 活性的 g-C_3N_4 微管。事实证明，管状 g-C_3N_4 比体相 g-C_3N_4 的析氢速率提高了 3.1 倍。Tahir 等探索了 g-C_3N_4 纳米纤维和纳米管在 O_2 还原反应性能上的差异(Tahir M et al.，2015)。研究发现管状 g-C_3N_4 因具有足够的活性位点和较短的扩散距离，展现出比 g-C_3N_4 纳米纤维更高的光催化活性。Tahir 等(2013)通过高温煅烧乙二醇和 HNO_3 预处理的前驱体，制备得到管状 g-C_3N_4，将其应用于对亚甲基蓝和亚甲基橙的降解，表现出良好的光催化活性。然而，鉴于现有关于 g-C_3N_4 纳米管的应用和日益严重的空气污染的报道，利用管状 g-C_3N_4 的光催化氧化作用来控制空气污染显得至关重要。

我们特别期望能够寻求一种可以极大地增强管状 g-C_3N_4 的 NO 去除性能的双赢策略。g-C_3N_4 的缺陷改性因可实现能带结构优化，形成新的缺陷态，实现较好的电荷载流子分离/传输，似乎是一种增强光催化活性的有效方法。实际上，已经有一些文献报道了关于在 g-C_3N_4 中引入不同缺陷，可在体相 g-C_3N_4 基础上改善光催化活性，这些缺陷包括碳空位、氮空位和双重空位(碳和氮空位)，活性应用包括 NO 还原为 N_2、CO_2 还原、H_2O 分解、O_2/H_2 析出和 NO 去除(Zhou M et al.，2019；Zhao C X et al.，2019；Dong G H et al.，2017；Yang X F et al.，2019；Guo S E et al.，2017；Liu Q Q et al.，2019；Tian L et al.，2019；Xia P F et al.，2019；Liu W et al.，2018a；Dong G H et al.，2015；Tian L et al.，2018；Wang Y J et al.，2019；Liu W et al.，2018b；Zhou Y et al.，2016)。然而，g-C_3N_4 中碳空位的电子结构及其对反应物活化/转化的影响尚未被揭示。为此，本节将在 g-C_3N_4 中同步引入碳空位和管状纳米结构来调节 g-C_3N_4 的局部电子结构，以促进光催化 NO 催化氧化。

本节通过结合前驱体预处理和热解法，制备得到一系列具有碳空位的管状 g-C_3N_4。结合 XPS、FTIR 和 EPR 结果，确认了 g-C_3N_4 中碳空位的存在。加热温度的升高有利于空位浓度的增加。当温度达到 500℃时，可能会产生一些其他空位而降低光催化活性。结合 DFT 计算，活性物种捕获实验和原位 DRIFTS 测试表明，管状结构可以减小 g-C_3N_4 从体相到表面的扩散距离并增强光生电子的分离与迁移。光生电子被适当浓度的碳空位捕获后，与表面吸附的分子氧反应生成相应的活性氧物种，例如 $\cdot O_2^-$ 和 $\cdot OH$。$\cdot O_2^-$ 和 $\cdot OH$ 共存可以改变 NO 的氧化方式，使不希望产生有毒的 NO_2 转化成 NO_3^-。因此，本节研究可以为具有优异活性的光催化材料的可控双赢设计提供新的理解。

3.2.2　样品制备

水热前驱体的制备：将 4.28g 尿素和 3g 三聚氰胺溶于 50mL 去离子水中，搅拌 40min。随后，将上述混合物在 180℃下进行水热处理 24h。之后，将反应产物离心，用去离子水洗涤，在 60℃的烘箱中干燥 10h。

管状 g-C_3N_4的合成：将上述所得的 19.5g 水热前驱体样品置入 200mL 陶瓷坩埚中，并在氮气中分别以 400℃、450℃、500℃、550℃和 600℃煅烧 4h，加热速率为 5℃/min，相应的产物分别标记为 TN400、TN450、TN500、TN550 和 TN600。为便于分析比较，在不引入 N_2的情况下在 500℃将 19.5g 水热前驱体样品进行煅烧得到块体 g-C_3N_4(标记为 T500)。

3.2.3　结果与讨论

如图 3-23(a)所示，利用 X 射线衍射(XRD)图谱可比较分析所制备样品的晶体结构差异。除 TN400 存在不完全缩合外，其他样品均在 13.2° 和 27.4° 附近展现出两个衍射峰，这两个衍射峰分别对应 g-C_3N_4的(100)和(002)晶面。另外，除 TN 400 外，其他 g-C_3N_4样品的 XRD 图谱中均未检测到其他杂质，这表明在整个加热过程中，混合煅烧策略和 N_2引入不会影响原始 g-C_3N_4 的晶体结构。但值得注意的是，随着煅烧温度从 450℃升高至 600℃，(002)峰向大角度方向偏移，该现象可解释为缺陷的存在或样品在高温 N_2氛围下实现了剥离，从而减小了晶面间距(Wang Y J et al.，2019)。

为了揭示 N_2 在热解过程中的作用，在空气中以相同的热处理条件直接煅烧尿素(4.28g)和三聚氰胺(3g)的混合物来制备对照样 g-C_3N_4(T 500)。从图 3-23(b)可以看出，TN500 在 27.4° 附近的峰强有所削弱，表明 TN500 的结晶度和形态较 T500 有所改变。这一点通过 TEM 图像可得到进一步验证(图 3-24)。

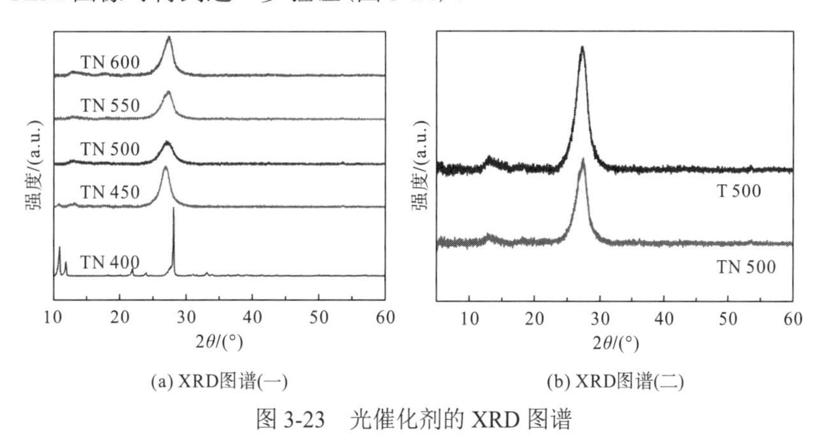

(a) XRD图谱(一)　(b) XRD图谱(二)

图 3-23　光催化剂的 XRD 图谱

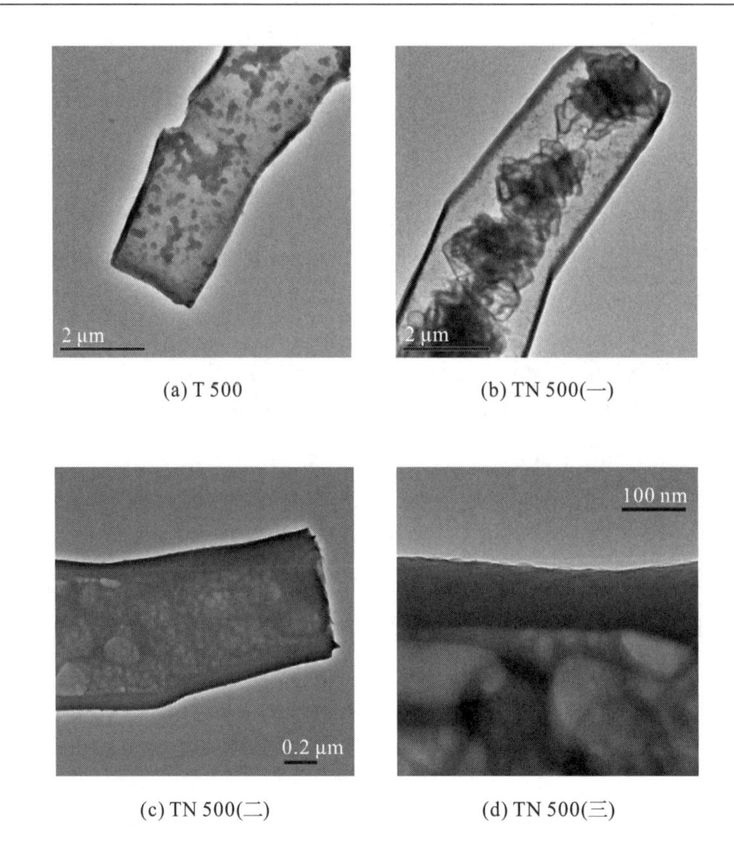

(a) T 500　　(b) TN 500(一)

(c) TN 500(二)　　(d) TN 500(三)

图 3-24　以不同放大倍数测得的 TEM 图像

图 3-24 表明，由尿素和三聚氰胺的混合热解合成的 T500 和 TN500 均为管状结构。可以看出这些纳米管长约为 20μm，直径为 1～2μm。我们可以从图 3-24(b)～图 3-24(d)看到 TN500 是一个两端开口的管状结构，在纳米管内具有一些小块体，这可能是由于前驱体的不完全缩合所致。出乎意料的是，尿素和三聚氰胺的混合物在 N_2 中进行热处理后所得的 TN500 纳米管中形成了一些纳米薄片。这意味着煅烧气氛的改变可以将块状 g-C_3N_4 剥离形成纳米薄片。以前的研究表明，剥离过程可以诱导缺陷位点的形成(Tahir M et al.，2015)。从逻辑上可以推测出 TN500 的表面上可形成大量的缺陷。为了验证这一假设，使用 EPR 表征测试来判定可能形成的表面缺陷。图 3-25 中的 T500 呈现出 g 为 2.0027 的洛伦兹线，这是源于芳香环上碳原子的孤对电子。但对于 TN500 而言，样品剥离和卷曲形成了缺陷，使得该洛伦兹线明显衰减，孤对电子减少，从而产生更少的碳，导致在 TN500 中引入碳空位。该结果与文献结果一致(Dong G H et al.，2017)。因此，可通过在 N_2 中热解前驱体得到含碳空位 TN500。

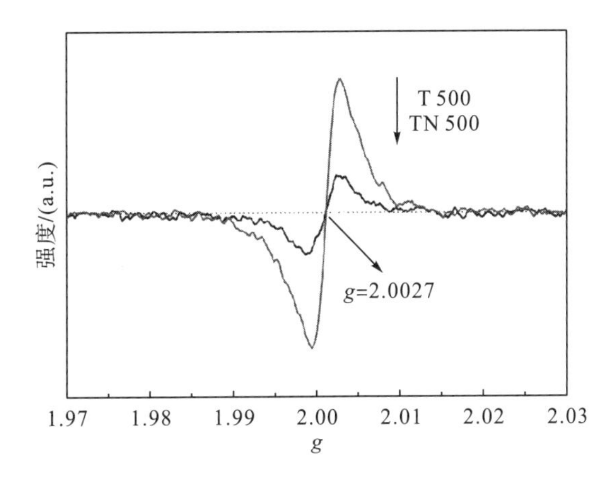

图 3-25　T500 和 TN500 的 EPR 光谱

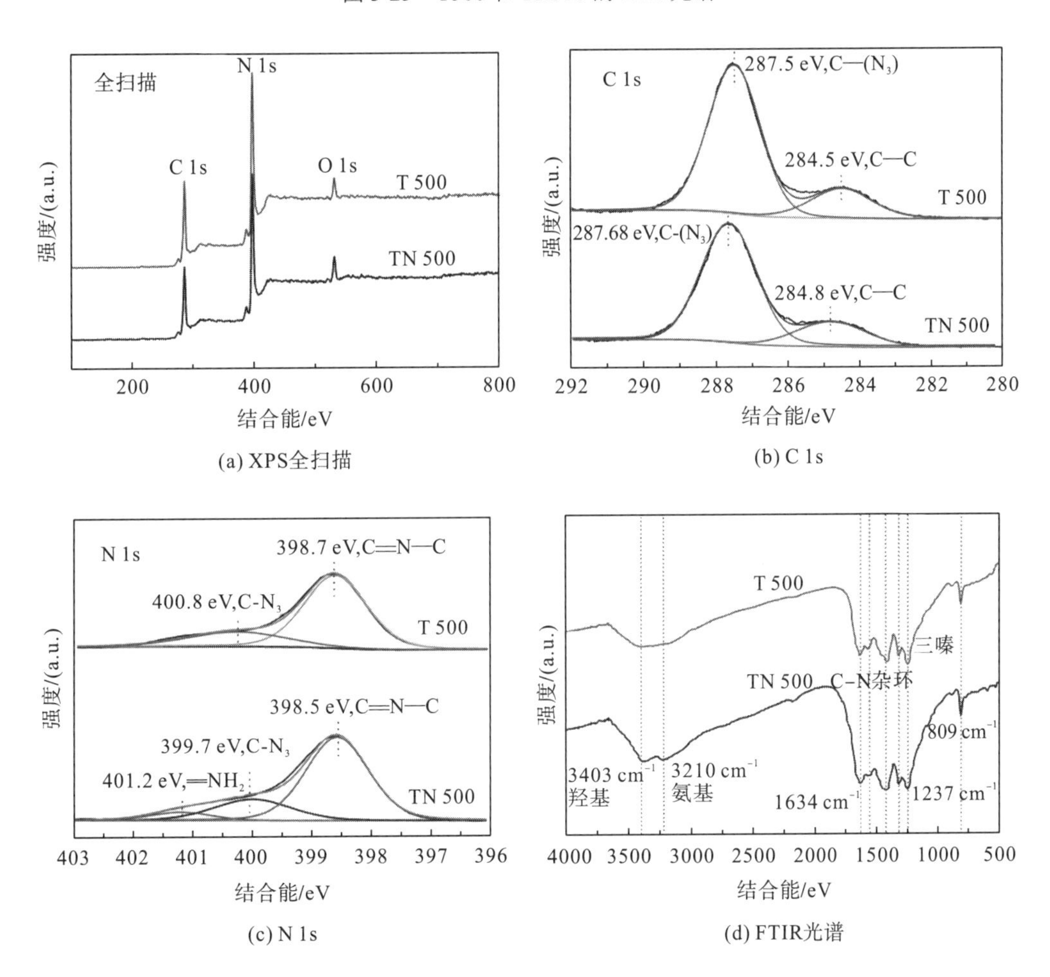

图 3-26　T500 和 TN500 的 XPS 全扫描光谱(a)、C1s(b)、N1s(c)光谱和 FTIR 光谱(d)

为了更好地获取有关制得样品的表面化学状态和官能团信息，分别进行了 XPS 测试和 FTIR 光谱分析。如图 3-26 所示，仅可分辨出 C1s、N1s 和 O1s 的信号峰。同时，TN500

的 C1s 峰强度明显比 T500 弱，表明 TN500 在剥离过程中碳有所损失。高分辨率的 C1s 光谱[图 3-26(b)]可以去卷积拟合为两个主要含碳官能团峰，其结合能分别位于 284.5eV 和 287.5eV，对应于表面污染碳和 C-(N_3)基团。TN500 中 C1s 位于 287.7eV，与 T500 相比，向高结合能处出现明显的化学位移(0.2 eV)，表明缺少碳原子后剩余电子重新分配导致化学环境变化。图 3-26(c)中 T 500 样品的 N 1s 能谱，398.7eV、399.7eV 和 401.2eV 处的峰可分别归因于 sp^2 杂化的 C═N—C、N-(C_3)以及氨基(—NH_x)。与 T 500 相比，TN 500 中的这些峰向较低结合能方向偏移。此外，氨基(—NH_x)与 N-(C_3)基团的峰面积之比从 0.648(T 500)增加至 0.693(TN 500)。TN 500 中氨基含量的增加可归因于叔碳的移除。从图 3-26(d)可以看出，出现在 809cm^{-1} 处的特征峰为三均三嗪单元弯曲振动信号(Li Y H et al.，2017)。1237～1634cm^{-1} 范围内的多个信号峰可归属于 C—N 杂环的存在，而 3200～3400cm^{-1} 范围内的吸收峰则对应氨基(Dong G H et al.，2017)。从图 3-26(d)中我们可以看到 TN 500 的氨基峰强度比 T 500 样品强得多，这也反映了 TN 500 样品中氨基含量较高。因此，可以从这些结果证明 TN 500 中存在碳空位的事实。

通过进行 NO 光催化氧化测试来评价所制备光催化剂的光催化活性。对照实验表明，在不存在光催化剂或可见光照射的情况下，NO 的浓度没有发生变化，这表明光催化剂和可见光对于光催化 NO 氧化反应是必不可少的。可见光照射 30min 后，在 N_2 中将尿素和三聚氰胺混合以不同温度煅烧得到的光催化剂的光活性呈现高斯分布趋势，即随着热解温度的升高，光催化活性先升高后降低。TN 500 的最佳 NO 去除率可达到 47.7%[图 3-27(a)]。

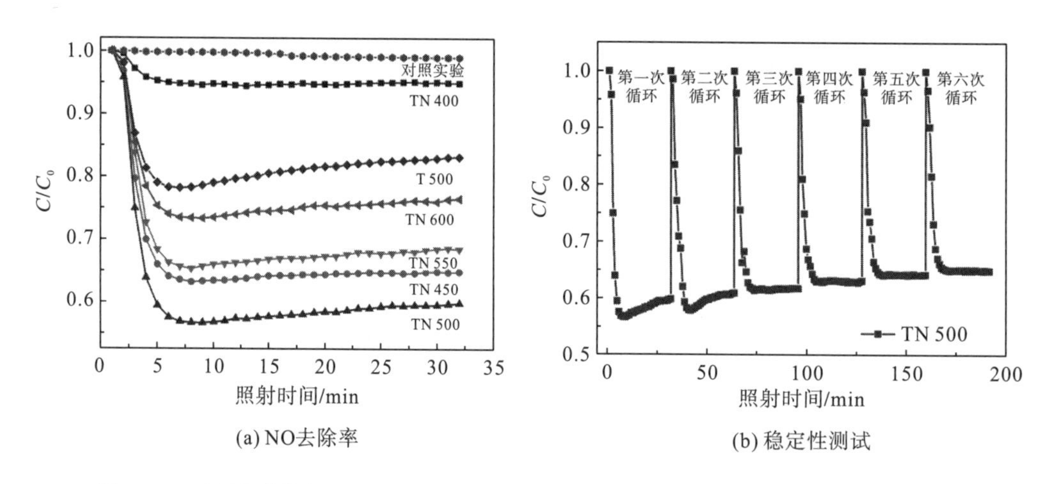

图 3-27 不同光催化剂上的光催化氧化 NO 曲线(a)和 TN 500 的光催化稳定性测试(b)

光催化活性得以提升可初步归因于以下几个因素。

(1)中空管状结构不仅可以由于内部空间中的多次光反射或折射而提高光捕获能力，还可以缩短体相到表面的扩散距离，从而加快载流子电荷的分离。如图 3-28 所示，当煅烧温度达到 400℃时，TN 400 呈实心管状。将温度进一步提高到 600℃时，不断上升的热处理不利于维持体相结构，这使 TN 600 能够形成多孔纳米片。在这种情况下，比表面积是否有助于促进光催化性能呢？为了弄清楚比表面积在光催化活性提升中的潜在作用，进行了如图 3-29(a)所示的 N_2 吸附-脱附表征测试。测试结果表明，TN 400、TN 450、TN 500、TN 550 和 TN 600 的比表面积分别为 0.6cm^2/g、13.47cm^2/g、9.06cm^2/g、13.02cm^2/g 和 17.76cm^2/g，因此排除了比表面积对增强光催化活性的作用。

(2)适宜浓度的碳空位可以优化电子结构，诱发光生电子产生相应的活性物种。而过量的碳空位将充当电荷载流子的复合中心。因此，随着温度的升高而产生过多的碳空位时，光催化活性反而会变差[图 3-27 和图 3-29(b)]。

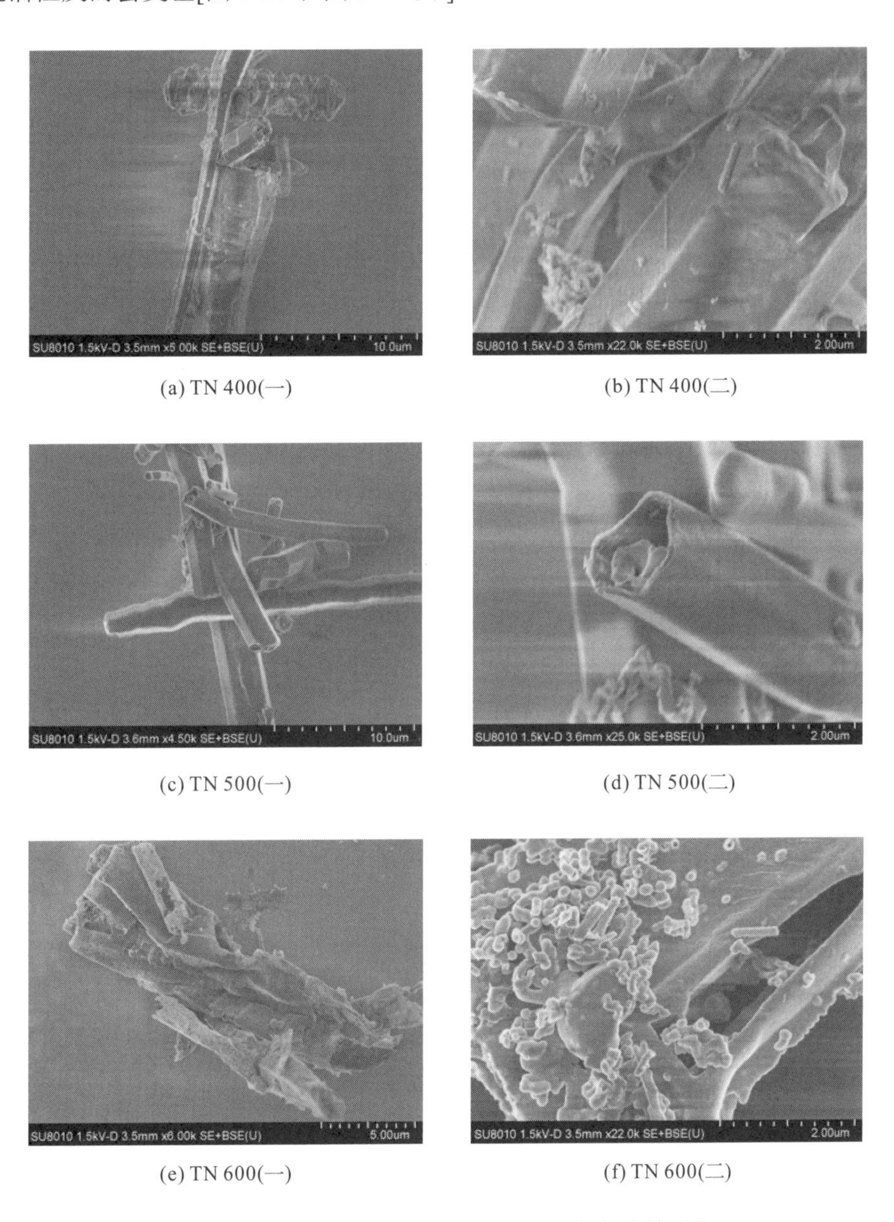

(a) TN 400(一)　(b) TN 400(二)

(c) TN 500(一)　(d) TN 500(二)

(e) TN 600(一)　(f) TN 600(二)

图 3-28　TN 400、TN 500 和 TN 600 的扫描电镜图像

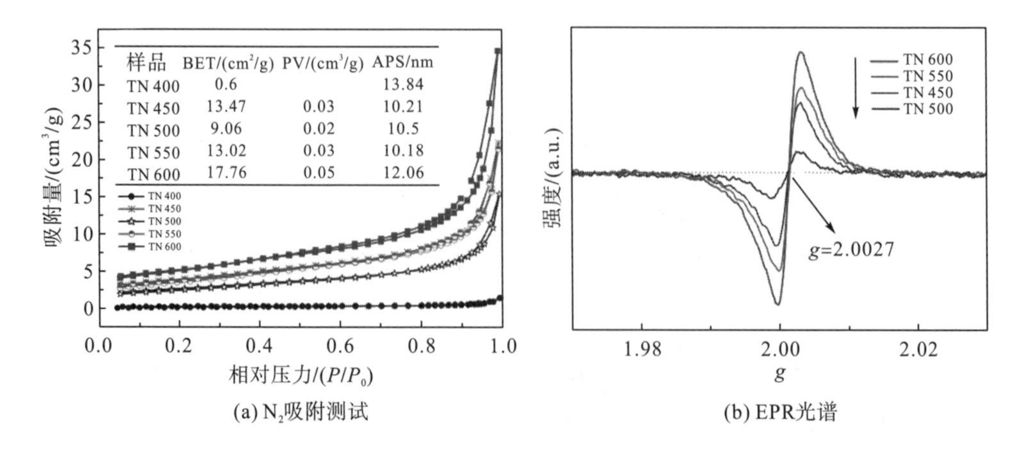

(a) N_2吸附测试 (b) EPR光谱

图 3-29 所得的光催化剂的 N_2 吸附测试和电子顺磁共振光谱

图 3-27(b)是 TN 500 的 NO 光催化氧化的稳定性测试结果。在 5 次连续重复光催化循环测试中，NO 去除率没有明显降低(仅降低约 5%的活性)，这表明 TN 500 光催化剂具有强稳定性。为了进一步评估 TN 500 的结构稳定性，在 5 个连续反应循环后，对 TN 500 进行了 XRD、FTIR、SEM 和 EPR 表征。如图 3-30(a)所示，与初始的 TN 500 相比，可以观察到 NO 活性循环测试后的 TN 500 峰强度略有下降，而结晶相没有发生任何变化，这可能是由于 NO_3^- 吸附在 TN 500(NO 活性循环测试后)表面上而产生的屏蔽效应。在图 3-30(b)中，除了 g-C_3N_4 的特征峰以外，TN 500(NO 循环活性测试后)在 1455cm^{-1} 处出现了一个新的特征峰，与 NO_3^- 基团的非对称伸缩振动模式有关。此外，还可以观察到 TN 500(NO 循环活性测试后)的纳米管形态保持良好。更重要的是，与初始 TN 500 相比，TN 500(NO 循环活性测试后)的 EPR 强度略有增强，表明由于 NO_3^- 的吸附，孤对电子的浓度有所升高。以上的分析足以证明 TN 500 表现出较强结构稳定性。

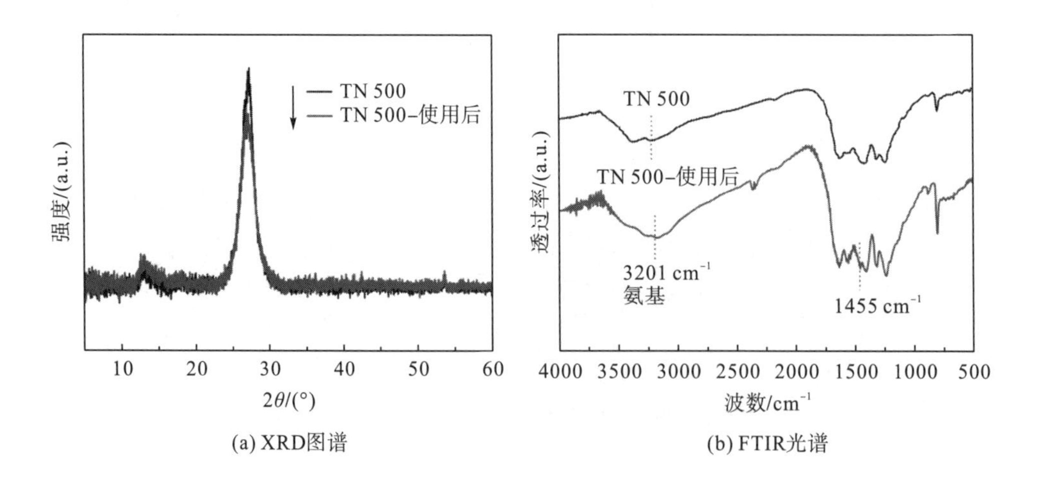

(a) XRD图谱 (b) FTIR光谱

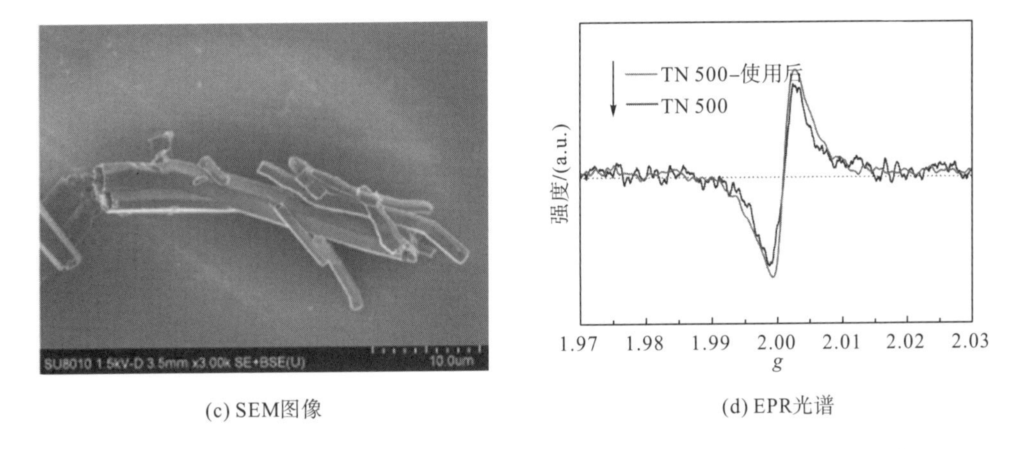

(c) SEM图像　　(d) EPR光谱

图 3-30　六个反应周期后 TN 500 的 XRD，FTIR 光谱，SEM 图像和 EPR 光谱

注：为方便比较，初始 TN 500 的 XRD，FTIR 和 EPR 也显示在图 3-30 中。

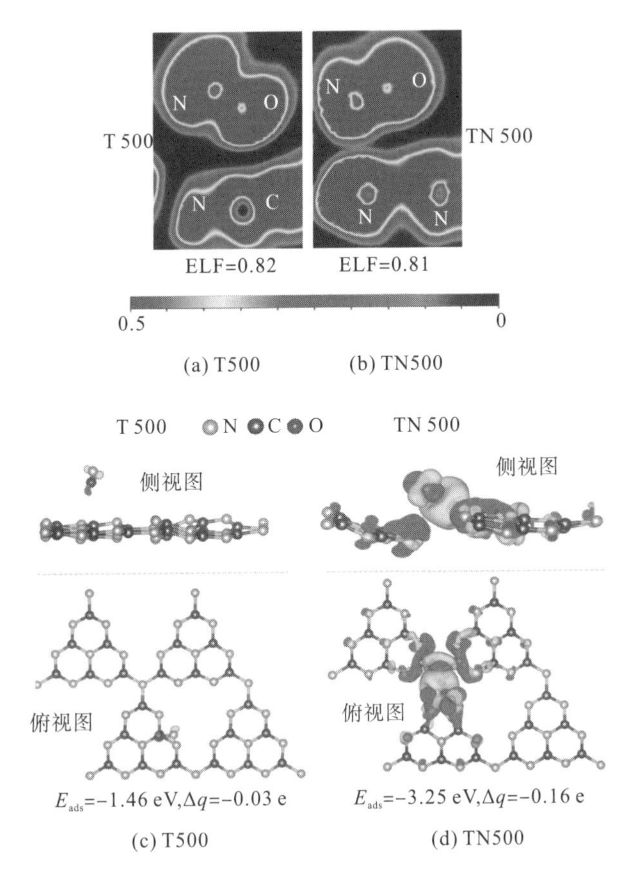

(a) T500　　(b) TN500

(c) T500　　(d) TN500

图 3-31　T 500 和 TN 500 的电子迁移：电子局域函数(ELF)[(a)和(b)]和结构优化后的 NO 吸附示意图[(c)和(d)]分别为侧视图和俯视图

注：深灰色表示失去电子；浅灰色表示得到电子。E_{ads} 和Δq 分别代表 NO 分子的吸附能和总电荷。E_{ads} 为负值表示散热。Δq 为负值表示电子积累。键长的单位是 Å。

为了揭示光催化活性提升的主要活性因素，本书展开了以下一系列的表征测试。首先，通过 DFT 计算对 NO 和光催化剂之间的相互作用进行了模拟研究(图 3-31)。如图 3-31(a)和图 3-31(b)所示，电子局域函数(ELF)从 T 500 的 0.82 降低到 TN 500 的 0.81，说明 NO 和 TN 500 之间的共价相互作用较低，同时证明 NO 分子可以很容易在 TN 500 的表面被活化。另外，如图 3-31(c)和图 3-31(d)所示，TN 500(1.18Å)的 N-O 键长度相对于 T 500(1.16Å)有所增长，材料表面的 NO 分子库仑相互作用将被消除，因此相应的吸附能从 T 500 的−1.46eV 增加到 TN 500 的−3.25eV。而且发现 NO 携带的总电荷(Δq)从 T 500 的−0.03e 增加到 TN 500 的−0.16e。因此，这些结果可以证明以下事实：NO 分子易于在 TN 500 上被吸附并活化。

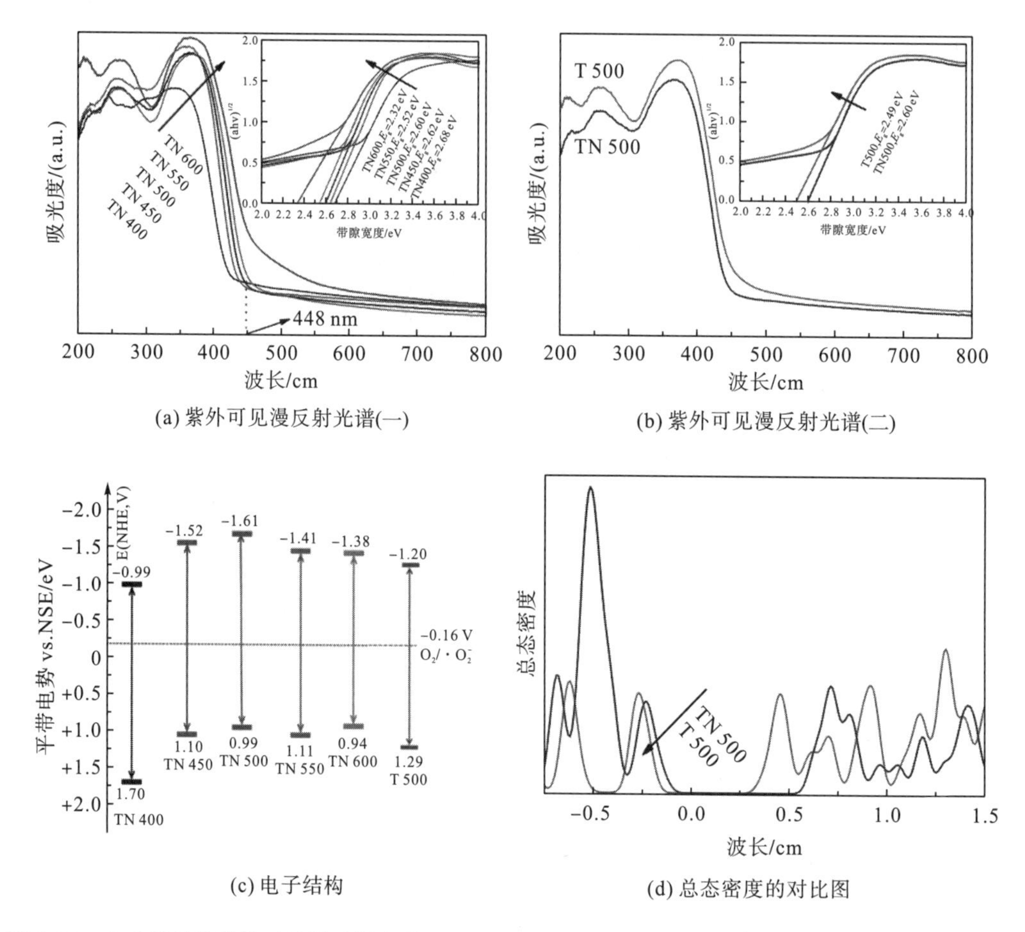

图 3-32 合成样品的紫外可见漫反射光谱[(a)和(b)](插图是对应的(ahv)$^{1/2}$相对于光子能量的 Tauc 曲线)，电子结构(c)以及 T 500 和 TN 500 的总态密度的对比图(d)

光催化剂在实现 NO 光氧化过程之前需要热力学驱动，即光需要吸收光能，产生电子，然后将这些电子迁移给 NO。光激发电子的产生与半导体光催化剂的带隙密切相关。因此，相应地测量了紫外可见吸收光谱[图 3-32(a)和图 3-32(b)]。从图 3-32(a)可以看出，TN 450、TN 500、TN 550 和 TN 600 的本征吸收峰相对于 TN 400 呈现出明显的红移，计算的带隙值从 TN 400 的 2.68eV 依次降低到 TN 450 的 2.62eV、TN 500 的 2.60eV、TN 550 的 2.52eV、TN 600 的 2.32eV。根据已有文献可知，材料中某些原子的缺失会导致电子结构的重建，空位密度提高，带隙变窄(Xia P F et al.，2019)。此外，对于 TN 500 而言，其没有表现出增强或扩展的光吸收(λ>448nm)。同样地，在图 3-32(b)中，其光吸收强度比 T 500 弱。这一事实可以排除光吸收在促进光催化活性中可能产生的作用。另外，光催化剂的 CB 可以通过 M-S 图像来确定(图 3-33)。

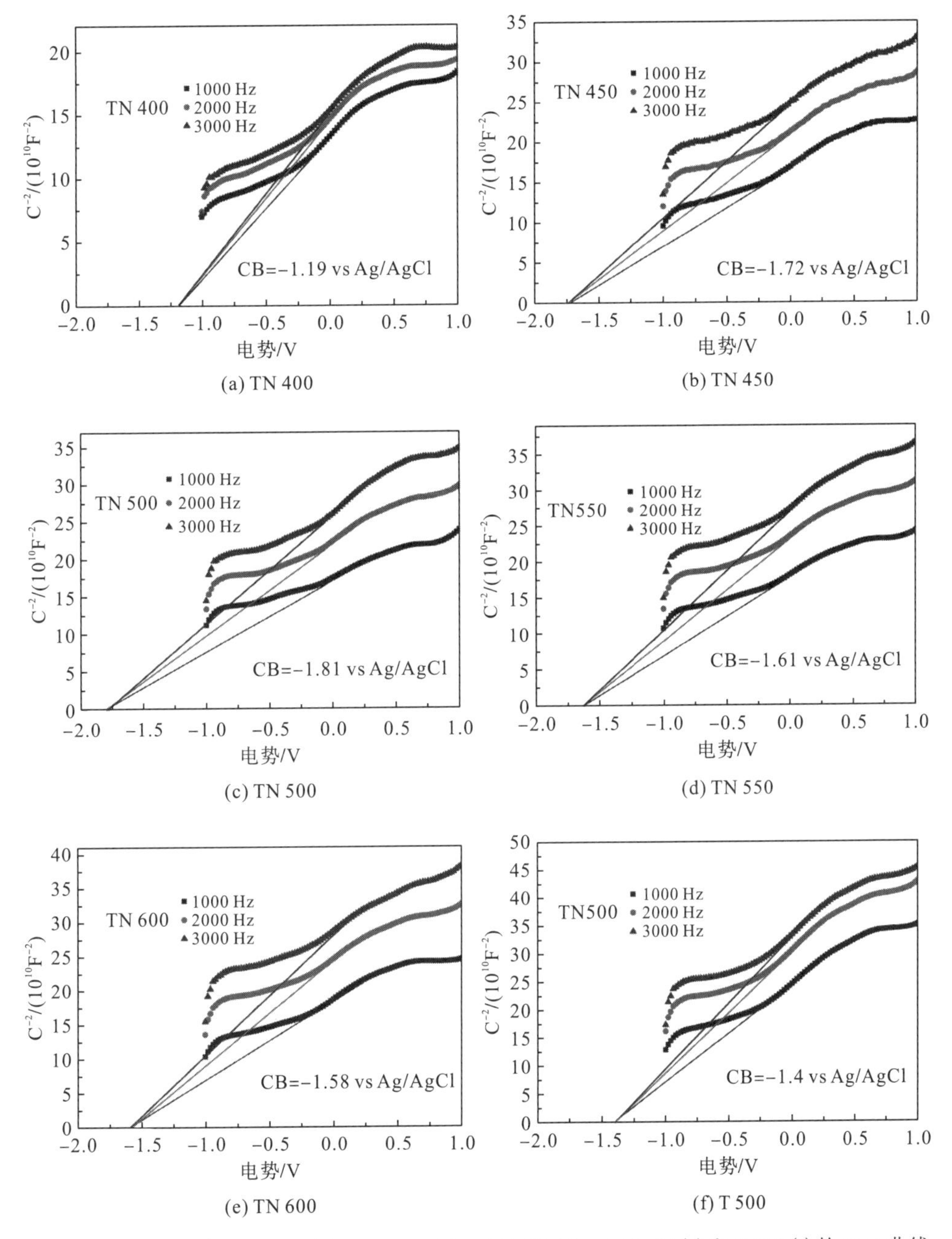

图 3-33　TN 400(a)、TN 450(b)、TN 500(c)、TN 550(d)、TN 600(e)和 T 500(f)的 M-S 曲线

TN 400、TN 450、TN 500、TN 550、TN 600 和 T 500 的相对于 NHE 的平带电位分别约为-0.99V、-1.52V、-1.61V、-1.41V、-1.38V 和-1.20V[图 3-32(c)]，这证明 TN 500 具有足够的还原能力，可与电子反应产生超氧自由基(O_2/ • O_2^-，-0.16V vs NHE)(这将在第 3 章和第 4 章讨论)。结合带隙结构变化，相应地计算出总态密度[图 3-32(d)]。TN 500 相对于 T 500 的 CB 向更高电位偏移，而 VB 往较低电位偏移。该理论结果与紫外可见吸收光谱测量结果高度一致。但值得注意的是，没有检测到由于碳空位而产生的相应缺陷能级，这可能是孤对电子减少所致。相反，对于氮空位就会因为孤对电子的增加而出现新的缺陷能级。

光激发诱导的电子可能经历两种路径：一种是迁移到光催化剂的表面进行后续化学反应；另一种是与光激发空穴进行复合。激发位点到表面的距离取决于半导体光催化剂的形态。管状结构将缩短光生电子到达表面的距离，有利于光生载流子的分离和迁移。因此，光生电子和空穴在 TN 500 内可得到有效的分离。为了验证这一推论，进行了 PL 测试以研究所得材料中光生电子和空穴的分离情况。图 3-34(a)显示了室温下在 330nm 光激发下两个样品的 PL 光谱。对于 TN 400 而言，在 427nm 附近的强发射峰是由带隙跃迁的电子和空穴复合而产生的。相反，随着温度从 450℃升高到 600℃，强 PL 淬灭反映 g-C_3N_4的剧烈自分解，从而形成了其他缺陷，如结构位错。这意味着随着加热温度的升高，部分 g-C_3N_4会发生断裂，从而导致官能团减少，PL 强度降低。而与 T 500 相比，TN 500 显示出更高的 PL 强度，这可能是由于 TN 500 内电子的大量积累，载流子不可避免地发生了复合。同时，为了更好地进行比较，还通过时间分辨光致发光(TRPL)光谱研究了载流子动力学。从图 3-34(b)可知，TN 500(18.77ns)比 T 500(14.76ns)显示出更长的 PL 寿命，这表明前者可以有效地加速载流子的迁移。

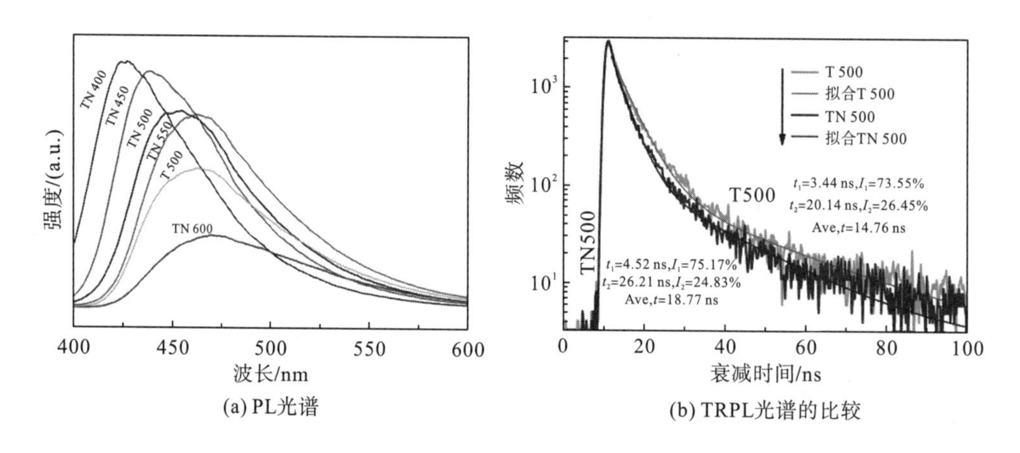

(a) PL光谱

(b) TRPL光谱的比较

图 3-34　合成样品的 PL 光谱(a)和 TRPL 光谱的比较(b)

然而，与其他样品相比，TN 500 电极上产生的光电流意外地得到了显著增强[图 3-35(a)和图 3-35(b)]。结果表明，具有管状结构和合适的碳空位浓度的 TN 500 有利于光催化过程中光生电子的传输，电化学阻抗的测量进一步证实了这一点。如图 3-35(c)和图 3-35(d)所示，典型的电化学阻抗谱以奈奎斯特图表示，TN 500 曲线中的半径小于其他光催化剂的半径，这意味着表面电荷迁移电阻降低。根据以上实验结果，推测出 TN 500 可以产生比其他光催化剂更多的光电子。同时，这些电子容易被碳缺陷捕获并迁移到表面吸附物中。

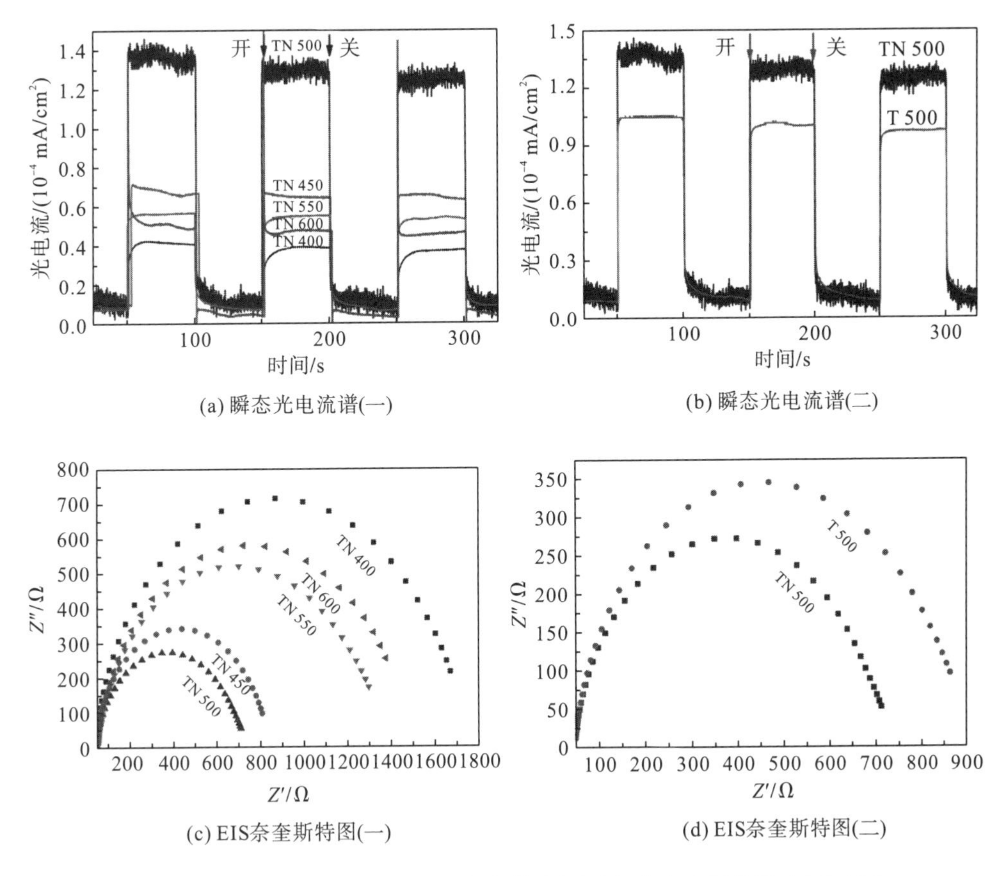

(a) 瞬态光电流谱(一)　(b) 瞬态光电流谱(二)

(c) EIS奈奎斯特图(一)　(d) EIS奈奎斯特图(二)

图 3-35　制备好的材料的瞬态光电流谱[(a)和(b)]和奈奎斯特图[(c)和(d)]

分别用 KI(光生空穴清除剂)、$K_2Cr_2O_7$(光生电子清除剂)和 TBA(·OH 清除剂)对 TN500 进行 NO 光氧化反应中反应活性物种的捕获实验，以确定主要的活性物种。在图 3-36(a)中，添加 $K_2Cr_2O_7$ 严重地抑制了 NO 光催化氧化反应活性；添加 TBA 也在一定程度上降低了光催化活性。但是，添加 KI 对 NO 去除率几乎没有影响。以上结果可以有效证明光生电子和·OH 对于增强光催化活性具有重要作用。而这个结果与以前的报道截然不同(Zhou M et al.，2019；Dong G H et al.，2017；Dong G H et al.，2015)。由于 TN 500 的 VB 电位(即 0.99V)不能氧化—OH 基团并提供相应的活性·OH 自由基($E^0_{(-OH/\cdot OH)}$=2.4V)。但是，尽管如此，·OH 可以通过另一种路径生成：$e^- \rightarrow \cdot O_2^- \rightarrow H_2O_2 \rightarrow \cdot OH$(Li H et al.，2018)。

为了综合监测 NO 的光催化氧化作用，本节还研究了出口气体中原位产生的 NO_2 浓度变化[图 3-36(b)]。一般来说，对于 g-C_3N_4 体系而言，NO 光催化氧化的中间产物 NO_2 浓度通常会高于 90ppb；但对于 TN 500 而言，可见光照射 30min 后，有毒 NO_2 副产物的浓度仅为 30ppb。另外，对于添加了 KI 的 TN 500，当去除光生空穴时可观察到 NO_2 浓度的降低，这表明 NO 首先会与光生空穴反应生成 NO_2。相反，添加 $K_2Cr_2O_7$ 和 TBA 的 TN

500，NO_2浓度的变化似乎呈上升趋势，表明主要是由上述反应引起的NO_2积累。以上测试表明，活性物质(光生电子和·OH)的存在不仅可以提高光氧化性能，而且可以改变NO的光催化氧化路径。

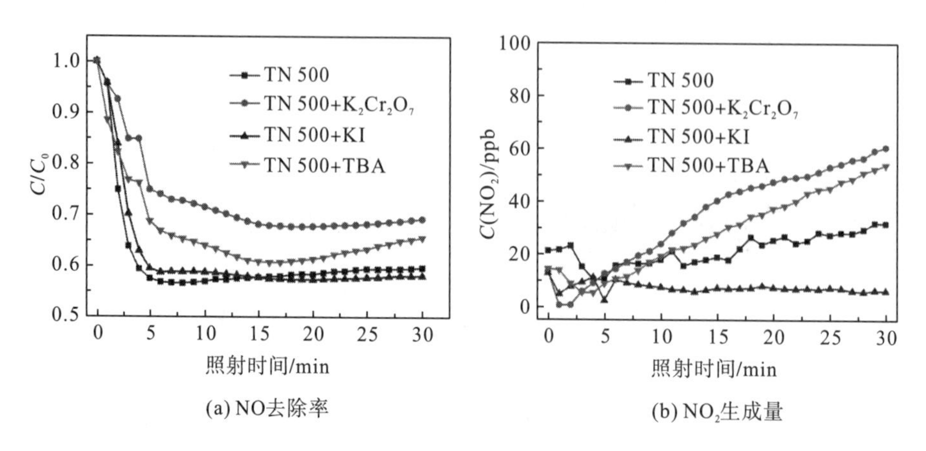

(a) NO去除率
(b) NO_2生成量

图 3-36 TN 500在不同清除剂存在的情况下进行的光催化NO氧化(a)，并在可见光照射下监测NO_2中间产物的生成浓度(b)

采用DFT计算O_2活化(图3-37)过程来验证活性氧在NO氧化过程中的主要作用。O—O的键长从T 500的1.24Å伸长到TN 500的1.26Å，同时，TN 500中O_2分子的E_{ads}和Δq(分别为−1.54eV和−0.16e)也相对T 500(分别为−2.90eV和−0.99e)有所增加。更值得注意的是，从图3-37(b)中可以看出，TN 500中碳空位可以捕获光生电子，然后将这些电子迁移到表面吸附的O_2分子上，这必然可以建立基于光生电子的有利传输路径。这些结果表明，O_2分子可以大量吸附在TN 500的表面，然后通过捕获大量的局部电子而更容易被活化，从而形成丰富的氧自由基。

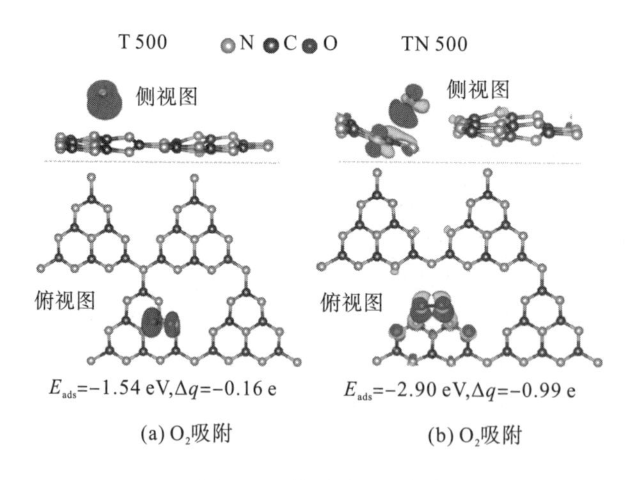

(a) O_2吸附
(b) O_2吸附

图 3-37 优化的O_2吸附

注：等值面设为0.003eV·$Å^{-3}$。E_{ads}和Δq分别代表O_2分子的吸附能和携带的电子。负值分别表示放热和得到电子，T 500和TN 500的O_2吸附的差分电荷密度(深灰色表示失去电子，浅灰色表示得到电子)。

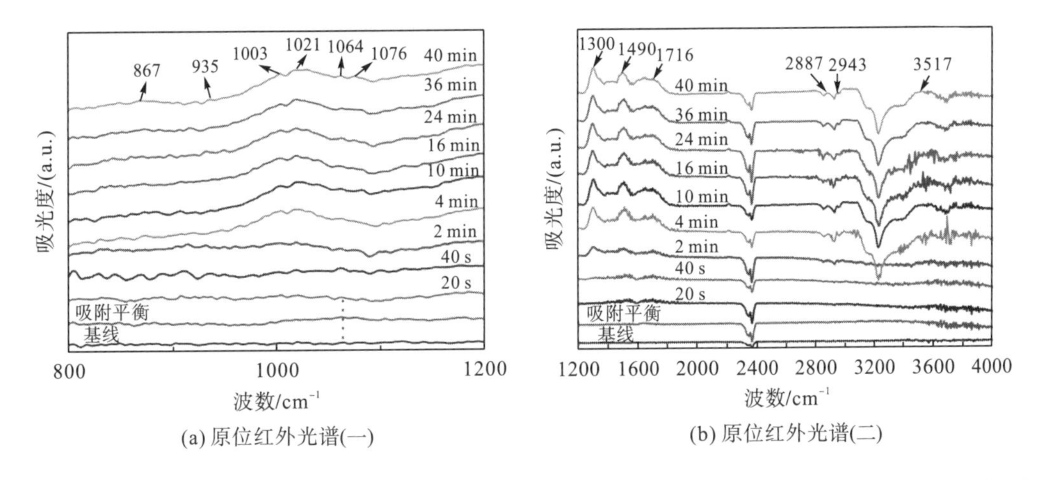

(a) 原位红外光谱(一)　(b) 原位红外光谱(二)

图 3-38　在可见光照射下，TN 500 在 NO 和 O_2 混合气流下的 NO 光催化氧化过程的原位红外光谱分析

为了准确研究 NO 的光催化氧化机理/路径，通过在可见光的照射下进行原位红外测量来确定与 NO 相关的表面物种。如图 3-38(a)所示，达到吸附-脱附平衡后，在 $1064cm^{-1}$ 处检测到由于吸附了 NO 而产生的吸收峰(Klingenberg B et al.，1999)。可见光照射 2min 后，反应过程中在 $1064cm^{-1}$ 处的吸收峰逐渐减弱。这无疑证明随着光催化反应的进行，吸附的 NO 被消耗并氧化成了其他物种。在图 3-38(a)中，随着光照射 2～40min，可以观察到一些处于 $867cm^{-1}$、$935cm^{-1}$、$1003cm^{-1}$、$1021cm^{-1}$ 和 $1076cm^{-1}$ 处的特征峰；在图 3-38(b)中，出现了几个位于 $1300cm^{-1}$、$1490cm^{-1}$、$1716cm^{-1}$、$2887cm^{-1}$、$2943cm^{-1}$ 和 $3517cm^{-1}$ 的信号峰。$867cm^{-1}$ 处的信号峰可归因为 N_2O_5 反应中间产物(Stephen J L et al.，2007)。在 $935cm^{-1}$、$1003cm^{-1}$、$1021cm^{-1}$、$1076cm^{-1}$、$1490cm^{-1}$ 和 $1716cm^{-1}$ 处的这些特征峰对应 NO_2^-/NO_3^- 物种的形成(Stephen J L et al., 2007; Hadjiivanov K I, 2007; Weingand T et al., 2002; McCurdy P R et al., 2002)。$1300cm^{-1}$ 处的吸收峰可归属为 NO_2^+ 硝基物种(Zhou Y et al.,2016)。而在 $2887cm^{-1}$、$2943cm^{-1}$ 和 $3517cm^{-1}$ 处的吸收峰是指反应中间产物 NO_2 的产生(Stephen J L et al.，2007)。综上所述，结合反应物种捕获实验的结果，可以相应地提出以下反应过程：

$$\text{光催化剂} + h\nu \longrightarrow h^+ + e^- \tag{3-12}$$

$$O_2 + e^- \longrightarrow \cdot O_2^- \tag{3-13}$$

$$NO_x + \cdot O_2^- \longrightarrow NO_2^- / NO_3^- \tag{3-14}$$

$$2NO + O_2 \longleftrightarrow 2NO_2 \tag{3-15}$$

$$NO + O_2 \longrightarrow NO_2 + NO_3 \longrightarrow N_2O_5 \tag{3-16}$$

$$N_2O_5 \longleftrightarrow NO_3^- + NO_2^+ \tag{3-17}$$

$$2 \cdot O_2^- + 2 \cdot H^+ \longrightarrow H_2O_2 \longrightarrow 2 \cdot OH \tag{3-18}$$

$$NO_2 + \cdot OH \longrightarrow NO_2^+ + OH^- \tag{3-19}$$

$$NO_2 + \cdot OH \longrightarrow NO_3^- + H_2O \tag{3-20}$$

$$NO_2 + \cdot OH / \cdot O_2^- \longrightarrow NO_3^- \tag{3-21}$$

众所周知，首先 NO 可以根据式(3-15)氧化生成 NO_2 中间产物(Delahay G et al., 2005)，

表面中间产物 NO_2 氧化的生成物可以亚硝酸盐/硝酸盐的形式吸附并累积在所制备的光催化剂的表面上。此外，本节中的式(3-17)还检测到了 N_2O_5 可以转化为中间产物 NO_2^+ 和终产物 NO_3^-。活性物种的捕获实验已经证明 $\cdot O_2^-$ 和 $\cdot OH$ 活性物种的共存，因此，根据式(3-19)～式(3-21)，诸如 NO_2 和 NO_2^+ 的中间产物可以与活性氧物种（$\cdot OH$ 和 $\cdot O_2^-$）反应生成终产物（NO_3^-）。

基于以上研究和理论计算，可从根本意义上揭示光催化反应机理。如图 3-39 所示，当 TN 500 中碳空位捕获大量的光生电子时，建立了 NO 光催化氧化的两条光催化路径：①一方面，对于大多数 C_3N_4 体系而言，部分光生电子由于在捕获中心附近的聚集而实现电子-空穴的复合；导致较低的迁移效率；在本节中，具有管状结构的 TN 500 可以减小光生电子从体相到表面的扩散距离并增强光生电子的分离/迁移效率，这在 PL、EIS 和光电流分析中得以证实；②另一方面，由于适当浓度碳空位的存在，光生电荷被捕获到碳空位中，然后与表面吸附的分子氧化反应生成相应的活性物种，如 $\cdot O_2^-$ 和 $\cdot OH$。$\cdot O_2^-$ 和 $\cdot OH$ 的共存可以改变 NO 的氧化方式，使不理想的有毒的 NO_2 生成 NO_3^-。管状结构和合适的碳空位浓度之间的这种“协同工作”机制降低了有毒副产物 NO_2 的浓度，并提高了光氧化性能。

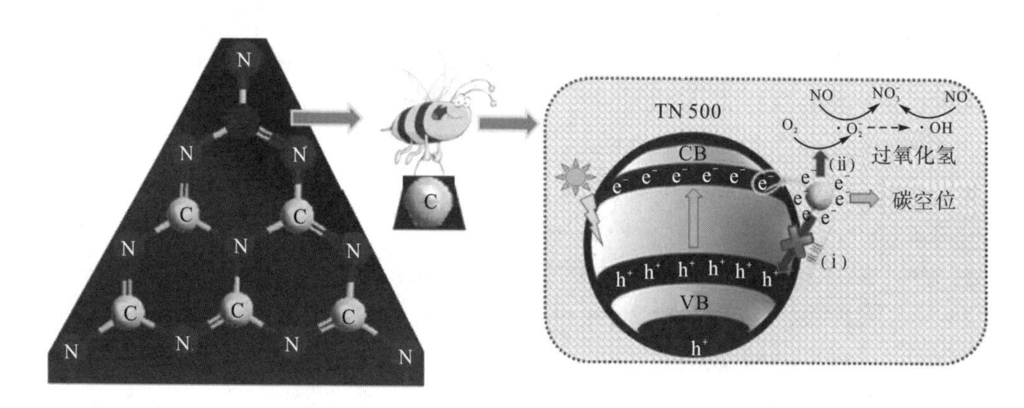

图 3-39　具有碳空位的 C_3N_4 上的 NO 光催化氧化机理

3.2.4　小结

总之，在双赢观点的启发下，我们通过简便的煅烧方法引入碳空位，成功地制备了具有高光催化活性的管状 C_3N_4。与传统的 C_3N_4 相比，碳空位修饰的 C_3N_4 纳米管催化剂表现出更高的反应活性和对 NO 氧化为 NO_3^- 的高选择性。优异的活性可以归因于管状纳米结构和产生的表面缺陷位点，它们可以诱导增强电荷的分离/迁移以及 NO 和 O_2 的强吸附及反应。进一步的研究表明，光生电子容易被碳空位捕获，然后与表面吸附的分子氧反应生成相关的活性物种，如 $\cdot O_2^-$ 和 $\cdot OH$。该活性物种的共存可以改变 NO 的氧化方式，使不理想的有毒 NO_2 形成 NO_3^-，最终表现出高选择性和强反应活性。本书不仅提供了新的双赢策略来提高光催化剂的半导体光催化活性，还深入了解了表面结构与 NO 光氧化路径之间的关系。

3.3　碳空位 g-C_3N_4纳米片上可见光驱动的 NO 光催化氧化性能增强机制

3.3.1　引言

虽然空位是光催化剂中常见的缺陷，它们作为介质提供了新的机制来提高载流子的分离效率，并调控了光催化剂的电子结构。与此同时，大量文献报道空位可以提高光催化效率。顾名思义，当原子脱离晶格并暴露在材料表面时，空位就会被引入。一般来说，这些空位可以进一步分为两种类型，即阴离子空位和阳离子空位。以下是文献报道中涉及的极为重要的阴离子空位：氧化物催化剂中的氧空位，如：TiO_2(Wu Q P et al.，2012)、In_2O_3(Lei F C et al.，2014)、$SrTiO_3$(Tan H Q et al.，2014)、CeO_2(Huang B L et al.，2014)、$BiPO_4$(Lv Y H et al.，2013)、λ-Bi_2O_3(Deng H Y et al.，2012)、$La(OH)_3$(Dong F et al.，2015)、$NiCo_2O_4$(Bao J et al.，2015)、BiOI(Huang Y C et al.，2014)、HfO_2(Yan K et al.，2016)、ZnO(Wang J P et al.，2012)、SnO_2(Oviedo J et al.，2000)、WO_3(Liu G et al.，2013)和 Fe_2O_3(Ling Y et al.，2012)；硫化物光催化剂中的 S 空位，如 CdS(Huang L et al.，2013)和 ZnS(Wang G et al.，2015)；氮化物光催化剂中的 N 空位，如 g-C_3N_4(Dong G H et al.，2015；Niu P et al.，2012)。这些阴离子空位为高的光吸收能力、迅敏的光生载流子分离/输运以及增强的光催化性能创造了可能。同时，阳离子空位因其对光催化活性的积极贡献也受到了广泛的研究关注，其效果与阴离子空位相当，甚至表现出更好的作用。采用溶胶-凝胶法在锐钛矿中获得 Ti 空位(Grey I E et al.，2007)。从那时起，光催化剂的阳离子空位便得到了广泛的研究关注。Enamul 等(2013)通过紫外辐射合成了含锌空位 ZnO 单晶。Guan 等(2013)随后在超薄 BiOCl 纳米片上原位构筑了 Bi 空位，以促进罗丹明 B 在模拟太阳光照射下的光催化降解。Wang 等制备了含表面 Bi 空位的 $Bi_6S_2O_{15}$核/壳纳米线，其展现出增强了的亚甲基蓝的光催化分解作用(Wang J et al.，2015)。与此同时，Savariraj 等证明了具有 Cu 空位的类似编织线圈垫的 CuS 薄膜具有优异的电化学和光电性能(Savariraj A D et al.，2014)。除了被广泛研究的单一空位外，含 Bi/Cu 双空位的 BiCuSeO 也被开发出来，其展现出显著提升的电导性(Li Z et al.，2015)。

基于空位对电子结构、载流子分离/输运以及光催化性能的积极作用，研究人员认为，g-C_3N_4的光催化性能也可以通过引入碳空位来调控。通过在 NH_3气体中蚀刻 g-C_3N_4，Liang 等(2015)成功制备了表面有碳空位的 g-C_3N_4纳米片(C_v-gCN)；在他们的工作中，C_v-gCN 的光催化制氢速率比体相 g-C_3N_4提高了近 20 倍。Li 等(Li S N et al.，2016)通过在高纯氩气流下对 g-C_3N_4进行热处理来制备 C_v-gCN，发现碳空位的存在不仅增强了光催化 H_2O_2的产生，而且还将 H_2O_2的生成路径从两步单电子间接还原转变为一步两电子直接还原。因此，寻找合成具有碳空位的 g-C_3N_4并将其应用于解决环境问题的新方法具有重要意义。

在本节中，通过在 CO_2 气体流下进行高温煅烧制备了具有表面碳空位(C_v-gCN)的 g-C_3N_4纳米片，正如预期的那样，引入碳空位有效地增强了 g-C_3N_4在 NO 的光催化氧化中的光催化活性。与此同时，本节对 C_v-gCN 的结构和光催化性能提升机制展开了系统研究。

3.3.2 实验合成

所有的化学品都为分析纯，不用进一步提纯即可使用。样品通过在马弗炉中简单热解制备得到。体相 g-C_3N_4(gCN)是通过在 550℃下以 15℃ • min^{-1} 的加热速率将 4 只氧化铝坩埚(每只包含 10g 硫脲)加热 2h 而获得的。将所得到的黄褐色固体产品在玛瑙研钵中研磨成细小粉末。C_v-gCN 的制备也在 550℃温度下煅烧 2h，共用了 6 只坩埚，其中 4 只含有 0.5g 先前制备的氮化碳(gCN)粉末，两只含有 10.0 g 碳酸氢钠，其中每只都会产生 CO_2 气体。焙烧过程中产生的气体经 0.05mol/L 稀碱性溶液吸附后进行排放。

3.3.3 活性物种捕获实验

为了深入研究 NO 的光催化氧化机理，本书研究进行了相应的活性物种捕获实验。分别选择碘化钾(KI)、重铬酸钾($K_2Cr_2O_7$)和叔丁醇(TBA)作为光生空穴、电子和羟基自由基(• OH)的清除剂。具体而言，将含有 0.002g KI、0.002g $K_2Cr_2O_7$ 或 1 mL TBA 的 0.2g 光催化剂分散在 30mL 的 H_2O 中，以在相同条件下获得不同的样品，用于评估可见光照射下的光催化活性。

3.3.4 光电化学实验

通过电泳沉积将 g-C_3N_4 样品沉积在透明导电 FTO 玻璃基板上。工作电极的制备过程如下：首先，将 10mg 的 g-C_3N_4 样品分散在 25mL 的 0.2mg·mL^{-1} 碘/丙酮溶液中，超声处理 2min。采用双电极工艺将样品在 20V 的施加电势下沉积 3min。两个电极均使用镀膜面积约为 1.5cm×2.5cm 的 FTO 玻璃基板。沉积的电极在 200℃干燥 30min 以蒸发掉 I_2 残留物。

在标准的三电极电池中进行光电化学测试，该电池包含饱和氯化钾-氯化银电极(Ag/AgCl)作为参比电极，铂箔(1.0 cm×1.0 cm)作为对电极，g-C_3N_4 样品作为工作电极。电解液为 0.1mol/L 的 Na_2SO_4。在 CHI 660D 电化学工作站中测定了线性扫描和瞬态光电流。将 300W Xe 弧光灯与 AM 1.5G 全局滤波器(100mW·cm^{-2})耦合用作辐射源。紫外截止滤光器和紫外可见截止滤光器分别用于模拟可见光和红外光。在相同配置下，当频率范围为 106～0.1Hz，Ag/AgCl 的阴极偏压为 20V 时，获得了交流阻抗。

3.3.5 结果与讨论

图 3-40 比较了体相 gCN 和 C_v-gCN 样品的 SEM 和 TEM 图像。在图 3-40(a)中可以清楚地观察到完整的 g-C_3N_4 的典型形貌特征，该图表明体相 gCN 是由厚层聚集在一起并相互连接。相应的 TEM 图像[图 3-40(b)]也显示 gCN 是由随机聚集的块体组成。在 CO_2 气体中煅烧 gCN 之后，所获得的 C_v-gCN 样品尺寸减小并显示出松散的层状形貌[图 3-40(c)]，这是由块体 gCN 的热剥离[图 3-40(d)]所致。

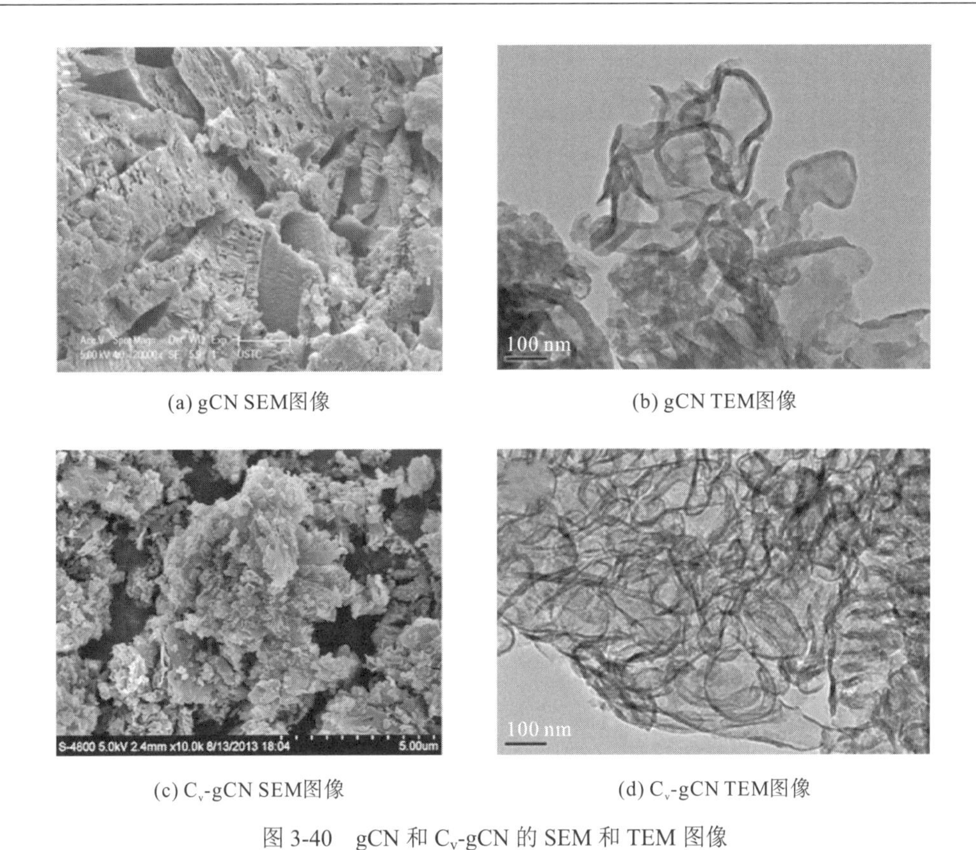

(a) gCN SEM图像　　(b) gCN TEM图像

(c) C_v-gCN SEM图像　　(d) C_v-gCN TEM图像

图 3-40　gCN 和 C_v-gCN 的 SEM 和 TEM 图像

通过元素 EDS 映射进一步研究了光催化剂的微观结构。由图 3-41 可知，C 和 N 在这些样品中都是均匀分布的。

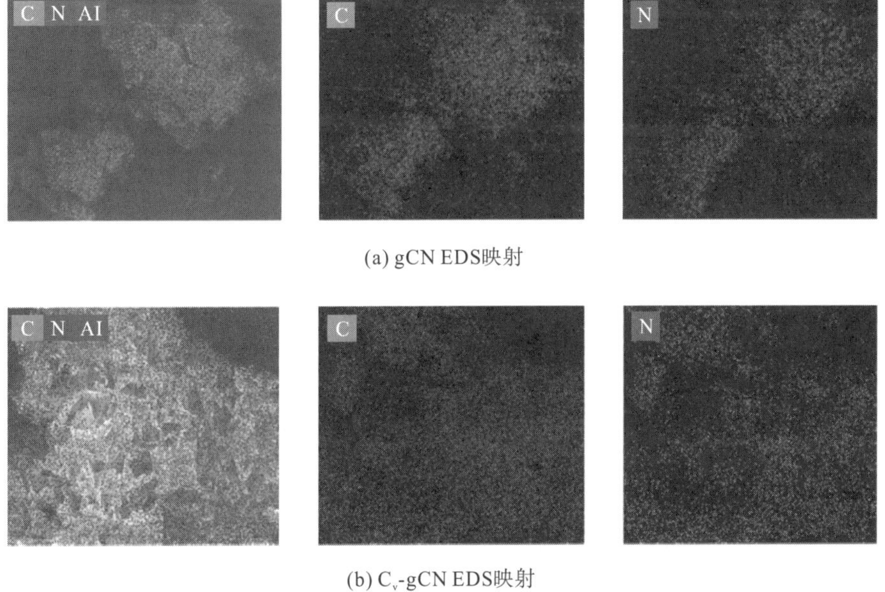

(a) gCN EDS映射

(b) C_v-gCN EDS映射

图 3-41　gCN 和 C_v-gCN 的 EDS 映射

从图3-42可以看出，两个样品具有相似的XRD谱图。XRD谱图在27.5°（d= 0.324nm）处的强峰对应于g-C_3N_4石墨状结构的(002)层间衍射，而XRD图案的弱峰在大约13.0°（d=0.682nm）归属于平面内结构基序的(001)峰。C_v-gCN的峰强度远小于体相gCN的峰强度，表明gCN的结晶度受到碳空位引入的影响。

进一步观察表明，C_v-gCN的(002)衍射峰向较高的2θ方向移动，与体相gCN相比，该值从27.59°偏移到27.77°（图3-42插图）。这一结果表明，由于碳空位的存在，g-C_3N_4基层之间的通道距离减小。

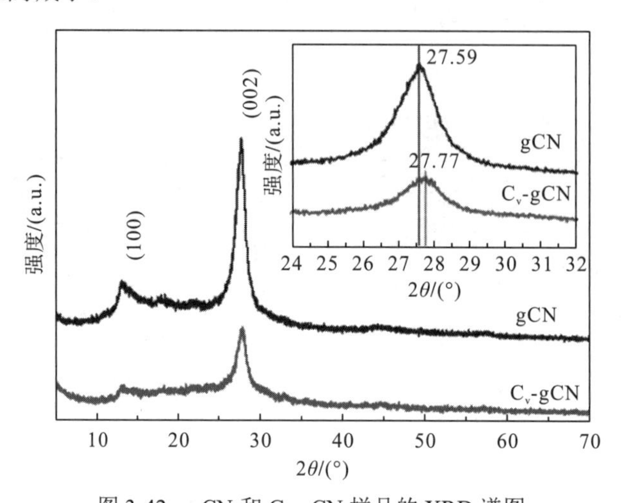

图3-42 gCN和C_v-gCN样品的XRD谱图

注：插图显示了光催化剂在(002)衍射峰区域的放大XRD谱图。

图3-43比较了光催化剂的FT-IR光谱。在两个样品中，都可以清晰地观察到具有代表性的g-C_3N_4的特征振动峰，反映了g-C_3N_4的高热稳定性。在1200～1700cm^{-1}区域，g-C_3N_4杂环的伸缩振动产生了多处强吸收峰信号，而位于808cm^{-1}区域的尖锐信号峰则是三均三嗪基序特有的呼吸峰(Li Y H et al.，2014；Bao N et al.，2017；Li K et al.，2016)。位于2900～3400cm^{-1}处的宽吸收峰可以归因于残留的N-H组分以及来自未缩合氨基和吸

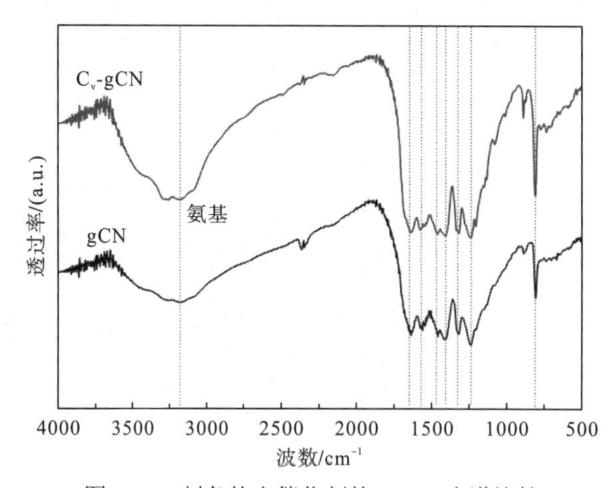

图3-43 制备的光催化剂的FT-IR光谱比较

收的 H_2O 分子中的 O-H 峰。但是，与 gCN 相比，C_v-gCN 样品在 2900～3400cm^{-1}处显示出更强的吸收，这可能是由于 g-C_3N_4的剥离和氨基的形成，以及 C_v-gCN 中碳空位的出现（约 3182cm^{-1}）。由于碳空位与大量的不饱和 N 原子键合，被吸附的氢原子补偿，从而产生一些氨基。因此，在 C_v-gCN 样品的 FTIR 光谱中，可以在 3182cm^{-1}附近发现氨基基团。

获得有关光催化剂微观结构的附加信息后，本节测定了氮气的吸附-脱附等温线，如图 3-44 所示。可以看出，相对较低的压力(P/P_0=0～0.3)下，gCN 样品的氮吸附量比 C_v-gCN 的吸附量小得多，表明前者的 BET 比表面积较低。C_v-gCN($147m^2 \cdot g^{-1}$)比表面积是体相 gCN($27m^2 \cdot g^{-1}$)的 BET 比表面积高 5.4 倍。C_v-gCN 揭示 IV 型等温线在 0.6～1.0 的较高相对压力下具有磁滞回线，从而表明存在中孔(2～50nm)和大孔(>50nm)(Zhang Z et al.，2017；Dong F et al.，2014)。磁滞回线的形状为 H3 型，因此存在狭窄的缝状孔隙与块状。这种特性与其片状形态非常吻合[图 3-40(c)和图 3-40(d)]。C_v-gCN 的孔体积($0.75cm^3 \cdot g^{-1}$)比体相 gCN($0.14cm^3 \cdot g^{-1}$)大。大的 BET 表面积可以提供较多的反应活性位点，并且大的孔体积能够促进气体的扩散，因此有利于气相污染物的光催化氧化。

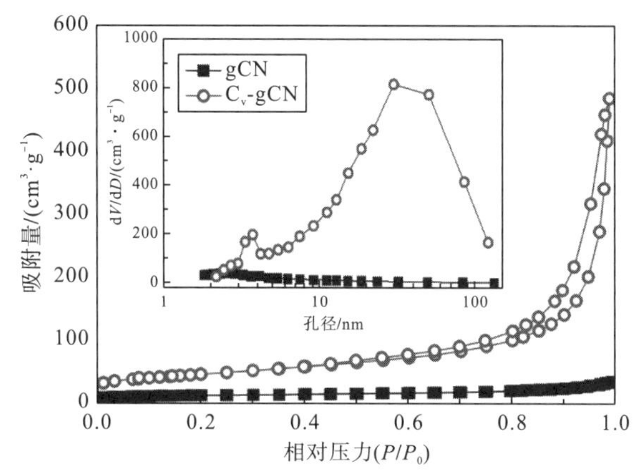

图 3-44 gCN 和 C_v-gCN 的 N_2 吸附-脱附等温线及对应的孔径分布曲线(插图)

进一步地，利用 XPS 表征测试证实了 g-C_3N_4 中碳空位的形成。根据图 3-45(a)所示的 XPS 光谱可知，两个样品都含有 C、N 和 O 元素，并且没有发现明显的归因于 S 物质的峰。该结果表示在煅烧期间几乎完全除去了 S 元素。检测到的元素含量如表 3-8 所示，计算出体相 gCN 和 C_v-gCN 样品的碳氮原子比分别为 0.84 和 0.77。碳含量的降低表明 C_v-gCN 样品中碳空位的形成。

表 3-8 光催化剂的物理性质

样品	氮吸附		元素含量原子分数/%				$R_{C:N}$[c]	能带结构		
	S_{BET}/($m^2 \cdot g^{-1}$)	PV[a]/($cm^3 \cdot g^{-1}$)	C	N	O	S		E_g[d]/eV	VB/V	CB/V
gCN	27	0.14	44.79	53.31	0.9	1.0	0.84	2.68	2.18	−0.5
C_v-gCN	147	0.75	42.39	55.19	2.42	n.d.[b]	0.77	2.84	2.08	−0.76

注：a 代表孔隙体积；b 代表没有检测到；c 代表碳氮的原子比率；d 代表半导体光催化剂的带隙。

高分辨率 XPS 显示了制备样品的详细化学状态[图 3-45(b)～图 3-45(d)]。

图 3-45(b)中显示了两种主要碳物种，分别对应于 288.4eV 和 284.8eV 处的结合能。前者通常属于 N═C—N 配位的 sp^2 键合碳原子(Chen P W et al., 2017)，后者可以归因于 C—C 的 sp^2 键碳。通过 XPS 光谱测试可以发现样品中残留的碳和不饱和烃。对于 C_v-gCN，随着 C/N 的降低，在 N═C—N 为 288.4eV 处的 C 1s 峰移向约 0.16eV 的较高结合能处(表 3-8)，这是由于丢失的碳原子留下的多余电子的重新分布所致。因此，N═C—N 配位基的碳周围的电子密度降低。

图 3-45(c)为 N 1s 区域的高分辨率 XPS 谱图。主要的两个峰分别位于 398.8eV 和 401.2eV，可归属于 sp^2 的 C—N—C 和 C—N_3(Xu Q L et al., 2017)基团。但是，对于 C_v-gCN 而言，有一个新峰处于 399.9eV，该峰可归因于由于叔碳的缺失而形成的氨基(如—NH_2)。这一事实证实了 C_v-gCN 中碳空位的产生。

对 O 1s 的高分辨率 XPS 光谱也进行了分析[图 3-45(d)]。O 1s 光谱可以高斯拟合为三个峰，其结合能约为 530.9eV、532.3eV 和 534.0 eV，分别对应于 C═O、C—O 和表面吸附的 H_2O 分子。

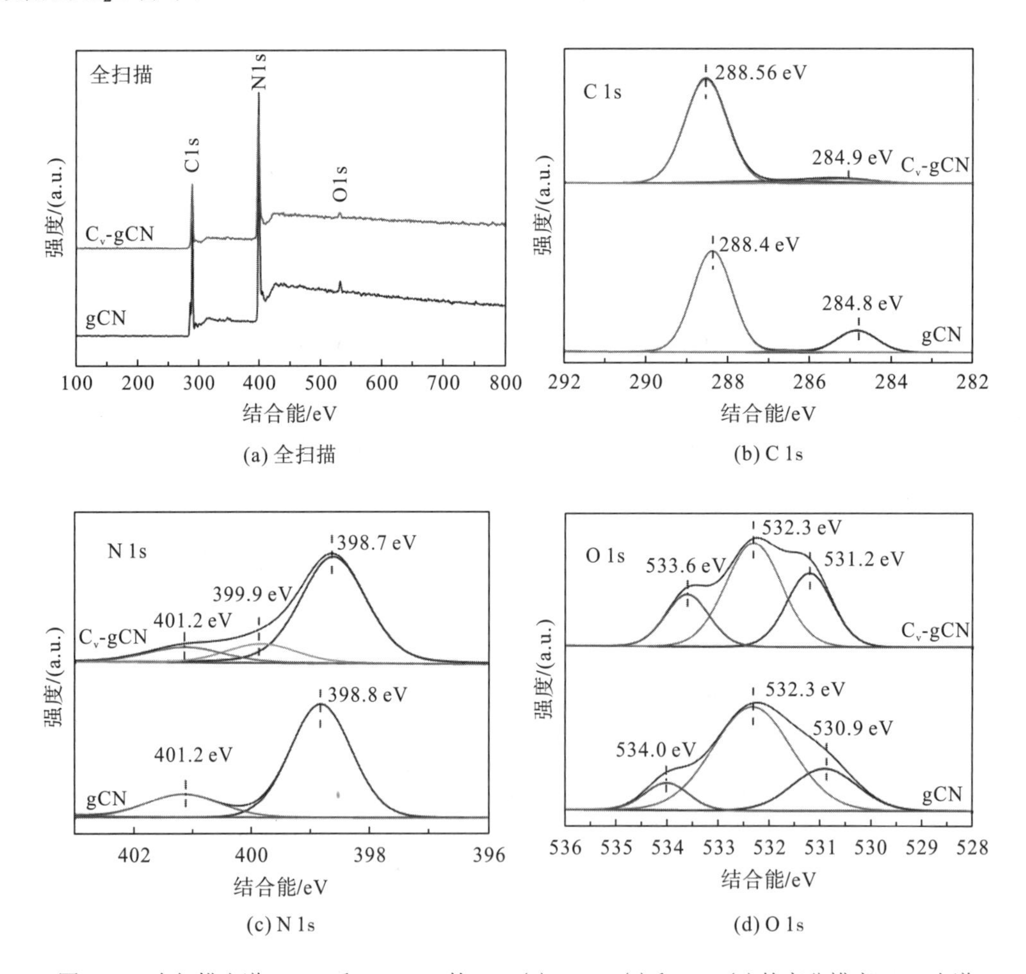

图 3-45 全扫描光谱、gCN 和 C_v-gCN 的 C 1s(b)、N 1s(c)和 O 1s(d)的高分辨率 XPS 光谱

电子顺磁共振(EPR)也被用来验证碳空位的形成。图 3-46 显示两个样品在 g=2.0043 处均显示出主要信号，这代表了顺磁性芳族碳原子上未成对电子的特征。EPR 信号的强度与空位缺陷没有直接关系。但是，在本节中，以 g=2.0043 为中心的 EPR 信号源于芳环碳原子上不成对的电子。与体相 gCN 相比，EPR 信号越弱表明 C_v-gCN 中的碳量较少。分析结果与文献(Li S N et al.，2016)一致。因此，gCN 在 CO_2 气体下进行热处理后，成功地引入了碳空位。

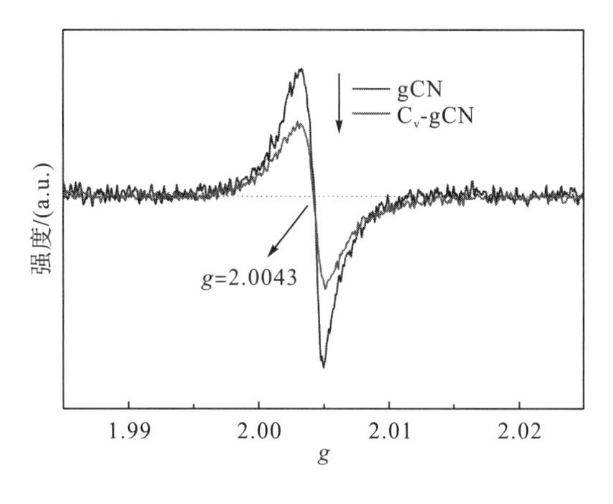

图 3-46　g-C_3N_4样品的 EPR 光谱

利用紫外-可见吸收光谱评价了光催化剂的光吸收能力。从图 3-47 可以看出，gCN 和 C_v-gCN 具有相似的光吸收光谱。体相 gCN 的吸收光谱开始于 462nm，对应于约 2.68eV 的带隙，这与文献报道相似(Fang S et al.，2016；Fang S et al.，2015；Li X F et al.，2016)。虽然 C_v-gCN 的 DRS 谱曲线形状与体相 gCN 相似，但 DRS 光谱出现了明显的下降且蓝移了 25nm。计算得到 C_v-gCN 的带隙为 2.84eV，比体相 gCN 的带隙大 0.16eV。C_v-gCN 带隙的增加也可以通过 DFT 计算(Lu S et al.，2017)来确定(图 3-48)，这可能是由于碳空位的形成。

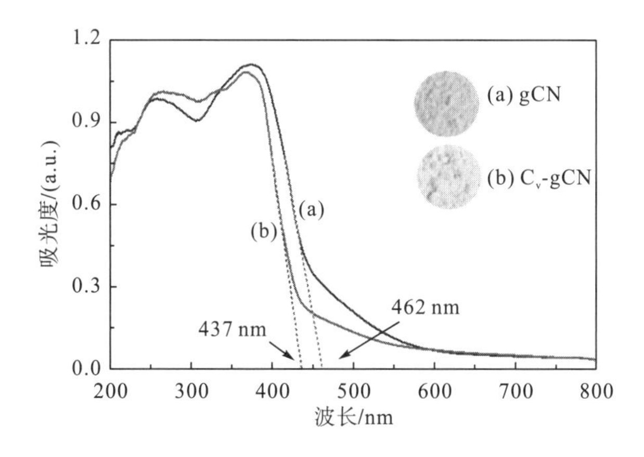

图 3-47　体相 gCN(a)和 C_v-gCN(b)的紫外-可见漫反射光谱(DRS)

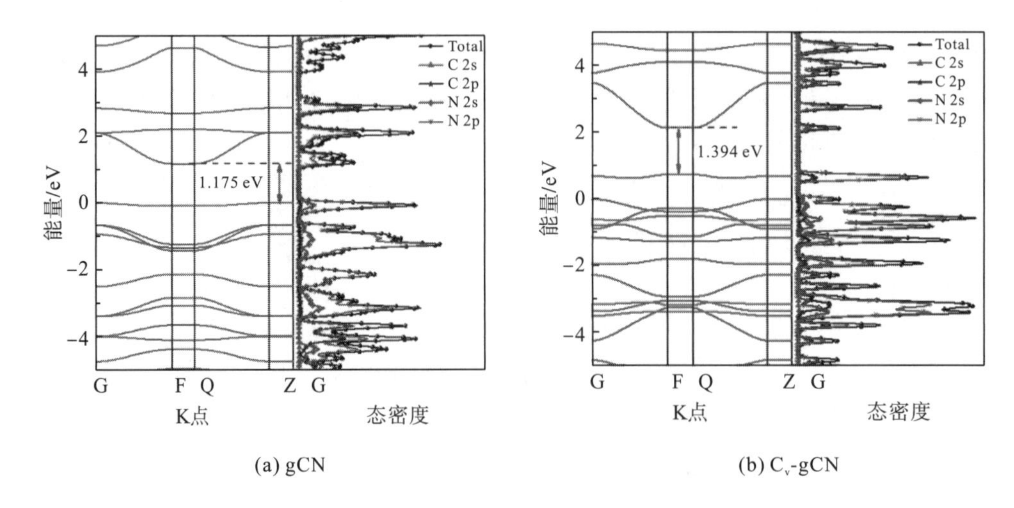

(a) gCN (b) C_v-gCN

图 3-48 模拟计算的能带结构

根据 XPS 结果[图 3-49(a)]，gCN 和 C_v-gCN 的 VB 电位分别为 2.18V 和 2.08V。因此，体相 gCN 和 C_v-gCN 的 CB 最小值分别为-0.5V 和-0.76V。为此，本节中还进行了 M-S 测量来确定 gCN 和 C_v-gCN 的平带电位，如图 3-49(b)所示。对于 n 型半导体，CB 值非常接近其对应的平带电位。因此，M-S 测量的结果与根据式(3-22)估算的 CB 值一致：

$$E_g=E_c-E_v \tag{3-22}$$

其中，E_g 表示光催化材料的禁带宽度；E_c 表示光催化材料的导带值；E_v 表示光催化材料的价带值。

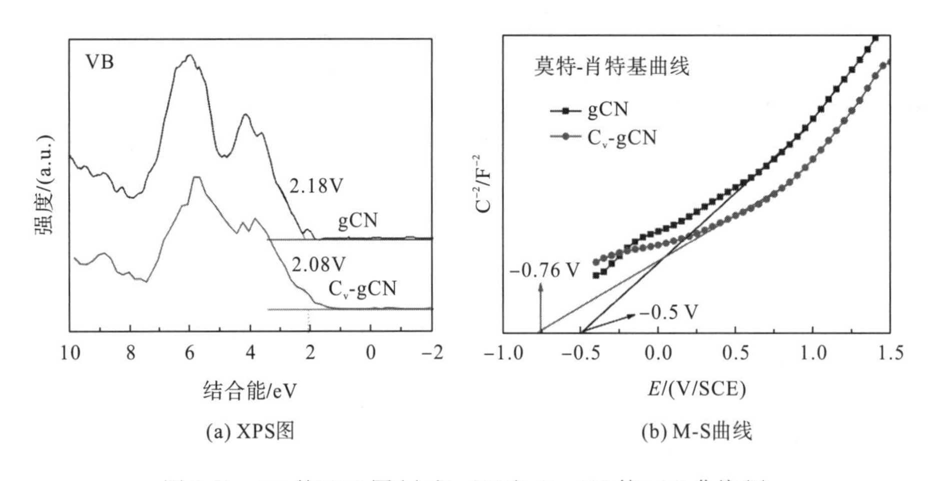

(a) XPS图 (b) M-S曲线

图 3-49 VB 的 XPS 图(a)和 gCN 和 C_v-gCN 的 M-S 曲线(b)

图 3-50 比较了两个样品的能带结构。可以看出，将碳空位引入 $g\text{-}C_3N_4$ 的晶格会导致 CB 位置负向移动。C_v-gCN 的 CB 电位负向偏移有利于光生电子从 CB 向氧转移，导致形成超氧化自由基($\cdot O_2^-$)，这是 NO 氧化的重要活性氧物种(ROSs)。

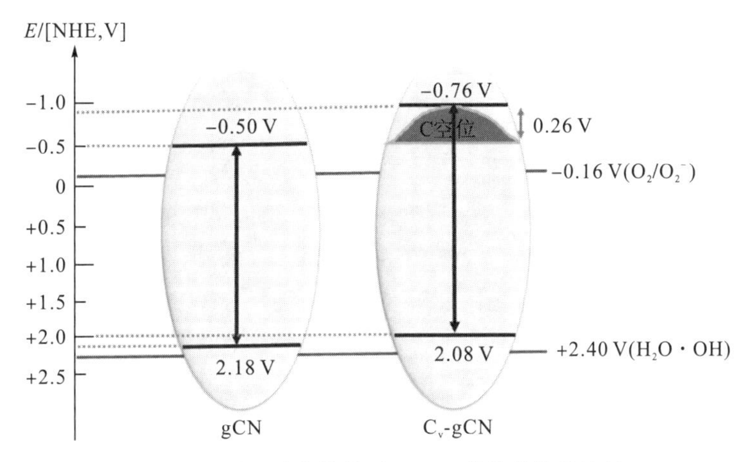

图 3-50　引入碳空位前后 g-C_3N_4的能带结构比较

电荷的分离和迁移会显著影响光催化性能。因此，我们比较了体相 gCN 和 C_v-gCN 的光电流响应。从图 3-51(a)可以看出，gCN 的光电流非常低(小于 0.15mA·cm^{-2})，这归因于光产生的电子–空穴对的快速复合。引入碳空位后，C_v-gCN 的光电流急剧增加到 0.5～0.6mA· cm^{-2}，表明载流子的复合受到延迟。通过图 3-51(b)所示的电化学阻抗谱(electrochemical impedance spectroscopy，EIS)进一步证实了载流子的有效分离。C_v-gCN 的 EIS 奈奎斯特图(Nyquist plot)上的圆弧半径小于体相 gCN 的圆弧半径。EIS 光谱上的圆弧半径反映了电极表面发生的反应速率(Wang Y J et al.，2010)；结果表明，将碳空位引入 gCN 后，发生了光生电子–空穴对的有效分离和快速的界面电荷转移。

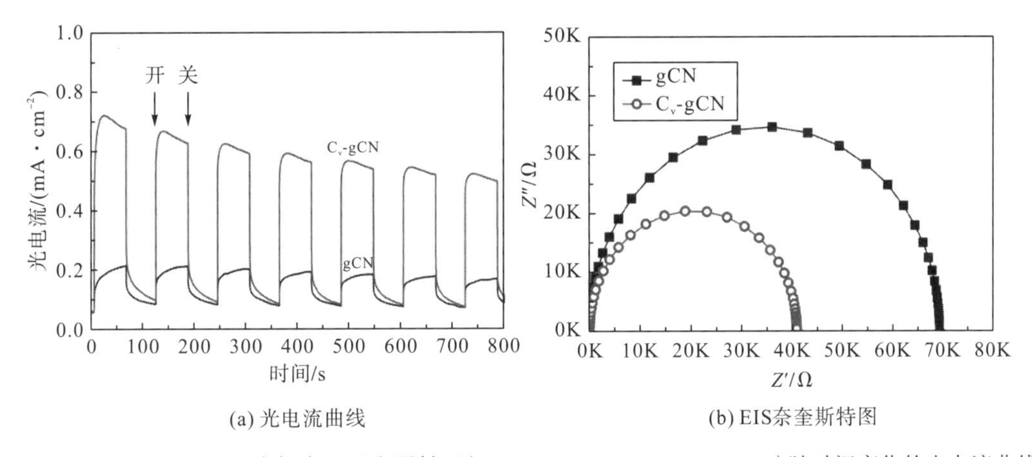

(a) 光电流曲线　(b) EIS奈奎斯特图

图 3-51　gCN 和 C_v-gCN 电极在可见光照射下(λ> 420nm；[Na_2SO_4]=0.1mol/L)随时间变化的光电流曲线(a)和 EIS 奈奎斯特图(b)

作为室内环境中常见的城市空气污染物，NO 的溶解度和反应性很低；这种污染物还会导致严重的呼吸道疾病，包括可能诱变的 DNA 链断裂和/或碱基改变(Weinberger B et al.，2001)。因此，本节旨在利用环境友好和经济的光催化技术来去除空气中的 NO。通过在可见光照射(λ>400nm)下 NO 的光催化氧化效率，来评估 g-C_3N_4的光催化性能。

在没有光催化剂或光照射的情况下，NO 的直接光解可以忽略（此处没有显示）(Li Y H et al., 2017)。然而，在存在 g-C_3N_4 的情况下，在可见光照射下开始时观察到 NO 浓度的急剧下降；浓度下降后期达到相对稳定值[图 3-52(a)]。照射 15min 后，连续反应器中的 NO 浓度几乎保持不变。此时，C_v-gCN 的 NO 去除率高达 59.0%，是体相 gCN 的 NO 去除率的 2 倍（仅 24.2%）。与此同时，本书研究还监测了原位生成的 NO_2 的浓度[图 3-52(b)]，发现在出口气体中，gCN 上的 NO_2 浓度（81 ppb）比 C_v-gCN 上的 NO_2 浓度（仅 19 ppb）高得多。实验结果表明，与体相 gCN 相比，具有碳空位的 gCN（C_v-gCN）不仅在 NO 的氧化中表现出更高的光催化活性，而且具有氧化 NO_2 的潜力。在相同的条件下，通过对 ppb 级 NO_2 的光催化氧化也证实了这些结论（图 3-53）。在可见光下照射 15min 后，体相 gCN 上 24.1%的 NO_2 被光催化氧化，而 C_v-gCN 上 50.1%的 NO_2 被氧化去除。

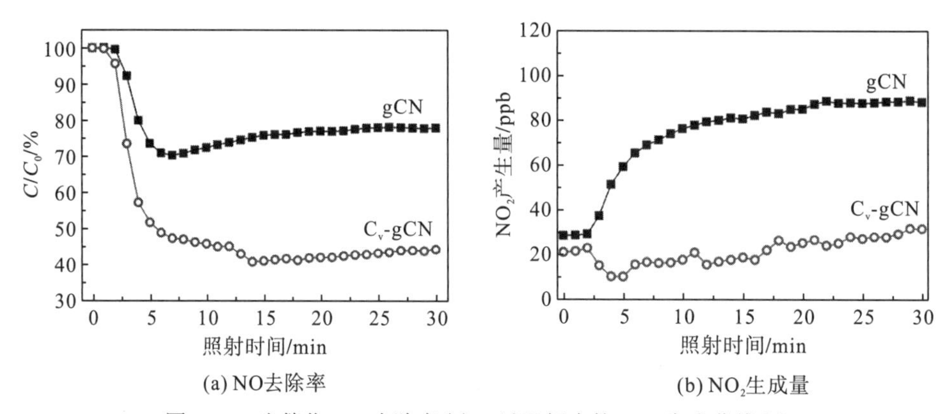

图 3-52 光催化 NO 去除率(a)，以及相应的 NO_2 生成曲线(b)

注：连续反应器中 NO 初始浓度为 600ppb。

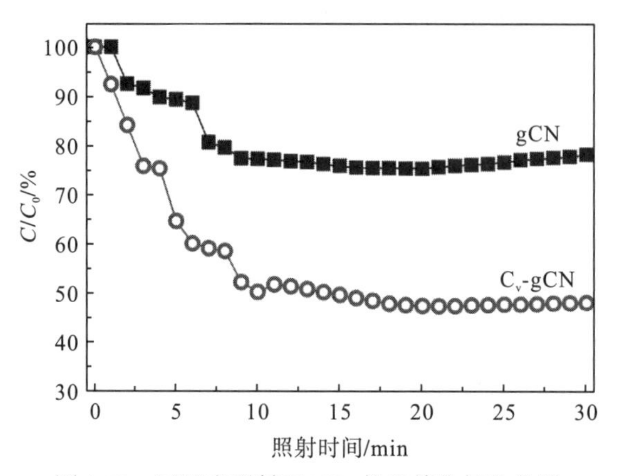

图 3-53 可见光照射下 NO_2 的光催化氧化曲线

注：连续反应器中 NO_2 的初始浓度为 600ppb。

为了阐明 NO 在 C_v-gCN 上的光催化氧化机理，我们分别使用 KI、$K_2Cr_2O_7$ 和 TBA 作为空穴、电子和·OH 自由基清除剂进行了捕获实验。图 3-54 显示了添加 KI 和 TBA 对 NO 氧化的影响最小。该结果表明，空穴或·OH 自由基不是参与 gCN 上 NO 氧化的重要活性氧物种(ROSs)。然而，在$K_2Cr_2O_7$的存在下，NO 的氧化反应受到了严重的抑制，说明光生电子参与了 NO 的氧化过程。g-CN 的 VB 电势(C_v-gCN 为 2.08 V)不足以氧化—OH，形成活性的·OH 自由基[$E^0{}_{(-OH/\cdot OH)}$=2.4V](Fang S et al.，2015；Li Y H et al.，2017；Huang Z A et al.，2015；Pandiselvi K et al.，2016)。因此，TBA 对 NO 光催化氧化的影响作用很小是可以理解的。由于空穴自由基的存在，NO 在 g-CN 上的微弱吸附也可能阻碍氧化反应进程。因此，C_v-gCN 上 NO 的光催化氧化主要是通过由光生电子和吸附的氧形成的超氧自由(·O_2^-)来实现的。

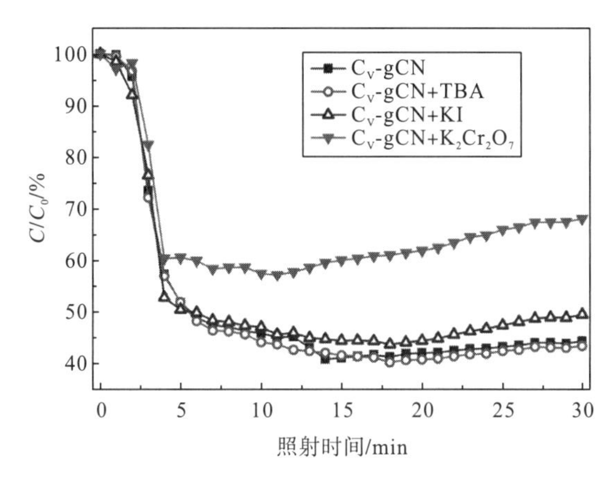

图 3-54 存在不同清除剂的情况下，NO 在 C_v-gCN 上的光催化氧化曲线

注：连续反应器中 NO 的初始浓度为 600ppb。

碳空位的引入导致 CB 带边电势负移(图 3-50 和表 3-8)，从而促进了电子从 CB 转移到氧气。C_v-gCN 的光催化活性高于原始 gCN。

在实际应用中，光催化剂的稳定性具有重要意义。因此，本节评估了具有碳空位的 g-CN 的稳定性。如图 3-55 所示，C_v-gCN 样品在连续 5 次循环后仍未显示出任何明显的活性损失，从而表明其在 NO 降解条件下具有令人满意的重复使用性。

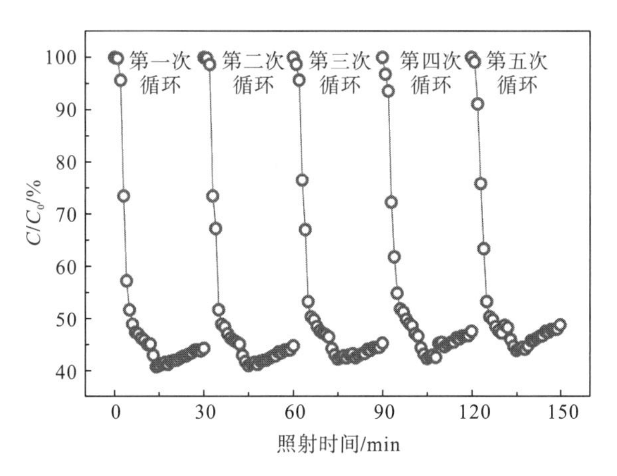

图 3-55 C_v-gCN 在可见光照射下连续 5 次光催化氧化 NO 的稳定性

注：连续反应器中 NO 的初始浓度为 600ppb。

3.3.6 小结

通过在 CO_2 气体中煅烧大量的 g-C_3N_4(gCN)，将碳空位成功引入 g-C_3N_4(C_v-gCN) 中。碳空位导致 g-C_3N_4 的 CB 位置负向移动，从而促进了电子从 g-C_3N_4 的 CB 向吸附氧转移，从而形成超氧自由基，增强了对 NO 的光催化氧化。同时，增大的 BET 比表面积和孔体积提高了 C_v-gCN 的光催化活性。因此，碳空位可以调控 g-C_3N_4 的结构特征和理化性质，并为光催化和催化应用提供一种新型的功能材料。

3.4 自结构修饰 g-C_3N_4 纳米片上增强的可见光光催化 NO_x 性能与反应路径研究

3.4.1 引言

近年来，人们发现 TiO_2 的光催化活性可通过自结构修饰显著增强，而在 TiO_2 中除了 Ti^{4+}和 O^{2-} 的常见价态外，无须引入任何外来元素、化合物或其他物质(Liu L et al.，2014)。通过自结构修饰在纯相(Diebold U，2003；Henderson M A，1996；Henderson M A，1999)、混合相(Hurum D C et al.，2003；Ohno T et al.，2003；Bacsa R R et al.，1998；Zhang X R et al.，2011；Xia T et al.，2013；Li G H et al.，2007)、无定形/无序相(Rahman M et al.，2011；Kaur K et al.，2012)和氢化相(Harris L A et al.，1980；Chen Y X et al.，1983；Okamoto K et al.，1985；Heller A et al.，1987；Khader M M et al.，1993；Qin D Y et al.，1993)中生成 TiO_2 纳米材料。大多数自结构修饰策略集中在氧化物半导体上，并且与氧空位有关。自结构修饰具有电子结构调整方便、成本低等优点。

g-C_3N_4 体系结构的改进和优化已被广泛研究。Niu 等(Niu P et al.，2014)通过均匀引入氮空位制备了具有增强的可见光吸收的 g-C_3N_4 光催化剂。Dong 等(Dong G H et al.，2012)通过三聚氰胺预处理和热处理合成了具有高导电率和光催化活性的碳自掺杂 g-C_3N_4。自结构修饰技术可用于无金属 g-C_3N_4 光催化剂的优化。据我们所知，g-C_3N_4 经改进的热缩合进行自结构修饰的报道很少。因此，采用自结构修饰策略来优化 g-C_3N_4 的微结构并增强其光催化能力是非常必要的。

在这项工作中，通过改进的热蚀刻工艺制备了自结构改性的 g-C_3N_4 纳米片。在可见光照射下，硫脲的不加盖热缩合和后焙烧处理显著提高了 g-C_3N_4 对 NO 和 NO_2 去除的光催化活性。两次煅烧热处理得到的 g-C_3N_4 纳米片(R-CN-500)对 NO(600×10^{-9})和 NO_2(400×10^{-9})的去除率分别提高到 64.6%和 33.3%。为了阐明自结构改性的 g-C_3N_4 增强光催化活性的机理，本节将进一步展开系统的研究探索。

3.4.2 g-C_3N_4的合成

所有的化学试剂都是分析纯级别，无须进一步纯化即可使用。在马弗炉中经热冷凝法合成了三个 g-C_3N_4样品。

第一个 g-C_3N_4(CN)样品是在马弗炉的密闭空间内直接热解硫脲制备的。将约 10g 的白色硫脲放入加盖的氧化铝坩埚中，然后以 15℃·min^{-1}的加热速率加热 2h 到 550℃。冷却后，将黄色固体产物在玛瑙研钵中研磨成粉末。

第二个 g-C_3N_4样品(CN-550)是硫脲在马弗炉的开放空间中热解制备的。典型的合成过程与 CN 样品相同，除了在热解过程中从氧化铝坩埚上取下盖子。

第三个 g-C_3N_4 样品(R-CN-500)是在不加盖坩埚中将 0.5g CN-550 在 500℃下以 15℃·min^{-1}的加热速率进行 2h 的再热处理制备的。在所有合成过程中，冷凝过程中产生的气体被稀碱溶液(0.05mol·L^{-1})吸收。

3.4.3 结果与讨论

使用 SEM 和 TEM 考察了 g-C_3N_4样品的形貌和结构变化。CN 样品呈现块状聚集物，具有典型的块体结构[图 3-56(a)]，而 CN-550 呈现层状结构[图 3-56(c)]。同时，R-CN-500 表面呈现出类似 CN-550 的层状形貌，但由具有开孔结构的平面组成[图 3-56(e)]。在 500℃热刻蚀后，R-CN-550 的层状结构保持不变，表明该样品具有良好的热稳定性和坚固的骨架结构。进一步地，用 TEM 证实了三个样品的详细微观结构信息。CN 样品呈现典型的层状形貌，具有致密和厚块的片层[图 3-56(b)]，这与 SEM 观察结果一致。图 3-56(d)中的 TEM 图像显示 CN-550 纳米片的表面很粗糙，有许多孔。这种多孔结构的出现可归因于在 g-C_3N_4 形成过程中硫脲不加盖热解过时，存在气态物质的连续释放，因此呈现出气泡模板的作用。对于 R-CN-500[图 3-56(f)]，生成的 g-C_3N_4纳米片比 CN 和 CN-550 小且薄。这一结果表明 CN-550 的进一步热蚀刻通过逐层剥离促进了石墨烯状 g-C_3N_4纳米片的形成。此外，SEM 和 TEM 观察表明，除了 g-C_3N_4中原始的 C 和 N 原子外，在没有引入模板、外来元素、化合物或其他物种的情况下，自结构修饰的 g-C_3N_4具有石墨烯状层状多孔结构。Liu 等(Liu L et al.，2014)总结了自结构修饰引起的 TiO_2 电子和光学性质的变化。在本节中，类石墨烯纳米片为 R-CN-500 提供了高比表面积和大的孔体积以及拓宽的带隙。

(a) CN的SEM图

(b) CN的TEM图

(c) CN-550的SEM图　　(d) CN-550的TEM图

(e) R-CN-550的SEM图　　(f) R-CN-550的TEM图

图 3-56　CN、CN-550、R-CN-500 样品的 SEM 和 TEM 图

三个样品的 XRD 图谱(图 3-57)在 13.3° 和 27.37° 处出现了两个不同的峰，分别归属于 g-C_3N_4 的(100)和(002)晶面。即使在 500℃进行二次热处理后，R-CN-500 的晶体结构仍保持完整。与 SEM 和 TEM 图像(图 3-56)类似，XRD 图表明具有三均三嗪堆叠层的 g-C_3N_4 在热刻蚀过程中具有稳固的骨架结构和良好的热稳定性。与 CN 相比，CN-500 和 R-CN-500 的(002)晶面的峰分别向更高的 2θ 值偏移约 0.20° 和 0.46°；这种变化表明纳米片中基层之间的通道间距减小，这可能是由于在不加盖热处理和二次热蚀刻过程中 g-C_3N_4 的自结构修饰所致。如此一来，通过改性的热处理形成了缩合的 g-C_3N_4 纳米片，SEM 和 TEM 图像的分析结果也证明这一点(图 3-56)，在进行二次热蚀刻后，CN 变得越来越薄、越来越小，这可能与 g-C_3N_4 纳米薄片中共轭芳香族 g-C_3N_4 层之间强烈的层间相互作用有关。

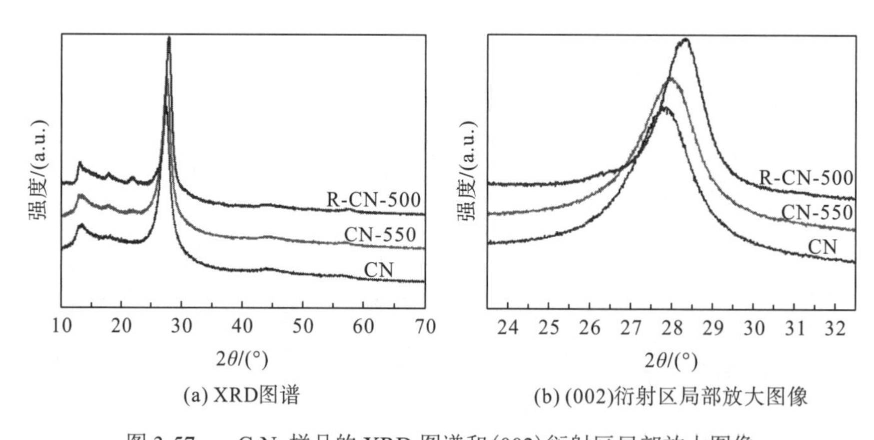

(a) XRD图谱　　(b) (002)衍射区局部放大图像

图 3-57　g-C_3N_4 样品的 XRD 图谱和(002)衍射区局部放大图像

我们提出了 g-C_3N_4 纳米片(即 R-CN-500)可能的爆米花状形成过程以及逐层热剥离机制。如图 3-58 所示，R-CN-500 可能通过三步反应过程形成。第一步是形成具有玉米状块状结构的 CN，其由几个 CN 层和不完全缩合引起的多个缺陷组成。当前驱体通过在 550℃的不加盖坩埚中直接加热 2 h 进行改性时，大量的气体产物(如 SO_2、NH_3 和 CO_2)可以很容易地从自由反应气氛中逸出，由于气泡模板效应，这有利于形成多孔蓬松结构。同时，大块 CN 层剥落成更小的片层(即 CN-550)，这一步骤类似处于中期时段的爆米花形成过程。第三步是用多孔纳米片形成类似石墨烯状的 g-C_3N_4。当 CN-550 在高于 500°C 的温度下加热时，包括 g-C_3N_4 气体在内的气态产物被消除并凝结(即缺陷少)形成 R-CN-500。在热处理过程中，CN 层以逐层的方式进一步剥离成更小的片层。因此，通过逐层剥离获得了具有丰富孔隙的薄片石墨烯状 g-C_3N_4。

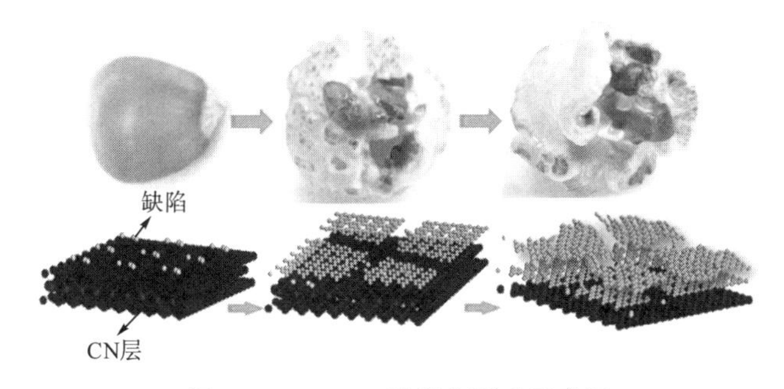

图 3-58　g-C_3N_4 纳米片形成示意图

所得的厚度和尺寸减小的 g-C_3N_4 纳米片有利于扩大其比表面积和孔体积，这由氮气吸附-脱附等温线和相应的孔径分析所证实(图 3-59)。所有样品都显示了在 0.5～1.0P/P_0 范围内的明显滞后回环的Ⅳ型等温线，从而支撑了聚合物骨架中存在孔隙的 TEM 观察结果[图 3-59(a)]。根据等温线，表 3-9 总结了样品的表面积和孔体积。CN 样品具有较低的比表面积和较小的孔体积，分别为 $27m^2·g^{-1}$ 和 $0.14cm^3·g^{-1}$。在没有盖的敞口氧化铝坩埚中热处理后，CN-550 的比表面积和孔体积分别增加至 $35m^2·g^{-1}$ 和 $0.24cm^3·g^{-1}$。有趣的是，与 CN 和 CN-550 相比，R-CN-500 具有更高的比表面积和孔体积($143m^2·g^{-1}$ 和 $0.89cm^3·g^{-1}$)。

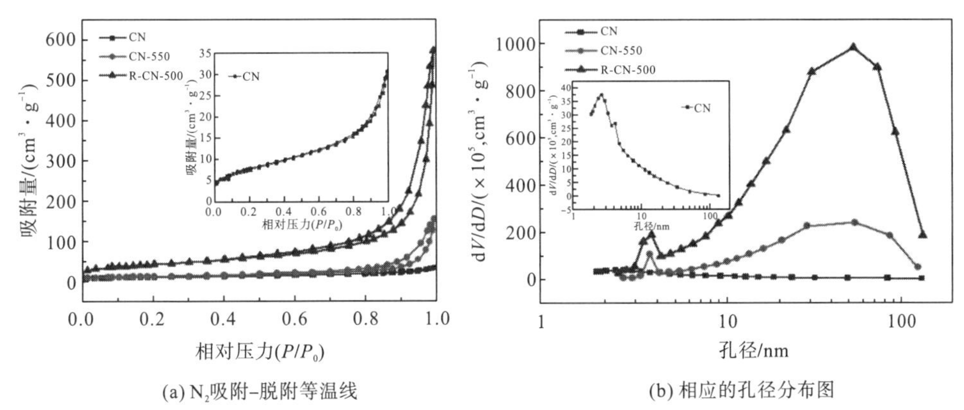

(a) N_2吸附-脱附等温线　(b) 相应的孔径分布图

图 3-59　CN、CN-500、R-CN-500 的 N_2 吸附-脱附等温线和孔径分布图

注：插图为 CN 的 N_2 吸附-脱附等温线和孔径分布图。

表 3-9 比表面积(S_{BET})、孔体积、峰孔径、NO 去除率以及 NO 去除的反应动力学

样品名称	$S_{BET}/(m^2 \cdot g^{-1})$	孔体积/$(cm^3 \cdot g^{-1})$	峰孔径/nm	NO 去除率 η/%	k^a/min^{-1}	$k'^b/(g \cdot min^{-1} \cdot m^{-2})$
CN	27	0.14	2.6	36.4	0.075	2.78×10^{-3}
CN-550	35	0.24	3.6/54.1	56.9	0.135	3.86×10^{-3}
R-CN-500	143	0.89	3.7/52.9	65.0	0.149	1.04×10^{-3}

注释：a.用 $\ln(C_0/C)=kt$ 表示的伪一级模型分析 NO 去除的反应动力学，并用表面积将 k 值归一化；b. k' 值是通过比表面积归一化的 k 值。

对于许多无机光催化剂而言，延长加热时间会由于孔塌陷而导致表面积减小。然而，R-CN-500 在 500℃下进行二次热蚀刻后仍保持其孔隙率和高表面积，这进一步证实了其高热稳定性。相应的孔径分布曲线[图 3-59(b)]揭示了样品的高度多孔框架结构。CN-550 和 R-CN-500 均呈现双峰孔径分布，其中较小的中孔和较大的大孔分别位于 3.6nm 和 54nm 左右。小的中孔可以反映纳米级薄片内的孔隙率[图 3-56(d)和图 3-56(f)]，而较大的大孔可能是由于不规则堆积的 g-C_3N_4 纳米薄片形成过程中的气体原位排放造成的。显然，在进一步的热刻蚀后，小孔和大孔的孔体积增大，顺序为 R-CN-500 > CN-500 > CN(表 3-9)。先前的研究报道称，高比表面积有利于为反应物提供大量的活性表面位点(Hwang S H et al.，2014)。同时，由于多次反射(Dong F et al.，2014)和反应物、中间体和产物的易扩散(Niu P et al.，2014)，多孔结构有助于增强材料内部的可见光散射。因此，在本节中，高比表面积和孔体积有望提高光催化活性。

用 FT-IR 光谱对制备的 g-C_3N_4 样品进行表征，以考察表面存在的官能团(图 3-60)。三个样品都呈现出类似的红外吸收峰。通常，在 3000～3700cm^{-1} 的宽红外吸收来自吸附的水分子和氨基的振动。同时，在 2400cm^{-1} 处新的振动峰值源自空气中的 CO_2。三均三嗪基序具有优异的抗热蚀刻惰性，可清楚地被观察到，并可归属于 g-C_3N_4 的特征吸收峰；这些吸收峰包括在 1200～1700cm^{-1} 的强红外吸收波谱，这与芳族 CN 杂环的特征拉伸模式有关，以及在 803cm^{-1} 和 886cm^{-1} 处的尖锐吸收峰，其可归属于三嗪单元的呼吸模式(Dong F et al.，2011)。

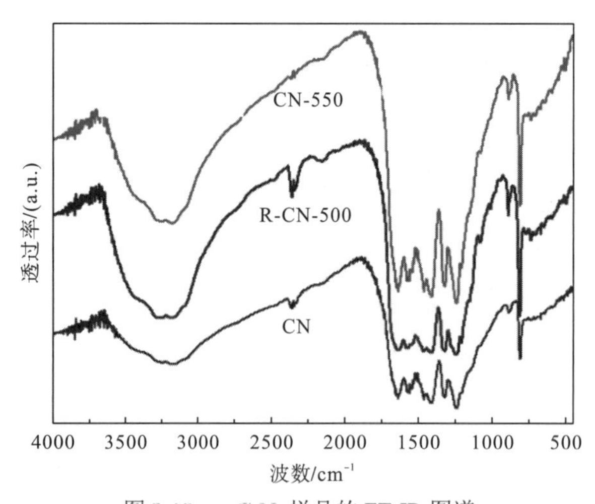

图 3-60 g-C_3N_4 样品的 FT-IR 图谱

XPS 用于研究光催化剂的化学组成(图 3-61)。对于所有制备得到的 g-C_3N_4样品而言，检测到 C 和 N 为主要构成元素，由于热蚀刻过程中的表面吸收和氧化，检测到少量杂质 O 元素[图 3-61(a)]。通过 XPS 分析估算出 CN、CN-550 和 R-CN-500 的碳氮摩尔比(C/N)分别约为 0.71、0.79 和 0.81。CN-550 的 C/N 增加是源于在敞口坩埚中热处理过程中部分氨基丢失。对于 R-CN-500 而言，由于 CN-550 在制备过程中发生了不完全聚合，CN-550 结构中仍存在一些热稳定性较弱的—HN©或—NH_2 基团，导致 N 的损失，从而增加了 R-CN-500 的 C/N 值。三个样品的 C/N 值接近理想 g-C_3N_4的化学计量值 0.75。结果表明，硫脲前驱体可成功地生成聚合物结构，进一步的热处理并不会破坏 g-C_3N_4的结构。

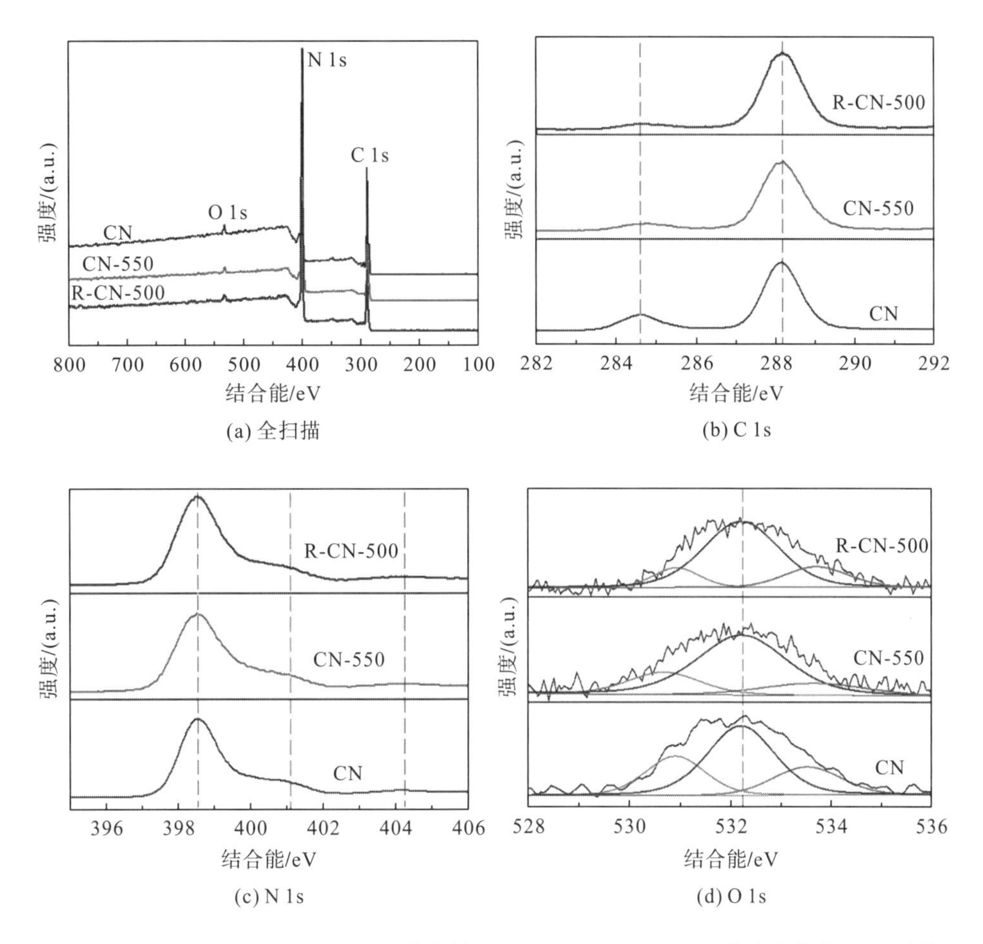

图 3-61　CN、CN-500、R-CN-500 样品的 S 2p、C 1s、N 1s、O 1s 的高分辨率 XPS 图谱

图 3-61(b) 中的 C 1s 光谱呈现了三个样品在结合能约为 284.8eV 和 288.3eV 时的两处特征峰，这表明样品中存在两种不同的碳化学环境(Dong G H et al.，2012)。位于 284.8eV 的峰归属于表面污染碳物种，而位于 288.3eV 的峰归因于 g-C_3N_4晶格中 C-N-C 配位(Dong G H et al.，2013)。图 3-61(c) 中所有样品的 N 1s 光谱可拟合成为处于 398.8eV、401.2eV 和 404.3eV 的三个信号峰。398.8eV 处的主要信号表明三嗪环中存在 sp^2 轨道(C-N-C)(Dong G H et al.，2014)。401.2eV 处的峰值可归属于桥连氮原子$(C)_3$—N(Harris L A et al.，1980)。

同时，在 404.5eV 处的微弱特征峰是由 p 激发引起的(Dong F et al.，2011)。

O 1s 光谱可以明确地拟合为三个特征峰，其结合能分别位于 530.0eV、532.2eV 和 534.0eV[图 3-61(d)]。在 532.2 eV 处的主峰归属于 C-N-O，其来源于热刻蚀过程中 g-C_3N_4 主体的部分氧化。在530.9eV和534.0eV的另外两个峰值分别归因于表面羟基和表面吸附水。

从 UV-vis DRS 和 PL 发射光谱中可以看出，自结构修饰显著影响了所得样品的光学性能。所有样品在可见光区域均显示约 450nm 的吸收带边[图 3-62(a)]。然而，与 CN 相比，CN-550 和 R-CN-500 的吸收带边分别展现出 12nm 和 27nm 的蓝移，这与从棕黄色到浅黄色的颜色变化有关[图 3-62(a)中的插图]。根据 UV-vis DRS 数据计算制备样品的带隙值(E_g)[图 3-62(b)]。带隙从 CN 的 2.48eV 增加到 CN-550 的 2.54eV 和 R-CN-500 的 2.62eV。基于图 3-62(c)中的 VB XPS 光谱，可以确定 VB 和 CB 的位置，如表 3-10 所示。改性的热缩聚导致产生薄的纳米级片层(图 3-56)。带隙的扩大可归因于自结构修饰引起的量子尺寸效应。

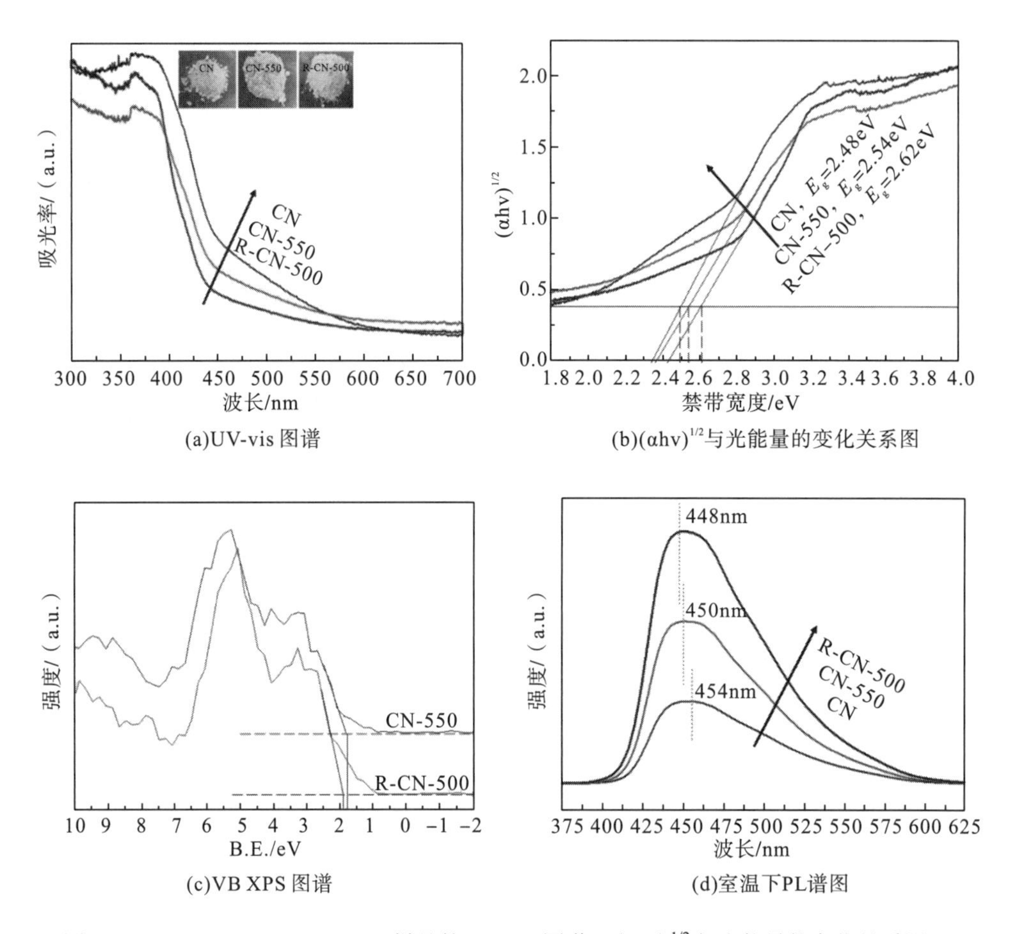

图 3-62 CN、CN-500、R-CN-500 样品的 UV-vis 图谱、$(\alpha h\upsilon)^{1/2}$ 与光能量的变化关系图、VB XPS 图谱和室温下 PL 图谱

表 3-10　C/N、O(百分比)、带隙、价带位置和导带位置

样品	C/N	O/atm.%	带隙/eV	价带位置/eV	导带位置/eV
CN	0.71	0.88	2.48	1.58	−0.90
CN-550	0.79	1.9	2.54	1.75	−0.79
R-CN-500	0.81	2.14	2.62	1.90	−0.72

注：价带位置和导带位置引自参考文献 Dong 等(2015)。

图 3-62(d)展示了由 PL 发射变化引发的自结构修饰。R-CN-500 的 PL 强度高于 CN 和 CN-550。Niu 等报道了通过热氧化刻蚀获得的 g-C_3N_4 纳米片也显示出显著增强的 PL 强度(Niu P et al.，2012)。同时，由于二次热处理，R-CN-500 比 CN 和 CN-550 具有更少的结构缺陷(如未缩合的—NH_2 和—NH)(图 3-58)，这可以捕获光生电子或空穴以防止后续的光催化氧化还原反应。因此，R-CN-500 样品中的 PL 强度和光催化活性显著增强，有害无辐射跃迁减少。此外，对于 CN-500 和 R-CN-500，PL 峰位置分别从 CN 的 454nm 移动到 450nm 和 448nm，这与图 3-62(b)中所示的带边吸收变化一致。这些结果清楚地表明，自结构修饰是优化光学性能和提高催化性能的有效途径。

图 3-63 阐释了样品的能带结构。与 CN 相比，R-CN-500 和 CN-500 的 VB 带边向更正值移动，这可以增强空穴的氧化能力(Zhang S W et al.，2014)。一般来说，更负的 CB 值会导致产生还原性更强的光激发电子(Li Y H et al.，2014)。虽然光生电子的还原能力降低，但最终的 CB 电位($E_φ$)高于 O_2/O_2^- (0.33 eV)；因此，O_2 仍然可以被 CN-500 和 R-CN-500 的光生电子捕获，形成 • O_2^- 自由基。同时，随着 VB 位置越来越正，空穴的氧化能力越来越强。对于所有样品，VB 上的空穴可以直接氧化 NO，因为 $E_φ$-VB 比 $E_φ$(NO_2/NO，1.03eV vs. NHE)、$E_φ$(HNO_2/NO，0.99 eV vs. NHE)和 $E_φ$(HNO_3/NO，0.94 eV vs. NHE)更正。

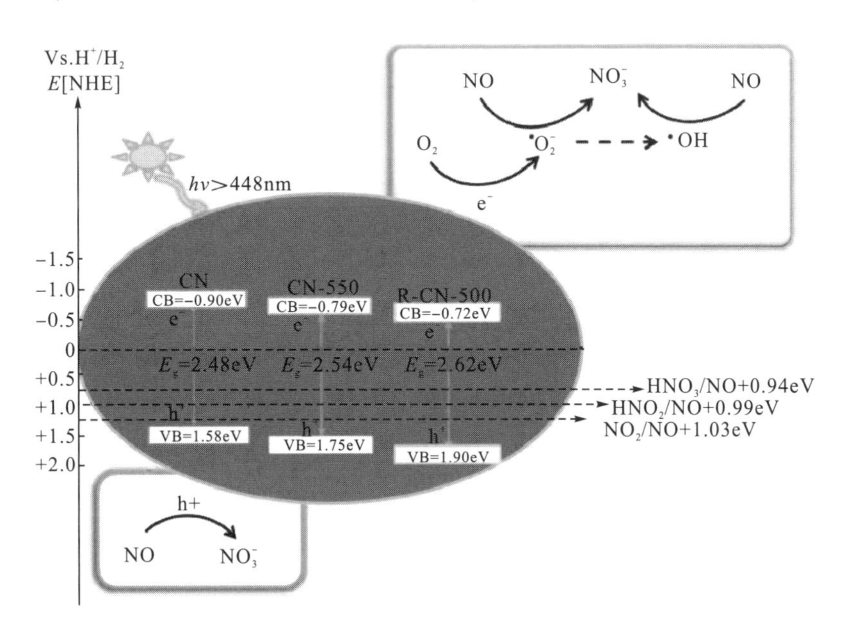

图 3-63　CN、CN-550、R-CN-500 样品的电子能带结构和光催化机理图

通过光电流和电化学阻抗谱(EIS)查明所有样品之间的电子相互作用。在 300W Xe 灯的照射下，用 CN、CN-550 和 R-CN-500 电极测量光电流几个开/关周期[图 3-64(a)]。所有样品都能迅速产生光电流,对开/关周期做出可逆响应。与 CN 和 CN-550 相比,R-CN-500 的电流密度更高，表明光致电子和空穴的分离和迁移效率得到提高。EIS 还用于研究所制备样品的导电性[图 3-64(b)]。R-CN-500 的奈奎斯特图直径比 CN 和 CN-550 的小，因此表面由于片层厚度减小(即电导率显著提高)，电子迁移电阻降低。增强的电荷分离和迁移可以归因于自结构修饰。随着电荷传输距离的缩短，薄的 2D 纳米片结构有利于电荷从体相迁移到表面，从而促进电荷分离。

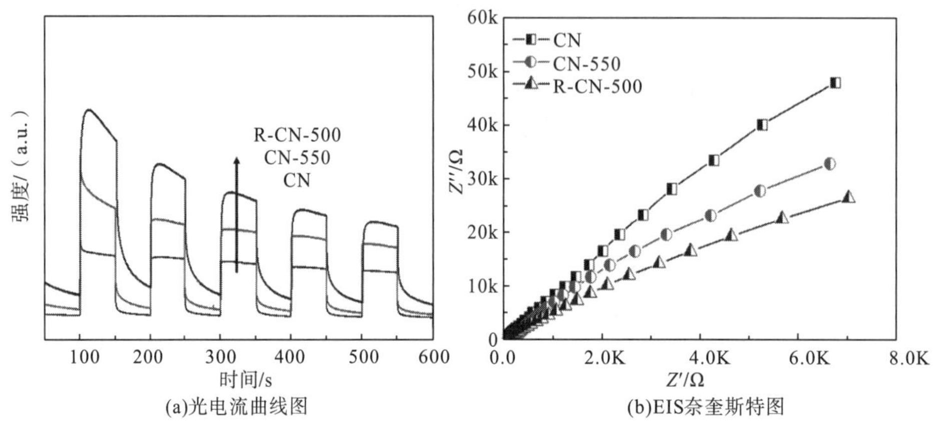

(a)光电流曲线图 (b)EIS奈奎斯特图

图 3-64 可见光下(λ>420nm，$[Na_2SO_4]$=0.1mol·L^{-1})，CN、CN-550、R-CN-500 样品随时间变化的光电流曲线图和 EIS 奈奎斯特图

通过在连续反应器中可见光照射下光催化去除气态 NO 来评价所制备样品的光催化活性。图 3-65(a)显示了在合成样品表面 NO 浓度(C/C_0，%)随光照时间的变化。以前的研究表明，在没有光催化剂的情况下，NO 在光照下不能被光解，并且没有光照射的光催化剂不能改变 NO 浓度。在本节中，所有 $g\text{-}C_3N_4$ 样品均表现出良好的可见光光催化活性。

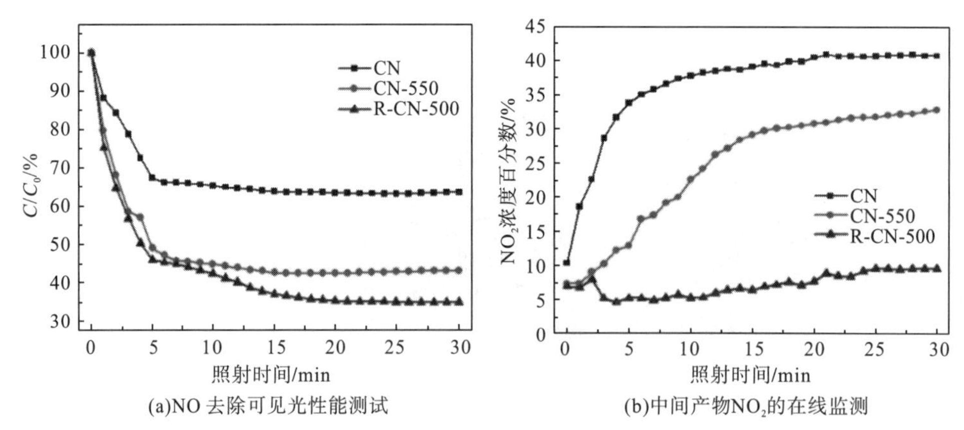

(a)NO 去除可见光性能测试 (b)中间产物NO_2的在线监测

图 3-65 CN、CN-550 和 R-CN-500 样品在单程气流中光催化 NO 去除可见光性能测试和可见光下中间产物 NO_2 的在线监测

注：连续反应器，NO 浓度为 600 ppb。

所有样品中的 NO 浓度在 5min 内迅速降低，这类似于其他催化剂体系(Xiong T et al.，2016；Su T M et al.，2018)；随后，达到反应平衡和稳定的 NO 浓度。这一结果可归因于吸附在 CN 层表面上的 NO 与光生电荷载流子(如 h^+，$\cdot O_2^-$)发生了原位反应，从而产生氧化产物(NO_3^-)，其可以占据 g-C_3N_4光催化剂的活性位点，阻碍了进一步的 NO 氧化去除。在可见光照射下降解 30min 后，CN、CN-550 和 R-CN-500 样品中可分别去除 36.4%、56.9% 和 65.0%的 NO。光催化去除 NO(5min 内)符合准一级动力学。CN、CN-550 和 R-CN-500 的表观反应速率常数分别为 $0.075min^{-1}$、$0.135min^{-1}$ 和 $0.149min^{-1}$(表 3-9 和图 3-66)。

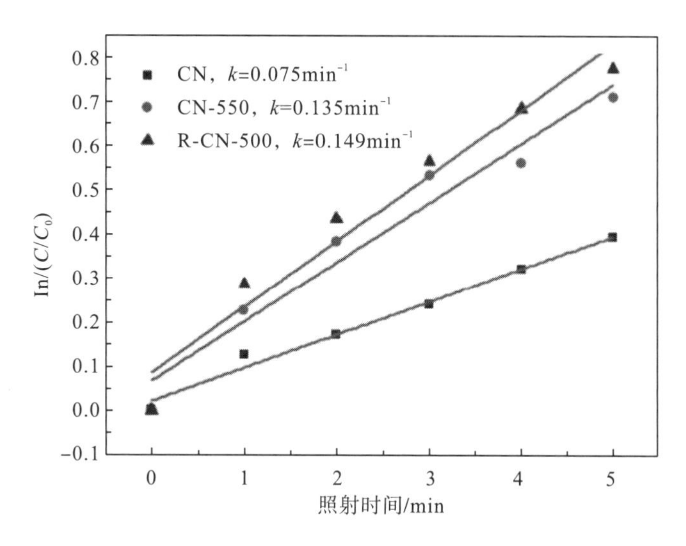

图 3-66　R-CN-500 光催化系统 NO 去除效率与光照射时间(5min)之间的关系

为了排除比表面积对光催化活性的影响，我们通过比表面积归一化光催化降解速率(用于去除 NO)，发现 R-CN-500 的归一化反应速率($1.04\times10^{-3}g\cdot min^{-1}\cdot m^{-2}$)低于 CN-550($3.86\times10^{-3}g\cdot min^{-1}\cdot m^{-2}$)和 CN($2.78\times10^{-3}g\cdot min^{-1}\cdot m^{-2}$)(表 3-9)，排除了比表面积对光催化活性可能的贡献。同时，还检测到光催化氧化 NO 过程中反应中间产物(NO_2)的浓度，如图 3-65(b)所示，对于 CN 和 CN-550，可见光照射 30min 后会产生大量的 NO_2，产率分别为 40%和 32.5%。而对于 R-CN-500，NO_2 的产生浓度(产率为 9.2%)远低于 CN 和 CN-550，表明 NO 被深度氧化为 NO_2^- 或 NO_3^-。因此，R-CN-500 增强的光催化活性可以主要归因于带隙扩大引起的强氧化能力[图 3-62(b)]。

为了进一步阐明 R-CN-500 的氧化能力，我们以同样的方式监测了光催化去除 NO_2 的能力。首先，光催化氧化 NO_2 反应也可以在短短 5min 内进行，这一趋势与光催化 NO 去除的结果非常吻合。R-CN-500 的 NO_2 去除率为 33.8%，大大超过 CN 的去除率(12.4%)(图 3-67)。R-CN-500 与其独特的光催化氧化性能密切相关，因为其具有更正的 VB 位置。这一观察结果也与光催化 NO 去除过程中较低的 NO_2 浓度百分比相一致[图 3-65(b)]。同时，在光催化 NO_2 氧化过程中不生成 NO。NO_2 是一种有毒的大气污染物，已被确定为一种对人类健康，特别是对肺部和呼吸道有多种不利影响的气相污染物。近年来，尽管对光催化去除 NO 的研究越来越多，但只有很少的报道关注目标污染物 NO_2。

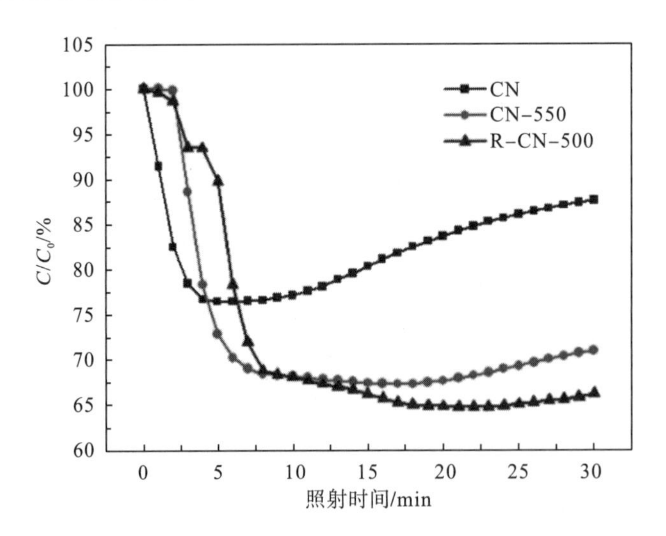

图 3-67　可见光照射下，CN、CN-550、R-CN-500 样品在单程气流中光催化 NO_2 去除可见光性能测试

注：连续反应器，NO_2 浓度为 400ppb。

为了研究三个样品中光催化去除 NO 的可能机理，我们进行了活性物种捕获实验，以确定 NO 去除过程中的活性自由基的形成(图 3-68)。$K_2Cr_2O_7$ 的加入可显著抑制 R-CN-500 对 NO 的去除，从而表明光生电子是 R-CN-500 上 NO 去除的主要活性物种。同时，KI 和 TBA 对 NO 的去除有轻微的抑制作用，因此表明空穴和 •OH 不能主要贡献于对 NO 的氧化去除。由于 R-CN-500 上的 NO 氧化产物主要为 NO_3^-，因此，我们推断电子的作用是通过氧气还原反应产生活性物种(• O_2^-)，因为 R-CN-500 的 VB 上空穴由于其电势低，不能将 OH^- 或 H_2O(H_2O/ • OH 2.33eV)氧化为 • OH，因此，我们认为光催化产生的空穴可以直接氧化去除 NO，并在一定程度上有助于提高光催化性能(图 3-63)。为了验证 NO 去除反应中反应自由基的明确形成，我们用 DMPO 自旋捕集 ESR 测量了 R-CN-500 在甲醇分散液中的 DMPO- • O_2^- [图 3-68(b)]。在可见光照射下，R-CN-500 系统中会生成 • O_2^-。在捕获实验的基础上，一般认为光催化氧化去除 NO 的基本原理如下。g-C_3N_4 的电子能带结构和光催化机理如图 3-63 所示。

$$g\text{-}C_3N_4 + h\upsilon \longrightarrow e^- + h^+ \tag{3-23}$$

$$e^- + O_2 \longrightarrow \cdot\ O_2^- \tag{3-24}$$

$$\cdot\ O_2^- + NO \longrightarrow NO_3^- \tag{3-25}$$

$$h^+ + OH^- \longrightarrow \cdot\ OH \tag{3-26}$$

$$NO + 2\cdot\ OH \longrightarrow NO_2 + H_2O \tag{3-27}$$

$$NO_2 + \cdot\ OH \longrightarrow NO_3^- + H^+ \tag{3-28}$$

基于上述讨论，可以考虑两个主要因素来解释 R-CN-500 的光催化氧化活性和氧化能力的显著增强。首先，增强的电荷分离(图 3-64)有利于产生更多的 •O_2^- 自由基[式(3-24)]。其次，正向移动的 VB 位置会导致空穴的氧化能力增强，可以氧化 OH^- 离子以形成 • OH 自由基，然后部分促进 NO 的光氧化过程，最终形成 NO_3^-。

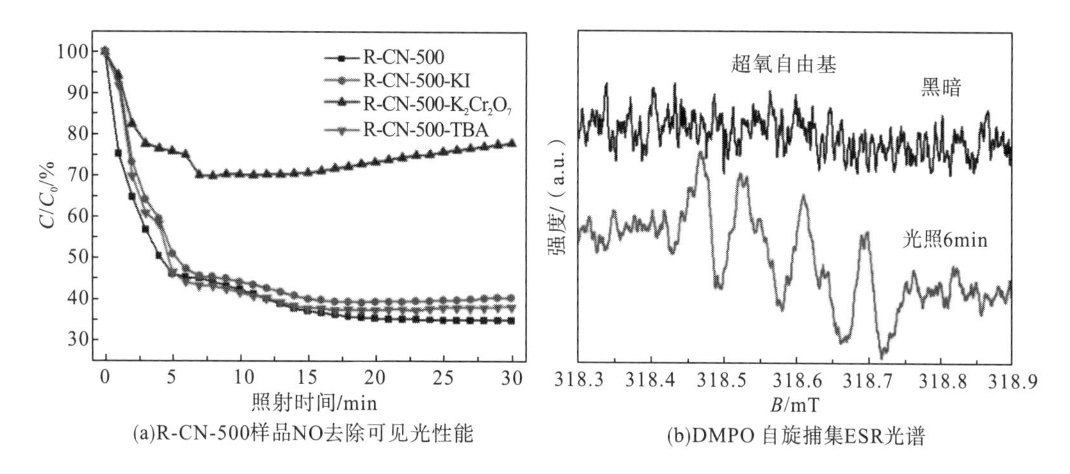

(a)R-CN-500样品NO去除可见光性能　(b)DMPO 自旋捕集ESR光谱

图3-68　在不同的清除剂下，R-CN-550样品光催化NO去除可见光性能(连续反应器，NO浓度为600 ppb)和 DMPO-・O_2^- 在甲醇分散液中 R-CN-500 的 DMPO 自旋捕集 ESR 光谱

为了精确地研究 NO 的光氧化机理，需要在可见光照射下进行原位红外测试，以确定 NO 的相关表面物种。从图 3-69 可以看出，当 NO 原位反应体系达到吸附-脱附平衡时，在 900～1150cm^{-1} 范围内可观察到一些吸附 NO 的振动信号峰。打开灯时，对于 CN-550，这些位于 912cm^{-1}、928cm^{-1}、964cm^{-1}、1004cm^{-1}、1025cm^{-1} 和 1052cm^{-1} 处的吸收峰可分别归属于 N_2O_4、NO_x 吸附物种、N_2O_3、桥连硝酸盐和双齿硝酸盐或单齿亚硝酸盐，它们可源于 NO 和氧之间的反应(Zhou Y et al.，2016；Stephen J et al.，2007；Komatsu T et al.，1995；Hadjiivanov K et al.，2002；Wu J C S et al，2006)；而这些位于 1075(1095) cm^{-1}、1107cm^{-1}、1125cm^{-1} 和 1143cm^{-1} 处的特征信号峰可分别归属于 NO、亚硝酸盐、双齿 NO_2^- 和 NO^-/NOH(Hadjivanov K I，2007；Huang S J et al.，2000；Kantcheva M，2001)。

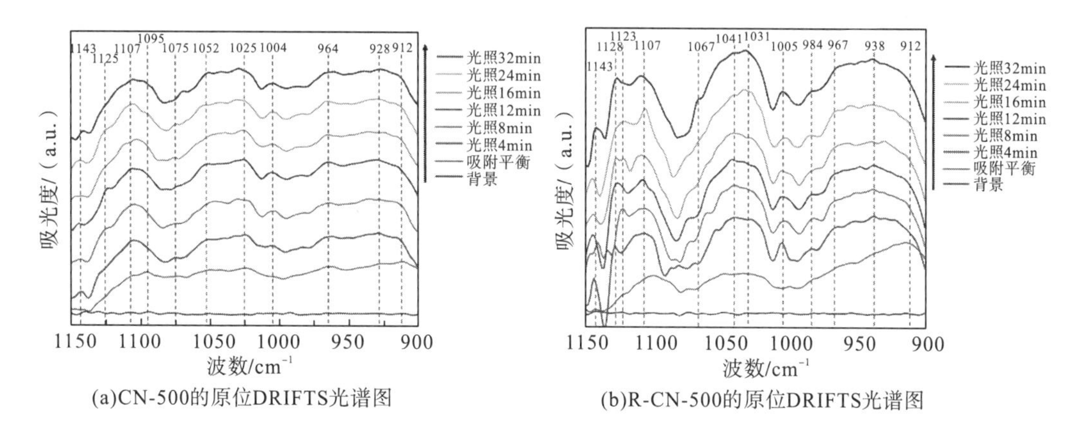

(a)CN-500的原位DRIFTS光谱图　(b)R-CN-500的原位DRIFTS光谱图

图 3-69　可见光照射 NO 和 O_2 混合气流下，CN-550 和 R-CN-500 上 NO 光氧化过程的原位 DRIFTS 光谱分析

然而，在 1052cm^{-1} 和 1095cm^{-1} 处的两个峰的强度有所增加，表明存在着亚硝酸盐的积累，其中一些很难从 CN-550 表面逸出，因此对其光氧化性能产生负面影响。以 R-CN-500

为例，光照后反应中间产物的吸附信号与 CN-550 相似，如 N_2O_4(912cm^{-1})、NO_2(938cm^{-1})和 N_2O_3(967cm^{-1})(Stephen J et al.，2007；Hadjivanov K I，2007)，表明有着相同的光氧化过程，即 $NO + O_2 \longrightarrow NO_2 \longleftrightarrow N_2O_4$； $NO + NO_2 \longrightarrow N_2O_3$。然而，R-CN-500 显示出更强的峰强度，因此比 CN-550 具有更好的光氧化性能。此外，在图 3-69(b)中也可以检测到 1123cm^{-1}(NO)、1128cm^{-1}(双齿 NO_2^-)和 1143cm^{-1}(NO^-/NOH)处的峰(Hadjiivanov K et al.，2002；Huang S J et al.，2000；Kantcheva M，2001)。随着光照射 32min，在 984cm^{-1}、1005cm^{-1}、1031cm^{-1}(1041cm^{-1} 和 1067cm^{-1})和 1107cm^{-1} 处出现了一些额外的峰，这可能是由于螯合双齿 NO_3^- 物种、桥连硝酸盐、双齿硝酸盐或双齿亚硝酸盐而引起的，它们可以证明大部分 NO 被氧化为硝酸盐/亚硝酸盐(Zhou Y et al.，2016；Hadjiivanov K et al.，2002；Wu J C S et al，2006；Ramis G et al.，1990)。该结果与 ESR 分析高度一致。

光催化剂的稳定性对于实际应用至关重要(Lu Y et al.，2016；Wang H et al.，2018；Liang L et al.，2017)。光催化反应中间产物和终产物(如 NO_2、HNO_2 和 HNO_3)可能在光催化剂的表面上积累以使其失活。为了研究合成的 R-CN-500 光催化剂光催化去除 NO 的稳定性，我们在相同条件下进行了多次光催化实验。经过五个循环的重复实验后，活性没有明显下降，因此表明 R-CN-500 是稳定和可重复使用的[图 3-70(a)]。收集重复使用五次后的 R-CN-500 样品，并通过 FT-IR 进行分析[图 3-70(b)]。所得样品反应前后的吸收峰相同，因此表明由于自结构优化的作用，反应中间产物和终产物不会累积在催化剂表面上。这些结果表明，R-CN-500 纳米片是一种在可见光照射下净化室内空气具有潜力的光催化材料。

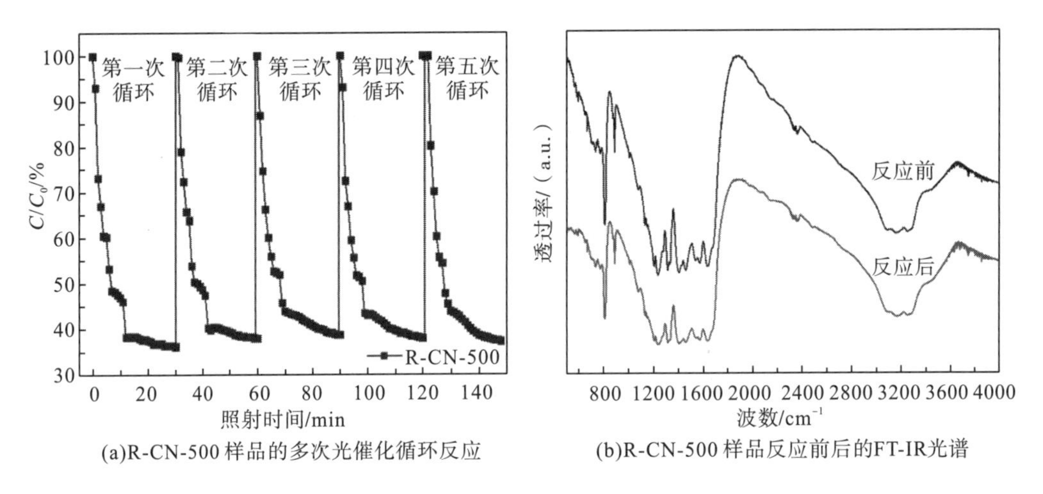

(a)R-CN-500 样品的多次光催化循环反应　(b)R-CN-500 样品反应前后的FT-IR光谱

图 3-70　在可见光照射下 R-CN-500 样品的多次光催化降解 NO 的循环反应和反应前后的 FT-IR 光谱

3.4.4　小结

类石墨烯状 g-C_3N_4 纳米片是通过硫脲在不加盖氧化铝坩埚内热解和二次热刻蚀进行简单的自结构修饰而合成的。基于表征测试结果，提出了可能的爆米花状形成过程与逐层热剥离机制。优化后的 R-CN-500 样品在可见光照射下对 NO 和 NO_2 的光催化去除效果显著增强。R-CN-500具有优异的导电性和扩大的带隙，是其高效活性的主要原因。此外，通过捕获实验确定了R-CN-500的主要活性物种为·O_2^-自由基。利用这种简单的自结构修饰方法，可以实现类石墨烯状g-C_3N_4纳米片的成功制备和电子结构的优化以及优异的光催化活性。

参考文献

Bacsa R R, Kiwi J, 1998. Effect of rutile phase on the photocatalytic properties of nanocrystalline titania during the degradation of p-coumaric acid. Appl. Catal. B: Environ., 16 (1): 19-29.

Bao J, Zhang X D, Fan B, et al., 2015. Ultrathin spinel-structured nanosheets rich in oxygen deficiencies for enhanced electrocatalytic water oxidation. Angew. Chem. Int. Ed., 54 (25): 7399-7404.

Bao N, Hu X D, Zhang Q Z, et al., 2017. Synthesis of porous carbon-doped g-C_3N_4 nanosheets with enhanced visible-light photocatalytic activity. Appl. Surf. Sci., 403 (1): 682-690.

Cao J, Nie W S, Huang L, et al., 2019. Photocatalytic activation of sulfite by nitrogen vacancy modified graphitic carbon nitride for efficient degradation of carbamazepine. Appl. Catal. B, 241: 18-27.

Cao S W, Low J X, Yu J G, et al., 2015. Polymeric photocatalysts based on graphitic corbon nitride. Adv. Mater., 27: 2150-2176.

Chen P W, Li K, Yu Y X, et al., 2017. Cobalt-doped graphitic carbon nitride photocatalysts with high activity for hydrogen evolution. Appl. Surf. Sci., 392 (jana15): 608-615.

Chen Y X, Wei Z B, Chen Y X, et al., 1983. Metal-semiconductor catalyst: Photocatalytic and electrochemical behavior of Pt-TiO_2 for the water-gas shift reaction. J. Mol. Catal., 21 (1-3): 275-289.

Cheng J S, Hu Z, Lv K L, et al., 2018. Drastic promoting the visible photoreactivity of layered carbon nitride by polymerization of dicyandiamide at high pressure. Appl. Catal. B, 232: 330-339.

Chung S J, Moon I S, 2013. An improved method of removal for high concentrations of NO by electro-scrubbing process. Process Saf. Environ., 91 (1-2): 153-158.

Cui W, Li J Y, Cen W L, et al., 2017. Steering the interlayer energy barrier and charge flow *via* bioriented transportation channels in g-C_3N_4: Enhanced photocatalysis and reaction mechanism. J. Catal., 352: 351-360.

Delahay G, Valade D, Guzman-Vargas A, et al., 2005. Selective catalytic reduction of nitric oxide with ammonia on Fe-ZSM-5 catalysts prepared by different methods. Appl. Catal. B, 55: 149-155.

Deng H Y, Hao W C, 2012. Effect of intrinsic oxygen vacancy on the electronic structure of γ-Bi_2O_3: First-principles calculations. J. Phys. Chem. C, 116 (1): 1251-1255.

Diebold U, 2003. The surface science of titanium dioxide. Surf. Sci. Rep., 48 (5-8): 53-229.

Dong F, Wu L W, Sun Y J, et al., 2011. Efficient synthesis of polymeric g-C_3N_4 layered materials as novel efficient visible light driven photocatalysts. J. Mater. Chem., 21 (39): 15171-15174.

Dong F, Li Y H, Ho W K, et al., 2014. Synthesis of mesoporous polymeric carbon nitride exhibiting enhanced and durable visible light photocatalytic performance. Chinese Sci. Bull., 59: 688-698.

Dong F, Wang Z Y, Li Y H, et al., 2014. Immobilization of polymeric g-C_3N_4 on structured ceramic foam for efficient visible light photocatalytic air purification with real indoor illumination. Environ. Sci. Technol., 48 (17): 10345-10353.

Dong F, Li Y H, Wang Z Y, et al., 2015. Enhanced visible light photocatalytic activity and oxidation ability of porous graphene-like g-C_3N_4 nanosheets via thermal exfoliation. Appl. Surf. Sci., 358 (DECa15PTaA): 393-403.

Dong F, Xiao X, Jiang G M, et al., 2015. Surface oxygen-vacancy induced photocatalytic activity of La$(OH)_3$ nanorods prepared by a fast and scalable method. Phys. Chem. Chem. Phys., 17: 16058-16066.

Dong G H, Zhang L Z, 2012. Porous structure dependent photoreactivity of graphitic carbon nitride under visible light. J. Mater. Chem., 22 (3): 1160-1166.

Dong G H, Zhang LZ, 2013. Synthesis and enhanced Cr(VI) photoreduction property of formate anion containing graphitic carbon nitride. J. Phys. Chem. C, 117 (8): 4062-4068.

Dong G H, Zhao K, Zhang L Z, 2012. Carbon self-doping induced high electronic conductivity and photoreactivity of g-C_3N_4. Chem. Commun., 48 (49): 6178-6180.

Dong G H, Ai Z H, Zhang L Z, 2014. Efficient anoxic pollutant removal with oxygen functionalized graphitic carbon nitride under visible light. RSC Adv., 4 (11): 5553-5560.

Dong G H, Ho W K, Wang C Y, 2015. Selective photocatalytic N_2 fixation dependent on g-C_3N_4 induced by nitrogen vacancies. J. Mater. Chem. A, 3 (46): 23435-23441.

Dong G H, Jacobs D L, Zang L, et al., 2017. Carbon vacancy regulated photoreduction of NO to N_2 over ultrathin g-C_3N_4 nanosheets. Appl. Catal. B, 218: 515-524.

Dong X A, Li J Y, Xing Q, et al., 2018. The activation of reactants and intermediates promotes the selective photocatalytic NO conversion on electron-localized Sr-intercalated g-C_3N_4. Appl. Catal. B, 232: 69-76.

Duan Y Y, Li X F, Lv K L, et al., 2019. Flower-like g-C_3N_4 assembly from holy nanosheets with nitrogen vacancies for efficient NO abatement. Appl. Surf. Sci., 492: 609-620.

Enamul H K, Marc H W, McCluskey M D, et al., 2013. Formation of isolated Zn vacancies in ZnO single crystals by absorption of ultraviolet radiation: a combined study using positron annihilation, photoluminescence, and mass spectroscopy. Phys. Rev. Lett., 111 (1): 017401-017405.

Fang S, Lv K L, Li Q, et al., 2015. Effect of acid on the photocatalytic degradation of rhodamine B over g-C_3N_4. Appl. Surf. Sci., 358 (DECa15PTaA): 336-342.

Fang S, Xia Y, Lv K L, et al., 2016. Effect of carbon-dots modification on the structure and photocatalytic activity of g-C_3N_4. Appl. Catal. B: Environ., 185: 225-232.

Grey I E, Wilson N C, 2007. Titanium vacancy defects in sol-gel prepared anatase. J. Solid. State Chem., 180 (2): 670-678.

Grimme S, 2006. Semiempirical GGA-type density functional constructed with a long-range dispersion correction. J. Comput. Chem., 27(15): 1787-1799.

Guan M L, Xiao C, Zhang J, et al., 2013. Vacancy associates promoting solar-driven photocatalytic activity of ultrathin bismuth oxychloride nanosheets. J. Am. Chem. Soc., 135 (28): 10411-10417.

Guo S E, Tang Y Q, Xie Y, et al., 2017. P-doped tubular g-C_3N_4 with surface carbon defects: universal synthesis and enhanced visible-light photocatalytic hydrogen production. Appl. Catal. B, 218: 664-671.

Hadjiivanov K I, 2007. Identification of neutral and charged N_xO_y surface species by IR spectroscopy. Catal. Rev., 42(1-2): 71-144.

Harris L A, Schumacher R, 1980. The influence of preparation on semiconducting rutile TiO_2. J. Electrochem. Soc., 127 (5): 1186-1188.

Heller A, Degani Y, Johnson D W, et al., 1987. Controlled suppression or enhancement of the photoactivity of titanium dioxide (rutile) pigment. J. Phys. Chem., 91 (23): 5987-5991.

Henderson M A, 1996. Structural sensitivity in the dissociation of water on TiO_2 single-crystal surfaces. Langmuir, 12 (21): 5093-5098.

Henderson M A, 1999. A surface perspective on self-diffusion in rutile TiO_2. Surf. Sci, 419 (2-3): 174-187.

Huang B L, Gillen R, Robertson J, et al., 2014. Study of CeO_2 and its native defects by density functional theory with repulsive potential. J. Phys. Chem. C, 118 (42): 24248-24256.

Huang L, Yang J H, Wang X L, et al., 2013. Effects of surface modification on photocatalytic activity of CdS nanocrystals studied by photoluminescence spectroscopy. Phys. Chem. Chem. Phys., 15 (2): 553-560.

Huang S J, Walters A B, Vannice M A, 2000. Adsorption and decomposition of NO on lanthanum oxide. J. Catal., 192(1): 29-47.

Huang Y C, Li H B, Balogun M S, et al., 2014. Oxygen vacancy induced bismuth oxyiodide with remarkably increased visible-light absorption and superior photocatalytic performance. ACS Appl. Mater. Inter., 6 (24): 22920-22927.

Huang Z A, Sun Q, Lv K L, et al., 2015. Effect of contact interface between TiO_2 and g-C_3N_4 on the photoreactivity of g-C_3N_4 /TiO_2 photocatalyst: (001) vs (101) facets of TiO_2. Appl. Catal. B, 164: 420-427.

Hurum D C, Agrios A G, Gray K A, et al., 2003. Explaining the enhanced photocatalytic activity of degussa P25 mixed-phase TiO_2 using EPR. J. Phys. Chem. B, 107 (19): 4545-4549.

Hwang S H, Yun J Y, Jang J, 2014. Multi-shell porous TiO_2 hollow nanoparticles for enhanced light harvesting in dye-sensitized solar cells. Adv. Funct. Mater., 24 (48): 7619-7626.

Jo W K, Selvam N C S, 2017. Z-scheme CdS/g-C_3N_4 composites with RGO as an electron mediator for efficient photocatalytic H_2 production and pollutant degradation. Chem. Eng. J., 317: 913-924.

Kantcheva M, 2001. Identification, stability, and reactivity of NO species adsorbed on titania-supported manganese catalysts. J. Catal., 204(2): 479-494.

Kantcheva M, Ahmet S V, 2004. Cobalt supported on zirconia and sulfated zirconia I.: FT-IR spectroscopic characterization of the NO_x species formed upon NO adsorption and NO/O_2 coadsorption. J. Catal., 223(2): 352-363.

Kaur K, Singh C V, 2012. Amorphous TiO_2 as a photocatalyst for hydrogen production: A DFT study of structural and electronic properties. Energy Proc., 29: 291-299.

Khader M M, Kheiri FMN, El-Anadouli B E, et al., 1993. Mechanism of reduction of rutile with hydrogen. J. Phys. Chem., 97 (22): 6074-6077.

Klingenberg B, Vannice M A, 1999. NO adsorption and decomposition on La_2O_3 studied by DRIFTS. Appl. Catal. B, 21: 19-33.

Koebel M, Madia G, Elsener M, 2002. Selective catalytic reduction of NO and NO_2 at low temperatures. Catal. Today, 73(3): 239-247.

Komatsu T, Ogawa T, Yashima T, 1995. Nitrate species on Cu-ZSM-5 catalyst as an intermediate for the reduction of nitric oxide with ammonia. J. Phys. Chem., 99 (35): 13053-13055.

Kong L R, Mu X J, Fan X X, et al., 2018. Site-selected N vacancy of g-C_3N_4 for photocatalysis and physical mechanism. Appl. Mater. Today, 13: 329-338.

Konstantin H, Valentina A, Dimitar K, et al, 2002. Surface species formed after NO adsorption and NO + O_2 coadsorption on ZrO_2 and sulfated ZrO_2: An FTIR spectroscopic study. Langmuir,18(5): 16191625.

Kresse G, Furthmüller J, 1996 a. Efficiency of ab-initio total energy calculations for metals and semiconductors using a plane-wave basis set. Comput. Mater. Sci., 6(1): 15-50.

Kresse G, Furthmüller J, 1996 b. Efficient iterative schemes for ab initio total-energy calculations using a plane-wave basis set. Phys. Rev. B, 54(16): 11169-11186.

Laane J, Ohlsen J R, 1980. Characterization of nitrogen oxides by vibrational spectroscopy. Prog. Inorg. Chem., 27: 465-513.

Lei F C, Sun Y F, Liu K T, et al., 2014. Oxygen vacancies confined in ultrathin indium oxide porous sheets for promoted visible-light water splitting. J. Am. Chem. Soc., 136 (19): 6826-6829.

Li G H, Gray K A, 2007. The solid-solid interface: explaining the high and unique photocatalytic reactivity of TiO_2-based nanocomposite materials. Chem. Phys., 339 (1-3): 173-187.

Li H, Li J, Ai Z H, et al., 2018. Oxygen vacancy-mediated photocatalysis of BiOCl: reactivity, selectivity, and perspectives. Angew. Chem. Int. Ed., 57 (1): 122-138.

Li H, Shang H, Li Y H, et al., 2019. Interfacial charging-decharging strategy for efficient and selective aerobic NO oxidation on oxygen vacancy. Environ. Sci. Technol., 53(12): 6964-6971.

Li J Y, Cui W, Sun Y J, et al., 2017. Directional electrons delivery *via* vertical channel between g-C_3N_4 layers promoting the photocatalysis efficiency. J. Mater. Chem. A, 5(19): 9358.

Li K, Su F Y, Zhang W D, et al., 2016. Modification of g-C_3N_4 nanosheets by carbon quantum dots for highly efficient photocatalytic generation of hydrogen. Appl. Surf. Sci., 375 (1): 110-117.

Li S N, Dong G H, Hailili R, et al., 2016. Effective photocatalytic H_2O_2 production under visible light irradiation at g-C_3N_4 modulated by carbon vacancies. Appl. Catal. B, 190:26-35.

Li X F, Ren H, Zou Z J, et al., 2016. Energy gap engineering of polymeric carbon nitride nanosheets for matching with $NaYF_4$: Yb Tm: Enhanced visible-near infrared photocatalytic activity. Chem. Commun., 52 (3): 453-456.

Li Y H, Gu M L, Shi T, et al., 2020. Carbon vacancy in C_3N_4 nanotube: Electronic structure, photocatalysis mechanism and highly enhanced activity. Appl. Catal. B, 262: 118281-118291.

Li Y H, Sun Y J, Dong F, et al., 2014. Enhancing the photocatalytic activity of bulk g- C_3N_4 by introducing mesoporous structure and hybridizing with graphene. J. Colloid Inter. Sci., 436: 29-36.

Li Y H, Lv K L, Ho W K, et al., 2017. Enhanced visible-light photo-oxidation of nitric oxide using bismuth-coupled graphitic carbon nitride composite heterostructures. Chinese J. Catal., 38 (2): 321-329.

Li Y H, Lv K L, Ho W K, et al., 2017. Hybridization of rutile TiO_2 ($rTiO_2$) with g-C_3N_4 quantum dots (CN QDs): An efficient visible-light-driven Z-scheme hybridized photocatalyst. Appl. Catal. B, 202: 611-619.

Li Y H, Ho W K, Lv K L, et al., 2018. Carbon vacancy-induced enhancement of the visible light-driven photocatalytic oxidation of NO over g-C_3N_4 nanosheets. Appl. Surf. Sci., 430(1): 380-389.

Li Y H, Wu X F, Ho W K, et al., 2018. Graphene-induced surface vacancy of Zn_2SnO_4 for the enhanced visible-light-driven photocatalytic oxidation of NO and acetone. Chem. Eng. J., 336: 200-210.

Li Y, Liu X M, Tan L, et al., 2019. Eradicating multidrug-resistant bacteria rapidly using a multifunctional g-C_3N_4@ Bi_2S_3 nanorod heterojunction with or without antibiotics. Adv. Funct. Mater., 29(20): 1900946.

Li Z, Xiao C, Fan S J, et al., 2015. Dual vacancies: an effective strategy realizing synergistic optimization of thermoelectric property in BiCuSeO. J. Am. Chem. Soc., 137 (20): 6587-6593.

Liang L, Cao J, Lin H L, et al., 2017. Surface Na_2CO_3 etching induced activity enhancement of 2D BiOI photocatalyst working under visible light. Sci. Bull., 62 (8): 546-553.

Liang Q H, Li Z, Huang Z H, et al., 2015. Holey graphitic carbon nitride nanosheets with carbon vacancies for highly improved photocatalytic hydrogen production. Adv. Funct. Mater., 25 (44): 6885-6892.

Liao J Z, Cui W, Li J Y, et al., 2020. Nitrogen defect structure and NO^+ intermediate promoted photocatalytic NO removal on H_2 treated g-C_3N_4. Chem. Eng. J., 379: 122282.

Lin Y M, Su D S, 2014. Fabrication of nitrogen-modified annealed nanodiamond with improved catalytic activity. ACS Nano, 8(8): 7823-7833.

Ling Y, Wang G, Reddy J, et al., 2012. The influence of oxygen content on the thermal activation of hematite nanowires. Angew. Chem. Int. Ed., 124 (17): 4150-4155.

Liu D J, Cheng L, Wu J, 2018. Gaseous mercury capture by copper-activated nanoporous carbon nitride. Energ Fuel, 32(8): 8287-8295.

Liu D J, Zhang Z, Wu J, 2019. Elemental mercury removal by MnO_2 nanoparticle-decorated carbon nitride nanosheet. Energy Fuel, 33(4): 3089-3097.

Liu G, Han J, Zhou X, et al., 2013. Enhancement of visible-light-driven O_2 evolution from water oxidation on WO_3 treated with hydrogen. J. Catal., 307 : 148-152.

Liu J Y, Fang W J, Wei Z D, et al., 2018. Efficient photocatalytic hydrogen evolution on N-deficient g-C_3N_4 achieved by a molten salt post-treatment approach. Appl. Catal. B, 238: 465-470.

Liu L, Chen X B, 2014. Titanium dioxide nanomaterials: self-structural modifications. Chem. Rev., 114 (19): 9890-918.9

Liu Q Q, Shen J Y, Yu X H, et al., 2019. Unveiling the origin of boosted photocatalytic hydrogen evolution in simultaneously (S, P, O)-codoped and exfoliated ultrathin g-C_3N_4 nanosheets. Appl. Catal. B, 248: 84-94.

Liu W, Shen J, Liu Q Q, et al., 2018a. Porous MoP network structure as co-catalyst for H_2 evolution over g-C_3N_4 nanosheets. Appl. Surf. Sci., 462 (DECa31): 822-830.

Liu W, Shen J, Yang X F, et al., 2018b. Dual Z-scheme g-C_3N_4/Ag_3PO_4/Ag_2MoO_4 ternary composite photocatalyst for solar oxygen evolution from water Splitting. Appl. Surf. Sci., 456 (octa31): 369-378.

Lu S, Li C, Li H H, et al., 2017. The effects of nonmetal dopants on the electronic, optical and chemical performances of monolayer g-C_3N_4 by first-principles study. Appl. Surf. Sci., 392 (jana15): 966-974.

Lu Y, Zang Y P, Zhang H M, et al., 2016. Meaningful comparison of photocatalytic properties of 001 and 101 faceted anatase TiO_2 nanocrystals. Sci. Bull., 61 (13): 1003-1012.

Lv Y H, Zhu Y Y, Zhu Y F, et al., 2013. Enhanced photocatalytic performance for the $BiPO_4$-xnanorod induced by surface oxygen vacancy. J. Phys. Chem. C, 117 (36): 18520-18528.

McCurdy P R, Hess W P, Sotiris S, et al., 2002. Nitric acid-water complexes: theoretical calculations and comparison to experiment. J. Phys. Chem. A, 106 (33): 7628-7635.

Niu P, Liu G, Cheng H M, 2012. Nitrogen vacancy-promoted photocatalytic activity of graphitic carbon nitride. J. Phys. Chem. C, 116(20): 11013-11018.

Niu P, Zhang L L, Liu G, et al., 2012. Graphene-like carbon nitride nanosheets for improved photocatalytic activities. Adv. Funct. Mater., 22(22): 4763-4770

Niu P, Yin L C, Yang Y Q, et al., 2014. Increasing the visible light absorption of graphitic carbon nitride (melon) photocatalysts by homogeneous self-modification with nitrogen vacancies. Adv. Mater., 26(47): 8046-8052.

Nova I, dall' Acqua L, Lietti L, et al., 2001. Study of thermal deactivation of a de-NO_x commercial catalyst. Appl. Catal. B, 35(1): 31-42.

Ohno T, Tokieda K, Higashida S, Matsumura M, 2003. Synergism between rutile and anatase TiO_2 particles in photocatalytic oxidation of naphthalene. Appl. Catal. A, 244（2）:383-391.

Okamoto K, Yamamoto Y, Tanaka H, et al., 1985. Heterogeneous photocatalytic decomposition of phenol over TiO_2 powder. Bull. Chem. Soc. Jpn., 58（7）: 2015-2022.

Okuno K, Hirai M, Sugiyama M, et al., 2000. Microbial removal of nitrogen monoxide（NO）under aerobic conditions. Biotechnol. Lett., 22（1）: 77-79.

Oviedo J, Gillan M J, 2000. The energetics and structure of oxygen vacancies on the SnO_2（110）surface. Appl. Surf. Sci., 467（1-3）: 35-48.

Pandiselvi K, Fang H F, Huang X B, et al., 2016. Constructing a novel carbon nitride/polyaniline/ZnO ternary heterostructure with enhanced photocatalytic performance using exfoliated carbon nitride nanosheets as supports. J. Hazard. Mater., 314（15）: 67-77.

Perdew J P, Burke K, Ernzerhof M, 1996. Generalized gradient approximation made simple. Phys. Rev. Lett., 77（18）: 3865-3868.

Qin DY, Chang W D, Chen Y, et al., 1993. Dynamic ESR study of oxygen chemisorption on TiO_2-based catalysts. J. Catal., 142（2）: 719-724.

Rahman M, MacElroy JMD, Dowling DP, 2011. Influence of the physical, structural and chemical properties on the photoresponse property of magnetron sputtered TiO_2 for the application of water splitting. J. Nanosci. Nanotechnol., 11（10）: 8642-8651.

Ramis G, Busca G, Lorenzelli V et al., 1990. Fourier transform infrared study of the adsorption and coadsorption of nitric oxide, nitrogen dioxide and ammonia on TiO_2 anatase. Appl. Catal., 64: 243-257.

Ramis G, Busca G, Lorenzelli V, et al., 1990. Fourier transform-infrared study of the adsorption and coadsorption of nitric oxide, nitrogen dioxide and ammonia on vanadia-titania and mechanism of selective catalytic reduction. Appl. Catal., 64: 259-278.

Savariraj A D, Viswanathan K K, Prabakar K, et al., 2014. Influence of Cu vacancy on knit coir mat structured CuS as counter electrode for quantum dot sensitized solar cells. ACS Appl. Mater. Inter., 6（22）: 19702-19709.

Sepehri A, Sarrafzadeh M, 2018. Effect of nitrifiers community on fouling mitigation and nitrification efficiency in a membrane bioreactor. Chem. Eng. Process., 128: 10-18.

Sepehri A, Sarrafzadeh M, 2019. Activity enhancement of ammonia-oxidizing bacteria and nitrite-oxidizing bacteria in activated sludge process: Metabolite reduction and CO_2 mitigation intensification process. Appl. Water Sci., 9（5）: 1-12.

Sepehri A, Sarrafzadeh M, Avateffazeli M, 2020. Interaction between Chlorella vulgaris and nitrifying-enriched activated sludge in the treatment of wastewater with low C/N ratio. J. Clean. Prod., 247（20）: 119164-119172.

Stephen J L, Laane J, Ohlsen J R, et al., 2007. Characterization of nitrogen oxides by vibrational spectroscopy. Prog. Inorg. Chem., 27: 465-513.

Su T M, Shao Q, Qin Z Z, et al., 2018. Role of interfaces in two-dimensional photocatalyst for water splitting. ACS Catal., 8（3）: 2253-2276.

Tahir M N, Cao C B, Butt F K, et al., 2013. Tubular graphitic g-C_3N_4: A prospective material for energy storage and green photocatalysis. J. Mater. Chem. A, 1（44）: 13949-13955.

Tahir M, Mahmood N, Zhu J H, et al., 2015. One dimensional graphitic carbon nitrides as effective metal-free oxygen reduction catalysts. Sci. Rep., 5: 12389-12399.

Tan H Q, Zhao Z, Zhu W B, et al., 2014. Oxygen vacancy enhanced photocatalytic activity of perovskite $SrTiO_3$. ACS Appl. Mater. Inter., 6（21）: 19184-19190.

Tay Q L, Kanhere P, Ng C F, et al., 2015. Defect engineered g-C_3N_4 for efficient visible light photocatalytic hydrogen production.

Chem. Mater., 27(14): 4930-4933.

Tian L, Yang X F, Liu Q Q, et al., 2018. Anchoring metal-organic framework nanoparticles on graphitic carbon nitrides for solar-driven photocatalytic hydrogen evolution. Appl. Surf. Sci., 455 (15): 403-409.

Tian L, Yang X F, Cui X K, et al., 2019. Fabrication of dual direct Z-scheme g-C_3N_4/MoS_2/Ag_3PO_4 photocatalyst and its oxygen evolution performance. Appl. Surf. Sci., 463 (1): 9-17.

Tu W G, Xu Y, Wang J J, et al., 2017. Investigating the role of tunable nitrogen vacancies in graphitic carbon nitride nanosheets for efficient visible-light-driven H_2 evolution and CO_2 reduction. ACS Sustainable Chem. Eng., 5(8): 7260-7268.

Wang G, Huang B B, Li Z J, et al., 2015. Synthesis and characterization of ZnS with controlled amount of S vacancies for photocatalytic H_2 production under visible light. Sci. Rep., 5 (1): 8544.

Wang H, Yang X Z, Shao W, et al., 2015. Ultrathin black phosphorus nanosheets for efficient singlet oxygen generation. J. Am. Chem. Soc., 137(35): 11376-11382.

Wang H, Jiang S L, Chen S C, et al., 2016. Enhanced singlet oxygen generation in oxidized graphitic carbon nitride for organic synthesis. Adv. Mater., 28(32): 6940-6945.

Wang H, Sun Y, Jiang G, et al., 2018. Unraveling the mechanisms of visible light photocatalytic NO purification on earth-abundant insulator-based core-shell heterojunctions. Environ. Sci. Technol., 52 (3): 1479-1487.

Wang J P, Wang Z Y, Huang B B, et al., 2012. Oxygen vacancy induced band-gap narrowing and enhanced visible light photocatalytic activity of ZnO. ACS Appl. Mater. Inter., 4 (8): 4024-4030.

Wang J, Jiang W J, Liu D, et al., 2015. Photocatalytic performance enhanced via surface bismuth vacancy of $Bi_6S_2O_{15}$ core/shell nanowires. Appl. Catal. B, 176: 306-314.

Wang S B, Pan L, Song J J, et al., 2015. Titanium-defected undoped anatase TiO_2 with p-type conductivity, room-temperature ferromagnetism, and remarkable photocatalytic performance. J. Am. Chem. Soc., 137(8): 2975-2983.

Wang Y J, Li Y, Cao S W, et al., 2019. Ni-P cluster modified carbon nitride toward efficient photocatalytic hydrogen production. Chinese J. Catal., 40 (6): 867-874.

Wang Y J, Shi R, Lin J, et al., 2010. Significant photocatalytic enhancement in methylene blue degradation of TiO_2 photocatalysts via graphene-like carbon in situ hybridization. Appl. Catal. B, 100 (2): 179-183.

Wang Z Y, Huang Y, Chen M J, et al., 2019. Roles of N-vacancies over porous g-C_3N_4 microtubes during photocatalytic NO_x removal. ACS Appl. Mater. Inter., 11(11): 10651-10662.

Weinberger B, Laskin D L, Heck D E, et al., 2001. The toxicology of inhaled nitric oxide. Toxicol. Sci., 59 (1): 5-16.

Weingand T, Kuba S, Hadjiivanov K, et al., 2002. Nature and reactivity of the surface species formed after NO adsorption and NO + O_2 coadsorption on a WO_3-ZrO_2 catalyst. J. Catal., 209(2): 539-546.

Wu J C S, Cheng Y T, 2006. In situ FTIR study of photocatalytic NO reaction on photocatalysts under UV irradiation. J. Catal., 237(2): 393-404.

Wu J J, Li N, Fang H B, et al., 2019. Nitrogen vacancies modified graphitic carbon nitride: Scalable and one-step fabrication with efficient visible-light-driven hydrogen evolution. Chem. Eng. J., 358: 20-29.

Wu Q P, Krol R, 2012. Selective photoreduction of nitric oxide to nitrogen by nanostructured TiO_2 photocatalysts: Role of oxygen vacancies and iron dopant. J. Am. Chem. Soc., 134 (22): 9369-9375.

Xia P F, Zhu B C, Yu J G, et al., 2017. Ultra-thin nanosheet assemblies of graphitic carbon nitride for enhanced photocatalytic CO_2 reduction. J. Mater. Chem. A, 5(7): 3230.

Xia P F, Antonietti M, Zhu B C, et al., 2019. Designing defective crystalline carbon nitride to enable selective CO_2 photoreduction in the gas phase. Adv. Funct. Mater., 29(15): 1900093.

Xia T, Otto J W, Dutta T, et al., 2013. Formation of TiO_2 nanomaterials via titanium ethylene glycolide decomposition. J. Mater. Res., 28 (3): 326-332.

Xiong T, Wen M, Dong F, et al., 2016. Three dimensional Z-scheme $(BiO)_2CO_3/MoS_2$ with enhanced visible light photocatalytic NO removal. Appl. Catal. B, 199: 87-95.

Xu Q L, Cheng B, Yu J G, et al., 2017. Making co-condensed amorphous carbon/ g-C_3N_4 composites with improved visible-light photocatalytic H_2-production performance using Pt as cocatalyst. Carbon, 118: 241-249.

Yan K, Yao W Q, Yang L P, et al., 2016. Oxygen vacancy induced structure change and interface reaction in HfO_2 films on native SiO_2/Si substrate. Appl. Surf. Sci., 390 (30): 260-265.

Yang X F, Tian L, Zhao X L, et al., 2019. Interfacial optimization of g-C_3N_4 based Z-scheme heterojunction toward synergistic enhancement of solar-driven photocatalytic oxygen evolution. Appl. Catal. B, 244: 240-249.

Zhang H G, Feng L J, Li C H, et al., 2018. Preparation of graphitic carbon nitride with nitrogen-defects and its photocatalytic performance in the degradation of organic pollutants under visible light. J. Fuel Chem. Technol., 46(7): 871-878.

Zhang S W, Li J X, Zeng M Y, et al., 2014. Bandgap engineering and mechanism study of nonmetal and metal ion codoped carbon nitride: C+Fe as an example. Chem. Eur. J., 20 (31): 9805-9812.

Zhang X R, Lin Y H, He DQ, et al., 2011. Interface junction at anatase/rutile in mixed phase TiO_2: Formation and photo-generated charge carriers properties. Chem. Phys. Lett., 504 (1-3): 71-75.

Zhang Z, Zhang Y J, Lu L H, et al., 2017. Graphitic carbon nitride nanosheet for photocatalytic hydrogen production: The impact of morphology and element composition. Appl. Surf. Sci., 391 (PTaB): 369-375.

Zhao C X, Chen Z P, Xu J S, et al., 2019. Probing supramolecular assembly and charge carrier dynamics toward enhanced photocatalytic hydrogen evolution in 2D graphitic carbon nitride nanosheets. Appl. Catal. B, 256: 117867.

Zhao Y X, Zhao Y F, Shi R, et al., 2019. Tuning oxygen vacancies in ultrathin TiO_2 nanosheets to boost photocatalytic nitrogen fixation up to 700 nm. Adv. Mater., 31(16): 1806482.

Zhou C, Shi R, Shang L, et al., 2018. Template-free large-scale synthesis of g-C_3N_4 microtubes for enhanced visible light-driven photocatalytic H_2 production. Nano Res., 11 (6): 3462-3468.

Zhou M, Dong G H, Yu F K, et al., 2019. The deep oxidation of NO was realized by Sr multi-site doped g-C_3N_4 via photocatalytic method. Appl. Catal. B, 256: 117825-117836.

Zhou Y, Zhao Z Y, Wang F, et al., 2016. Facile synthesis of surface N-doped $Bi_2O_2CO_3$: Origin of visible light photocatalytic activity and in situ DRIFTS studies. J. Hazard. Mater., 307: 163-172.

第4章 g-C_3N_4的微纳结构调控及光催化作用机制

4.1 双氰胺高压聚合大幅度提高层状 g-C_3N_4 的可见光催化活性及其作用机制研究

4.1.1 引言

为了提高层状 g-C_3N_4 的光催化反应活性，科研工作者们已经做出了许多努力，其中包括纳米级技术，如通过增加表面积和暴露面来制造纳米片状(Niu P et al.，2012)或多孔 g-C_3N_4(Kang Y Y et al.，2016；Liang Q H et al.，2015)，从而增加活性位点的数量并减少反应物和光生反应物的运输扩散距离。

一般情况下，研究报道多采用掺杂或改性来改善 g-C_3N_4 的光催化活性。B(Yan S C et al.，2010)和 C(Dong G H et al.，2012)掺杂的 g-C_3N_4 的高光反应活性归因于可见光吸收率和电导率的提高。为了阻止光生载流子的复合，许多工作着重于将 g-C_3N_4 与碳材料[如碳点(Fang S et al.，2016)和石墨烯(Liao G Z et al.，2012；Zou J P et al.，2016)]、金属(Li Y H et al.，2017)、半导体[如 TiO_2(Li Y H et al.，2017；Huang Z A et al.，2015；Nie Y C et al.，2018；Jiang X H et al.，2018)]、Ag_3PO_4(He Y M et al.，2015)和 MOF(Zhou G et al.，2018)，以及光敏剂如卟啉(CuTCPP)(Chen D M et al.，2015)耦合。前期工作研究发现 g-C_3N_4 的光催化反应活性对 pH 十分敏感。g-C_3N_4 的酸化导致局部表面状态的形成，这可以作为光生电子的俘获位点(Fang S et al.，2015)。此外，前期研究已证明，通过控制煅烧气氛将碳(Li Y H et al.，2018)或氮(Dong G H et al.，2015)空位引入 g-C_3N_4 晶格是增加 g-C_3N_4 光反应性的另一种有效方法。

Kang 等通过在氩气气氛中对原始 g-C_3N_4 粉末进行二次煅烧，制备了具有断裂氢键的 g-C_3N_4 样品，该样品易于在层状 g-C_3N_4 的 C-N 共价键为主的层内骨架中形成(Kang Y Y et al.，2016)。光反应活性的增强归因于层内远距离原子序的破坏而引起带尾的增加，以及氢键断裂导致大量孔洞的形成，这促进了电子向孔洞侧面的转移。Zhang 等报道了通过尿素和草酰胺的共缩合，然后在熔融盐中进行二次煅烧，在 420 nm 下合成了具有高达 57 % 的 H_2 析出的表观量子产率的高结晶 g-C_3N_4(Zhang G G et al.，2017)。高光反应活性归因于光学带隙的减小、横向电荷传输和层间激子解离的改善。

最近，Dong 的团队报道了一种促进电子转移的新策略，即将碱嵌入 g-C_3N_4 的层间空间，从而在层间形成一个用于定向电子传输的垂直通道(Li J Y et al.，2017；Xiong T et al.，

2016；Cui W et al.，2017）。

$g-C_3N_4$粉末主要是通过在 500～600℃的开放式反应系统(如坩埚)中直接煅烧含亚硝酸根的前驱体来合成的。在热聚合过程中，大量的胺类等有害气体会从炉中释放出来，这不仅会因为低聚合度有机物的稳定蒸发而降低 $g-C_3N_4$的产率，而且还会造成严重的空气污染。我们认为在不锈钢高压釜等密闭反应器中合成 $g-C_3N_4$是解决上述问题的一个很好的选择。此外，在密闭反应器中产生的高压也有利于改善 $g-C_3N_4$的结晶，从而减少缺陷并提高 $g-C_3N_4$的光反应活性。因此，我们比较了通过双氰胺在常压 [图 4-1(a)]的开放式反应器中和在高压[图 4-1(b)]的封闭式反应器中的聚合反应来合成 $g-C_3N_4$。出乎意料的是，通过在高压系统中双氰胺的聚合反应以实现扩大可见光响应范围和促进光生载流子转移的目的。与在常压下合成的对应物相比，在高压下制备的用于水分解产氢 $g-C_3N_4$层的可见光反应性大大提高了 7.8 倍。请注意，封闭反应器可用于大规模生产高光反应活性 $g-C_3N_4$。

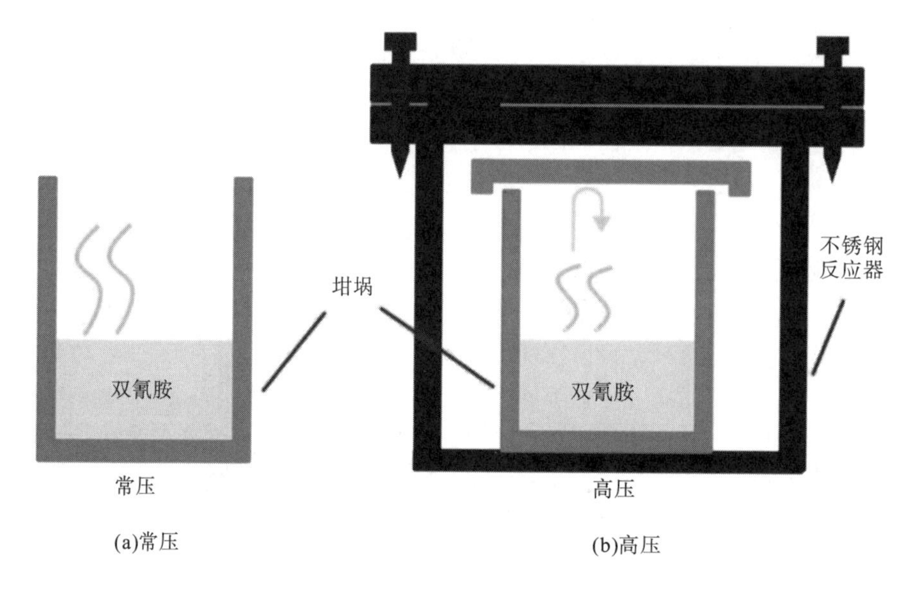

图 4-1 在常压(a)和高压(b)下用于双氰胺的热聚合反应器的示意图

4.1.2 材料与合成

选用双氰胺($C_2H_4N_4$，99 %，阿拉丁)作为前驱体，无须进一步纯化即可使用。通过双氰胺在密闭反应器中的热缩聚反应来合成高压 $g-C_3N_4$[图 4-1(b)]。通常，在 50mL 封闭的不锈钢反应器中，将 10mL 带盖的氧化铝坩埚放入马弗炉中，该坩埚含有 3.0g 双氰胺，然后在 550℃下加热 4h，加热速率为 5℃/min 用于热缩聚。冷却至室温后，收集粉体样品并在研钵中研磨。获得的样品表示为 HP550。常压 $g-C_3N_4$样品也是在 550℃下制备得到的，但使用开放式坩埚作为反应器[图 4-1(a)]，产品表示为 NP550。

为了系统地研究煅烧温度对 $g-C_3N_4$结构和性能的影响，在不同温度(500～600℃)下进行了双氰胺聚合实验。在开放式坩埚(常压)和密闭不锈钢反应器(高压)中制备的样品分别表示为 NP*x* 和 HP*x*，其中 *x* 代表煅烧温度(表 4-1)。

表 4-1 光催化剂的物理性质

样品	温度[a]/℃	压力[b]	产量[c]/%	S_{BET}/($m^2 \cdot g^{-1}$)	孔容积[d]/($cm^3 \cdot g^{-1}$)	相对结晶度[e]	带隙/eV	子带隙/eV
NP500	500	N.P.	55.2	6.2	0.032	1.00	2.74	—
NP525	525	N.P.	49.5	10.5	0.052	0.98	2.74	—
NP550	550	N.P.	42.0	7.8	0.039	0.96	2.62	—
NP575	575	N.P.	35.2	13.9	0.079	1.11	2.66	—
NP600	600	N.P.	20.2	22.6	0.120	1.22	2.68	—
HP500	500	H.P.	73.7	4.0	0.018	—	2.84	—
HP525	525	H.P.	60.7	11.2	0.056	1.77	2.79	—
HP550	550	H.P.	51.8	6.2	0.027	2.24	2.77	2.09
HP575	575	H.P.	52.9	4.3	0.022	2.41	2.10	1.98
HP600	600	H.P.	47.2	7.4	0.032	2.44	2.76	2.01

注：a 表示制备 g-C_3N_4时的煅烧温度；b 表示在常压或高压下双氰胺($C_2H_4N_4$)的聚合反应；c 表示 g-C_3N_4与双氰胺重量比的产物收率；d 表示光催化剂的孔容积；e 表示根据 NP500 样品的(002)峰强度计算出的光催化剂的相对结晶度。

4.1.3 结果与讨论

4.1.3.1 形貌与 XRD

图 4-2 比较了在常压[图 4-2(a)～图 4-2(e)]或高压[图 4-2(f)～图 4-2(j)]下，不同温度煅烧的所有光催化剂的光学图像。可以看出，HP500 的颜色是灰色，比 NP500(浅黄色)要淡得多，这表明 HP500 样品的聚合反应很差。然而，当煅烧温度高于 525℃时，HP*x* 样品的颜色变得比 NP*x* 样品深得多。例如，HP550 样品为棕色，而 NP550 为淡黄色。根据产品的颜色不同，我们可以预测高压有利于 g-C_3N_4的结晶，这将由 XRD 表征结果证明。

图 4-2 通过热聚合双氰胺($C_2H_4N_4$)在常压和高压下制备光催化剂的光学图像

从表 4-1 中可以看出，在相同的煅烧温度下，高压系统得到的层状 g-C_3N_4的产率比常压系统提高了 10%～30%，这表明该方法不仅可以提高产品质量，而且可以减少有害气体的排放。

图 4-3(a)和图 4-3(b)分别展示了 NP*x* 和 HP*x* 样品的 XRD 图谱。可以看出，所有样品(除 HP500 外)均显示两处不同的峰，尽管峰的位置和强度不同。显然地，图谱中出现了分别位于 13.0° 和 27.3° 的两处相同的衍射峰，对应于(100)庚烷单元的晶面间堆积和(002)π-π 层间堆积基序，表明成功制备了层状 g-C_3N_4 (Zhang G G et al.，2017；Dong F et al.，2011；Sano T et al.，2013)。然而，除 g-C_3N_4 的(100)和(002)衍射峰外，在 HP500 样品中观察到一些不纯的峰[图 4-3(b)]，反映了该阶段双氰胺的不完全聚合(Wang X C et al.，2009)。

与 NP*x* 样品相比，HP*x* 样品(除 HP500 外)的(002)衍射峰窄得多，而(100)衍射峰太弱而无法观察到。这表明高压促进了 g-C_3N_4 共轭芳族体系层的周期性堆积，但是破坏了三均三嗪单元的层内结构堆积基序。无论在常压还是高压下，g-C_3N_4 样品的(002)峰强度都会随着煅烧温度的升高而略有增加，这表明高温有利于聚合反应(表 4-1)。因此，高压和高温都可以增强 g-C_3N_4 的结晶。良好的结晶意味着几乎没有缺陷，这有利于 g-C_3N_4 的光催化活性。

图 4-3(c)进一步比较了 NP550 和 HP550 样品的 XRD 图谱。我们可以清楚地看到，HP550 的(100)峰强度比 NP550 的峰强度弱，表明高压导致层状碳氮化物的面间骨架中氢键的断裂(Kang Y Y et al.，2016)。然而，HP550 的(002)峰强度变得更强。仔细观察后发现，HP550 的(100)衍射峰从 13.1° 向下移至 12.7°，与原始碳氮化物(NP550)的 0.676nm 相比，HP550 的面间堆积距离延长到约 0.697nm，进一步证实了高压可以破坏相邻蜜瓜胺链之间的氢键(Kang Y Y et al.，2016)。

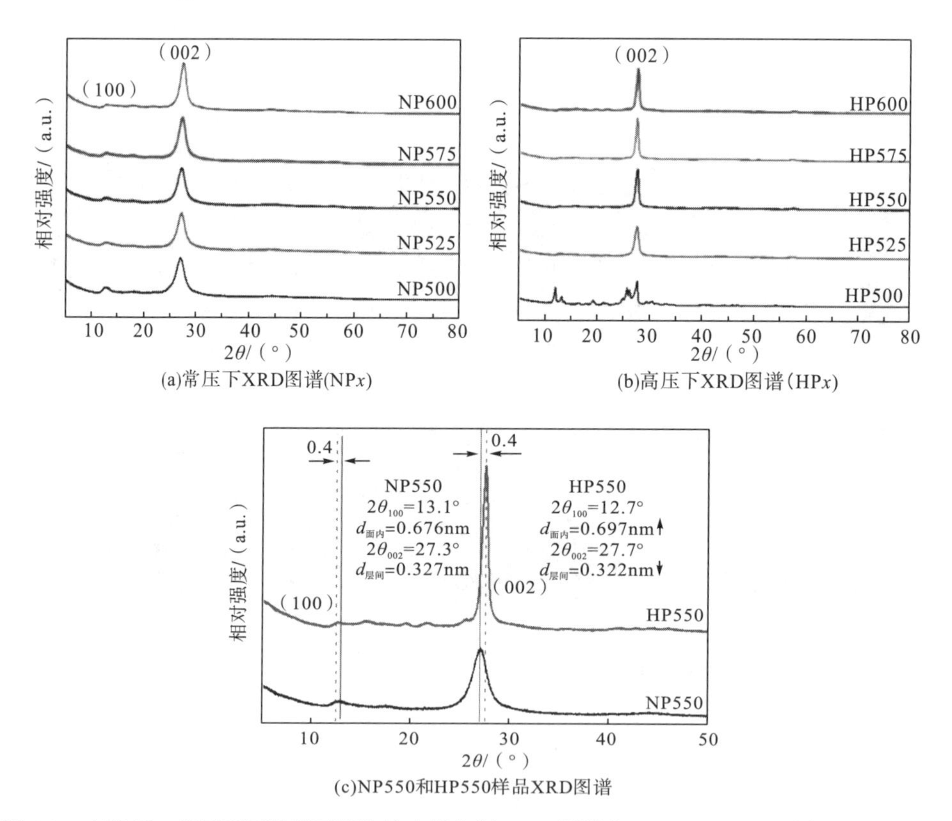

图 4-3 在常压、高压不同温度下煅烧的光催化剂 XRD 图谱和 NP550、HP550 样品 XRD 图谱

相比之下，HP550 样品的(002)衍射峰从 27.3° 向上移至 27.7° ，这反映了以下事实：由于相邻的庚嗪层之间的范德华力较强，因此层间堆叠距离变小。相邻层之间的堆叠距离从 0.327nm(NP550)减小到 0.322nm(HP550)。从理论上可预测，层状 g-C_3N_4的层堆叠距离将控制层间激子的解离，从而控制电荷迁移率。降低层与层之间的 π–π*层堆叠距离可以改善横向电荷输运和层间激子解离(Zhang G G et al.，2017)，增强光催化活性。

HPx 样品的良好结晶也从它们的 TEM 图像中得到证实。与 NP550 样品的粗糙表面[图 4-4(f)]相比，HPx 样品的表面[图 4-4(a)～图 4-4(e)]非常光滑，表明表面缺陷减少。从图 4-5 所示的 SEM 图像中可以看出，由于高压下结晶的增强，HP550 样品的质地比 NP550 的质地更致密[图 4-3(c)]。

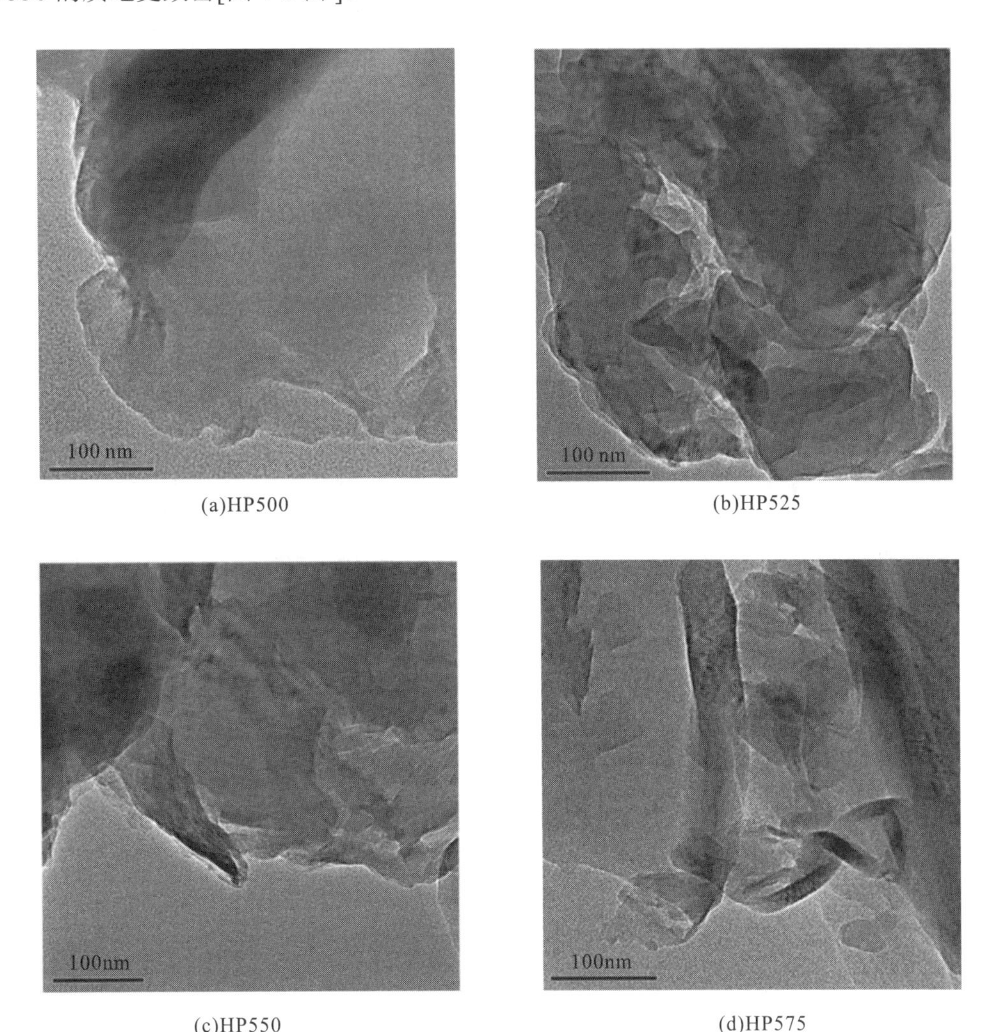

(a)HP500　(b)HP525

(c)HP550　(d)HP575

(e)HP600 (f)NP550

图 4-4　HP500(a)、HP525(b)、HP550(c)、HP575(d)、HP600(e)、NP550(f) 的 TEM 图

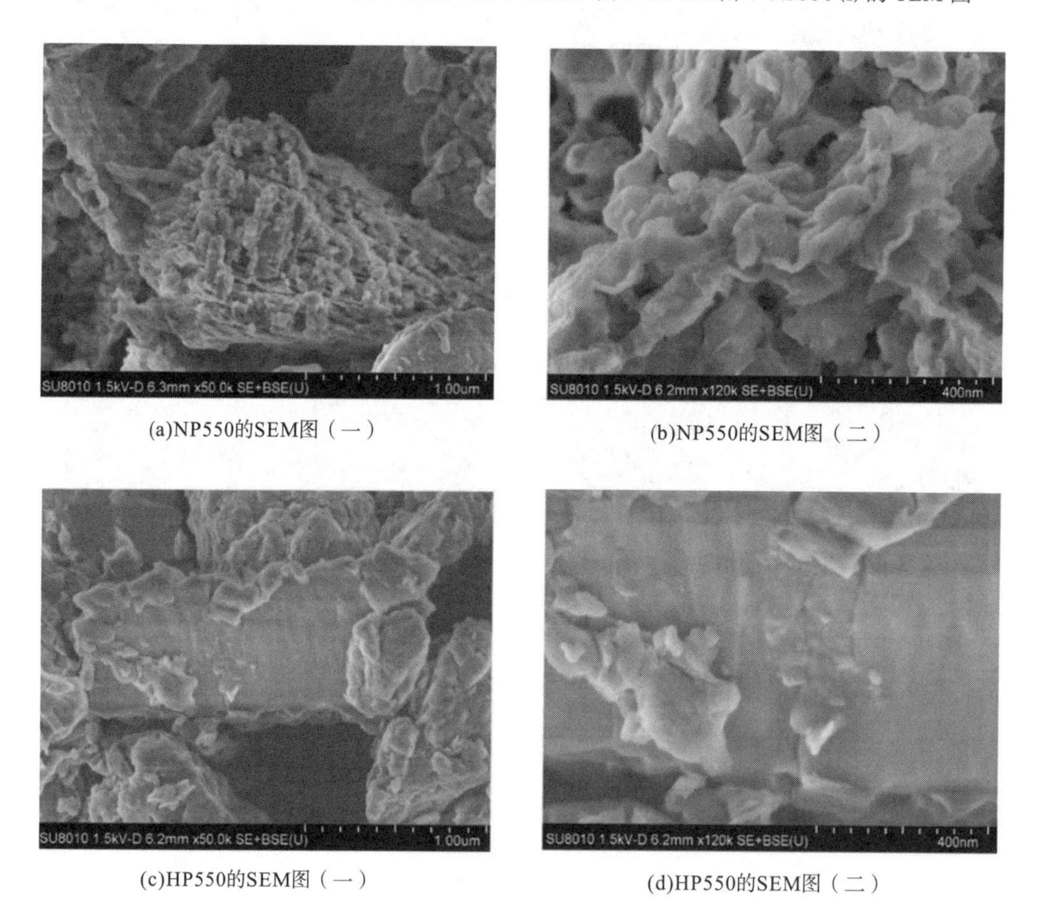

(a)NP550的SEM图（一） (b)NP550的SEM图（二）

(c)HP550的SEM图（一） (d)HP550的SEM图（二）

图 4-5　NP550、HP550 样品的 SEM 图

4.1.3.2　FTIR 和 UV-vis 吸收光谱分析

我们进一步使用 FTIR 光谱来比较层状 g-C_3N_4的微观结构(图 4-6)。可以观察到，所有样品(除 HP500 外)在 1900～700cm^{-1} 均显示出明显的吸收峰，这些吸收峰是蜜瓜胺链中三角 N(C)$_3$/桥接 HN(C_2)单元和庚烷环的典型 g-C_3N_4谱带(Niu P et al.，2012; Dong F et al.，2014)。与 NP550 样品相比，HP550 样品显示出改善的 FTIR 光谱吸收(图 4-7)，进一步证实了高压诱导的结晶增强，这与 XRD 表征结果一致。这也表明高压仅拉伸了层内蜜瓜胺链的周期性排列[图 4-3(c)]，然而链的基本原子结构保持不变(Kang Y Y et al.，2016)。

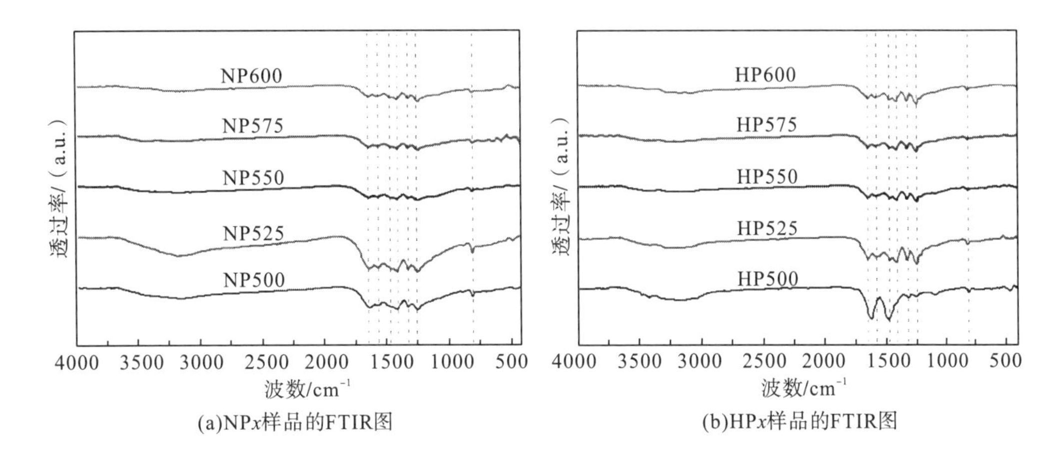

图 4-6　NPx 和 HPx 样品的 FTIR 光谱

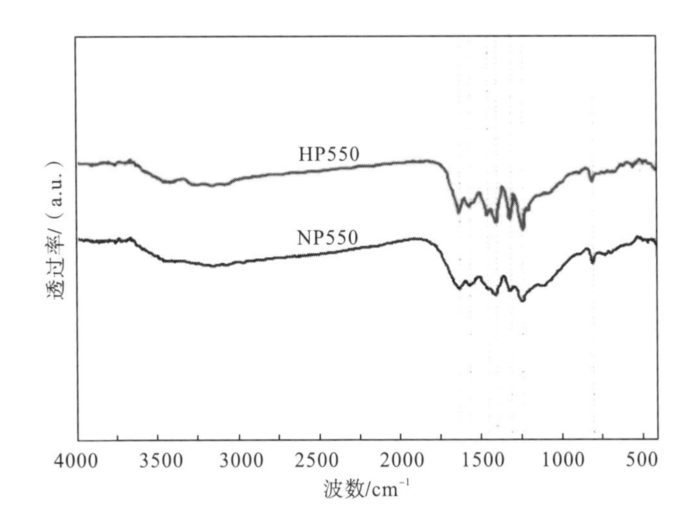

图 4-7　NP550 和 HP550 样品的 FTIR 光谱

光吸收能力对于光催化剂的光反应活性至关重要。因此，我们比较了在正常[图 4-8(a)]和高压[(图 4-8(b)]下制备的层状 g-C_3N_4的紫外可见光吸收光谱。可以清楚地看到，当煅烧温度高于 550℃时，无论是在紫外光区还是在可见光区，HPx 样品均显示出明显增强的光吸收。HP*x* 样品在紫外区的吸收能力提高，反映了共轭芳环系统中 π-π*电子跃迁的增强，以及由于高压诱导结晶而导致的联合庚嗪体系更紧密和更好地堆积。

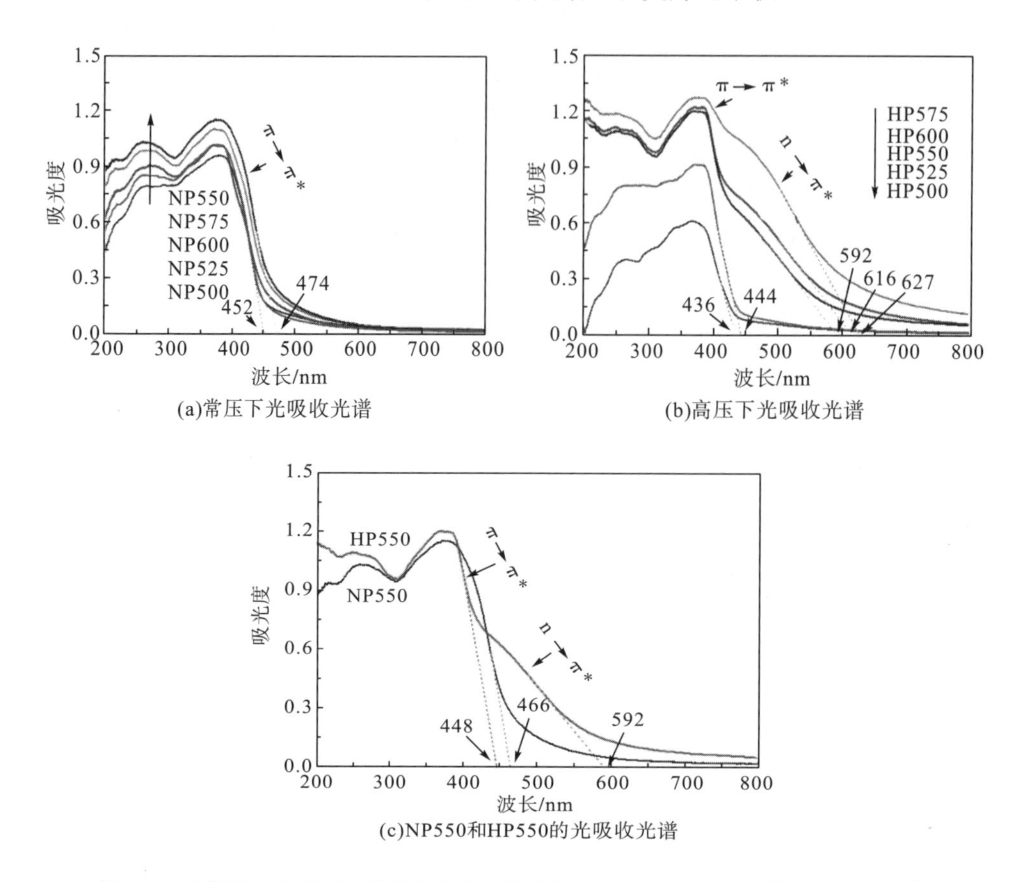

图 4-8 在常压、高压下光催化剂的光吸收光谱和 NP550、HP550 样品的吸收光谱

图 4-8(c) 比较了 NP550 和 HP550 样品的漫反射光谱。尽管层状 g-C_3N_4 的本征吸收带源自 CN 骨架中 C 和 N 的 sp^2 杂化的 π-π*电子跃迁，但从 466 nm(NP550) 蓝移至 448nm(HP550)，很明显观察到起始于 592 nm 处的新吸收带。这个新的谱带通常归因于庚嗪单元中边缘氮原子的孤对 n-π*电子跃迁(Zhang G G et al.，2017)。高压通过延长晶面堆积距离来破坏相邻蜜瓜胺之间的氢键[图 4-3(c)]，这是由于自由边缘氮原子在氢键的牺牲下暴露而导致 n-π*电子跃迁。

通常，这种 n-π*电子跃迁对于完全对称的平面单元是被禁止的，然而，在本书研究中，高压诱导的带电/极化平面单元和致密的层间堆叠允许进入这种电子跃迁。新吸收带的产生极大地改善了层状 g-C_3N_4 的光响应范围(图 4-8)。

4.1.3.3 氮气吸附等温线

BET 表面积是影响光反应性的重要因素。因此，我们测量了光催化剂的氮气吸附等温线。图 4-9 比较了 NP550 和 HP550 样品之间的氮吸附-脱附等温线和相应的孔径分布曲线。可以看出，两种等温线都是 IV 型，在 0.5～1.0 的相对压力范围内具有 H3 型磁滞回线，这表明狭窄的狭缝状孔通常与板状颗粒(Wang Z Y et al.，2010)有关，这与它们的层状结构非常一致(图 4-4)。HP550 样品的 BET 表面积为 $6.2m^2·g^{-1}$，略小于 NP550 样品($7.8m^2·g^{-1}$)。与 NP550 样品相比，HP550 样品的 BET 表面积更小是由于结晶度的提高[图 4-3(c)]。

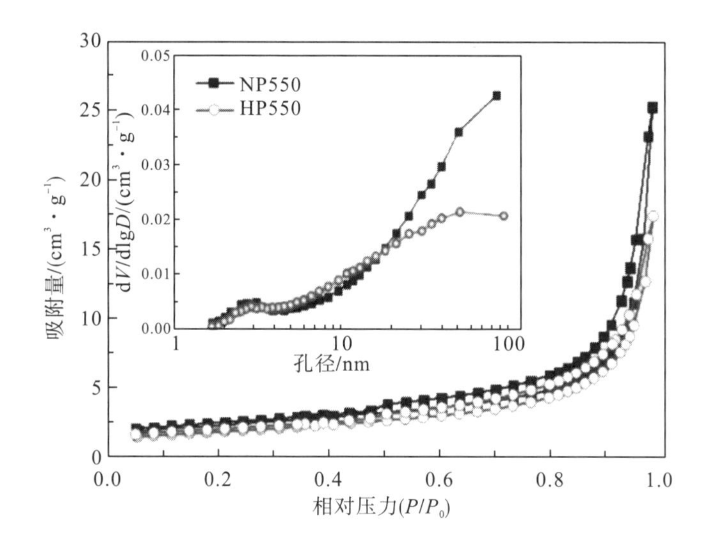

图 4-9　NP550、HP550 样品的 N_2 吸附-脱附等温线及相应的孔径分布曲线

表 4-1 列出了光催化剂的 BET 表面积和孔体积。可以看出，由于高压诱导的 HP*x* 样品的结晶，与在相同温度下煅烧的 NP*x* 样品相比，HP*x* 样品的 BET 表面积和孔体积均较小(图 4-3)。

4.1.3.4　可见光催化活性

通过在可见光照射下(λ>420nm)分解水产生氢气来评估层状 g-C_3N_4的光催化活性。从图 4-10(a)可以看出，随着煅烧温度从 500℃升高到 600℃，NP*x* 的光反应性稳定地增加。这是因为高温会引起双氰胺的聚合(Ong W J et al.，2016)。在最佳煅烧温度为 550℃时，HP*x* 样品的光反应性先升高后降低。除 HP500 样品外，所有 HP*x* 样品均具有比相应 NP*x* 样品明显提高的产氢率(HPR)。例如，HP550 样品的 HPR 高达 $772.40\mu mol·h^{-1}·g^{-1}$，比 NP550 样品(仅 $98.96\mu mol·h^{-1}·g^{-1}$)高 6.81 倍。HP550 样品在 420nm 处的表观量子产率(AQY)为 1.60%，是 NP550 样品(仅 0.75%)的两倍多。

考虑到 BET 表面积会影响光反应性的评估，我们比较了基于表面积归一化 HPR 的 NP*x* 和 HP*x* 样品之间的光催化活性[图 4-10(b)]。进一步证实了 HP*x* 的较高光催化活性。HP550($124.58\mu mol·h^{-1}·m^{-2}$)的表面积归一化 HPR 是 NP550($12.69\mu mol·h^{-1}·m^{-2}$)的 9.82 倍。这表明在高温下制备的 g-$C_3N_4$具有较高的光反应性是由其他因素引起的，而不是由 BET 表面积引起的。

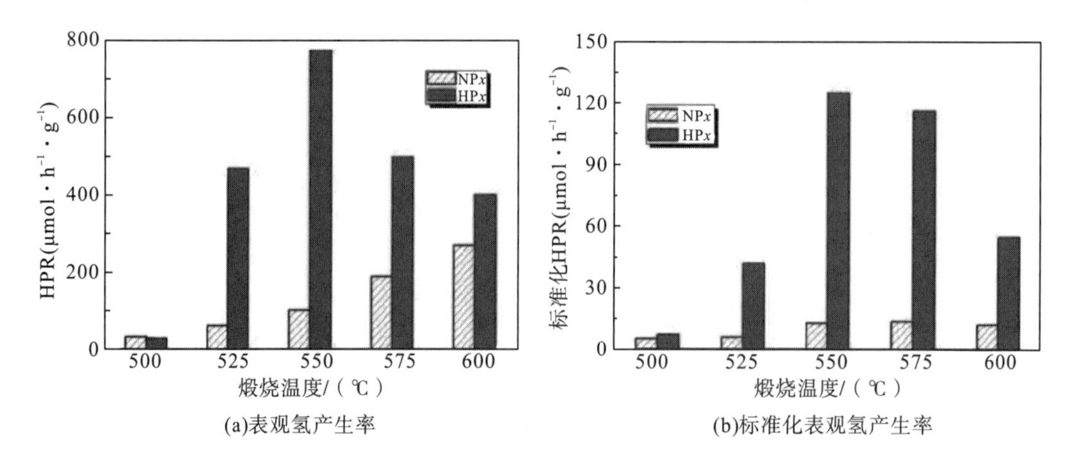

图 4-10 在可见光照射下表观氢产生率和以光催化剂的表面积为单位相应的表观氢产生率

4.1.3.5 X 射线光电子能谱分析

本节通过 X 射线光电子能谱(XPS)研究 NP550 和 HP550 样品的层状 g-C_3N_4 的化学状态。图 4-11(a)比较两个样品的 XPS 测量光谱。可以看出，两个样品都含有少量的 O 和 C，并且相应的光电子峰分别出现在结合能为 288(C 1s)、399(N 1s)及 532eV(O 1s)的位置。

C 1s 峰的高分辨率 XPS 光谱可去卷积拟合为一个以 284.6eV 为中心的较小峰，该峰源自 XPS 仪器本身的不定烃，以 287.7eV 为中心的较大峰对应于蜜瓜胺 N—C═N 的三个配位碳[图 4-11(b)]。重叠的 N 1s 峰的去卷积产生了以 398.3eV、399.7eV 和 400.8eV 为中心的三个峰[图 4-11(c)]，它们分别与吡啶 N、吡咯 N 和石墨 N 相关(Huang Z A et al.，2015；Li S N et al.，2016)。

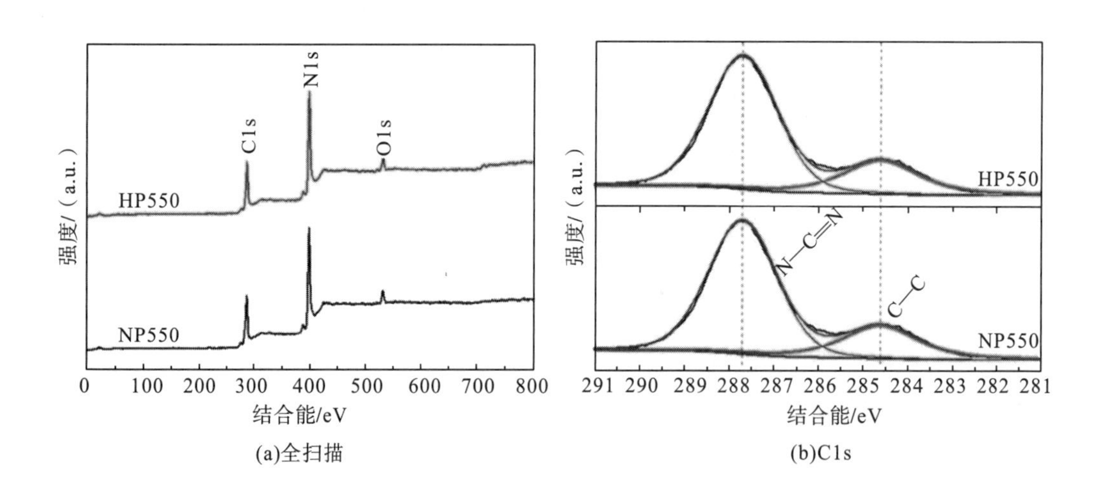

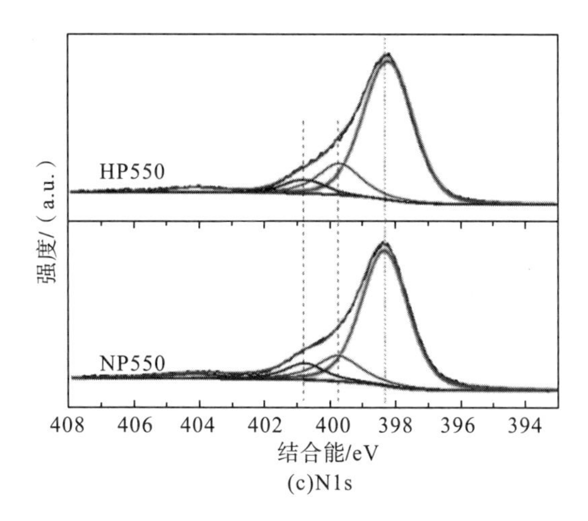

(c)N1s

图 4-11　NP550 和 HP550 样品的 C 1s 和 N 1s 的高分辨率 XPS 光谱

4.1.3.6　光致发光光谱和(光)电化学性质

为了说明在高压下制备的层状碳氮化物的优异光催化活性，我们监测了 NP*x* 和 HP*x* 样品的稳态光致发光(PL)光谱。从图 4-12 中可以看出，两组 g-C_3N_4样品的 PL 强度均随煅烧温度的升高而降低，HP*x* 样品(除 HP500 外)的 PL 强度要弱于相应的 NP*x* 样品。这表明由于改进的结晶诱导的表面缺陷减少，双氰胺在高温和高压下的聚合反应导致 g-C_3N_4中辐射电子-空穴复合的显著抑制(图 4-3)。

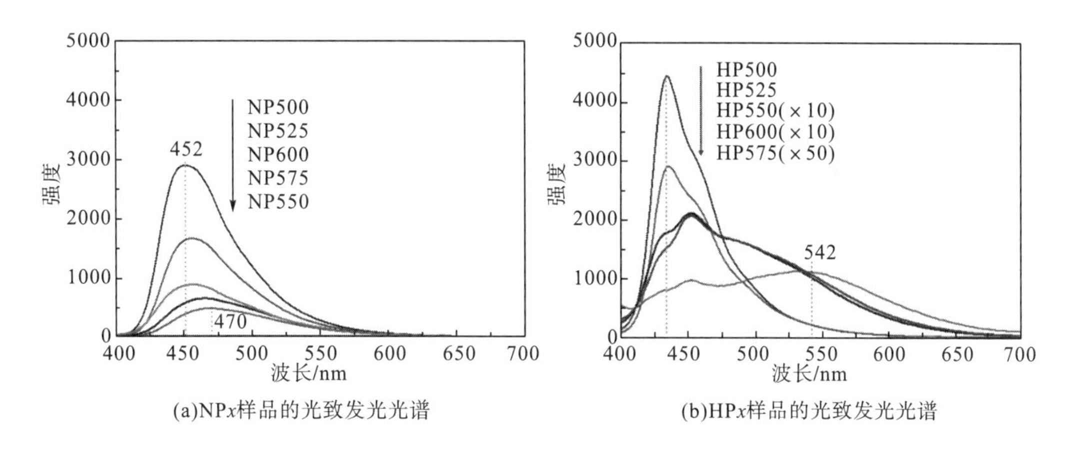

(a)NP*x*样品的光致发光光谱　(b)HP*x*样品的光致发光光谱

图 4-12　NP*x* 和 HP*x* 样品的光致发光光谱

NP550 样品的 PL 光谱在 469nm 处显示出很强的发射峰，这归因于载流子的带间重组(Fang S et al.，2015)。HP550 样品的带间发射峰蓝移至 452 nm(图 4-13)，与其光吸收光谱一致[图 4-11(c)]。

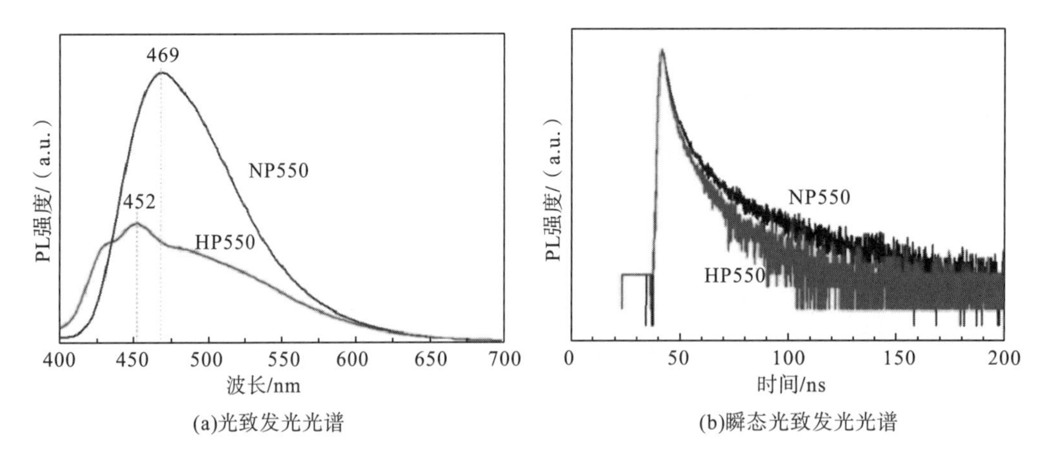

(a)光致发光光谱 (b)瞬态光致发光光谱

图 4-13 NP550、HP550 样品的光致发光光谱和瞬态光致发光光谱

图 4-13(b) 比较了 NP550 和 HP550 样品之间的时间分辨 PL 光谱，这清楚地表明了 HP550 的更快重组。平均 PL 寿命从 NP550 样品的 20.52ns 下降到 HP550 样品的 10.32ns(表 4-2)。只有非常快的电荷对才能发生复合，HP550 样品的单重态激子寿命越短，表明其激子离解性越强(Zhang G G et al.，2017)。这可能是由于高压诱导的 HP550 的良好结晶所致，其具有较短的层距离[图 4-3(c)]，有利于电荷在层上的转移和单重态激子的解离。通过电化学阻抗谱测量的光电流增加[图 4-14(a)]和半圆半径减小[图 4-14(b)]也证实了 HP550 样品电荷传输的改善。根据 Liu 等(Kang Y Y et al.，2016)的研究，在氢键断裂的 g-C_3N_4 中出现的带尾参与的快速辐射电子-空穴复合过程，也可以引起 PL 寿命的显著缩短和辐射复合的抑制。带尾可以充当光生电荷载流子的浅陷阱态，通过破坏氢键可以提高发生这种快速 PL 过程的可能性。

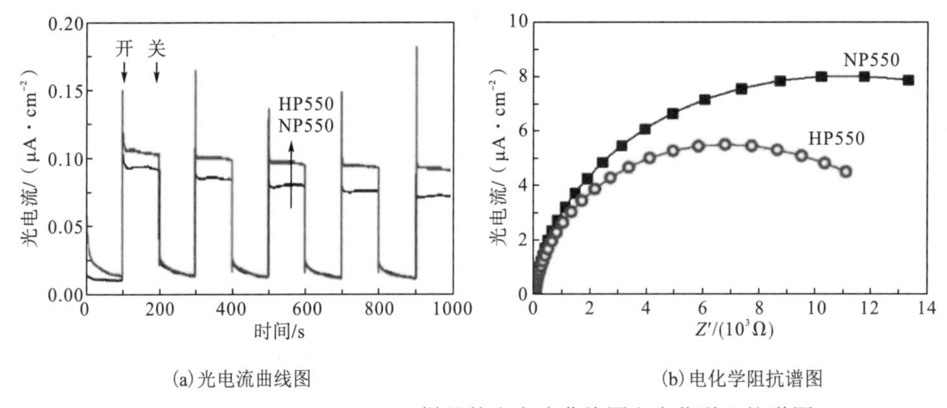

(a)光电流曲线图 (b)电化学阻抗谱图

图 4-14 NP550、HP550 样品的光电流曲线图和电化学阻抗谱图

表 4-2 NP550、HP550 的光致发光衰减时间(τ)和相对幅度(f)

样品	衰减时间/ns			相对幅度/%			$\langle\tau\rangle$ [a]/ns
	τ_1	τ_2	τ_3	f_1	f_2	f_3	
NP550	1.87	6.27	28.21	33.72	43.12	23.16	20.52
HP550	1.51	5.15	15.51	34.30	45.12	20.58	10.32

注：a.使用以下公式计算平均寿命（$\langle\tau\rangle$）：$\langle\tau\rangle=(f_1\tau_1^2+f_2\tau_2^2+f_3\tau_3^2)/(f_1\tau_1+f_2\tau_2+f_3\tau_3)$。

室温下的电子顺磁共振(EPR)测量表明，与 NP550 样品相比，HP550 样品具有更大的电子离域能力(图 4-15)。图 4-15(a)中，两个样品均显示出一条 g 为 2.001 的洛伦兹线，其来源于芳环中 sp^2-碳中未成对的电子(Li S N et al., 2016)。HP550 样品较强的电子顺磁共振信号可以用相邻层之间的堆积距离减小来解释[图 4-3(c)]，这表明 π 键的电子可以延伸到偏离基面，因此相邻层内的电子迁移率可以大大提高。在可见光照射下，光催化剂的 EPR 信号强度增加，表明这些未配对的电子在芳香环 sp^2 杂化碳中贡献于可用于光催化反应的活性自由基的产生。

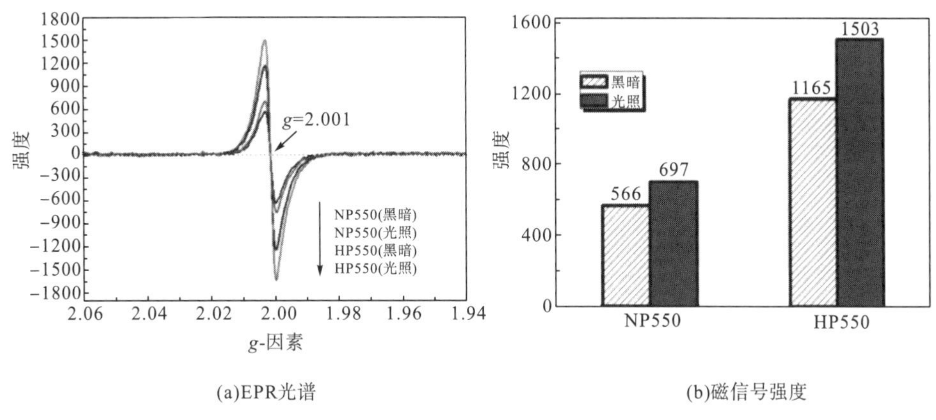

(a)EPR光谱 (b)磁信号强度

图 4-15 NP550、HP550 样品的 EPR 光谱和磁信号强度

4.1.3.7 电子能带结构

通过 M-S 图的测定，我们进一步确定了 NP550 和 HP550 样品的电子能带结构。从图 4-16 可以看出，两个样品在 1.5kHz、2.5kHz 和 3.0kHz 频率的 M-S 图中均显示正斜率，根据 M-S 图中的 x 截距确定的 HP550 和 NP550 的平带电势分别计算为-1.50V 和-1.20V(vs. Ag/AgCl)，或-1.77V 和-1.47V(vs. NHE)。通过对从 DRS 光谱获得的带隙的组合分析[图 4-8(c)]，HP550 和 NP550 的 VB 电位分别确定为+1.00V 和+1.15V(vs.NHE)。从热力学角度讲，这些位置使质子的还原产生氢成为可能(Liang Q H et al., 2015)。

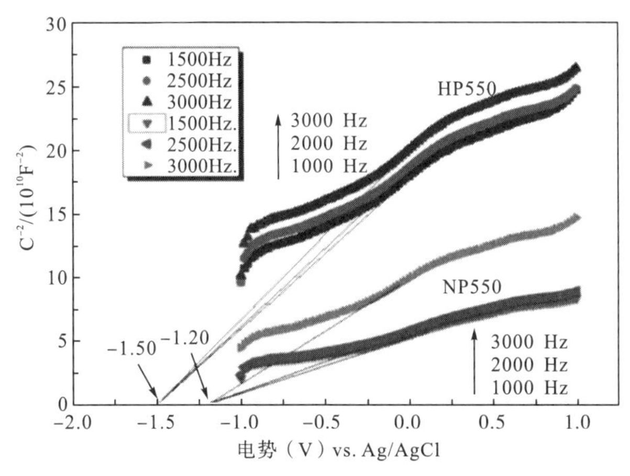

图 4-16 在 0.4 M Na_2SO_4 水溶液中光催化剂的 M-S 图

图 4-17 对比分析了 HP550 和 NP550 样品的电子能带结构。可以看出，高压诱导层状碳氮化物(HP550)的 CB 位置发生负移，这有利于有效捕获光生电子，从而大大提高了产氢率(图 4-11)。尽管 HP550 的本征带隙(2.77eV)大于 NP550 的本征带隙(2.62eV)，但断裂的氢键会导致形成中间带隙，该带隙归因于在庚嗪单元中涉及边缘氮原子的孤对的 n-π* 电子跃迁。这个新的带隙极大地扩展了层状 $g\text{-}C_3N_4$ 的可见光响应范围，这使其可以将太阳能用于光化学反应。

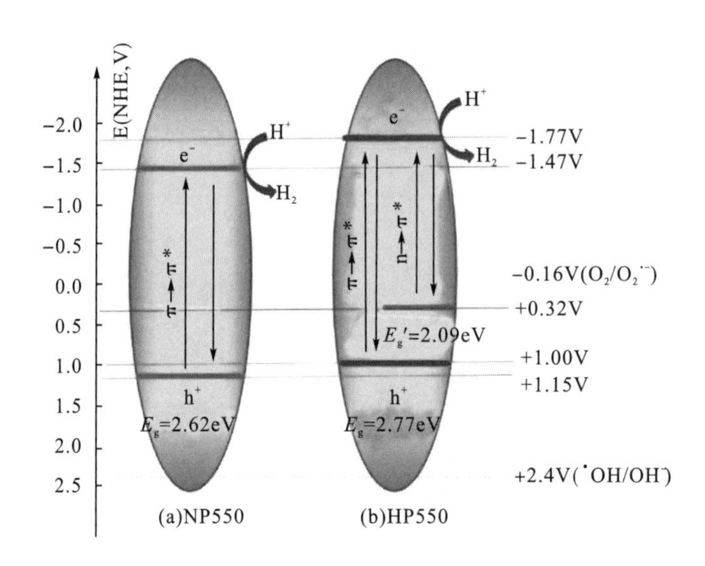

图 4-17 NP550、HP550 样品的能带结构

请注意，高光催化 HP550 样品显示出非常稳定的光催化活性，即使在可见光照射下连续循环 4 次测试后，HPR 也几乎没有降低(图 4-18)。因此，所报道的在高压下制备的层状 $g\text{-}C_3N_4$ 具有产率高、光催化活性高、稳定性好的优点。

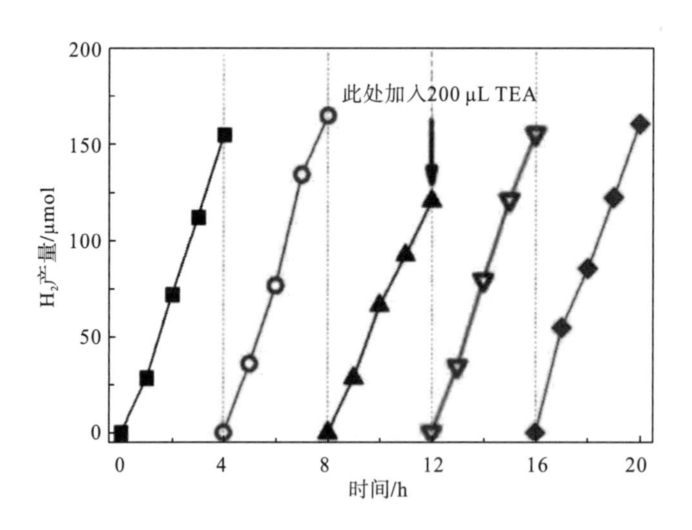

图 4-18 在可见光照射下回收利用 HP550 光催化剂生产氢气

4.1.4 小结

双氰胺在密闭的不锈钢高压釜中，通过简单的聚合反应，成功地制备了可见光响应范围大大扩展的高光反应活性层状 g-C_3N_4。双氰胺在密闭高压釜中聚合不仅可以防止有害气体的排放，提高 g-C_3N_4的产率，还可以增强 g-C_3N_4的结晶，提高可见光催化活性。在该密闭高压釜中制备的层状 g-C_3N_4 的超高太阳能制氢活性归因于紧密的层状堆积距离，这有利于层间的电荷转移，并破坏了以 C—N 共价键为主的氢键的存在。因此，通过促进涉及庚嗪单元中边缘氮原子的孤对的 n-π*电子跃迁而拓宽 g-C_3N_4 的光响应范围。目前这项研究为增强太阳能转换的机理理解和电子优化层状光催化剂的设计提供了新的见解。

4.2 缩聚脒脲制备具有高光催化产氢活性的 g-C_3N_4 纳米片及其还原机制研究

4.2.1 引言

将体相 g-C_3N_4 剥离为 g-C_3N_4 纳米片(gCN-NSs)不仅可以增加表面积，而且可以促进光催化剂上光生载流子的迁移，增强光活性(Li Y H et al.，2018；Pandiselvi K et al.，2016)。然而，通过氧化剥离体相 g-C_3N_4 的 gCN-NSs 的产率很低(约原体相 g-C_3N_4 的 5%～6%)，并且由于在高温下的重复煅烧，剥离过程是耗能的(Niu P et al.，2012；Meng N N et al.，2018)。与氧化剥离相比，超声剥离似乎是节能的，但代价是需要更长的时间(超过 10 h)和更低的产量(Ou H H et al.，2017；Zhang X D et al.，2013；Yang S B et al.，2013)。为了提高 gCN-NSs 的产率，在超声处理中，可在体相 g-C_3N_4 中加入 γ-戊内酯等有机溶剂。然而，从得到的 gCN-NSs 表面去除残留 γ-戊内酯是非常困难的，限制了 gCN-NSs 的应用(Xue Z M et al.，2017)。最近，球磨法也被用于剥离体相 g-C_3N_4，但是机械剥离法只能获得小尺寸(2～6nm)的 gCN-NSs(Han Q et al.，2015)。因此，高效地制备高质量的 gCN-NSs 是一个迫切需要解决的问题(Ji J J et al.，2017)。

双氰胺($C_2H_4N_4$，DCDA)是合成体相 g-C_3N_4 的广泛应用的前驱体材料之一，具有良好的可见光响应范围，吸收带边可达 450nm(Cheng J S et al.，2018；Niu P et al.，2012)。然而，从 DCDA 聚合过程中得到的体相 g-C_3N_4 的表面积很小(约为 $10m^2·g^{-1}$)(Cheng J S et al.，2018)。考虑到尿素(CH_4N_2O)(Martin D J et al.，2014；Zhang Y W et al.，2012；Oh J H et al.，2017；Lan H C et al.，2017)聚合可得到片状 g-C_3N_4，我们认为使用含氧前驱体可以减少 gCN π-π 堆积层之间的相互作用，从而有利于片状 g-C_3N_4(gCN-NSs)的产生。本节试图通过直接聚合 DCDA 水解后的含氧前驱体——脒脲($C_2H_6N_4O$)获得 gCN-NSs(图 4-19)(Niaz M A et al.，1991；Belsky A J et al.，1998)。与尿素相比，脒脲的共轭效应更强。可以预测的是，由脒脲制备的 gCN-NSs 将表现出比尿素更广泛的可见光响应范围，因此有利于其光催化活性。

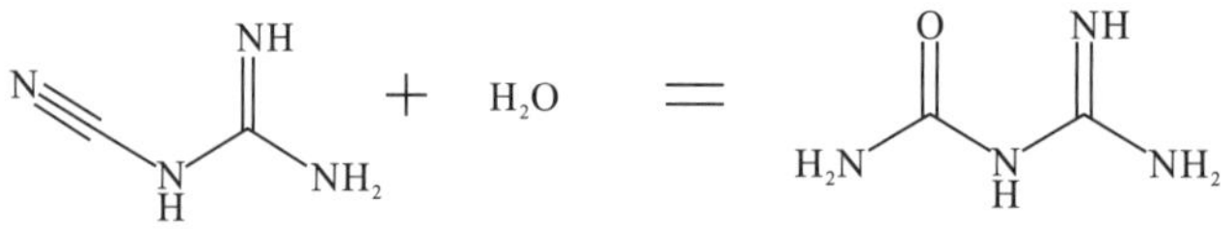

图 4-19　水解双氰胺获得脒脲

4.2.2　水解双氰胺(DCDA)制备脒脲

将 1.5g DCDA(M-0)溶解于 65mL 的水中，然后将其转移到 100mL 四氟乙烯内衬的高压釜中，在 200℃下进行水热反应 1h(M-1 样品)或 2h(M-2 样品)。冷却至室温后，通过旋转蒸馏得到白色粉末(M-1 或 M-2 样品)。

4.2.3　g-C_3N_4 纳米片的制备

在空气条件下，将含有 12.0g 前驱体的 50mL 坩埚在 550℃(升温速率为 5℃·min^{-1})下煅烧 4h，得到 g-C_3N_4 样品。以 M-0(DCDA)、M-1 和 M-2 为前驱体合成的样品分别命名为 S0、S1 和 S2。为了便于比较，在其他相同条件下，还通过煅烧 12.0g 尿素制备了 g-C_3N_4(Su)。

4.2.4　结果分析

4.2.4.1　前驱体的结构

从图 4-20(a)的红外光谱可以清楚地观察到 DCDA 样品(M-0)位于 2260cm^{-1} 和 2210cm^{-1} 的两处强峰，这是典型的氰基红外振动(RC≡CR)。水解 1 h(M-1)后，该两处峰仍然存在。与此同时，在 1720cm^{-1} 处出现了一处新峰，这可归因于酰胺中羰基(—C═O)的特征振动，表明 DCDA 发生了转化。反应 2 h 后，M-2 样品的氰基吸收峰消失，羰基峰变强，表明 DCDA 完全转化为脒脲(图 4-19)。DCDA 向脒脲的转化也可以从相应的粉末 XRD 表征结果中反映出来[图 4-20(b)]，其中 DCDA(M-0)和脒脲(M-2)呈现出完全不同的 XRD 图谱。

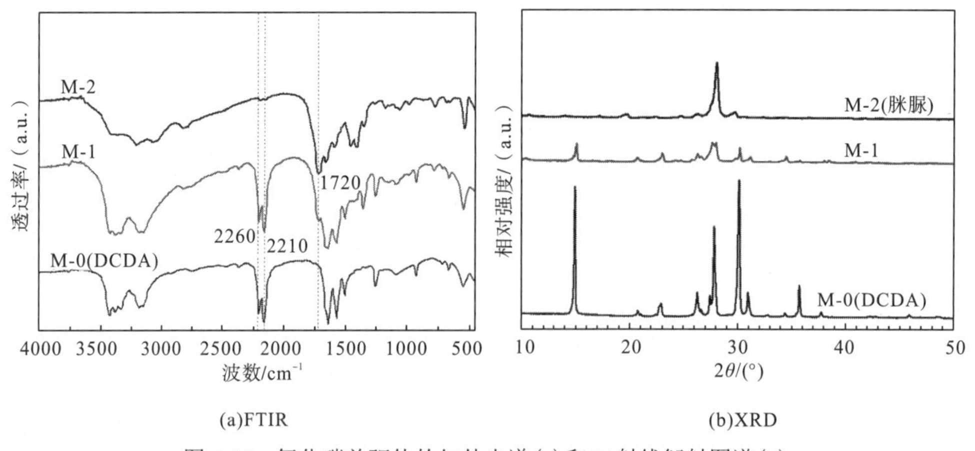

图 4-20　氮化碳前驱体的红外光谱(a)和 X 射线衍射图谱(b)

4.2.4.2 g-C_3N_4的形态

从 SEM 和 TEM 图像可以清楚地观察到 DCDA 煅烧得到的 g-C_3N_4的体相结构[图 4-21(a)和图 4-21(c)]。这是由于堆积层之间强烈的π-π 相互作用(Niu P et al.,2012)。由于层间存在很高的能垒(33.2eV)，光生电荷载流子在体相 g-C_3N_4 层与层之间的传输是非常困难的，导致其光催化活性较差(Niu P et al.,2012)。正如预期的那样，片状 g-C_3N_4可由脒脲聚合而成[图 4-21(b)和图 4-21(d)]。此外，gCN-NSs 的尺寸很大(微米级)。这说明我们以含氧的脒脲为原料，成功地合成了尺寸较大的 gCN-NSs。由于比表面积增大，gCN-NSs 的基面暴露不仅可以增加活性位点的数量，而且可以急剧减少光生载流子的扩散距离，这有利于提高其光催化活性(Zhang W D et al.，2017；Ding W et al.，2017)。

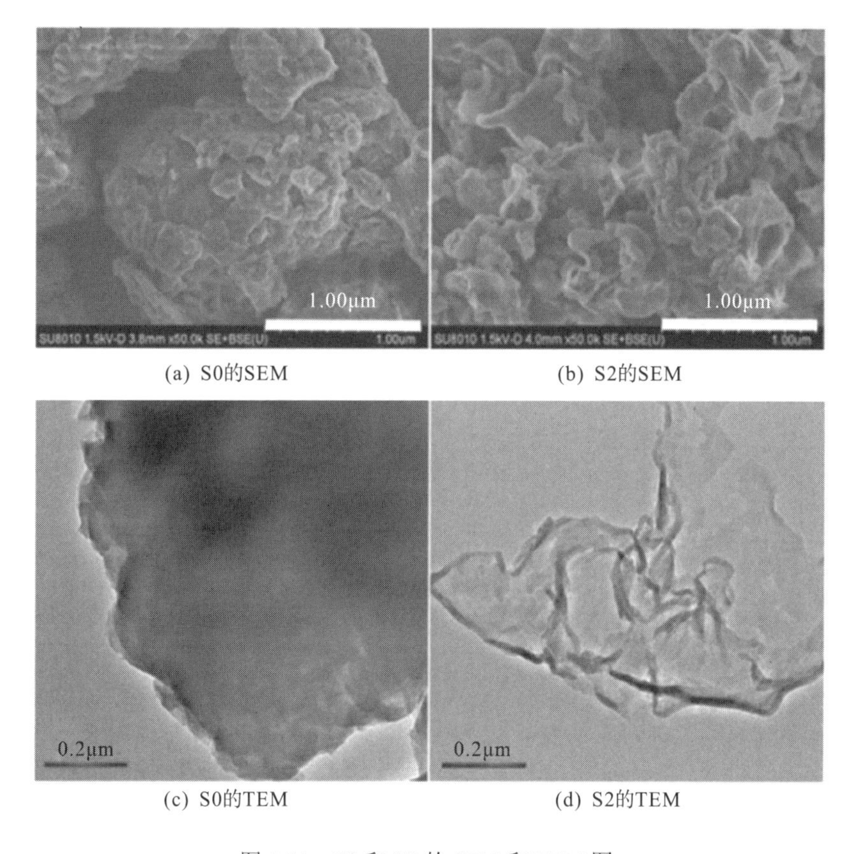

(a) S0的SEM　(b) S2的SEM

(c) S0的TEM　(d) S2的TEM

图 4-21 S0 和 S2 的 SEM 和 TEM 图

根据本次实验结果，以脒脲为原料制备得到的 gCN-NSs 的产率为 11.9%，比尿素聚合制备得到的 gCN-NSs 的产率高 9.8 倍(相应地，其产率仅为 1.1%)。

4.2.4.3 g-C_3N_4样品的 XRD 和 FTIR 光谱

图 4-22(a)比较了 DCDA 水解前(S0 样品)和水解 1h(S1 样品)和 2h(S2 样品)聚合得

到的光催化剂的 XRD 图谱。我们可以清楚地观察到，所有样品都有一个以 27° 为中心的强峰和位于 13° 的弱峰，分别对应于庚嗪环单元的面间堆积和 π-π 层间堆积的氮化碳(100)和(002)面(Liu Z G et al.，2018；Huang Z A et al.，2015；Fang L J et al.，2016；Li Y H et al.，2017)。与 S0 样品相比，S2 样品的(002)峰强度要弱得多，反映了 S2 样品体相 $g\text{-}C_3N_4$ 的剥落，这与 SEM 和 TEM 图像一致(图 4-21)。与 S0 样品相比，S2 样品的(002)峰从 27.18° 向上移动到 27.38° ，而(100)峰从 12.79° 向下移动到 12.59° ，反映了压实的层间堆积距离(从 0.328nm 到 0.325nm)和扩展的面内堆积距离(从 0.692nm 到 0.703nm)。这将促进层间和平面内的电荷扩散，增强 $g\text{-}C_3N_4$ 的光催化活性(Cheng J S et al，2018)。

通过 FTIR 光谱进一步证实了 $g\text{-}C_3N_4$ 的结构，如图 4-22(b)所示。其中，1640cm^{-1}、1580cm^{-1}、1420cm^{-1}、1330cm^{-1} 和 1240cm^{-1} 的吸收峰归因于(C═N)或(C—N)的振动，这是 $g\text{-}C_3N_4$ 杂环的典型拉伸模式。在 810cm^{-1} 处的吸收是三嗪环单元的特征模式，在 3100～3500cm^{-1} 范围内的宽带归因于 $g\text{-}C_3N_4$ 的—NH 的振动模式(Chen F et al.，2017)。

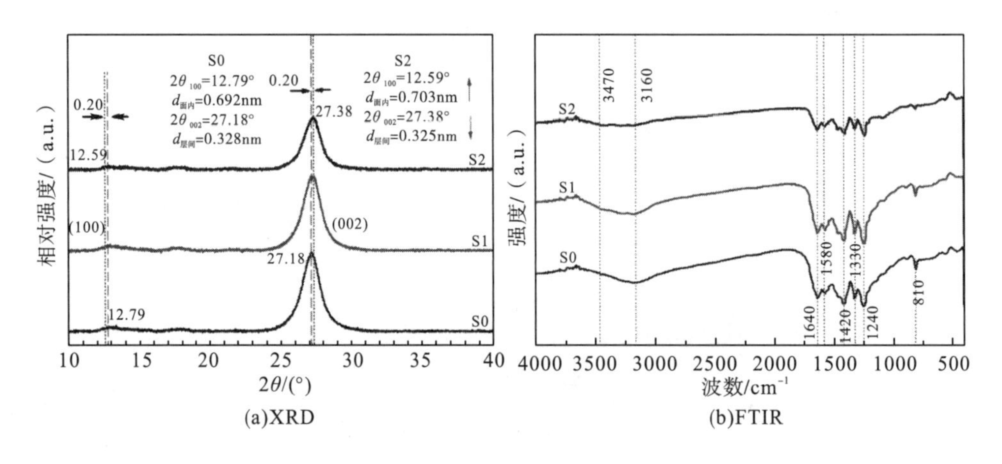

图 4-22 $g\text{-}C_3N_4$ 光催化剂的 XRD 和 FTIR 图谱

4.2.4.4 光学和(光)电化学测量

吸光能力对光催化剂的光催化活性具有重要意义(Jiang J et al.，2017；Li Y H et al.，2017)。图 4-23 比较了不同光催化剂的紫外-可见漫反射吸收光谱。随着 DCDA 水解时间的增加，$g\text{-}C_3N_4$ 的吸收带边从 466(S0)蓝移到 460nm(S1)和 452nm(S2)，反映了 gCN-NSs 的带隙比体相 $g\text{-}C_3N_4$ 宽(表 4-3)(由于量子尺寸效应)。

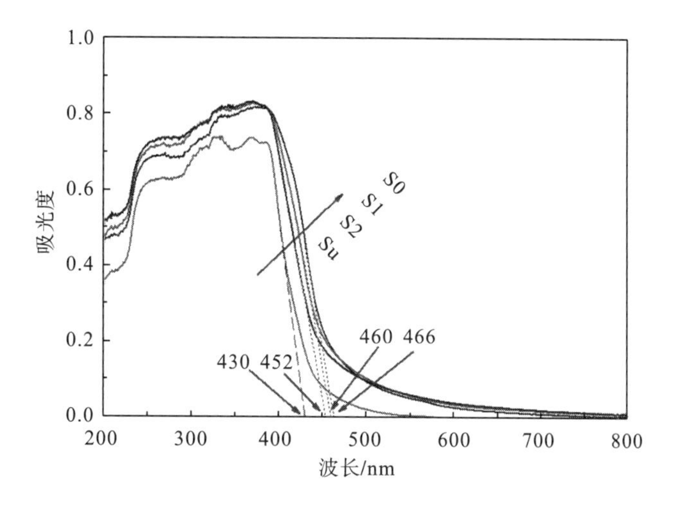

图 4-23　g-C_3N_4 光催化剂的紫外-可见漫反射光谱(DRS)

表 4-3　光催化剂的物理性质

样品	氮气吸附			禁带/eV
	$S_{BET}/(m^2 \cdot g^{-1})$	$PV/(cm^3 \cdot g^{-1})$	APS/nm	
S0	12.2	0.056	16.9	2.66
S1	28.8	0.136	18.5	2.70
S2	59.8	0.282	20.5	2.74
Su	118.6	0.446	16.2	2.88

图 4-24 显示的是 g-C_3N_4 光催化剂的模拟计算态密度(DOS)。由图可以看出，1 层 g-C_3N_4(代表 gCN-NSs)的带隙大于 3 层 g-C_3N_4(代表体相 g-C_3N_4)，与图 4-20 中的观察结果一致(Cui W et al.，2017)。

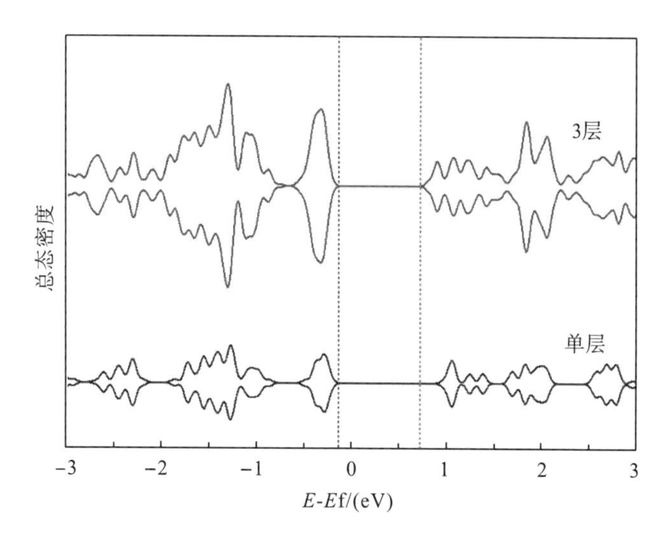

图 4-24　计算得到的 1 层和 3 层 g-C_3N_4 光催化剂的能带结构比较

从图 4-23 中可以看出，S2 样品的光响应范围比 Su 样品大。

用光致发光(PL)评价光生载流子的复合率。从图 4-25(a)中可以看出，在三种 g-C_3N_4 光催化剂中，S2 的 PL 强度最弱。较弱的 PL 强度意味着光生电子空穴对的复合速率较慢(Liu M J et al.，2018；Xia P F et al.，2018)。

我们进一步研究了光催化剂在可见光照(λ>420nm)下的瞬态光电流。从图 4-25(b)中可以看出 S2 gCN-NSs 在所有光催化剂中具有最高的光电流，表明其最快的电荷分离效率(Li Y H et al.，2018；Li G S et al.，2016)。在 EIS 中，S2 gCN-NSs 的最小电弧半径也证实了其在电极/电解质界面中最快的界面电荷转移[图 4-25(c)](Liu Q Q et al.，2018；Li G S et al.，2016；Feng C Y et al.，2018；Tang L et al.，2018)。因此，S2 gCN-NSs 的强光催化活性是值得期待的。

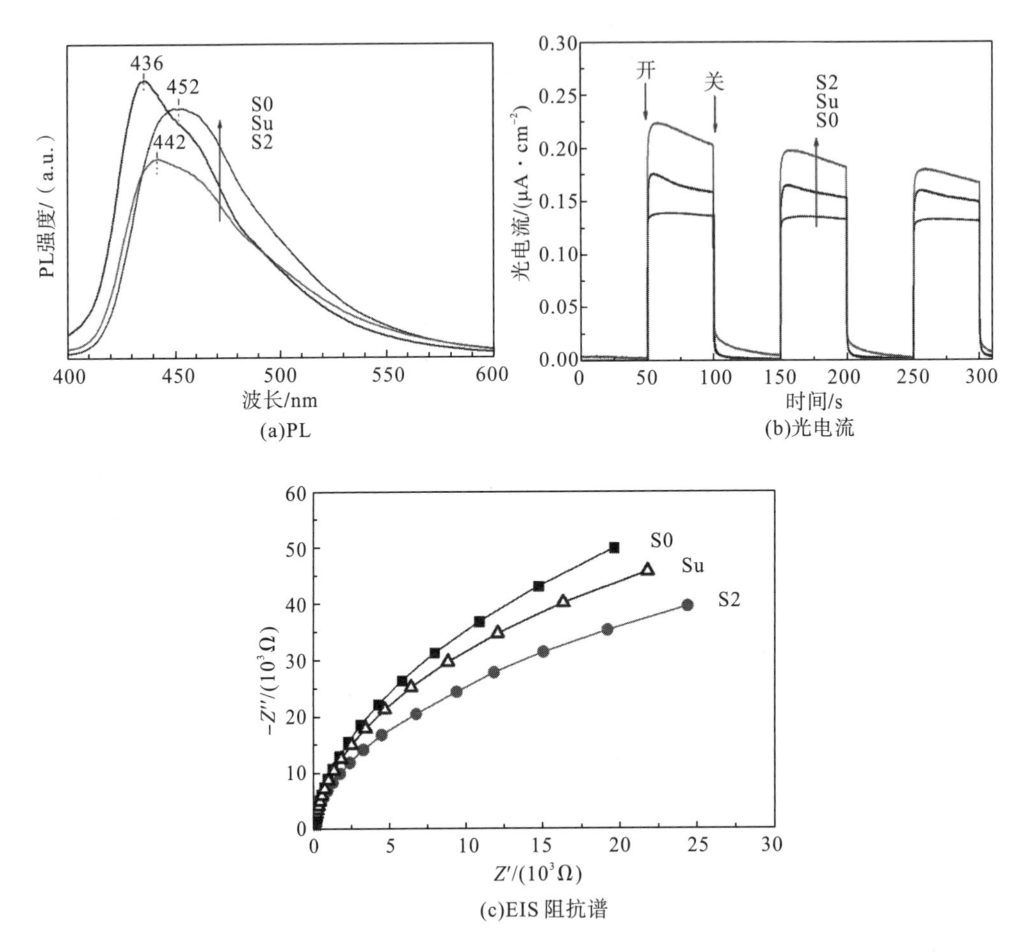

图 4-25 制备的 g-C_3N_4 光催化剂的光致发光光谱(a)、光电流(b)和 EIS 阻抗谱(c)的比较

4.2.4.5 XPS 和活性氧(ROSs)

用 XPS 测定了 g-C_3N_4 光催化剂元素的化学状态。从图 4-26(a)中所示的 XPS 测量光谱可以观察得到所有 g-C_3N_4 样品都含有 C、N 和少量的 O 元素，结合能分别为 288eV、

398eV 和 531eV。根据 XPS 表征结果，C/N(摩尔比)以 S0(0.639)<S2(0.646)<Su(0.661)的顺序增加，反映了 g-C_3N_4得到了更好的聚合。

高分辨率 XPS 谱的 C 1s 可以拟合成两个高斯峰。结合能为 287.4eV 的较大峰对应于 g-C_3N_4芳香结构内与 N 结合的 sp^2C 原子，而结合能为 284.6eV 的较小峰来源于 XPS 仪器本身的污染碳[图 4-26(b)]。在 398.0eV、399.6eV 和 400.5eV 处，N 1s 的高分辨率 XPS 谱分别由 C＝N—C 、N—(C_3)和 g-C_3N_4光催化剂的胺基组成[图 4-26(c)]。此外，在 N 1s 区的高分辨率 XPS 谱中还观察到结合能为 403.4eV 的小峰，这可归因于聚合物 g-C_3N_4光催化剂中的高强度末端氧化链(Corp K L et al.，2017)。在 O 1s 区域的 XPS 光谱可以被分解成两个结合能为 529.1eV 和 531.8eV 的峰[图 4-26(d)]。前者来源于氧化碳，后者来源于高度氧化基团的羟基(Xia P F et al.，2018)。

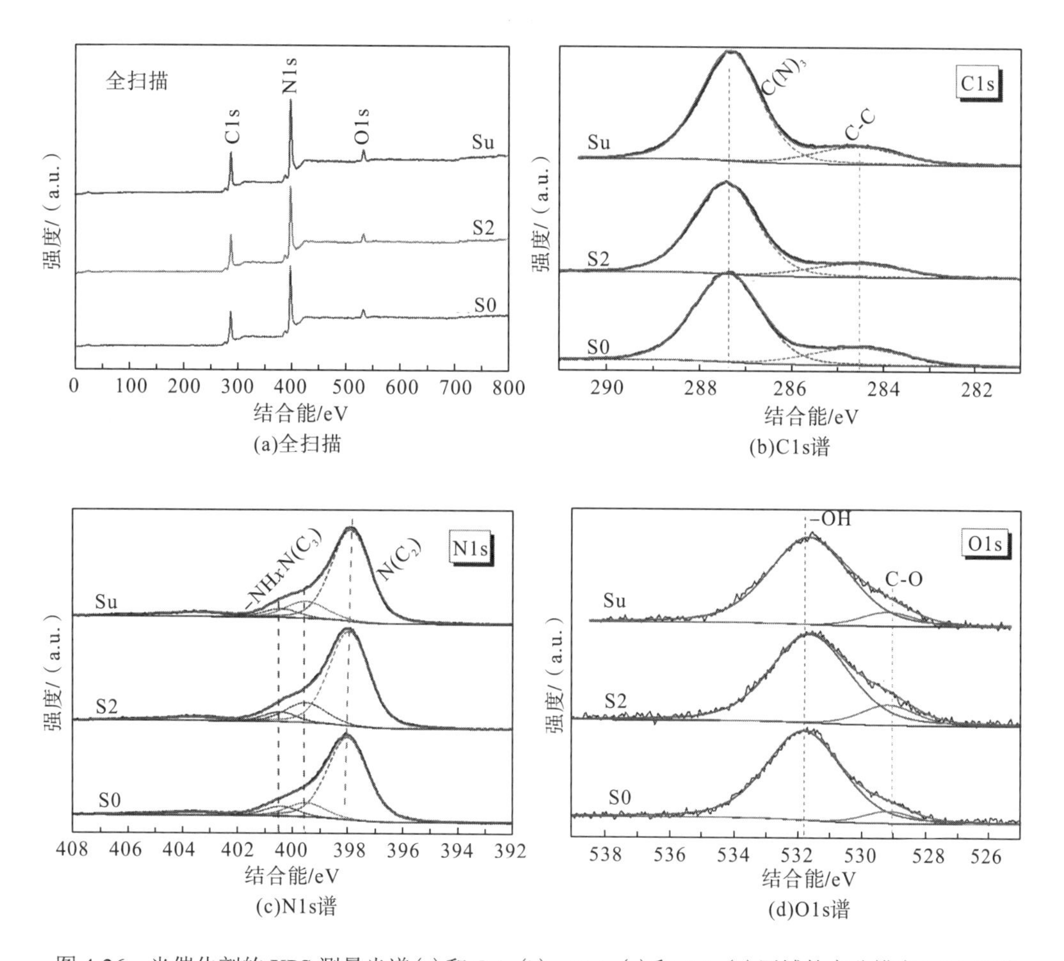

图 4-26　光催化剂的 XPS 测量光谱(a)和 C 1s(b)、N 1s(c)和 O 1s(d)区域的高分辨率 XPS 光谱

4.2.4.6　氮气吸附-脱附等温线

图 4-27 比较了 g-C_3N_4光催化剂的氮气吸附-脱附等温线。与体相 g-C_3N_4样品相比，gCN-NSs 的吸附等温线向上移动，表明其比表面积增大。实验测得 S2 的 BET 比表面积为

59.8 $m^2{\cdot}g^{-1}$，比 S0(12.2$m^2{\cdot}g^{-1}$)高 3.9 倍。S2 样品表现出 H3 型等滞回环线，通常与块状颗粒有关，与其片状形貌一致(图 4-21)(Huang Z A et al.，2015)。由于 g-C_3N_4 的剥落，S2 样品的孔容(0.282$cm^3{\cdot}g^{-1}$)比 S0 样品(仅 0.056$cm^3{\cdot}g^{-1}$)高 4.0 倍。比表面积和孔容的增大会促进底物/光生载流子的吸附/扩散，从而增强光催化反应(Yang R W et al.，2017)。

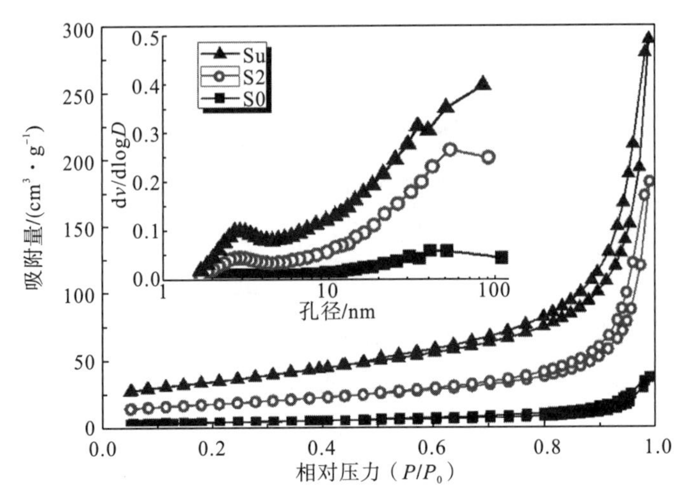

图 4-27 制备的 g-C_3N_4 光催化剂的吸附-脱附等温线和相应的孔径分布曲线

4.2.5 光催化还原机制

利用水裂解在可见光照射下产生氢气，评价制备的 g-C_3N_4 光催化剂的光催化活性。实验结果表明，在没有任何光催化剂的情况下，可以检测到很少的 H_2 气体(本书研究没有显示)。然而，在 g-C_3N_4 存在时，氢气的体积随着光照时间的延长而稳定增加[图 4-28(a)]，并且 S2(gCN-NSs)光催化活性最强，产氢速率为 1.22$mmol{\cdot}g^{-1}{\cdot}h^{-1}$，是 S0 体积 g-$C_3N_4$ 样品(0.25$mmol{\cdot}g^{-1}{\cdot}h^{-1}$)的 4.9 倍。考虑到尿素聚合制备的 gCN-NSs(Su 样品)具有相似的片状结构，我们还测量了 Su 样品的水裂解性能。结果表明，Su 样品的产氢率仅为 0.50$mmol{\cdot}g^{-1}{\cdot}h^{-1}$，为 S2(gCN-NSS)的 41.0%[图 4-28(b)]。

值得注意的是，在所有制备的 g-C_3N_4 光催化剂中，Su 样品表现出最大的比表面积(118.6$m^2{\cdot}g^{-1}$)，几乎是 S2(gCN-NSs)(59.8$m^2{\cdot}g^{-1}$)的 2 倍。也就是说，胍脲聚合制备的 S2(gCN-NSs)比尿素聚合合成的 gCN-NSs 具有更好的光催化性能。S2 的光活性为 20.37$\mu mol{\cdot}h^{-1}{\cdot}m^{-2}$，是比产氢率仅为 4.22$\mu mol{\cdot}h^{-1}{\cdot}m^{-2}$ 的 Su 的 4.8 倍[图 4-28(c)]。用发射 420nm 光束的单色 LED 灯测量 H_2 的表观量子效率(Apparent Quantum Yield，AQY)，结果表明，S2(gCN-NSs)样品在 420 nm 的 AQY 为 3.11%，是 Su gCN-NSs 样品(2.36%)的 1.3 倍，还证实了胍脲聚合制备的 gCN-NSs 的光催化活性较高。这可能是由于 S2 样品的可见光响应范围更广(图 4-23)。

从实际应用的角度来看，光催化剂的稳定性是非常重要的。因此，我们进行重复实验来证明 S2(gCN-NSs)的光催化活性非常稳定。即使重复使用 5 次，其光活性几乎保持不变[图 4-28(d)]。

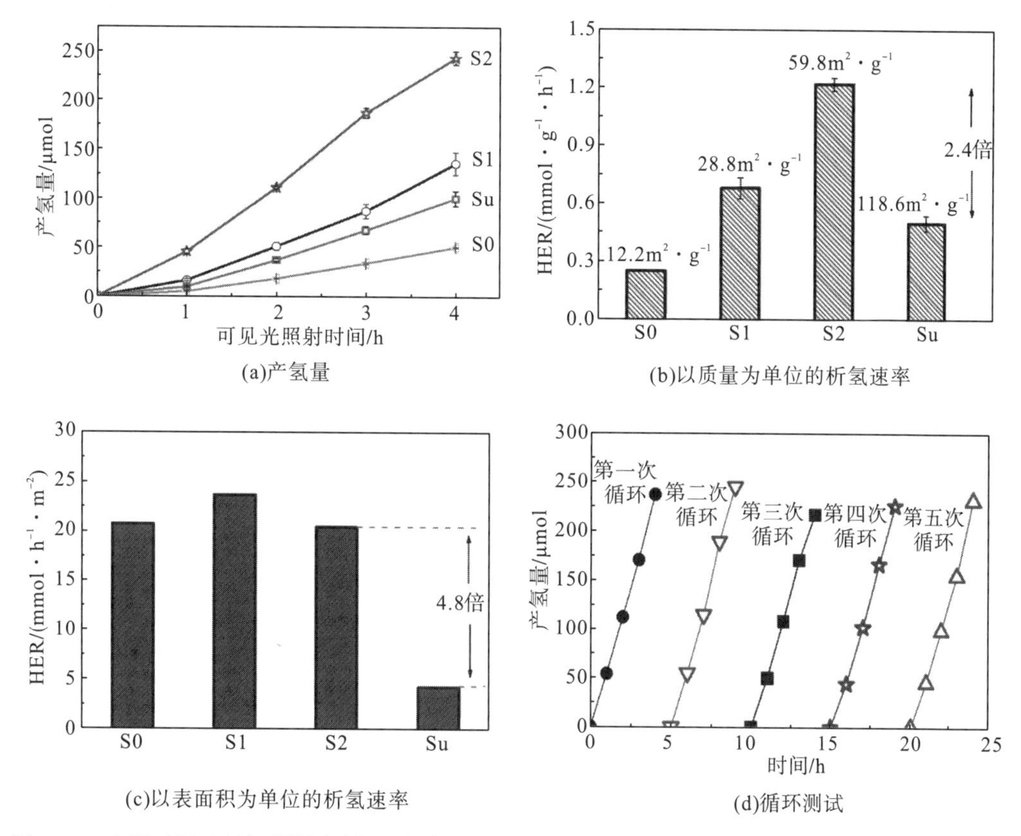

(a)产氢量 (b)以质量为单位的析氢速率

(c)以表面积为单位的析氢速率 (d)循环测试

图 4-28 光照时间对制氢的影响(a)、以质量(b)和表面积(c)为单位的光催化剂的析氢速率(HER)，以及使用 S2 作为光催化剂(d)重复制氢实验

为了确定所制备的 g-C_3N_4光催化剂的能带结构，我们测量了 M-S 曲线(图 4-29)。S0、S2 和 Su 样品的 CB 电位分别为-1.20eV、-1.25eV 和-1.25eV。结合紫外-可见漫反射光谱的表征结果，计算了 S0、S2 和 Su 样品的 VB 电位分别为+1.50V、+1.50V 和+1.56eV(图 4-30)。与体相 g-C_3N_4(S0)样品相比，S2 和 Su 的 CB 电位均发生负移，从而使质子快速还原生成 H_2(Li Y F et al.，2017；Zhang G G et al.，2017)。

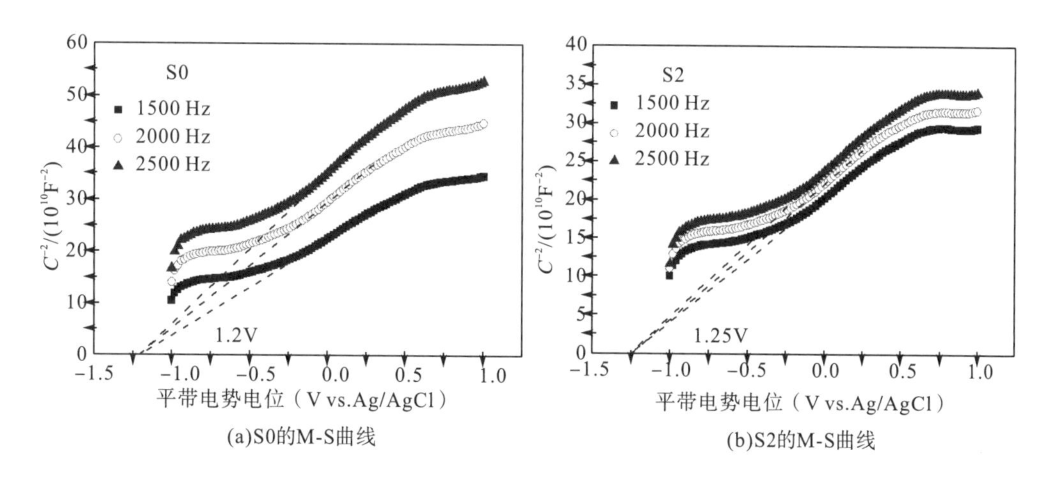

(a)S0的M-S曲线 (b)S2的M-S曲线

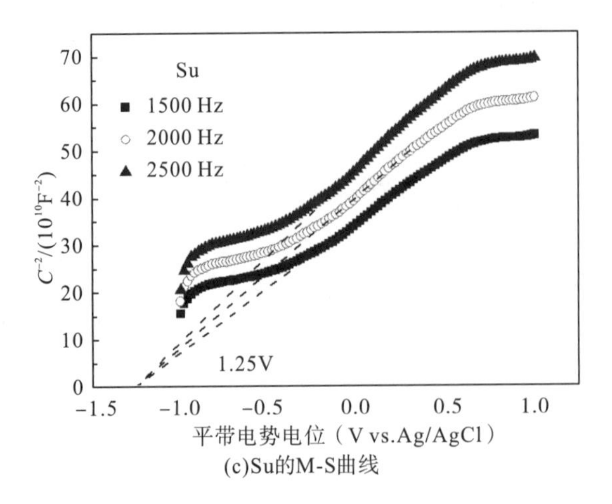

图 4-29 不同频率下 S0(a)、S2(b)和 Su(c)的 M-S 曲线测定

由于 S2(gCN-NSs)跟体相 g-C_3N_4相比，能够更有效地分离光生电子空穴对(图 4-25)，且 CB 电位负移(图 4-30)，我们可以预测，在光照的条件下，gCN-NSs 上能更好地形成超氧自由基(• O_2^-)和羟基自由基(• OH)。ESR 自由基捕获实验结果证实了这一点。从图 4-31 中可以看出，DMPO- • OOH/ • O_2^- 和 DMPO-•OH 加合物对 S2 gCN-NSs 的 ESR 信号比 S0 体相 g-C_3N_4强得多，反映了 gCN-NSs 的强光活性(Tian L et al.，2018；Liu W et al.，2018)。

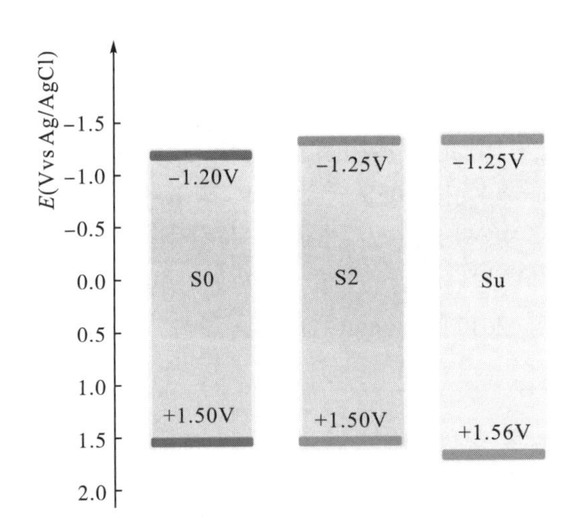

图 4-30 S0、S2、Su 的能带结构比较

水中分散性差是导致体相 g-C_3N_4光反应性低的原因之一(Meng N N et al.，2018)。水接触角可以反映光催化剂的亲水性。因此，我们还测量了制备的 g-C_3N_4 光催化剂的水接触角。S0、S2 和 Su 样品的接触角分别为 34.6°、27.5° 和 30.4° (图 4-32)。 较小的接触角反映了水与 gCN-NSs 光催化剂之间的强界面相互作用，有利于解离，从而有利于制氢。因此，gCN-NSs 具有更强的水裂解产生氢气的光催化活性。

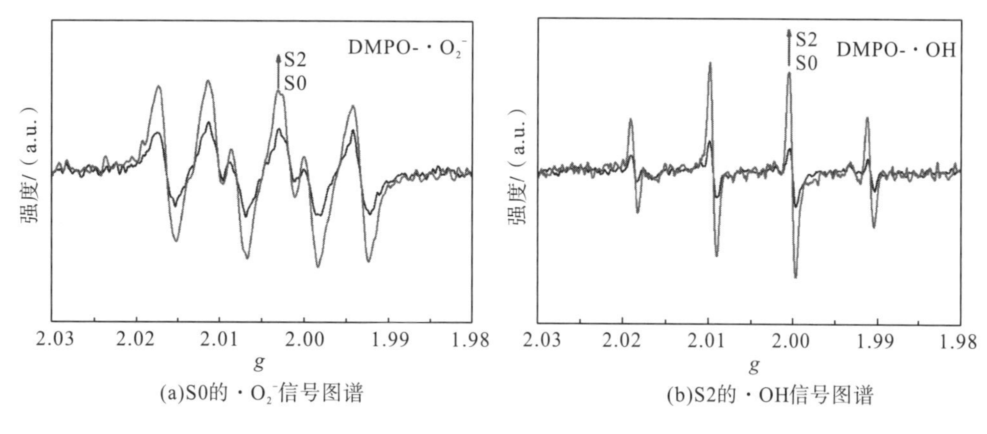

(a)S0的·O_2^-信号图谱 (b)S2的·OH信号图谱

图 4-31 S0·O_2^-信号图谱(a)和 S2 的·OH 信号图谱(b)

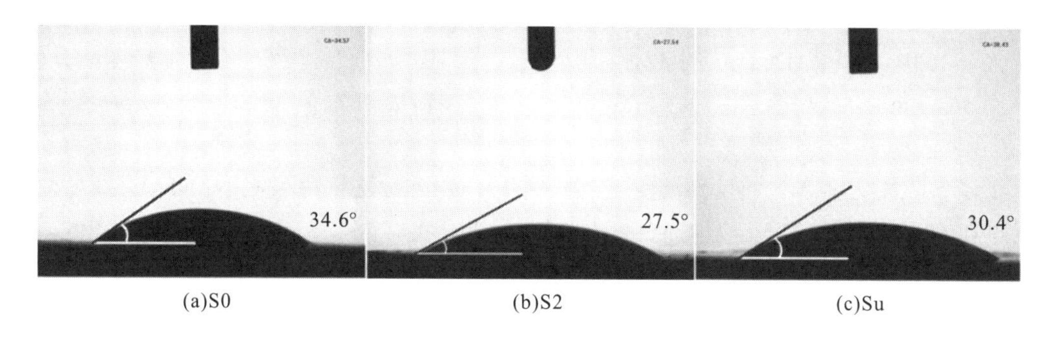

(a)S0 (b)S2 (c)Su

图 4-32 S0、S2、Su 样品表面的水接触角

4.2.6 小结

利用脒脲的含氧前驱体，由于 π-π 堆积层之间的相互作用减少，成功地制备了片状 g-C_3N_4(gCN-NSs)。制备的片状 g-C_3N_4 在可见光照射下表现出优异的光催化制氢性能。脒脲聚合法制备的 gCN-NSs 具有较高的光催化活性，这是由良好的可见光响应范围、增大的比表面积、降低的光生载流子复合速率、负移的 CB 电位和改善的亲水性的综合作用所致。

4.3 多次煅烧 g-C_3N_4 增强 NO 的可见光催化氧化性能研究

4.3.1 引言

扩大 g-C_3N_4 的比表面积是提高光催化性能的另一个途径。较大的比表面积意味着可以利用更多的活性中心进行吸附和光催化反应。由于块体 g-C_3N_4 通常由单体在高温下聚合而成，因此其比表面积相对较小(小于 $10m^2·g^{-1}$)(Cheng J S et al.，2018)。通常采用模板法来扩大 g-C_3N_4 的表面积。例如，用有序介孔 SBA-15 作为硬模板(Chen X F et al.，2009)

制备了比表面积高达 $239m^2 \cdot g^{-1}$ 的介孔 $g\text{-}C_3N_4$。同样，以硫泡(He F et al.，2015)和普朗尼克 P123(Yan H J et al.，2012)为软模板时，$g\text{-}C_3N_4$ 的比表面积分别增加了 1.7 倍(从 $17m^2 \cdot g^{-1}$ 增加到 $46m^2 \cdot g^{-1}$)和 4.6 倍(从 $9m^2 \cdot g^{-1}$ 增加到 $50m^2 \cdot g^{-1}$)。模板法的主要缺点是耗时长、对环境有害，也有可能给 $g\text{-}C_3N_4$ 的晶格带来一些缺陷，抑制其光催化活性。

本节通过在 600℃下重复煅烧块体 $g\text{-}C_3N_4$($9.1m^2 \cdot g^{-1}$)，制备纳米片自组装的 $g\text{-}C_3N_4$($g\text{-}C_3N_4$-NSs)，系统地研究了煅烧时间(PCT)对 $g\text{-}C_3N_4$ 微观结构、性质和光催化性能的影响。与此同时，利用 NO 氧化和产氢来评估 $g\text{-}C_3N_4$ 在可见光照射下的光催化反应活性。

4.3.2 催化剂的制备

本书在 Fang 等研究成果的基础上合成了块体 $g\text{-}C_3N_4$(Feng S et al.，2016)。简而言之，将含有 10.0g 双氰胺(DCDA)的氧化铝坩埚放入马弗炉中，然后在 550℃下加热 3h，升温速率为 $5℃ \cdot min^{-1}$。冷却至室温后，将获得的黄色固体样品(块体 $g\text{-}C_3N_4$)，研磨成粉末(S0 样品)。

以 $g\text{-}C_3N_4$ 为原料，通过高温反复氧化制备了 $g\text{-}C_3N_4$ 纳米片($g\text{-}C_3N_4$-NSs)。简单地说，通过在 600℃下煅烧 2.5g 块体 $g\text{-}C_3N_4$(S0 样品)2h，我们获得 S1 样品(将块体 $g\text{-}C_3N_4$ 煅烧 1 次)。类似地，我们通过在 600℃下煅烧 2.5 g S1 样品 2h 获得 S2 样品(将块体 $g\text{-}C_3N_4$ 煅烧 2 次)。我们可以增加块体 $g\text{-}C_3N_4$ 的后煅烧时间以获得相应的 Sx 样品，其中 x 表示后煅烧时间(x=1～7)。在每个循环中，升温速率和冷却速率分别保持在 $5℃ \cdot min^{-1}$ 和 $10℃ \cdot min^{-1}$。每次煅烧后产品收率约为 80%。

4.3.3 结果和讨论

4.3.3.1 相结构与形貌演变

从图 4-33(a)可以看出多次煅烧对 $g\text{-}C_3N_4$ 相结构的影响。可以观察到，所有样品的 XRD 图谱都是相似的，都包含两个峰。位于 13.1° 左右的弱(100)峰对应于氮化碳的面内结构堆积基元；位于 27.5° 左右的强(002)峰对应于氮化碳的面内结构堆积基元，归因于芳香族链段的层间堆积。所有 $g\text{-}C_3N_4$ 样品的 XRD 图谱相似，表明 $g\text{-}C_3N_4$ 具有较高的稳定性。然而，仔细观察发现，$g\text{-}C_3N_4$ 的(002)峰的衍射角稳定地从 27.26° (S0 样品)增加到 27.58° (S7 样品)，表明层间距减小[图 4-33(b)]，这有利于光生载流子在层间的迁移和分离，增强了光反应活性。此外，$g\text{-}C_3N_4$ 的(002)峰的相对结晶度(Relative Cystallinity，RC)是先增加后降低的，且 S4 样品的结晶度最高(表 4-4)。这些结果表明，多次煅烧对 $g\text{-}C_3N_4$ 的结晶有促进作用。但多次煅烧时间过长也会破坏 $g\text{-}C_3N_4$ 的结构。

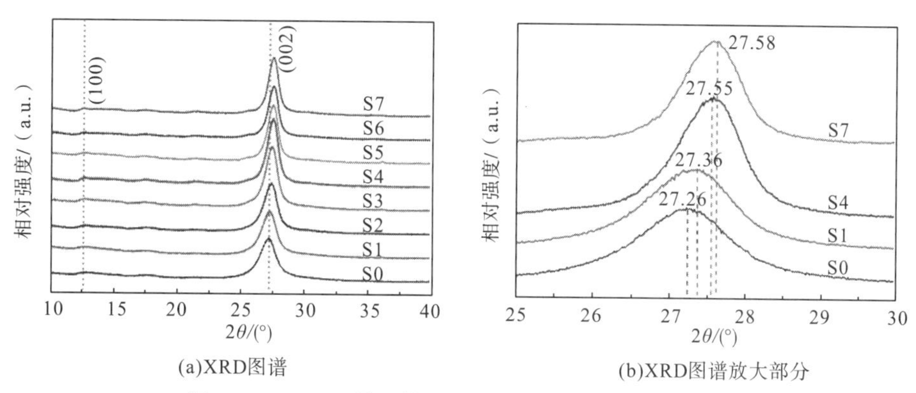

(a)XRD图谱

(b)XRD图谱放大部分

图 4-33 g-C_3N_4样品的 XRD 图谱(a)及其放大部分(b)

表 4-4 光催化剂的物理性质

样品	S_{BET}/($m^2 \cdot g^{-1}$)	PV[a]($cm^3 \cdot g^{-1}$)	APS[b]/nm	ACS[c]/nm	RC[d]
S0	9.1	0.06	26.5	657.8	1
S1	18.2	0.10	20.5	329.6	1.07
S2	29.9	0.16	21.3	200.5	1.18
S3	38.2	0.21	21.3	157.0	1.44
S4	48.3	0.27	23.2	124.2	1.54
S5	52.2	0.29	23.0	114.9	1.32
S6	55.6	0.30	23.11	108.0	1.23
S7	60.5	0.26	18.9	99.1	1.31

注：a.PV 为孔容；b.APS 为平均孔径；c.ACS 为平均微晶尺寸；d.RC 为相对结晶度，是基于 g-C_3N_4(参考 S0)从(002)平面衍射峰的相对强度计算得出的。

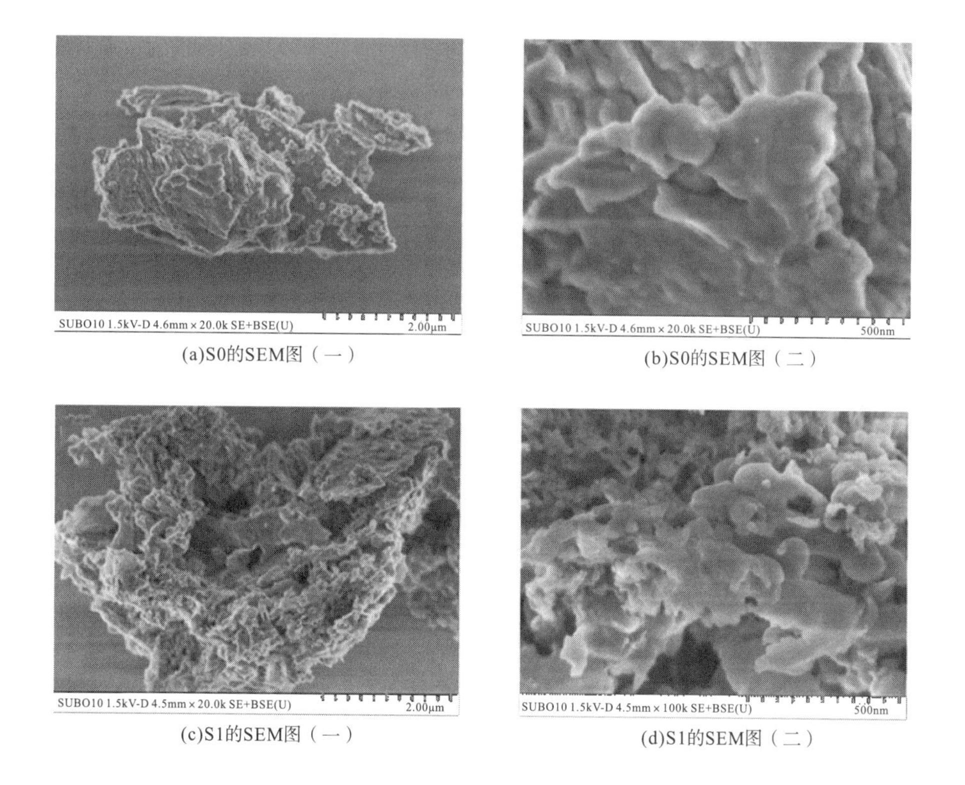

(a)S0的SEM图（一）

(b)S0的SEM图（二）

(c)S1的SEM图（一）

(d)S1的SEM图（二）

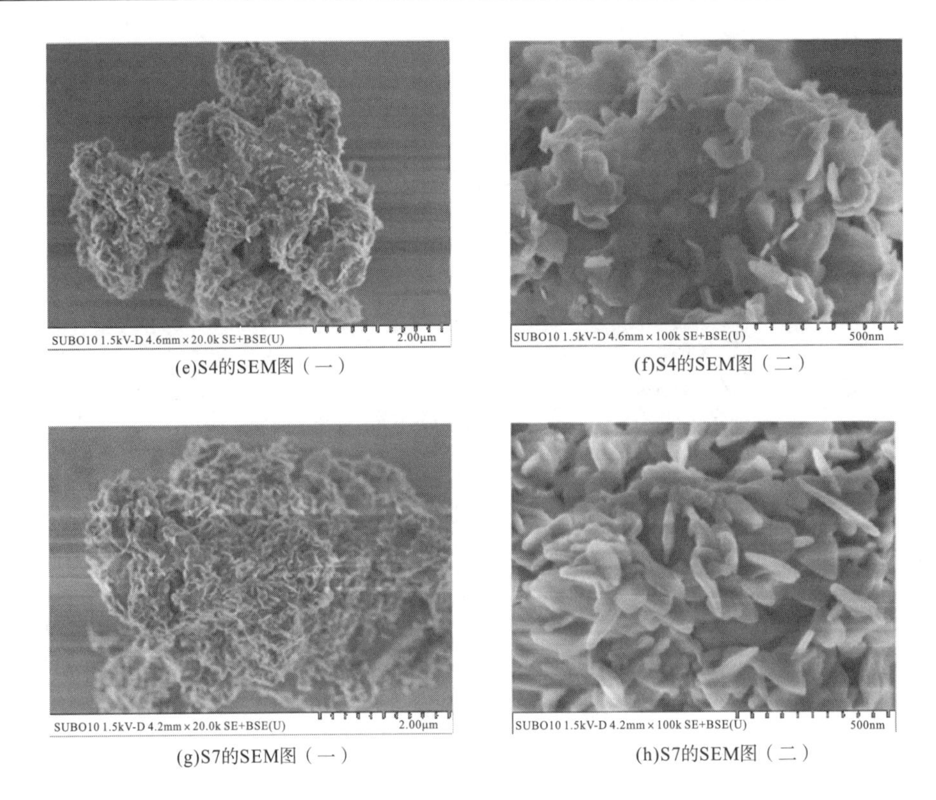

(e)S4的SEM图（一） (f)S4的SEM图（二）

(g)S7的SEM图（一） (h)S7的SEM图（二）

图 4-34 制备的 g-C_3N_4样品的 S0、S1、S4 和 S7 的 SEM 图像

图 4-34 显示了 g-C_3N_4形态随 PCT 的增加而演变。可以看出，在多次煅烧之前，块体 g-C_3N_4样品(S0)的表面相对光滑[图 4-34(a)和图 4-34(b)]。在 600℃处理 2h 后，S1样品的表面变得粗糙[图 4-34(c)]。这可能是由于一些低聚合度的氮化碳在高温下开始分解[图 4-34(c)和图 4-34(d)]。经过 4 次重复煅烧后，我们可以清楚地观察到一些厚度为 5～10nm 的片状物生长。

图 4-34(e)和图 4-34(f)反映了在 g-C_3N_4表面 g-C_3N_4被氧化和剥落。这些小薄片可以显著提高块状 g-C_3N_4的表面积(表 4-4)。重复煅烧 7 次后，由于氧化剥落，块体 g-C_3N_4完全转变为纳米片状(S7 样品)的聚集体。这些矩形纳米片具有约 20～30nm 的厚度和100～150nm 的边长。

相应的 TEM 图像进一步证实了氧化诱导的块状 g-C_3N_4的剥落(图 4-35)。S0 样品 TEM 图像中的深黑色[图 4-35(a)]反映了 g-C_3N_4的体相致密结构，具有层状结构[图 4-35(b)]。随着 PCT 的增加，g-C_3N_4样品的 TEM 图像的颜色变得越来越亮，反映了 g-C_3N_4在空气中稳定的刻蚀(剥离)[图 4-35(c)～图 4-35(f)]。特别地，我们可以从 S7 样品中清楚地观察到一些从 g-C_3N_4-NSs 表面分离出来的纳米片[图 4-35(g)和图 4-35(h)]，这与相应的SEM[图 4-34(h)]是一致的。

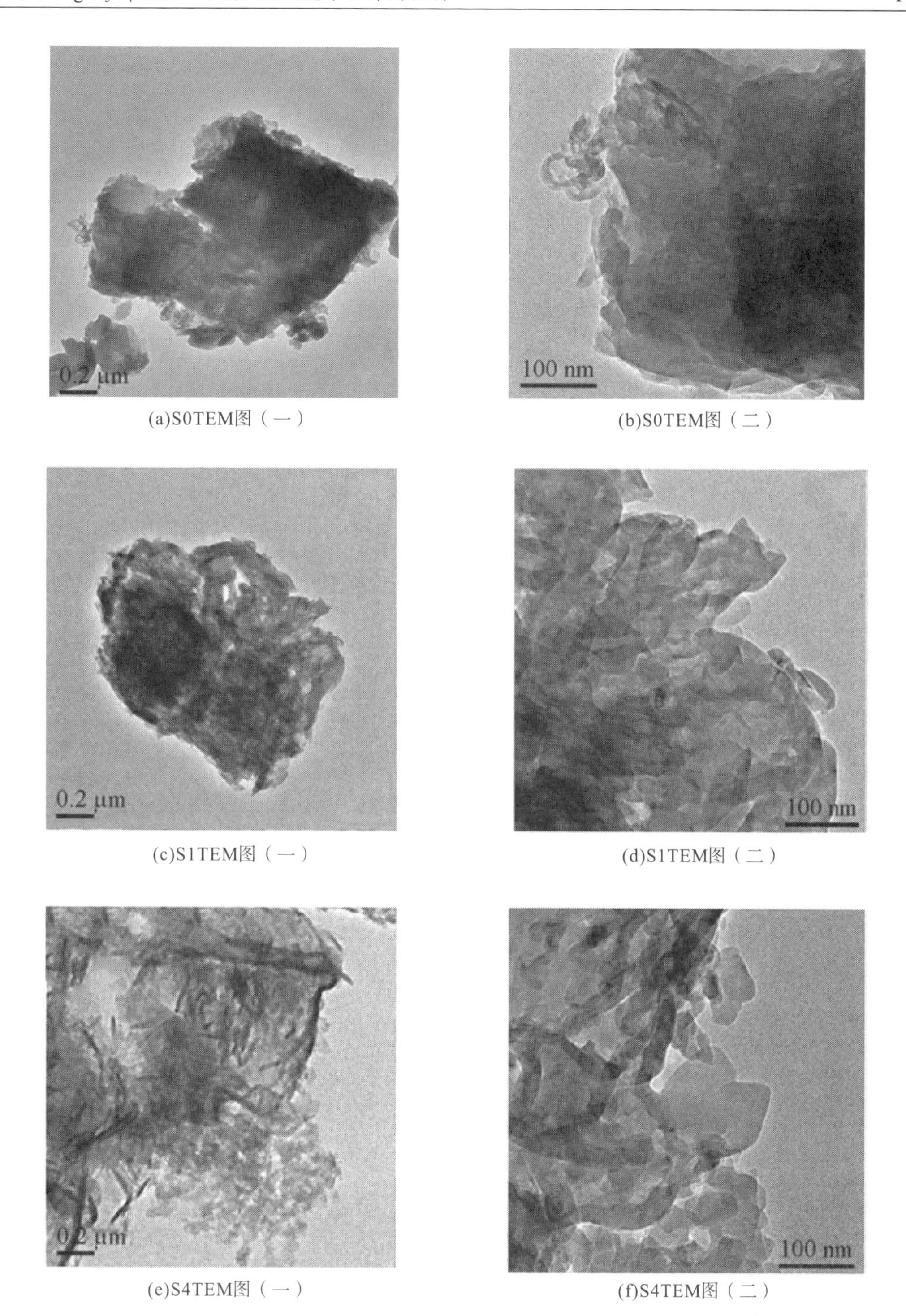

(a)S0TEM图（一） (b)S0TEM图（二）

(c)S1TEM图（一） (d)S1TEM图（二）

(e)S4TEM图（一） (f)S4TEM图（二）

(g)S7的TEM图（一）

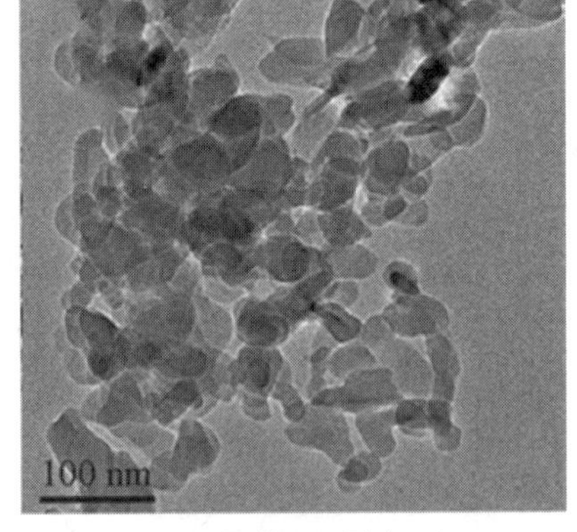

(h)S7的TEM图（二）

图 4-35 制备的 g-C_3N_4样品的 S0、S1、S4 和 S7 的 TEM 图像

根据 AFM 图像，块状 g-C_3N_4(S0 样品)的高度约为 70～80nm(图 4-36)，S7 样品的 g-C_3N_4-Ns 急剧减少到 4～10nm(图 4-37)，进一步证实了热诱导的块状 g-C_3N_4的剥离。

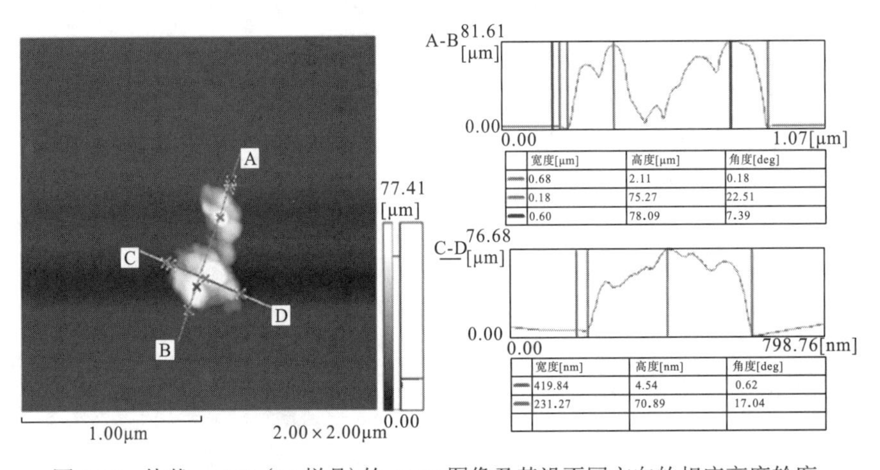

图 4-36 块状 g-C_3N_4(S0 样品)的 AFM 图像及其沿不同方向的相应高度轮廓

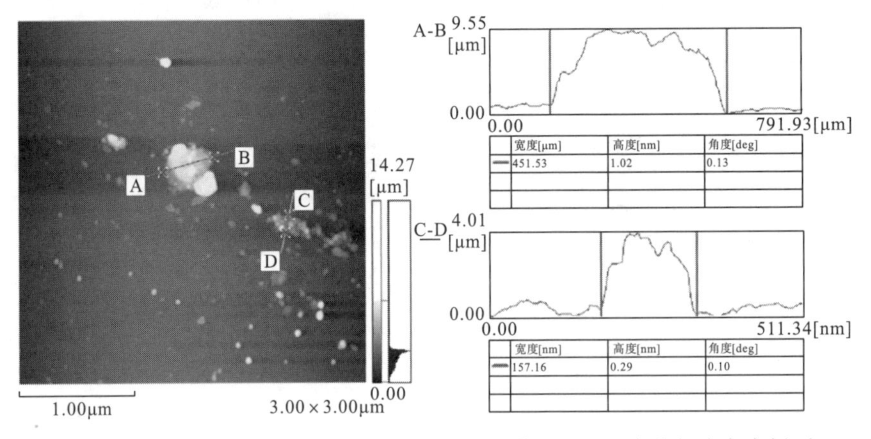

图 4-37 S7 样本的 g-C_3N_4-NS 的 AFM 图像及其沿不同方向的相应高度剖面

从图 4-38 可以看出，几乎所有的铂纳米颗粒都沉积在 $g\text{-}C_3N_4$ 纳米片的侧面(箭头标出)。从高分辨率的 TEM 图像可以观察到 0.23nm 的晶格间距，与 Pt 的(111)晶面相对应，这反映了光还原的 Pt 纳米粒子结晶良好。根据 Kang 等的研究，(100)面是 $g\text{-}C_3N_4$ 的还原点(Kang Y Y et al.，2016)。推测 $g\text{-}C_3N_4$ 纳米片的顶面和底面为(002)面，侧面为(100)面。

由于 $g\text{-}C_3N_4$-NSs 的(002)和(100)晶面的表面能不同，光生电子和空穴将迁移到不同的晶面，从而延缓复合(Kang Y Y et al.，2016)。由于块状 $g\text{-}C_3N_4$ 的氧化剥离还会导致纳米片层的产生，从而大大减少了光生载体的自由程，因此 $g\text{-}C_3N_4$-NSs 的光催化活性的增强是可以预测的。

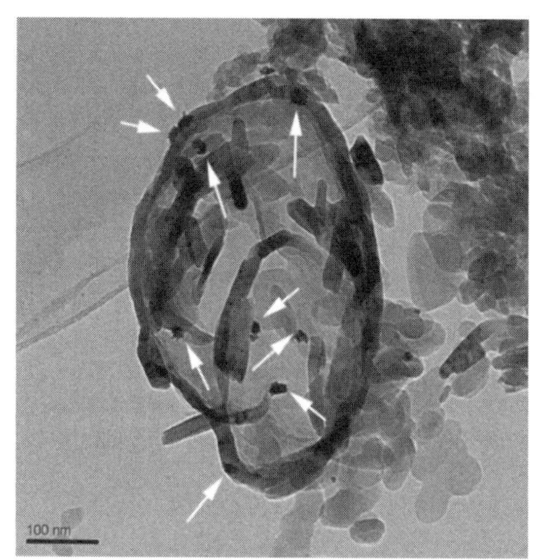

(a)S7负载Pt后的TEM图

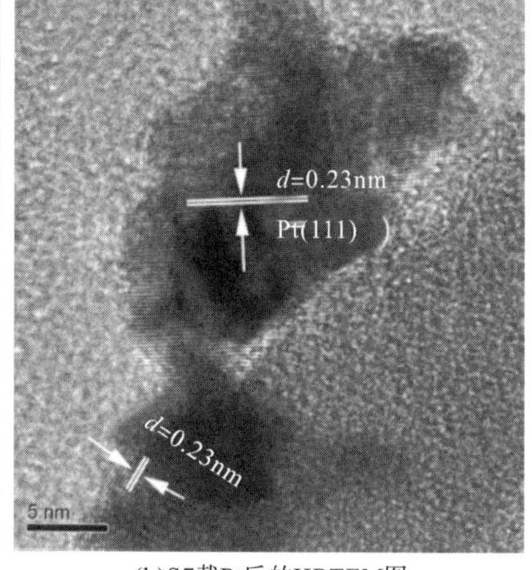

(b)S7载Pt后的HRTEM图

图 4-38　S7 负载 Pt 的 TEM 图和 HRTEM 图

注：箭头表示存在于 $g\text{-}C_3N_4$-NSs 的(100)面上的 Pt 纳米颗粒的沉积。

4.3.3.2　FTIR 分析

利用 FTIR 光谱研究了多次煅烧对 $g\text{-}C_3N_4$ 化学结构的影响。从图 4-39 我们可以看到，所有的光催化剂都有相似的 FTIR 吸收光谱。在 1200～1600cm^{-1} 范围内的吸收归因于特征芳香族 CN 杂环，而以 806cm^{-1} 为中心的吸收峰来自三嗪单元(Chen F et al.，2017；Jiang J et al.，2017；Liu C et al.，2017)的呼吸模式。所有这些吸收峰都被认为是 $g\text{-}C_3N_4$ 的典型特征峰(Zhang Z et al.，2017)，这表明 $g\text{-}C_3N_4$ 非常稳定，因为煅烧后对其化学结构影响不大。

然而，S7 gC_3N_4-NSs 样品在 3100～3500cm^{-1} 范围内的宽峰强度降低，这是由于末端氨基的减少(Cui Y J et al.，2011；Liu J H et al.，2011)，而 1640 cm^{-1} 处的尖峰强度是由于 N-H 弯曲振动(Liao G Z et al.，2012；Zhang G G et al.，2012)引起的，相比块体 $g\text{-}C_3N_4$ 的尖峰有所降低。这表明后煅烧可以扩大 $g\text{-}C_3N_4$ 的共轭结构。

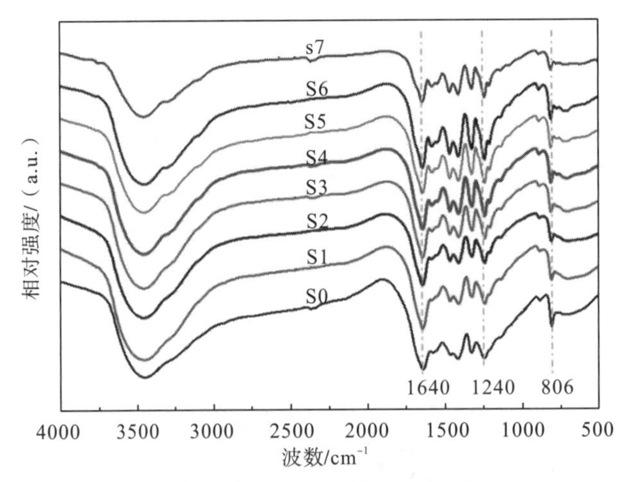

图 4-39 制备的 g-C_3N_4 样品的 FTIR 光谱比较

4.3.3.3 XPS 分析

所制备的光催化剂的 XPS 测量光谱如图 4-40(a)所示。结果表明，所有样品均含有 C、N 和少量 O 元素，结合能分别为 287eV(C 1s)、398eV(N 1s)和 532eV(O 1s)，S0、S1 和 S7 样品的 C∶N∶O 原子比分别为 1∶1.43∶0.09、1∶1.41∶0.07 和 1∶1.46∶0.04。根据图 4-40(b)，S0 样品(块状 g-C_3N_4)的高分辨率 C 1s XPS 谱可以去卷积拟合为两个主峰。较弱的峰(结合能为 284.6 eV)来自 XPS 仪器本身的异构烃，而较强的峰(结合能为 287.8 eV)可归属于 g-C_3N_4(N═C—N)(Zhang G G et al.，2012；She X J et al.，2016)中三嗪环上的 sp^2 杂化碳。与 S0 样品相比，S7 样品在 C 1s 区可额外去卷积出一个结合能为 289eV 的新的 C═O 基峰，反映了 g-C_3N_4 在多次煅烧过程中的氧化。

图 4-40(c)显示了 N 1s 区的高分辨率 XPS 谱。S0 样品(体相 g-C_3N_4)的去卷积拟合峰的结合能分别为 401eV、399.6eV 和 398.3eV，可分别归因于芳环上的 sp^2 键 N(C—N═C)、桥联 N(N—C_3)和氢键 N(C—NH)。从图 4-40(b)中，我们可以看到 sp^2-杂化碳(N═C—N)的结合能从 287.8eV 稳定降低到 287.6eV。同时，从图 4-40(c)可以观察到，芳环中 sp^2 键合的 N(C—N═C)的结合能从 398.3 eV 降低到 398.1eV。这些结果表明，多次煅烧会导致 g-C_3N_4 共轭骨架的增大。

图 4-40(d)比较了 g-C_3N_4 光催化剂在 O 1s 区的高分辨率 XPS 光谱，其中结合能为 532eV 的主峰来自吸附的 H_2O(She X J et al.，2016；Li H J et al.，2015)。可以看到，经过 1 次煅烧(S1 样品)，这个峰变得不对称，由此可以解卷出一个结合能为 529.5eV 的额外的小峰。S1 样品 O 1s 区的小峰归属于羰基(—C═O)，如异氰酸(HN—C═O)(Yang D X et al.，2009)，表明块体 g-C_3N_4 在二次煅烧过程中芳香族杂环被部分破坏。这进一步证实了体相 g-C_3N_4 向 g-C_3N_4-NSs 的剥离是由氧腐蚀引起的。而在 S7 样品中，从 O 1s 区去卷积拟合出的这一小峰明显降低，这可能是由于长时间煅烧破坏了 g-C_3N_4 中的氢键所致。据报道，在以共价键为主的 g-C_3N_4 层内框架中存在许多氢键，这些氢键来自含胺基团的前体的不完全聚合(Cheng J S et al.，2018)。由于重复后煅烧可以改善 g-C_3N_4(聚合完成)的结晶，因此氢键的去除是可以理解的。

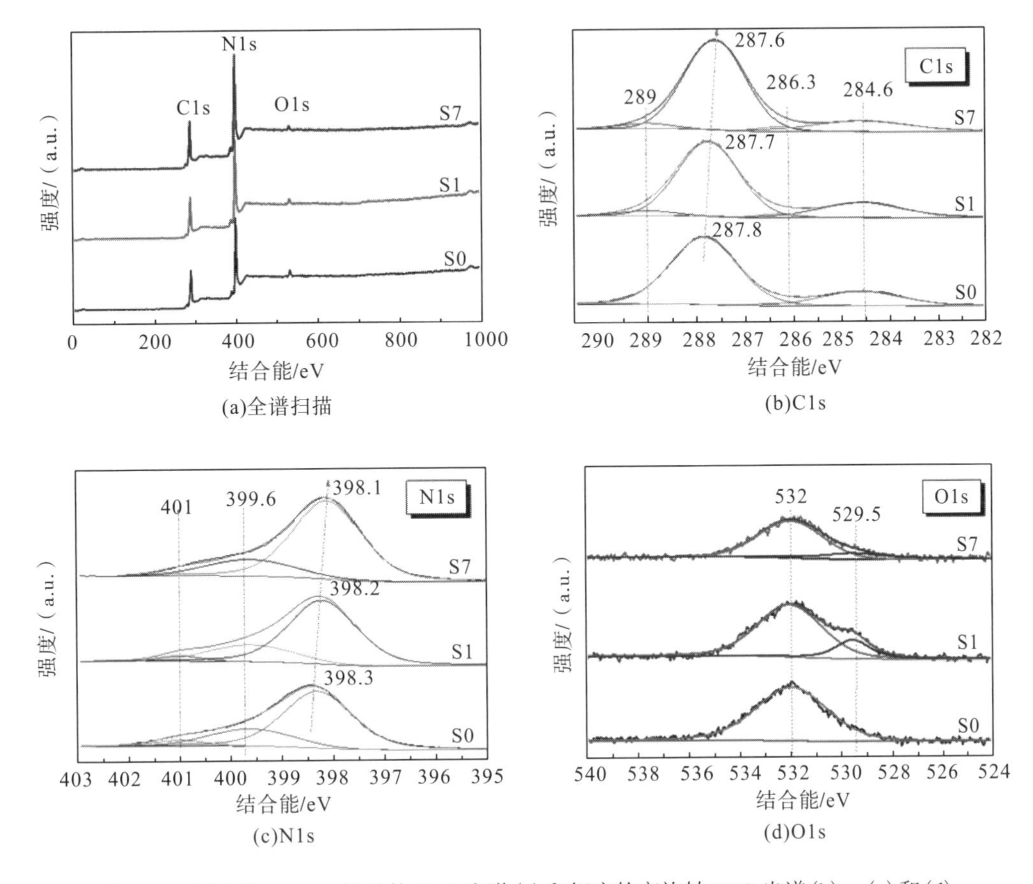

图4-40 制备的g-C_3N_4样品的XPS光谱(a)和相应的高旋转XPS光谱(b)、(c)和(d)

虽然块体g-C_3N_4在二次煅烧过程中会生成羰基(—C＝O)，但对g-C_3N_4-NSs的光催化活性影响不大。这是因为g-C_3N_4的光反应性与煅烧后的次数呈正相关，而羰基(—C＝O)的含量则随PCT的增加先增加后降低。

4.3.3.4 光学性质

为了评估光催化剂的光吸收能力，我们测量了制备的g-C_3N_4样品的漫反射吸收光谱(DRS)[图4-41(a)]。发现块状g-C_3N_4的吸收光谱从462nm开始，对应的带隙为2.68eV[图4-41(b)]。吸收光谱随着PCT的增加而稳定地出现蓝移，而S7的g-C_3N_4-NSs样品的带隙增加到2.95eV。对1层和3层g-C_3N_4进行比较，通过密度泛函理论计算，证实了g-C_3N_4-NSs与体相g-C_3N_4相比，其禁带宽度有所增大。1层和3层g-C_3N_4的结构优化模型如图4-42所示。根据DFT计算，虽然剥离没有改变g-C_3N_4的VB电位，但当体相g-C_3N_4从3层剥离到单层时，其禁带从0.88 eV增加到1.05 eV，从而产生负向移动的CB电位。

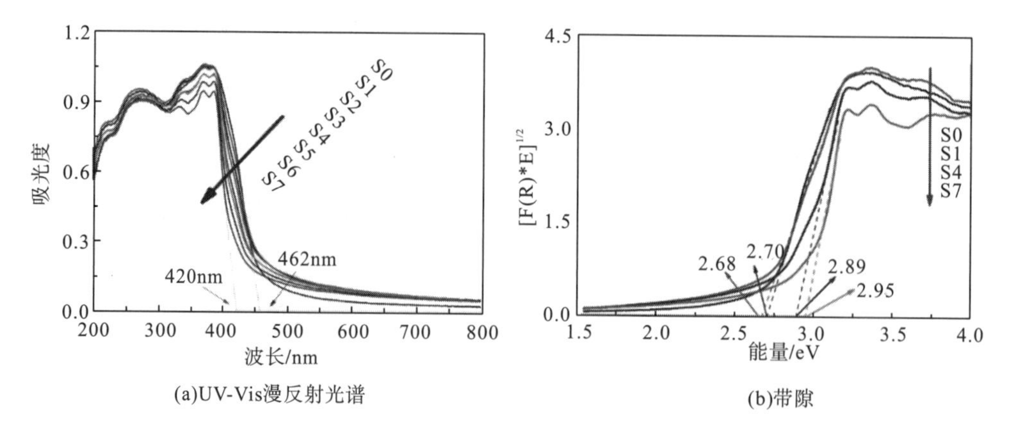

图 4-41 制备的 g-C_3N_4 样品的 UV-Vis 漫反射光谱(a)和相应的带隙(b)

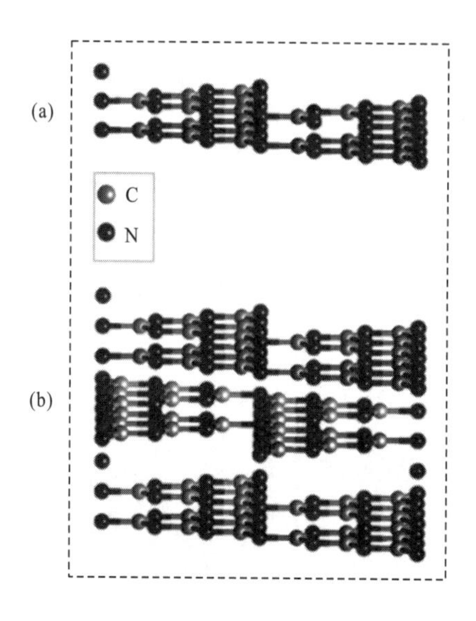

图 4-42 1 层(a)和 3 层(b) g-C_3N_4 样品的结构优化模型

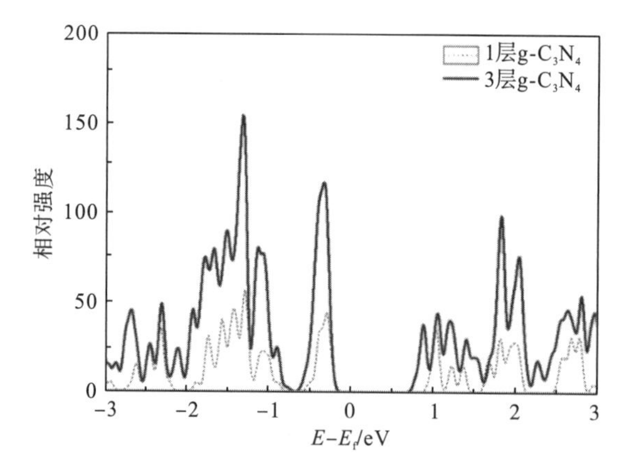

图 4-43 1 层和 3 层 g-C_3N_4 的总态密度的计算

我们用 M-S 图确定了 g-C_3N_4样品的导带位置。根据图 4-44 所示，块体 g-C_3N_4(S0)的 CB 电位为−1.40V，随 PCT 增加到 1、4 和 7，其 CB 电位分别稳定增加到−1.42V、−1.61V 和−1.67V。这表明煅烧会导致 CB 位置负移，这与 DFT 计算(图 4-43)是一致的。负向移动的 CB 电势能促进光生电子从 g-C_3N_4 的 CB 转移到表面吸附的氧，产生超氧自由基(• O_2^-)，这是 NO 氧化最重要的活性氧物种之一(Li Y H et al.，2017)。电子自旋共振捕获实验证实，在可见光照射下，• O_2^-和 • OH 自由基的生成率得到了提高(图 4-45)。

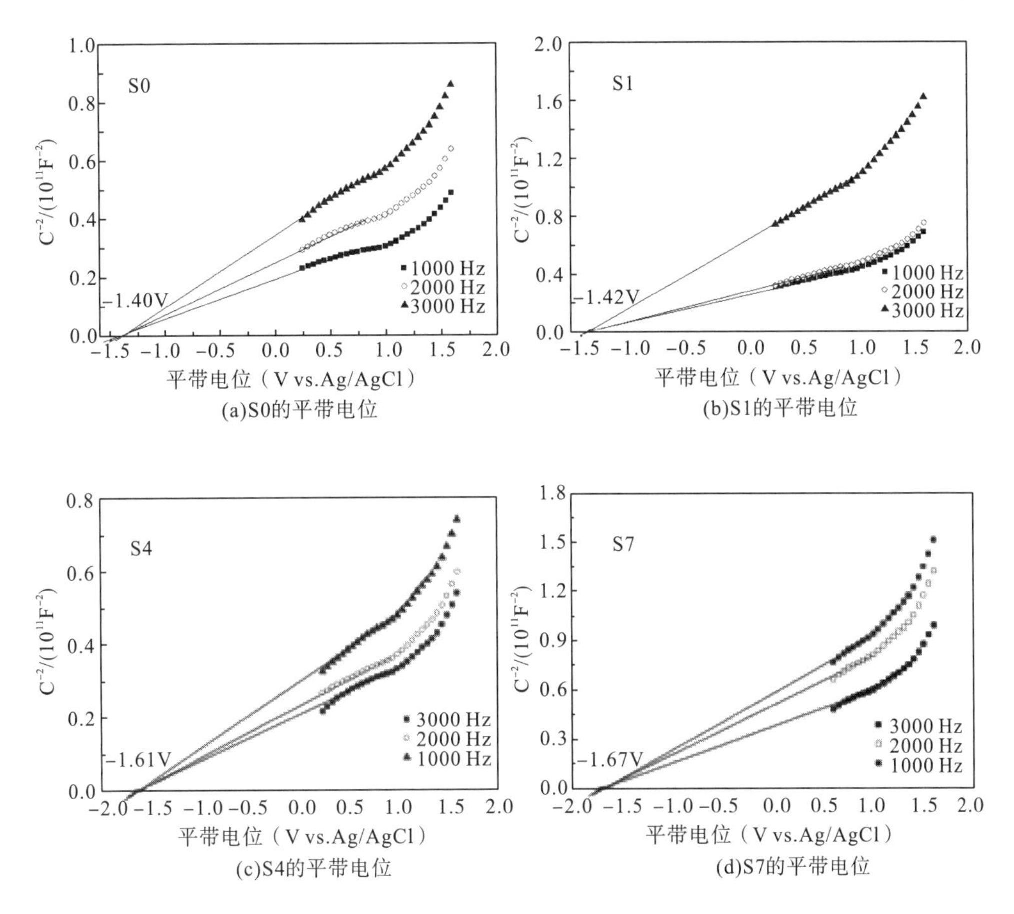

图 4-44　S0、S1、S4、S7 样品的平带电位

根据带隙(E_g)和 CB 电势(E_c)，可以根据 E_g 确定光催化剂的价带(VB)电势(E_v)：

$$E_v=E_g+E_c \tag{4-1}$$

计算结果表明，所有 g-C_3N_4 样品都具有相似的 VB 位置(E_v=+1.28V)。机理图 4-54 比较了 g-C_3N_4 光催化剂的能带结构。

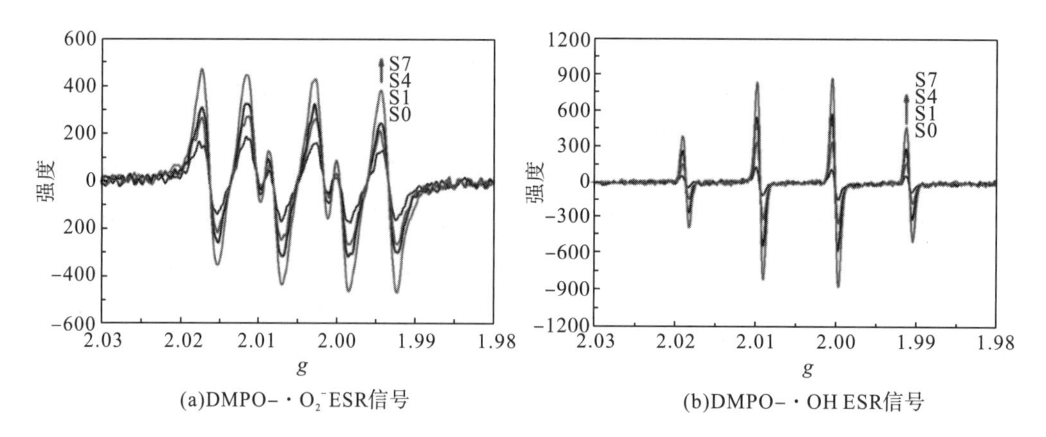

图 4-45 不同的 g-C_3N_4 光催化剂之间 DMPO-· O_2^- ESR 信号(a)和 DMPO-·OH ESR 信号(b)

4.3.3.5 氮气吸附-脱附等温线

比表面积对光催化剂的反应活性有重要影响。因此，我们比较了 PCT 对 g-C_3N_4 光催化剂氮吸附等温线的影响。从图 4-46 中我们可以看到，所有 g-C_3N_4 样品的等温线形状都是相似的(类型 IV)，这表明存在中孔(2～50nm)。还可以观察到，g-C_3N_4 样品的滞后回线形状为 H3 型，推测存在狭缝状气孔，这与其片状形貌可以很好地吻合(Huang Z A et al.，2015)。

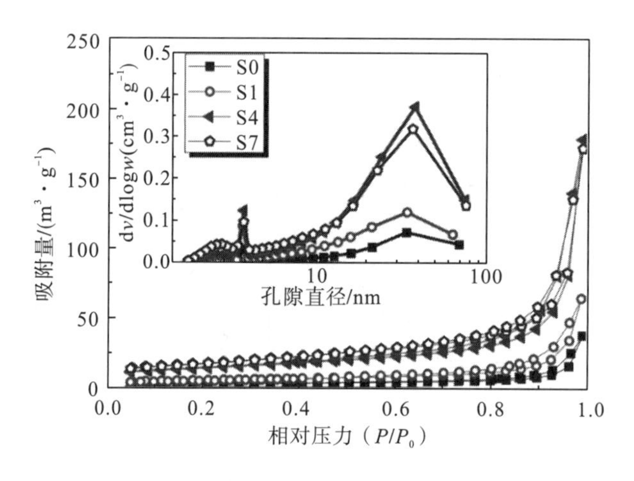

图 4-46 g-C_3N_4 样品的氮吸附-解吸等温线和相应的孔径分布曲线

可以观察到，随着 PCT 的增加，吸附等温线上移，表明煅烧使块体 g-C_3N_4 的 BET 比表面积和孔容增大。g-C_3N_4 大块样品的比表面积仅为 $9.1m^2·g^{-1}$，经 7 次焙烧后比表面积增加了 5.6 倍(S7 g-C_3N_4-NSs 为 $60.5m^2·g^{-1}$)。g-C_3N_4 样品在重复煅烧 7 次前后的孔体积也从 $0.06·cm^3g^{-1}$ 飙升到 $0.26cm^3·g^{-1}$(表 4-4)。

g-C_3N_4-NSs 比表面积的提高是由于体相 g-C_3N_4 的氧化剥离(图 4-34 和图 4-35)，形成的 g-C_3N_4-NSs 也导致孔体积的增大。较大的 BET 比表面积意味着产生更多的活性中心，有利于底物的吸附和光催化氧化。

4.3.3.6 光致发光光谱与电化学性质

光致发光(PL)分析是分析载流子复合速率的常用技术。因此，我们研究了后煅烧对 g-C_3N_4荧光光谱的影响。从图 4-47 可以看出，所有样品都具有相似的荧光光谱，其强发射峰集中在约 455nm 处，这可以归因于 g-C_3N_4 (Fang S et al.，2015)的带隙跃迁诱导发射，与相应的UV-Vis漫反射吸收光谱(图 4-41)一致。与块体 g-C_3N_4(S0 样品)相比，g-C_3N_4-NSs 样品的荧光强度急剧下降(图 4-47 插图)。这可以归因于辐射复合过程的减少。PL 信号越弱，光生载流子复合率越低。因此，我们可以预测 g-C_3N_4-NSs 将表现出优异的光反应性。

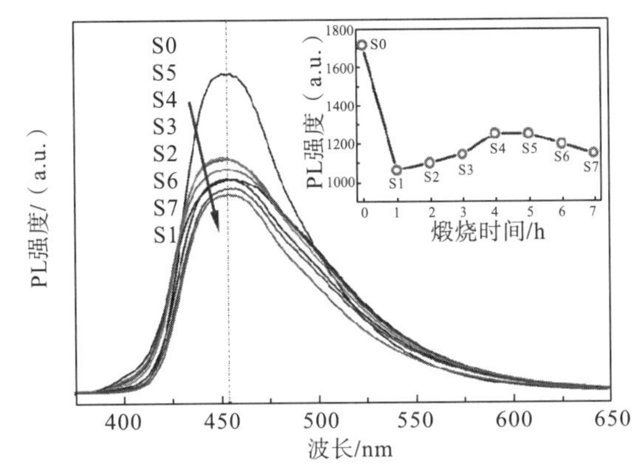

图 4-47 制备的 g-C_3N_4样品的光致发光(PL)光谱，以及 455 nm 处的 PL 峰强度对 PCT 的相应依赖性的比较(插图)

光电流(图 4-48)和电化学阻抗谱(图 4-49)也证实了 g-C_3N_4分离的改进。结果表明，S0 样品经 7 次煅烧后，光电流从 0.075μA·cm^{-2}(S0 样品的体相 g-C_3N_4)增加到 0.48μA·cm^{-2}(S7 样品的体相 g-C_3N_4-NSs)，增加了 5.4 倍。通常，光电流的值间接反映了照明半导体产生和转移光生载流子的能力(Li Y H et al.，2018)。从图 4-49 所示的 EIS 谱可以看出，EIS 奈奎斯特图的圆弧半径随着 PCT 的增加而稳步减小，这表明 g-C_3N_4-NSs 的载流子分离比块状 g-C_3N_4(Yang R W et al.，2017；Li Y H et al.，2018)更有效。

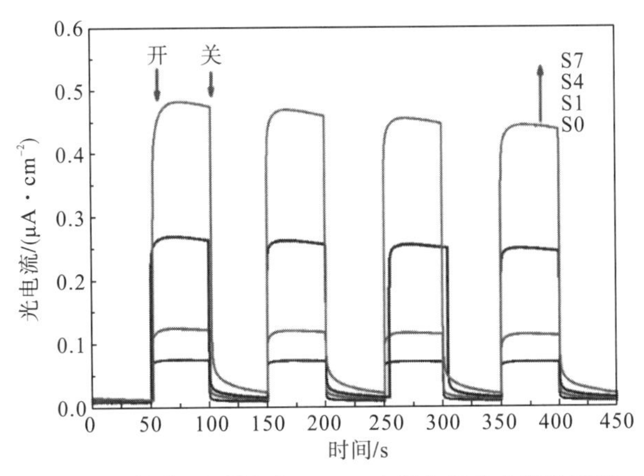

图 4-48 煅烧后时间对 g-C_3N_4光催化剂光电流的影响

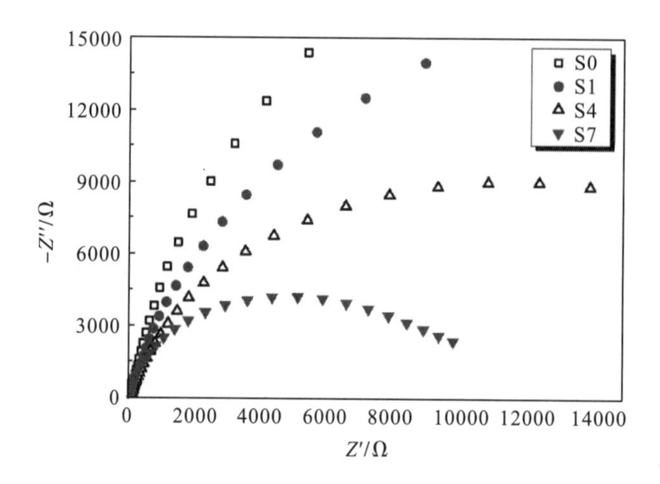

图 4-49 不同频率下的 g-C_3N_4 样品的电化学阻抗谱(EIS)

根据图 4-50 所示的时间分辨荧光光谱，光生电子的平均寿命从 16.06ns(体相 g-C_3N_4)增加到 17.34ns(S7 g-C_3N_4-NSs)。激发电子寿命越长，光生电子-空穴对复合速率越慢。然后，光生电子有足够的时间与氧反应(图 4-45)，产生相应的活性氧物种(ROSs)进行进一步的光反应。

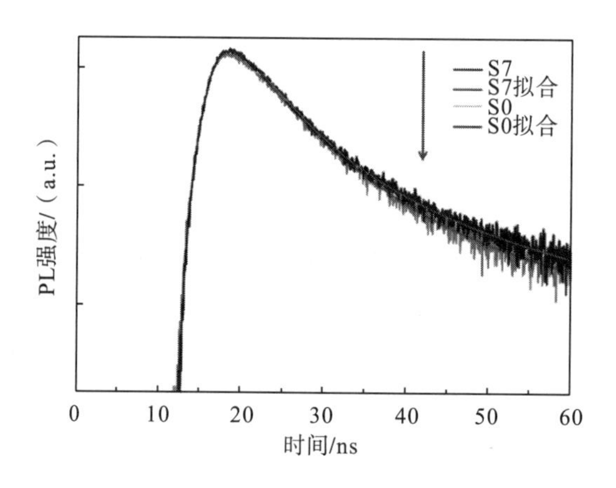

图 4-50 入射光(波长 330 nm)激发后，g-C_3N_4 的时间分辨荧光

4.3.4 光催化氧化 NO 机制

NO 被认为是汽车尾气的主要污染物之一，可导致呼吸道疾病(Dong F et al.，2014)。因此，在可见光 LED 灯照射下，用光催化氧化 NO 的方法评价了制备的 g-C_3N_4 样品的光催化活性。

以前的实验结果表明，在没有任何光催化剂的情况下，NO 的直接氧化可以忽略不计(未显示)(Li Y H et al.，2017)。从图 4-51(a)可以观察到，在可见光照射下，g-C_3N_4 光催化剂的存在对 NO 有明显的抑制作用。辐照 15min 后，反应器出口 NO 浓度可达到稳定值。在光照下，g-C_3N_4 对 NO 的去除率为 20.6%，而 S7 g-C_3N_4-NSs 对 NO 的去除率为 35.8%，提高了 0.73 倍。图 4-51(b)显示了 NO 在光催化氧化过程中 NO_2 的演化，进一步证实了 NO 的光催化氧化。

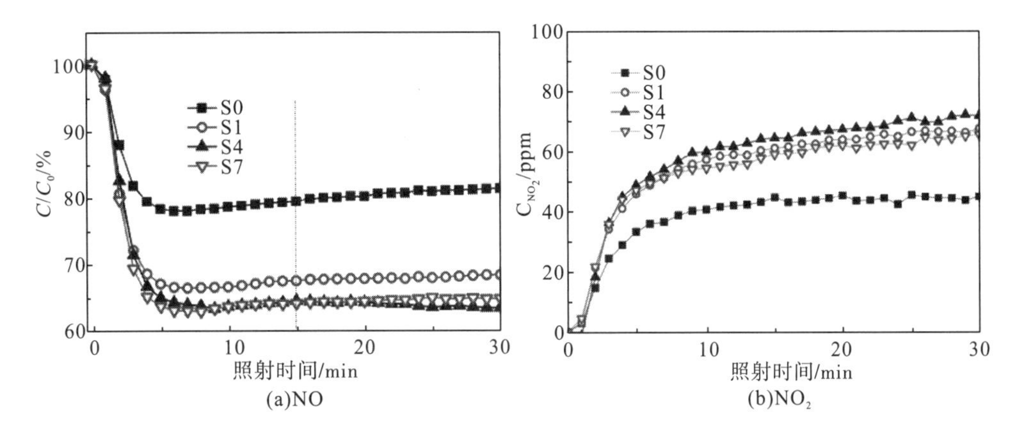

图 4-51　在可见光照射下 NO(a)的光催化氧化曲线和 NO_2(b)的形成

从实际应用的角度来看，光催化剂的稳定性是非常重要的。因此，我们监测了 S7g-C_3N_4-NSS 光催化剂对 NO 氧化的稳定性(图 4-52)。结果表明，重复使用 5 次后，NO 去除率略有下降，从 36.0%降至 33.7%，反映了 g-C_3N_4-NSs 的相对稳定性。

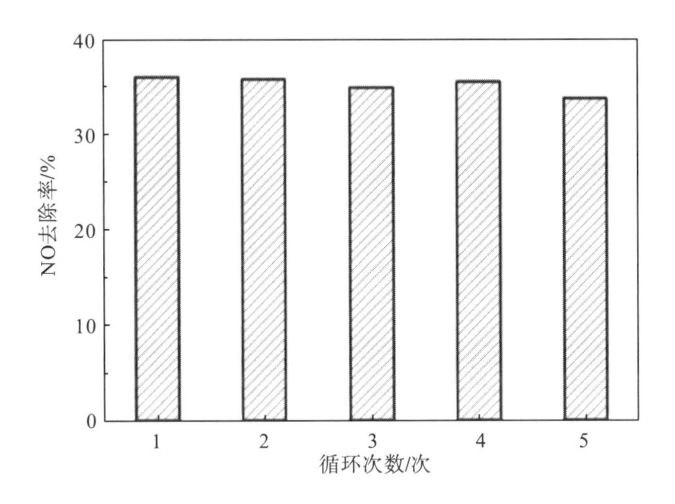

图 4-52　循环利用 S7 g-C_3N_4-NS 进行 NO 氧化

为什么后煅烧可以提高 g-C_3N_4 的光反应性？原因可以概括为以下几点(图 4-54)。

(1) 块体 g-C_3N_4 的二次煅烧促进了结晶和氧化剥离，有效地分离了光生载流子，增大了比表面积。较大的 BET 比表面积意味着更多的活性中心可用于吸附底物和光催化反应。

(2) 大量 g-C_3N_4 的剥离导致 g-C_3N_4-NSs 的(002)和(100)面暴露。由于表面能的不同，光生电子和空穴将分别向(100)和(002)面迁移。因此，载体复合的可能性将降低，从而提高光复现性。

(3) $g-C_3N_4$ 经反复煅烧后，CB 电位稳定负移，有利于吸附氧俘获光生电子，形成超氧自由基，是 NO 氧化的重要途径。

从热动力学的角度看，负移的 CB 也有利于制氢，因此我们还研究了在可见光照射下煅烧对水裂解制氢的影响(图 4-53)。结果表明，经过 7 次煅烧后，$g-C_3N_4$-NSs 的产氢速率提高了 23.4 倍(从 31.3μmolg^{-1}h^{-1} 提高到 764.8μmol • g^{-1} • h^{-1})。

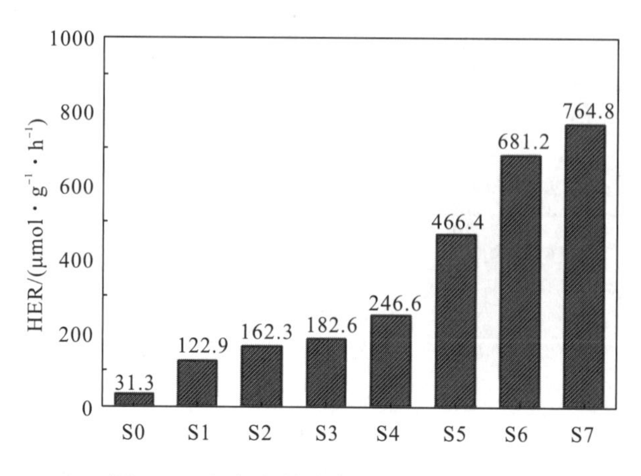

图 4-53 氢气释放速率对 PCT 的依赖性

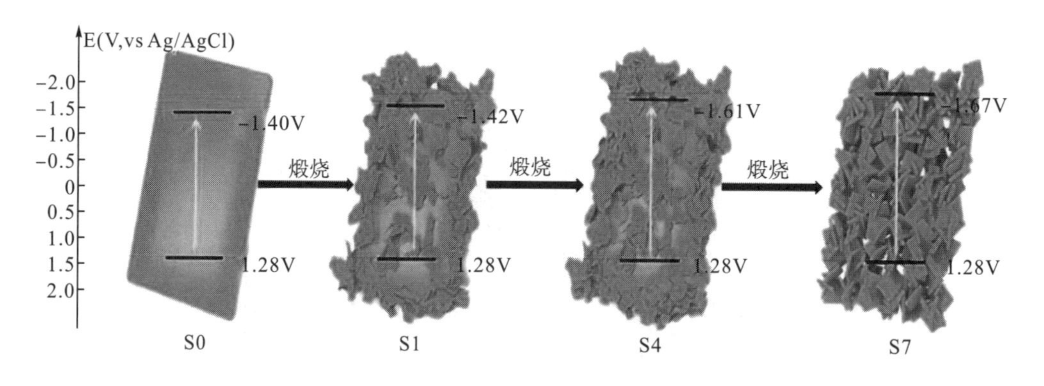

图 4-54 煅烧诱导的 $g-C_3N_4$ 从本体聚集到纳米片聚集的形态演变及其相应的能带结构

4.3.5 小结

体相 $g-C_3N_4$ 经过反复煅烧后，由于氧化剥离而形成 $g-C_3N_4$-NSs。与块体 $g-C_3N_4$ 相比，重复煅烧 7 次后的 $g-C_3N_4$-NSs 对 NO 氧化和制氢的可见光反应性能分别提高了 0.74 倍和 23.4 倍。$g-C_3N_4$-NSs 可见光催化活性的提高可以归因于结晶度的提高、不同晶面的暴露、BET 比表面积的增大和 CB 电位的负移。

参 考 文 献

Belsky A J, Brill T B, 1998. Spectroscopy of hydrothermal reactions 9 IR and Raman spectroscopy of hydrolysis and self-reaction of cyanamide and dicyandiamide at 130-270 °C and 275 bar. J. Phys. Chem. A, 102(24): 4509-4516.

Chen D M, Wang K W, Hong W Z, et al., 2015. Visible light photoactivity enhancement via CuTCPP hybridized g-C_3N_4 nanocomposite. Appl. Catal. B, 166-167:366-373.

Chen F, Yang H, Luo W, et al., 2017. Selective adsorption of thiocyanate anions on Ag-modified g-C_3N_4 for enhanced photocatalytic hydrogen evolution. Chinese J. Catal., 38(12): 1990-1998.

Chen X F, Jun Y S, Takanabe K, et al., 2009. Ordered mesoporous SBA-15 type graphitic carbon nitride: A semiconductor host structure for photocatalytic hydrogen evolution with visible light. Chem. Mater., 21 (18): 4093-4095.

Cheng J S, Hu Z, Lv K L, et al., 2018. Drastic promoting the visible photoreactivity of layered carbon nitride by polymerization of dicyandiamide at high pressure. Appl. Catal. B, 232: 330-339.

Corp K L, Schlenker C W, 2017. Ultrafast spectroscopy reveals electron-transfer cascade that improves hydrogen evolution with carbon nitride photocatalysts. J. Am. Chem. Soc., 139(23): 7904-7912.

Cui W, Li J Y, Cen W L, et al., 2017. Steering the interlayer energy barrier and charge flow via bioriented transportation channels in g-C_3N_4: Enhanced photocatalysis and reaction mechanism. J. Catal., 352: 351-360.

Cui Y J, Zhang J S, Zhang G G, et al., 2011. Synthesis of bulk and nanoporous carbon nitride polymers from ammonium thiocyanate for photocatalytic hydrogen evolution. J. Mater. Chem., 21 (34): 13032-13039.

Ding W, Liu S Q, He Z, 2017. One-step synthesis of graphitic carbon nitride nanosheets for efficient catalysis of phenol removal under visible light. Chinese J. Catal., 38(10): 1711-1718.

Dong F, Wu L W, Sun Y J, et al., 2011. Efficient synthesis of polymeric g-C_3N_4 layered materials as novel efficient visible light driven photocatalysts. J. Mater. Chem., 21 (39): 15171-15174.

Dong F, Wang Z Y, Li Y H, et al., 2014. Immobilization of polymeric g-C_3N_4 on structured ceramic foam for efficient visible light photocatalytic air purification with real indoor illumination. Environ. Sci. Technol., 48 (17): 10345-10353.

Dong G H, Ho W K, Wang C Y, 2015. Selective photocatalytic N_2 fixation dependent on g-C_3N_4 induced by nitrogen vacancies. J. Mater. Chem. A, 3 (46): 23435-23441.

Dong G H, Zhao K, Zhang L Z, 2012. Carbon self-doping induced high electronic conductivity and photoreactivity of g-C_3N_4. Chem. Commun., 48 (49): 6178-6180.

Fang L J, Wang X L, Zhao J J, et al., 2016. One-step fabrication of porous oxygen-doped g-C_3N_4 with feeble nitrogen vacancies for enhanced photocatalytic performance. Chem. Commun., 52(100): 14408-14411.

Fang S, Lv K L, Li Q, et al., 2015. Effect of acid on the photocatalytic degradation of rhodamine B over g-C_3N_4. Appl. Surf. Sci., 358(DECa15PTaA): 336-342.

Fang S, Xia Y, Lv K L, et al., 2016. Effect of carbon-dots modification on the structure and photocatalytic activity of g-C_3N_4. Appl. Catal. B, 185: 225-232.

Feng C Y, Deng Y C, Tang L, et al., 2018. Core-shell Ag_2CrO_4/N-GQDs@g-C_3N_4 composites with anti-photocorrosion performance for enhanced full-spectrum-light photocatalytic activities. Appl. Catal. B, 239: 525-536.

Han Q, Zhao F, Hu C G, et al., 2015. Facile production of ultrathin graphitic carbon nitride nanoplatelets for efficient visible-light water splitting. Nano Res., 8(5): 1718-1728.

He F, Chen G, Yu Y G, et al., 2015. The sulfur-bubble template-mediated synthesis of uniform porous g-C_3N_4 with superior photocatalytic performance. Chem. Commun., 51(2): 425-427.

He Y M, Zhang L H, Teng B T, et al., 2015. New application of Z-scheme Ag_3PO_4/g-C_3N_4 composite in converting CO_2 to fuel. Environ. Sci. Technol., 49 (1): 649-656.

Huang Z A, Sun Q, Lv K L, et al., 2015. Effect of contact interface between TiO_2 and g-C_3N_4 on the photoreactivity of g-C_3N_4/TiO_2 photocatalyst: (0 0 1) vs (1 0 1) facets of TiO_2. Appl. Catal. B, 164: 420-427.

Ji J J, Wen J, Shen Y F, et al., 2017. Simultaneous noncovalent modification and exfoliation of 2D carbon nitride for enhanced electrochemiluminescent biosensing. J. Am. Chem. Soc., 139(34): 11698-11706.

Jiang J, Cao S W, Hu C L, et al., 2017. A comparison study of alkali metal-doped g-C_3N_4 for visible-light photocatalytic hydrogen evolution. Chinese J. Catal., 38(12): 1981-1989.

Jiang X H, Xing Q J, Luo X B, et al., 2018. Laplacian regularized spatial-aware collaborative graph for discriminant analysis of hyperspectral imagery. Remote Sens., 11(1): 29-38.

Kang Y Y, Yang Y Q, Yin L C, et al., 2016. Selective breaking of hydrogen bonds of layered carbon nitride for visible light photocatalysis. Adv. Mater., 28 (30): 6471-6477.

Lan H C, Li L L, An X Q, et al., 2017. Microstructure of carbon nitride affecting synergetic photocatalytic activity: Hydrogen bonds vs structural defects. Appl. Catal. B, 204: 49-57.

Li G S, Lian Z C, Wang W C, et al., 2016. Nanotube-confinement induced size-controllable g-C_3N_4 quantum dots modified single-crystalline TiO_2 nanotube arrays for stable synergetic photoelectrocatalysis. Nano Energy, 19(Null): 446-454.

Li H J, Sun B W, Sui L, et al., 2015. Preparation of water-dispersible porous g-C_3N_4 with improved photocatalytic activity by chemical oxidation. Phys. Chem. Chem. Phys. 17: 3309-3315.

Li J Y, Cui W, Sun Y J, et al., 2017. Directional electron delivery via a vertical channel between g-C_3N_4 layers promotes photocatalytic efficiency. J. Mater. Chem. A, 5 (19): 9358-9364.

Li S N, Dong G H, Hailili R, et al., 2016. Effective photocatalytic H_2O_2 production under visible light irradiation at g-C_3N_4 modulated by carbon vacancies. Appl. Catal. B, 190: 26-35.

Li Y F, Yang M, Xing Y, et al., 2017. Preparation of carbon-rich g-C_3N_4 nanosheets with enhanced visible light utilization for efficient photocatalytic hydrogen production. Small, 13: 1701552.

Li Y H, Lv K L, Ho W K, et al., 2017 a. Enhanced visible-light photo-oxidation of nitric oxide using bismuth-coupled graphitic carbon nitride composite heterostructures. Chinese J. Catal., 38 (2): 321-329.

Li Y H, Lv K L, Ho W K, et al., 2017 b. Hybridization of rutile TiO_2 ($rTiO_2$) with g-C_3N_4 quantum dots (CN QDs): An efficient visible-light-driven Z-scheme hybridized photocatalyst. Appl. Catal. B, 202: 611-619.

Li Y H, Ho W K, Lv K L, et al., 2018. Carbon vacancy-induced enhancement of the visible light-driven photocatalytic oxidation of NO over g-C_3N_4 nanosheets. Appl. Surf. Sci., 430(feba1): 380-389.

Li Y H, Wu X F, Ho W K, et al., 2018. Graphene-induced formation of visible-light-responsive SnO_2-Zn_2SnO_4 Z-scheme photocatalyst with surface vacancy for the enhanced photoreactivity towards NO and acetone oxidation. Chem. Eng. J., 336: 200-210.

Liang Q H, Li Z, Huang Z H, et al., 2015. Holey graphitic carbon nitride nanosheets with carbon vacancies for highly improved photocatalytic hydrogen production. Adv. Funct. Mater., 25 (44): 6885-6892.

Liao G Z, Chen S, Quan X, et al., 2012. Graphene oxide modified g-C_3N_4 hybrid with enhanced photocatalytic capability under visible light irradiation. J. Mater. Chem., 22 (6): 2721-2726.

Liu C, Raziq F Z, Li Z J, et al., 2017. Synthesis of TiO_2/g-C_3N_4 nanocomposites with phosphate-oxygen functional bridges for improved photocatalytic activity. Chinese J. Catal., 38 (6): 1072-1078.

Liu J H, Zhang T K, Wang Z C, et al., 2011. Simple pyrolysis of urea into graphitic carbon nitride with recyclable adsorption and photocatalytic activity. J. Mater. Chem., 21 (38): 14398-14401.

Liu M J, Xia P F, Zhang L Y, et al., 2018. Enhanced photocatalytic H_2-production activity of g-C_3N_4 nanosheets via optimal photodeposition of Pt as cocatalyst. ACS Sustainable Chem. Eng., 6 (8): 10472-10480.

Liu Q Q, Shen Y J, Yang X F, et al, 2018. 3D reduced graphene oxide aerogel-mediated Z-scheme photocatalytic system for highly efficient solar-driven water oxidation and removal of antibiotics. Appl. Catal. B, 232: 562573.

Liu W, Shen J, Liu Q Q, et al., 2018. Porous MoP network structure as co-catalyst for H_2 evolution over g-C_3N_4 nanosheets. Appl. Surf. Sci., 462 (DECa31): 822-830.

Liu Z G, Wang G, Chen H S, et al., 2018. An amorphous/crystalline g-C_3N_4 homojunction for visible light photocatalysis reactions with superior activity. Chem. Commun., 54 (37): 4720-4723.

Martin D J, Qiu K P, Shevlin S A, et al., 2014. Highly efficient photocatalytic H_2 evolution from water using visible light and structure-controlled graphitic carbon nitride. Angew. Chem. Int. Ed., 53 (35): 9240-9245.

Meng N N, Ren J, Liu Y, et al., 2018. Engineering oxygen-containing and amino groups into two dimensional atomically-thin porous polymeric carbon nitrogen for enhanced photocatalytic hydrogen production. Energy Environ. Sci., 11 (3): 566-571.

Niaz M A, Khan A A, 1991. Kinetics and mechanism of alkaline hydrolysis of malonamide and dicyandiamide. Ind. J. Chem., 30: 144-147.

Nie Y C, Yu F, Wang L C, et al., 2018. Photocatalytic degradation of organic pollutants coupled with simultaneous photocatalytic H_2 evolution over graphene quantum dots/Mn-N-TiO_2/g-C_3N_4 composite catalysts: Performance and mechanism. Appl. Catal. B, 227: 312-321.

Niu P, Zhang L L, Liu G, et al., 2012. Graphene-Like carbon nitride nanosheets for improved photocatalytic activities. Adv. Funct. Mater., 22 (22): 4763-4770.

Oh J H, Lee J M, Yoo Y J, et al., 2017. New insight of the photocatalytic behaviors of graphitic carbon nitrides for hydrogen evolution and their associations with grain size, porosity, and photophysical properties. Appl. Catal. B, 218: 349-358.

Ong W J, Tan L L, Ng Y H, et al., 2016. Graphitic carbon nitride (g-C_3N_4)-based photocatalysts for artificial photosynthesis and environmental remediation: Are we a step closer to achieving sustainability? Chem. Rev., 116 (12): 7159-7329.

Ou H H, Lin L H, Zheng Y, et al., 2017. Tri-s-triazine-based crystalline carbon nitride nanosheets for an improved hydrogen evolution. Adv. Mater., 29 (22):1700008.

Pandiselvi K, Fang H F, Huang X B, et al., 2016. Constructing a novel carbon nitride/polyaniline/ZnO ternary heterostructure with enhanced photocatalytic performance using exfoliated carbon nitride nanosheets as supports. J. Hazard. Mater., 314 (auga15): 67-77.

Sano T, Tsutsui S, Koike K, et al., 2013. Activation of graphitic carbon nitride (g-C_3N_4) by alkaline hydrothermal treatment for photocatalytic NO oxidation in gas phase. J. Mater. Chem. A, 1 (21): 6489-6496.

She X J, Liu L, Ji H Y, et al., 2016. Template-free synthesis of 2D porous ultrathin nonmetal-doped g-C_3N_4 nanosheets with highly efficient photocatalytic H_2 evolution from water under visible light. Appl. Catal. B, 187: 144-153.

Tang L, Feng C Y, Deng Y C, et al., 2018. Enhanced photocatalytic activity of ternary Ag/g-C_3N_4/$NaTaO_3$ photocatalysts under wide spectrum light radiation: The high potential band protection mechanism. Appl. Catal. B, 230: 102-114.

Tian L, Yang X F, Liu Q Q, et al., 2018. Anchoring metal-organic framework nanoparticles on graphitic carbon nitrides for solar-driven photocatalytic hydrogen evolution. Appl. Surf. Sci., 455 (OCTa15): 403-409.

Wang X C, Maeda K, Chen X F, et al., 2009. Polymer semiconductors for artificial photosynthesis: hydrogen evolution by mesoporous graphitic carbon nitride with visible light. J. Am. Chem. Soc., 131: 1680-1681.

Wang Z Y, Lv K L, Wang G H, et al., 2010. Study on the shape control and photocatalytic activity of high-energy anatase titania. Appl. Catal. B, 100 (1-2): 378-385.

Xia P F, Zhu B C, Cheng B, et al., 2018. 2D/2D g-C_3N_4/MnO_2 nanocomposite as a direct Z-scheme photocatalyst for enhanced photocatalytic activity. ACS Sustainable Chem. Eng., 6 (1): 965-973.

Xiong T, Cen W L, Zhang Y X, et al., 2016. Bridging the g-C_3N_4 interlayers for enhanced photocatalysis. ACS Catal., 6 (4): 2462-2472.

Xue Z M, Liu F J, Jiang J Y, et al., 2017. Scalable and super-stable exfoliation of graphitic carbon nitride in biomass-derived γ-valerolactone: enhanced catalytic activity for the alcoholysis and cycloaddition of epoxides with CO_2. Green Chem., 19 (21): 5041-5045.

Yan H J, 2012. Soft-templating synthesis of mesoporous graphitic carbon nitride with enhanced photocatalytic H_2 evolution under visible light. Chem. Commun., 48 (28): 3430-3432.

Yan S C, Li Z S, Zou Z G, 2010. Photodegradation of rhodamine B and methyl orange over boron-doped g-C_3N_4 under visible light irradiation. Langmuir, 26 (6): 3894-3901.

Yang D X, Velamakanni A, Bozoklu G, et al., 2009. Chemical analysis of graphene oxide films after heat and chemical treatments by X-ray photoelectron and micro-Raman spectroscopy. Carbon, 47 (1): 145-152.

Yang R W, Cai J H, Lv K L, et al., 2017. Fabrication of TiO_2 hollow microspheres assembly from nanosheets (TiO_2-HMSs-NSs) with enhanced photoelectric conversion efficiency in DSSCs and photocatalytic activity. Appl. Catal. B, 210: 184-193.

Yang S B, Gong Y J, Zhang J S, et al., 2013. Exfoliated graphitic carbon nitride nanosheets as efficient catalysts for hydrogen evolution under visible light. Adv. Mater., 25 (17): 2452-2456.

Zhang G G, Zhang J S, Zhang M W, et al., 2012. Polycondensation of thiourea into carbon nitride semiconductors as visible light photocatalysts. J. Mater. Chem., 22 (22): 8083-8091.

Zhang G G, Li G S, Lan Z A, et al., 2017. Optimizing optical absorption, exciton dissociation, and charge transfer of a polymeric carbon nitride with ultrahigh solar hydrogen production activity. Angew. Chem. Int. Ed., 56 (43): 13445-13449.

Zhang W D, Zhao Z W, Dong F, et al., 2017. Solvent - assisted synthesis of porous g-C_3N_4 with efficient visible-light photocatalytic performance for NO removal. Chinese J. Catal., 38 (2): 372-383.

Zhang X D, Xie X, Wang H, et al., 2013. Enhanced photoresponsive ultrathin graphitic-phase C_3N_4 nanosheets for bioimaging. J. Am. Chem. Soc., 135 (1): 18-21.

Zhang Y W, Liu J H, Wu G, et al., 2012. Porous graphitic carbon nitride synthesized via direct polymerization of urea for efficient sunlight-driven photocatalytic hydrogen production. Nanoscale, 4 (17): 5300-5303.

Zhang Z, Zhang Y J, Lu L H, et al., 2017. Graphitic carbon nitride nanosheet for photocatalytic hydrogen production: The impact of morphology and element composition. Appl. Surf. Sci., 391: 369-375.

Zhou G, Wu M F, Xing Q J, et al., 2018. Synthesis and characterizations of metal-free Semiconductor/MOFs with good stability and high photocatalytic activity for H_2 evolution: A novel Z-Scheme heterostructured photocatalyst formed by covalent bonds. Appl. Catal. B, 220: 607-614.

Zou J P, Wang L C, Luo J M, et al., 2016. Synthesis and efficient visible light photocatalytic H_2 evolution of a metal-free g-C_3N_4/graphene quantum dots hybrid photocatalyst. Appl. Catal. B, 193: 103-109.

第 5 章　金属掺杂及异质结构建修饰的 g–C_3N_4 及其光催化活性增强机制

5.1　铋单质修饰的 g-C_3N_4 复合异质结对 NO 可见光催化氧化性能提升机制

5.1.1　引言

近年来，贵金属基材料利用和转化太阳能的潜力引起了科研人员的广泛关注（Wang Z et al.，2013；Zhang Q et al.，2014；Wang P et al.，2012）。尤其是贵金属，由于其呈现出局部表面等离子体共振效应（Surface Plasmon Resonance，SPR），从而展现出强烈的可见光吸收能力，极大地提高了对可见光的利用率，这对拓展其实际应用十分重要（El-Sayed M A，2001；Pradhan N et al.，2001）。考虑到贵金属的价格，一些与贵金属具有相似的电子和光吸收特性且廉价和容易获得的金属作为贵金属替代品已被广泛研究（Liu X et al.，2011；Weng S X et al.，2013；Yu Y et al.，2014；Dong F et al.，2014；Wang Z et al.，2013）。有文献证明，半金属铋（Bi）作为一种光催化剂具有良好的光催化性能（Wang Z et al.，2013）。铋单质在紫外（UV）照射（UV≤280nm）下表现出良好的光催化活性，但对可见光的响应较差。因此，设计可行的、环境友好的策略，以提供可见光响应是本节研究的重点。

最近，Dong 等合成的 Bi 纳米球修饰的 g-C_3N_4 纳米片（Bi-g-C_3N_4）具有优异的光催化性能（Dong F et al.，2015）。在光催化反应中，与体相 g-C_3N_4 相比，获得的 Bi-g-C_3N_4 复合物表面伴随着一些 Bi 的氧化物，即氧化铋（Bi_2O_3），呈现出两大优势。一方面，在 g-C_3N_4 表面负载 Bi 单质，由于 Bi 单质的 SPR 效应，Bi 单质耦合的 g-C_3N_4 纳米复合材料表现出强烈的可见光响应。另一方面，由于在 Bi/g-C_3N_4 界面上形成了 M-S 势垒，负载的 Bi 纳米球加速了光生载流子的分离。但是，在 Bi-g-C_3N_4 复合材料表面形成的 Bi_2O_3 可能显现出屏蔽作用，使 Bi 的上述贡献变差。Dong 等使用硝酸铋五水合物[$Bi(NO_3)_3 \cdot 5H_2O$]作为 Bi 单质的前驱体，但 NO_3^- 赋予的氧化能力导致了复合物中 Bi_2O_3 的产生（Dong F et al.，2015）。按照这种思路，有必要通过使用 $Bi(NO_3)_3 \cdot 5H_2O$ 的替代品来制备不含 Bi_2O_3 层的纯 Bi 单质耦合的 g-C_3N_4 复合材料。

在本节中，通过原位嫁接处理制备了纯 Bi 单质改性修饰的 g-C_3N_4（Bi- CN）复合材料。这些复合材料在光催化氧化反应中，在可见光照射下，对 NO 的氧化去除表现出较高的活性。铋酸钠（$NaBiO_3 \cdot 2H_2O$）被成功用作 Bi 单质的前驱体，从而在 Bi-CN 复合材料中制备得到纯 Bi 单质。通过 X 射线衍射(XRD)、傅里叶变换红外(FT- IR)光谱和 X 射线光电子能谱(XPS)对复合材料进行了表征测试研究。评估了 Bi-CN 复合材料对 NO 的光氧化作用。

5.1.2　Bi-g-C_3N_4 复合材料的制备

所有的化学试剂都为分析级纯，无须进一步提纯即可使用。我们通过将双氰胺(20g)在 550℃加热 2 h 来合成 g-C_3N_4。为了合成 Bi-CN 复合光催化剂，在连续磁力搅拌作用下将 $NaBiO_3 \cdot 2H_2O$(0.339g)完全溶解在乙二醇(EG，30mL)中，然后添加聚乙烯吡咯烷酮(PVP，MW 130，000，0.2g)。Bi 与 PVP 重复单元的摩尔比控制在 1∶1.6。然后在剧烈搅拌下将一定量的 g-C_3N_4 添加到溶液中，搅拌 1h 后，将混合物转移到 100mL 特氟龙密封的高压釜中，将其置于烘箱中于 200℃加热 24h，然后冷却至室温。将产物离心，先后用丙酮和乙醇洗涤几次，以除去残留的 EG 和 PVP。合成了具有不同的 Bi 单质与 CN 质量比的 Bi-CN 光催化剂(即 5%Bi-CN、10%Bi-CN、15%Bi-CN、25%Bi-CN 和 50%Bi-CN)。采用与 Bi-CN 复合材料相同的合成方法制备了 Bi 单质和溶剂热条件下制备的 g-C_3N_4(CN-EG)作为参比样品，在此合成过程中仅添加了 g-C_3N_4 或 Bi。

5.1.3　光催化氧化去除 NO

图 5-1 显示了不同样品中 NO 去除率和 NO_2 生成浓度随可见光照射时间的变化。单独在光催化剂或光照射的情况下进行了对照实验，结果表明在光催化氧化 NO 过程中，光催化剂和可见光是必需条件。图 5-1(a)清楚地显示，体相 g-C_3N_4 具有 NO 光催化氧化能力，但远低于溶解热制备的 CN-EG，其 NO 氧化活性约为 37%。该结果表明，如文献报道，由于 EG 对 g-C_3N_4 形貌的积极作用，EG 辅助溶剂热处理促进了 g-C_3N_4 在 NO 氧化中的光催化活性的提升(Gu Q et al.，2015)。在此背景下，为了显著增强可见光催化活性，在 g-C_3N_4 基光催化系统中引入了不同含量的 Bi 单质。在可见光照射下，金属 Bi 单质表现出微弱的 NO 光催化氧化活性，可能是由于 Bi 单质本身需要紫外光激发来催化 NO 氧化反应(Dong F et al.，2014)。相比之下，Bi-CN 复合材料在此反应中表现出更强的光催化氧化性能，与单独使用 g-C_3N_4 和 Bi 相比，这些 Bi-CN 复合材料在 NO 的光催化氧化中表现出显著增强的光催化活性。这是因为引入 Bi 单质通常会导致大量的 NO 发生光催化氧化反应，这主要归因于 Bi 单质在可见光(λ>448nm)照射下改善了电荷分离和 SPR 的协同作用(Dong F et al.，2015)。然而，图 5-1(a)揭示了 Bi-CN 复合材料对 NO 的光氧化反应活性随 Bi 单质含量的增加(最佳含量为 10%Bi-CN)而降低。Bi -CN 复合材料中过量的 Bi 单质(> 10%)对光催化氧化性能会产生负面影响，可以解释如下：①Bi-CN 复合材料表面上大量 Bi 单质可能会物理性地阻止 g-C_3N_4 吸收可见光，从而不利于可见光吸收；②Bi-CN 复合材料中大量的 Bi 单质可强烈地吸收紫外光(λ<280nm)而不是可见光，从而降低可见光激发的催化剂对 NO 的光催化氧化效率。

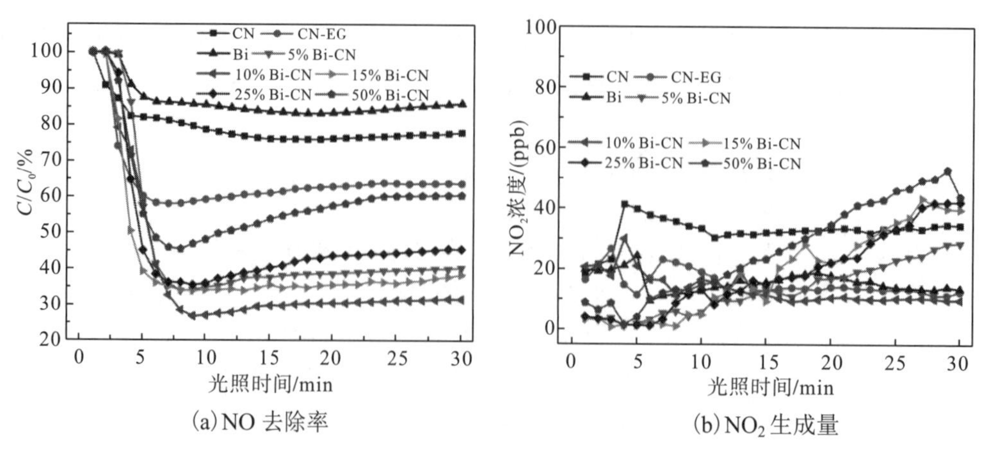

图5-1 在可见光照射下光催化去除NO(a)和监测所获得样品上方的单通道空气中的NO_2中间体浓度(b)

注：采用连续反应器；初始 NO 浓度为 600×10^{-9}。

图 5-1(a)还显示，随着光照时间的延长，光催化氧化呈现出先降低后增加的趋势。这是因为在 NO 催化氧化过程中形成的一些氧化中间产物或终产物(如NO_3^-)被吸附在光催化剂表面上，从而减少了活性位点的数量并减缓了 NO 的氧化反应过程(Sun Y et al., 2015)。

更重要的是，如表 5-1 所示，与文献报道中其他改性修饰的 g-C_3N_4基光催化材料相比(Li Y et al., 2014)，如 K 离子插层的 g-C_3N_4(Xiong T et al., 2016)、Ag 掺杂的 g-C_3N_4(Sun Y et al., 2015)，甚至具有 Bi_2O_3层的 Bi 球/g-C_3N_4纳米复合光催化材料(Dong F et al., 2015)(表 5-1)，可见光照射下，10%Bi-CN 展现出更高的 NO 去除率(70.4%)和更低的 NO_2生成浓度(小于 10×10^{-9})。该结果表明，由纯 Bi 单质与 g-C_3N_4耦合构成的复合材料的性能远优于由贵金属、石墨烯材料、含硝酸盐杂质的 Bi 单质修饰的 g-C_3N_4构成的复合材料，同时显示出高的光催化氧化能力和选择性。因此，有必要从结构和物理性能方面全面研究 Bi-CN 复合体系。

表 5-1 所得光催化剂和参比样品的物理性质和 NO 去除率

样品	$A_{BET}/(m^2\cdot g^{-1})$	$V_{pore}/(cm^3\cdot g^{-1})$	峰孔径/nm	η^a/%	参考文献
CN	9	0.055	1.8/16.4	22.2	作者研究成果
CN-EG	53	0.18	1.8/4.8	14.1	作者研究成果
Bi	3	0.026	15.5	70.4	作者研究成果
10%Bi-CN	42	0.17	1.9/6.8	61.7	作者研究成果
15%Bi-CN[b]	42	0.18	1.8/11.6	60.7	(Li Y H et al., 2014)
CN-GO[c]	—	—	—	36.8	(Li Y H et al., 2014)
K 嵌入 g-C_3N_4[d]	—	—	—	36.8	(Sun Y J et al., 2015)
Ag 掺杂 g-C_3N_4[e]	—	—	—	54.3	(Dong F et al., 2015)
Bi-CN-25	—	—	—	60.2	

注：a 代表 NO 去除率；b 代表氧化石墨烯与介孔 g-C_3N_4的质量比控制在 1.0 %；c 代表 K 嵌入 g-C_3N_4重量比为 5%；d 代表 Ag 与 g-C_3N_4的摩尔比为 10%；e 代表 Bi 与 g-C_3N_4的摩尔比为 25%。

进气中 NO 初始浓度为 600×10^{-9}，当 NO 转化率大于 50%时，出口的 NO_2 浓度小于 50×10^{-9} [图 5-1(a)和图 5-1(b)]，表明 NO_2 不是主要产物。这是因为 NO_2 并不是 NO 光氧化的最终产物，NO_2 可以进一步在 g-C_3N_4 上氧化成 NO_3^- (Sun Y et al.，2015)。但是，对吸附在光催化剂表面的 NO 氧化中间产物的定量检测仍然是很大的挑战。

5.1.4 光催化剂的结构和组成

为了确定 Bi 是否以单质形式存在于 Bi-CN 复合物中，本书进行了 XRD 分析。图 5-2 显示 CN-EG 的 XRD 衍射峰与体相 g-C_3N_4 非常相似。然而，CN-EG 与 g-C_3N_4 相比，其主峰处于 27.5° 附近，其半峰宽有略微变宽的趋势，这可能是由于溶剂热处理后的晶粒尺寸减小造成的。Bi-CN 复合物的 XRD 图谱包含 Bi 金属菱形相的峰(JCPDS PDF card 44-1246)，这证实了 Bi-CN 复合材料中 Bi 单质的存在。由于 Bi-CN 复合材料中 Bi 单质相的(012)峰的强烈屏蔽效应，无法观察到 g-C_3N_4 的特征衍射峰(Dong F et al.，2015)，FT-IR 和 XPS 分析验证了 Bi-CN 复合材料中 g-C_3N_4 的存在。

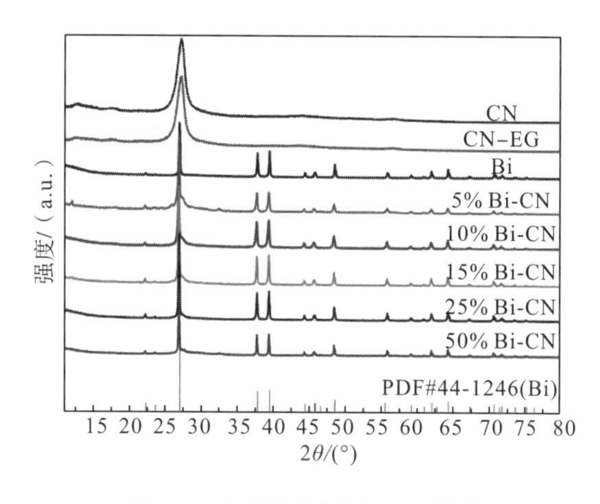

图 5-2 光催化材料的 XRD 图谱

通过 FT-IR 光谱研究了体相 g-C_3N_4、CN-EG、Bi 和 Bi-CN 复合材料的化学键合。溶剂热制备的 CN-EG 显示的 FT-IR 特征峰类似于体相 g-C_3N_4(图 5-3)。在约 $810cm^{-1}$ 和 $1242\sim1646cm^{-1}$ 处观察到的特征峰分别归属于三嗪环体系的特征呼吸模式和 g-C_3N_4 杂环的典型拉伸振动模式，两个特征峰分别位于 $1387cm^{-1}$ 和 $1645cm^{-1}$ 处，与 Bi 单质的吸收峰相一致(Swy E R et al.，2014)。在所有 Bi-CN 复合材料的 FT-IR 光谱中均观察到了 g-C_3N_4 和纯 Bi 的所有主要特征峰，这证实了通过溶剂热处理在 Bi 单质和 g-C_3N_4 之间形成了复合物。这些 Bi-CN 复合材料可提供电子迁移路径，以改善光生电荷载流子的分离效率并增强光催化氧化活性。

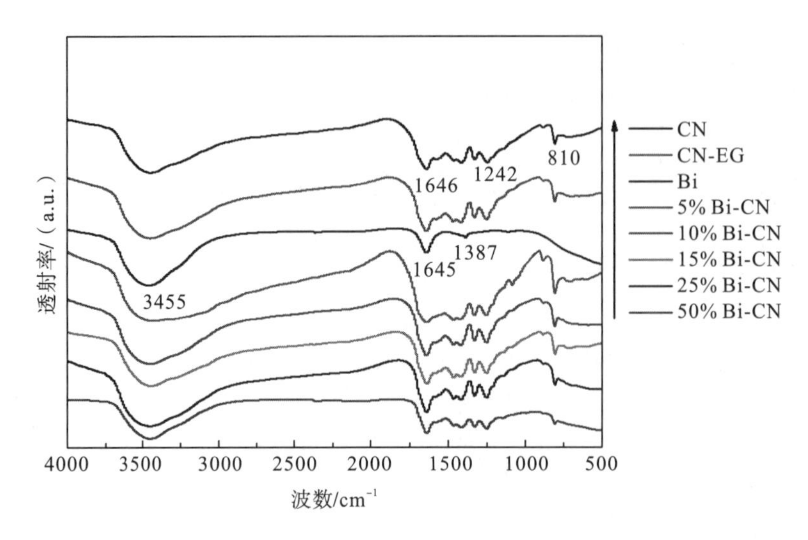

图 5-3 g-C_3N_4(CN)，CN -EG，Bi 和 Bi-CN 复合材料的 FT-IR 光谱

接下来，利用 XPS 光谱分析以研究 Bi-CN 复合材料的表面化学组成和其中 Bi 的化学状态。图 5-4(a)的全扫描光谱显示 g-C_3N_4 和 CN-EG 由 C、N 和少量来自大气污染的 O 组成；没有观察到其他峰。Bi 单质的光谱表明存在 Bi、C 和 O 物种，C 和 O 元素的存在可能是由于空气中污染碳容易氧化所致。含量为 10%的 Bi-CN 复合材料包含 Bi、C、N 和少量 O，这可能是由于 g-C_3N_4 的表面吸附所致。该光谱表明，含量为 10%的 Bi-CN 复合物中的 Bi 以其单质形式存在。

可以将图 5-4(b)中的高分辨率 C 1s 光谱分为两个主峰，其结合能分别处于～284.8eV 和～288.39eV。位于 284.8eV 的特征峰可能与 C—C 或表面污染碳有关，而位于 288.39eV 的特征峰值可归属于 g-C_3N_4 中的 N—C—N 基团。图 5-4(c)中的高分辨率 N 1s 光谱可以高斯拟合为处于 398.8eV 与 401.1eV 的两个主峰和一个位于 404.5eV 的弱峰，分别归因于 C═N—C 、C—N—H 和 π 激发，根据 C 1s 和 N 1s 的结果，该复合材料不含有与 Bi-C 或 Bi-N 相关的官能团，表明 Bi 单质是 Bi-CN 复合材料表面的主要相组成。图 5-4(d)中 Bi 的 XPS 图谱进一步证明了 Bi-CN 复合材料中存在 Bi 单质。可以将 Bi 4f 光谱高斯拟合为两个特征峰，分别对应于单质 Bi $4f_{7/2}$ 和单质 Bi $4f_{5/2}$，其结合能分别位于 158.21eV 和 163.48eV，这几乎等同于纯 Bi 单质的标准结合能。此外，未检测到其他杂质相，如存在 Bi—O 键，这表明在 10%Bi-CN 复合物中存在纯 Bi 单质，没有任何氧化物杂质。因此，含量为 10%的 Bi-CN 复合材料可以充分利用纯 Bi 单质的 SPR 效应来增强其光催化氧化性能。

在 O 1s 光谱[图 5-4(e)]中可将结合能位于 532.65eV 的特征峰高斯拟合为一处特征峰，该峰归因于吸附的 H_2O。如先前报道，将胺基引入碳载体中可以导致零价金属百分数增加，该零价金属在空气接触时具有抗再氧化性(Shiraishi Y et al.，2014)。在我们的 Bi-CN 复合体系中，溶剂热制备的 g-C_3N_4 具有很高的氮含量，这些由 π 键结合的平面 C—N—C 片层及其不完全缩合的氨基可稳定高度分散的 Bi 并防止其氧化。另外，使用 $NaBiO_3·2H_2O$ 作为前驱体可避免在复合材料制备过程中 Bi 单质的氧化。

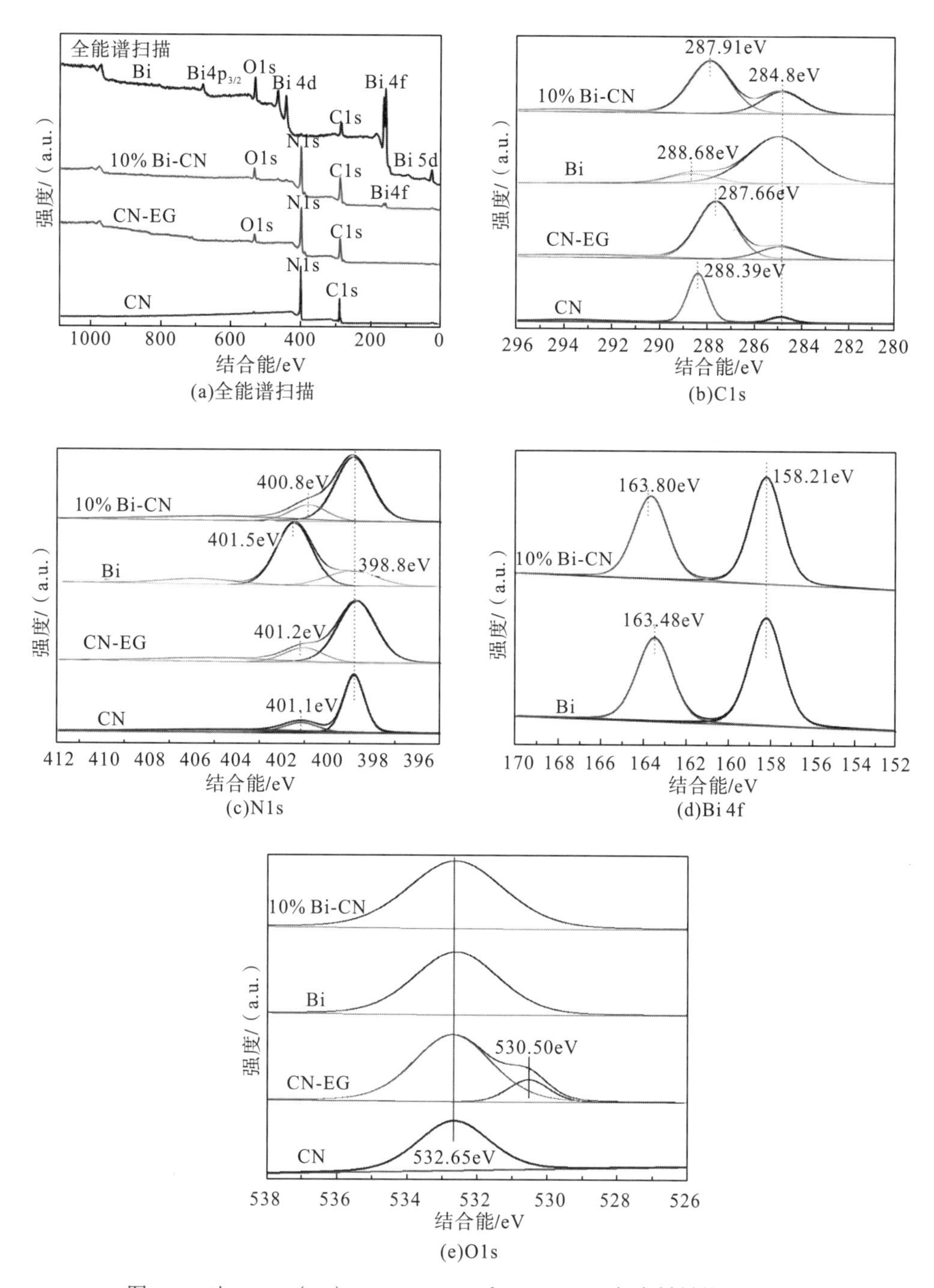

图 5-4　对 g-C_3N_4(CN)，CN-EG，Bi 和 10%Bi-CN 复合材料的 XPS 分析

5.1.5　光学性质及可能的光催化机理

为了探索复合材料的潜在光催化机理，通过紫外可见漫反射研究了它们的光学性能。结果显示在图 5-5 中，g-C_3N_4和 CN-EG 的吸收带边出现在 λ<465nm，这归因于 g-C_3N_4的独特吸收，带隙能量为 2.7eV。相比之下，Bi-CN 复合材料在引入 Bi 后会强烈吸收紫外到

近红外范围(200～800nm)的光。随着 Bi 单质含量的增加，Bi-CN 复合材料的吸收强度逐渐增强，这反过来又提高了太阳能光的利用效率，从而提高了光催化氧化能力。Bi-CN 复合材料的强光吸收源于 Bi 单质的特征 SPR 效应，Dong 等报道直径为 150～200nm 的纯 Bi 纳米球显示出一个以 500nm 为中心的 SPR 峰(Dong F et al.,2015)。但是在本节中，在 200～800nm 范围内未观察到 Bi 单质的 SPR 特征峰。最近 Toudert 等发现球形 Bi 纳米粒子的吸收特性受到其大小、形状和组分的极大影响，通过调控单质 Bi 纳米粒子的大小和形状来探索其横向共振的可调性(Toudert J et al.，2012)。他们预测，"大的"球状单质 Bi 纳米粒子应该是获得明确的共振的最佳候选者，该共振可以从近紫外区域调整到近红外区域。图 5-5(b)显示，制备的 Bi 单质颗粒呈球形，其直径约为 1μm，因此，可以合理地认为，SPR 效应从紫外到近红外区域(超过 800nm)的可调性可以通过加入大尺寸的 Bi 单质颗粒来实现。如图 5-5(c)所示，平均直径约为 300nm 的 Bi 球的均匀分散与厚的 $g\text{-}C_3N_4$ 层紧密耦合。Bi-CN 复合材料中 Bi 球的尺寸与 Bi 颗粒单独的尺寸相比，可以归因于溶剂热过程中 $g\text{-}C_3N_4$ 的晶界尺寸效应，由于复合材料中 Bi 球的尺寸减小，因此在图 5-5(a)中未检测到 Bi 金属的 SPR 峰。Gérard 等报道，直径从 70～180nm 的单个 Al 纳米盘的实验散射光谱显示，随着直径的增加，存在着一个从 300 nm 到 550nm 的红移现象，这表明 Bi-CN 复合材料显示了一个由大的 Bi 单质颗粒产生的 SPR 峰(通常大于 800nm)(Gérard D et al.，2015)。

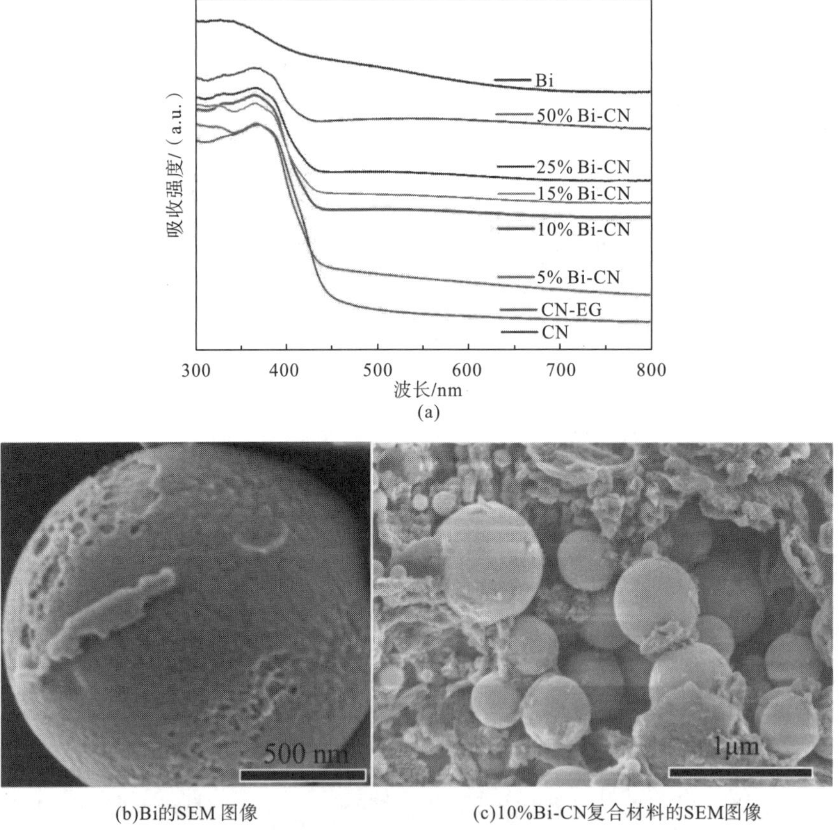

(b)Bi的SEM 图像 (c)10%Bi-CN复合材料的SEM图像

图 5-5 $g\text{-}C_3N_4$(CN)、CN-EG，Bi 和 Bi-CN 复合材料的 UV-vis DRS 测试(a)，Bi(b)和 10%Bi-CN 复合材料(c)的 SEM 图像

强可见光吸收只是实现光催化复合材料高效催化效率的重要因素之一。为了有效地对 NO 进行光催化氧化，需要有效分离光催化复合物中的光生电子−空穴对，因此相应地考察了复合材料的 PL 光谱，如图 5-6 所示。添加 Bi 单质后，在 Bi-CN 复合材料中观察到明显的 PL 猝灭信号，Bi-CN 复合材料的 PL 发射峰值强度明显猝灭是由于 Bi 单质的 M-S 效应导致电子从 g-C_3N_4 的导带(CB)向 Bi 单质定向迁移(Dong F et al.，2015)。因此分散在 g-C_3N_4 表面的 Bi 单质可以有效地阻碍电子−空穴复合，这对于实现具有较高活性的光催化氧化是非常有前景的。除了这些光催化剂的发射强度不同之外，这些光谱之间还存在细微可被观察到的差异。与 g-C_3N_4 的峰相比，CN-EG 和 Bi-CN 复合材料的峰均显示出了蓝移，这可以归因于溶剂热处理引起的量子尺寸效应减小了 g-C_3N_4 层的尺寸，这与以前的结果一致(Dong F et al.，2015)。

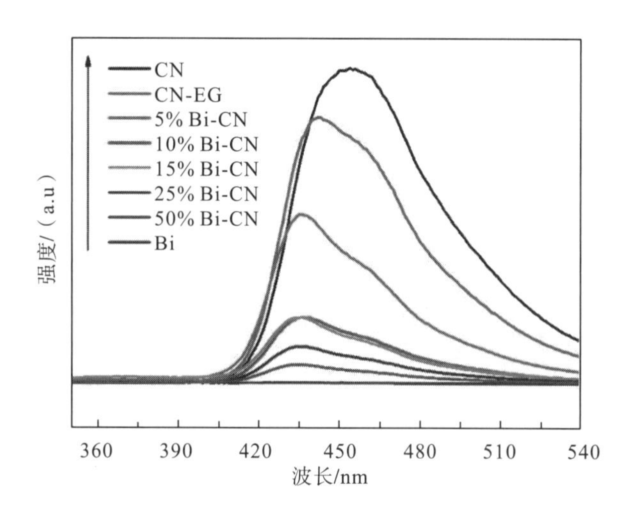

图 5-6　g-C_3N_4(CN)、CN-EG、Bi 和 Bi-CN 复合材料的 PL 光谱图

比表面积是光催化剂的另一个重要参数。利用 N_2 吸附−脱附测试每种光催化剂的比表面积，以此确定其对光催化反应的可能贡献。图 5-7(a)揭示了典型的 IV 型等温线，在 P/P_0=0.5～1.0 处观察到了滞后回环。这表明 g-C_3N_4 和复合材料都是中孔的，在加入 Bi 单质后，g-C_3N_4 结构没有明显的堵塞或变化[表 5-1 和图 5-7(b)]。其中 CN-EG 的比表面积为 $53m^2·g^{-1}$，约为体相 g-C_3N_4($9m^2·g^{-1}$)的 6 倍。10%Bi-CN 的比表面积为 $42m^2·g^{-1}$，略低于 CN-EG 的比表面积。此外，图 5-7(b)中的孔径分布表明，g-C_3N_4 和 10%Bi-CN 中的孔主要分布在 1.8～6.8nm 范围内，与中孔结构相对应。当 Bi 单质含量增加至 15%时，复合材料的比表面积和孔径分布几乎不变。但与 10%Bi-CN 复合材料相比，其光催化活性下降。因此，该实验排除了表面积对复合物的光催化活性的贡献。

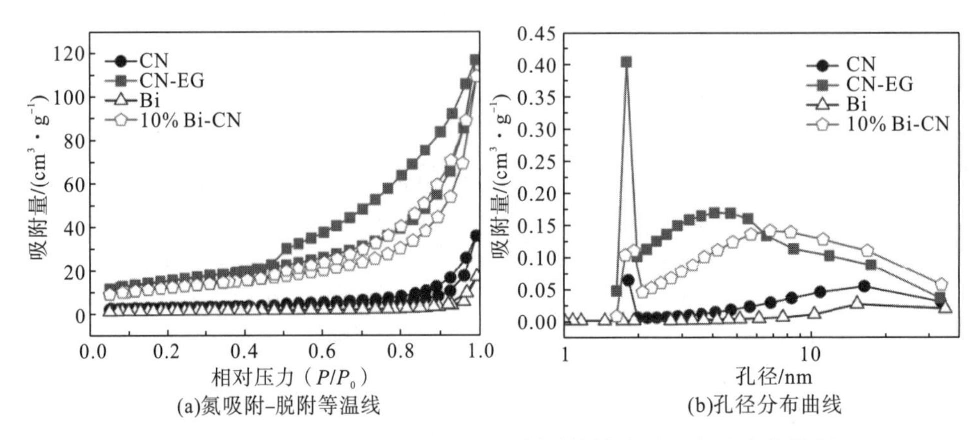

图 5-7 氮吸附-脱附等温线(a)和所制备材料的相应孔径分布曲线(b)

从最大化提升复合材料可见光催化性能的角度出发，我们选择阐明 10%Bi-CN 复合材料的可能光催化机理。根据上述结果，我们提出了以下机制，如机理图 5-8 所示，10%Bi-CN 复合材料的形貌与嵌入单质 Bi 球体的 g-C_3N_4层相似，类似于石榴状。紫外-可见 DRS 结果表明，由于金属 Bi 单质的 SPR 效应，金属 Bi 单质的引入极大地提高了 10% Bi-CN 复合材料的光吸收能力。同时，实验表明，在 g-C_3N_4中加入 Bi 金属有助于光激发载流子的有效分离，因为复合材料中的 Bi 单质在金属/g-C_3N_4界面处形成肖特基势垒(Dong F et al., 2015)。这两个因素是 10% Bi-CN 复合材料的高光催化活性的基础。此外，根据光催化测试结果，金属 Bi 单质与 g-C_3N_4的良好耦合效应也对其高光活性起着重要作用。g-C_3N_4的 CB 将光生电子迁移到金属 Bi 单质，因为 CN 的 CB 比金属 Bi 单质的费米能级更负。同时，空穴堆积在 g-C_3N_4的 VB 中，它具有足够的氧化能力以降解 NO。这种类型的电荷传输极大地改善了电荷载流子的分离效率，并使光生电子和空穴分别保留在 g-C_3N_4的金属 Bi 单质和 VB 的表面上，从而使它们与空气和水发生反应，产生相应的活性物种，实现 NO 的高效光催化氧化。

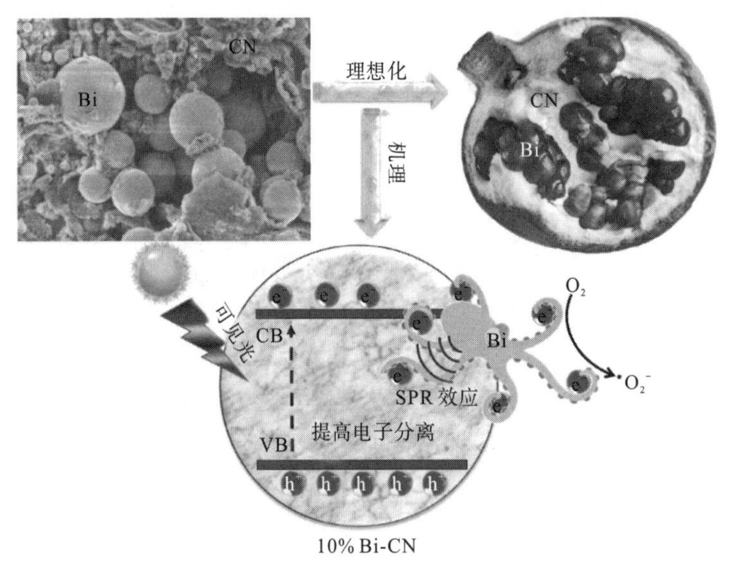

图 5-8 10%Bi-CN 复合材料的光催化氧化 NO 机理

众所周知，在光催化反应期间，光腐蚀可能在光催化剂表面上发生。为了测试 NO 催化氧化中催化剂的稳定性，我们将 10%Bi-CN 光催化剂重复使用了五次，图 5-9 显示了在连续五次循环后光催化剂的活性几乎与首次的相同。光催化剂的高稳定性归因于纯金属 Bi 单质与 g-C_3N_4 之间的强相互作用，并表明由纯金属 Bi 单质改性的 g-C_3N_4 组成的复合材料有望在空气净化等实际应用中使用。

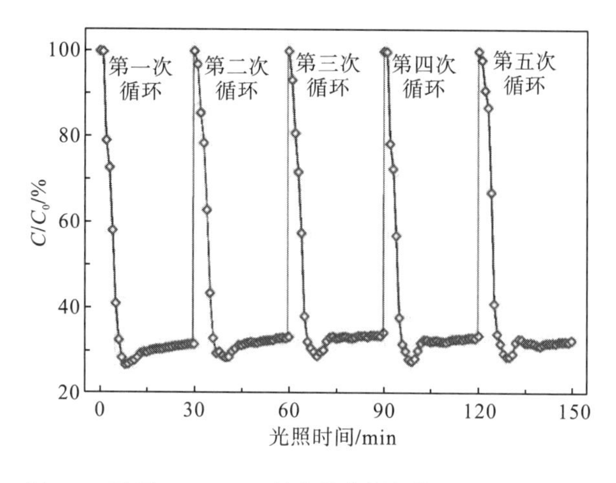

图 5-9 采用 10%Bi-CN 的光催化剂氧化 NO 的循环曲线

5.1.6 小结

本节开发了一种原位溶剂热处理策略来制备具有石榴状结构的 Bi-CN 复合材料。以 $NaBiO_3 \cdot 2H_2O$ 为前驱体获得的纯金属 Bi 单质已成功用于修饰 g-C_3N_4。在 g-C_3N_4 层中嵌入纯金属 Bi 球粒子有两个主要优点。首先，由于纯金属 Bi 单质的独特化学和物理性质，以及助催化剂的有效功能，所得 Bi-CN 复合材料在整个光谱范围内均展现出强烈的光吸收。其次，Bi 与 g-C_3N_4 的良好匹配在它们的界面处产生了有益的 M-S 效应，因此光生电子-空穴得以快速分离。本节所获得的 Bi-CN 复合材料的高稳定性使其有希望用于空气净化等实际应用中。

5.2 Pd-QDs 修饰的 g-C_3N_4 对 NO 光催化氧化机理的研究

5.2.1 引言

量子点(QDs)是具有特殊性质的纳米粒子，即它们可以为每个吸收的光子产生不止一个电子。最近的一份报告表明，QDs 敏化可以增加光催化剂的光吸收和电子传输(Lian S C et al.，2018)。例如，C QDs 可以提高许多光催化剂的性能，如 g-C_3N_4、TiO_2 和 Bi_2MoO_6，因为它们具有超快的电子迁移能力(Liu J et al.，2015；Lin Z et al.，2011；Di J et al.，2015)。

CdS-QDs 的存在有利于电子迁移并增强 $Zn_{1-x}Cd_xS$ 的光催化活性(Li G S et al., 2009)。然而，在之前的所有研究中，QDs 敏化诱导光活性增强的机制仍有争议。一些研究表明，从 QDs 到光催化剂的界面电子迁移是由于量子限制效应，而之前的其他研究认为 QDs 可以捕获光生电子并抑制电子–空穴对的复合(Leutwyler W K et al., 1996; Shen J et al., 2012)。因此，找出 QDs 如何影响光催化剂的光反应性能是研究的一大重点，但同时具有挑战性。

一些研究表明，g-C_3N_4 颗粒表面贵金属的存在可以通过抑制光生电子–空穴对的复合来提高 g-C_3N_4 的光催化活性(Liu Q et al., 2013; Samanta S et al., 2014; Shalom M et al., 2014)。然而，很少有研究工作仔细研究 g-C_3N_4 被贵金属 QDs 修饰后的光催化活性变化。虽然贵金属通常沉积在 g-C_3N_4 表面，但这些金属的尺寸大于 QDs 的尺寸。鉴于贵金属和量子点对 g-C_3N_4 光催化活性的优势，我们推测贵金属 QDs 修饰的 g-C_3N_4 将比贵金属点修饰的 g-C_3N_4 光催化活性提高效果更好。在本节研究中，我们首次通过化学还原法成功制备了 Pd QDs 修饰的 g-C_3N_4。所得材料经过详细的表征，然后用于可见光照射下光催化去除 NO。本书设计了一系列实验来阐明 PQDs 在可见光下对 g-C_3N_4 光催化的作用，详细分析了光催化活性增强的原因。

5.2.2 催化剂的合成

将三聚氰胺置于加盖氧化铝坩埚中，于 500℃下煅烧处理 2h，初始加热速率为 20℃·min^{-1}，制得石墨氮化碳(g-C_3N_4)。将该三聚氰胺在 520℃下进一步煅烧处理 2h。这个过程与以前报道的论文类似(Dong G H et al., 2012)。

通过原位化学还原法合成了 PQDs 修饰的 g-C_3N_4。在典型的合成过程中，将制备好的 g-C_3N_4 粉末添加到 50mL $PdCl_2$ 溶液(0.5g·dm^{-3})中。20 min 后，将悬浮液离心并用蒸馏水洗涤多次。然后，在搅拌下将悬浮液加入 50mLNaH_2PO_2 • $2H_2O$ 溶液(20g·dm^{-3})中。当搅拌 20min 之后，将悬浮液离心并用蒸馏水充分洗涤。最后，将样品在真空干燥箱中于 50℃干燥，将最终样品命名为 PQDs-g-C_3N_4。

5.2.3 表征结果与讨论

5.2.3.1 样品的结构表征

XRD 用于表征产物的晶体结构，图 5-10 显示了所制备样品粉末的 XRD 图谱，其中在所有样品中均出现了两个峰。在 13.08° 处的小角度峰对应于 0.676nm，这是由于中间层的堆叠，在 27.41° 处有最强的峰(对应于 0.326nm)，这是由于石墨材料的共轭芳香族体系堆叠而引起的(002)面对应的峰。在 PQDs-g-C_3N_4 的 XRD 图谱中未检测到其他峰(如 Pd)，这表明沉积的 Pd 含量很低，并且 Pd 均匀分散在 g-C_3N_4 表面上，无法检测到它的存在。

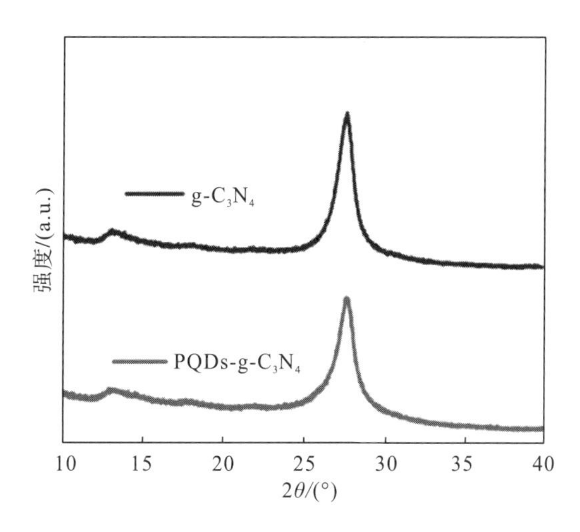

图 5-10　制备样品的固体粉末 XRD 谱图

利用 X 射线光电子能谱(XPS)研究光催化剂结构的化学组成。图 5-11(a)显示了所得到的两个样品的光谱图，其中 g-C_3N_4 由两个元素 C 和 N 组成，而 PQDs-g-C_3N_4 由三个元素 C、N 和 Pd 组成。如图 5-11(b)所示，对于 g-C_3N_4 和 PQDs-g-C_3N_4，C 1s 谱图在 284.6eV 和 2882eV 的结合能处具有两个峰，这表明这两个样品中有两个不同的碳基团，主峰在 288.2eV 处可归因于 C—N—C 配位体中 sp^2 杂化碳的存在；而 284.6eV 处的峰归属于表面污染碳。在 N 1s 光谱中，两个样品的光谱都可以拟合为三个结合能[图 5-11(c)]。398.7eV 处最强的峰可归因于样品中 C—N—C 键中的 sp^2 杂化氮，而 400.2eV 处的峰通常归因于叔氮 N—C_3 基团。在 401.3eV 处的较弱吸收峰可能归因于带有氢的氨基官能团(C—N—H)，这可能与结构缺陷和不完全缩合有关。图 5-11(d)显示了 PQDs-g-C_3N_4 的 Pd 3d 特征峰，在 340.7eV 和 335.1eV 处的结合能可以分别归因于 Pd $3d_{3/2}$ 和 $3d_{5/2}$，它们对应于 Pd^o。这些结果证实了 Pd 成功负载在 g-C_3N_4 表面。

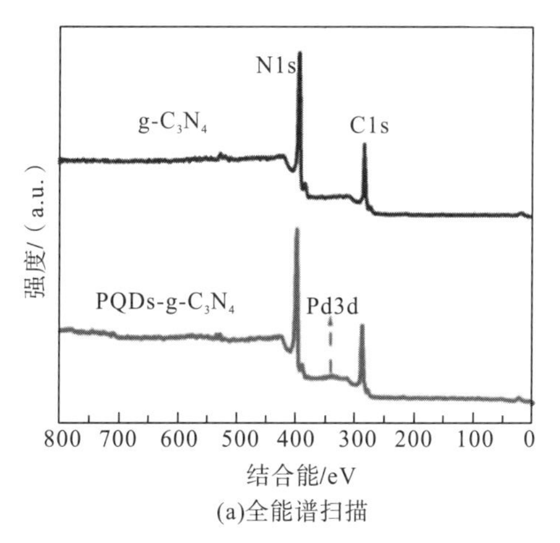

(a)全能谱扫描

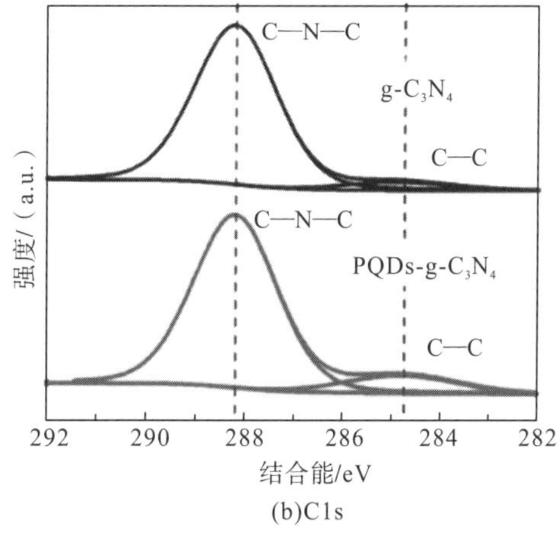

(b)C1s

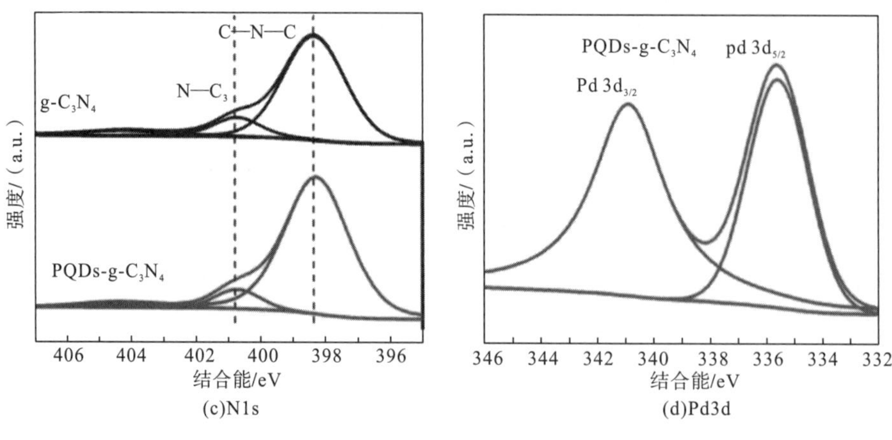

(c)N1s (d)Pd3d

图 5-11 XPS 谱图

通过 TEM 研究所得样品的微观结构。图 5-12 显示了 $g-C_3N_4$ 和 PQDs-$g-C_3N_4$ 的 TEM 图像，如图 5-12(a)所示，$g-C_3N_4$ 的形态为血小板状，当对 $g-C_3N_4$ 进行原位化学还原处理时，其形态仍为血小板状，但其表面上有许多深色球形斑点。分析深色球圆斑为 Pd-QD，平均直径约为 4.5nm，图 5-12(d)显示了 PQDs-$g-C_3N_4$ 的 HRTEM 图像，Pd 纳米粒子的晶格间距约为 0.228nm，这对应于 Pd 的(111)晶面。

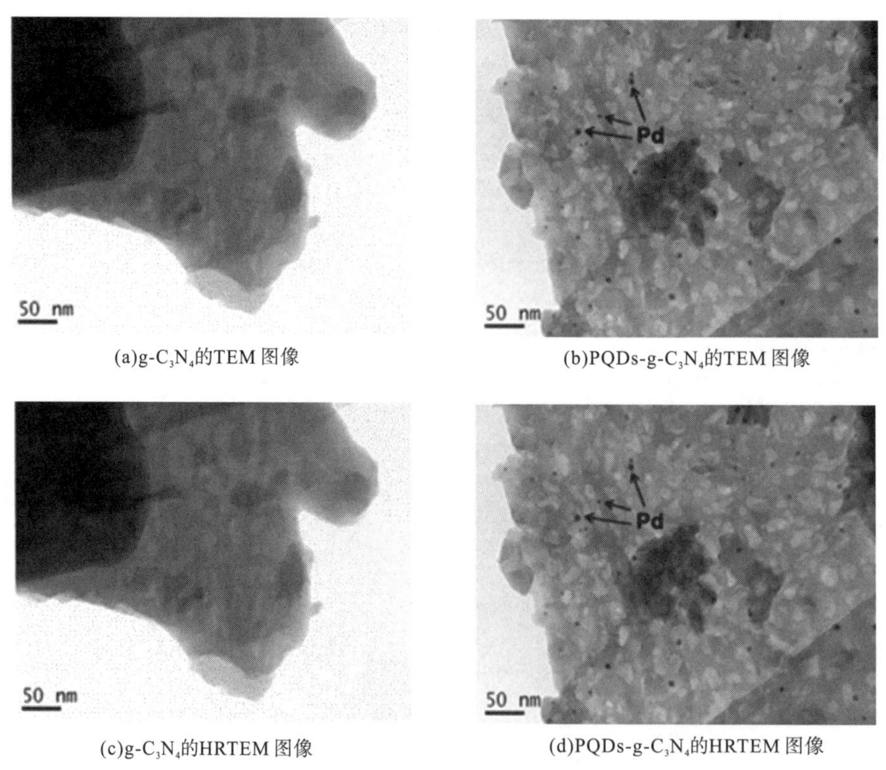

(a)$g-C_3N_4$的TEM 图像 (b)PQDs-$g-C_3N_4$的TEM 图像

(c)$g-C_3N_4$的HRTEM 图像 (d)PQDs-$g-C_3N_4$的HRTEM 图像

图 5-12 $g-C_3N_4$ 和 PQDs-$g-C_3N_4$ 的 TEM 图像和 HRTEM 图像

注：蓝色箭头代表 PQDs；红线代表间距约为 0.228 nm 的 PQDs 的晶格条纹。

5.2.3.2　光催化活性

在可见光照射下(λ>420nm)，通过对 NO 的光催化氧化测试所制备的 g-C_3N_4 和 PQDs-g-C_3N_4 样品的光催化活性。图 5-13 显示了不同光催化剂下的光催化活性和在没有任何光催化剂的情况下 NO 的自身光照影响去除情况。在没有光催化剂的情况下，可见光照射(λ>420nm) 40min，NO 的去除可忽略不计，这表明在可见光照射下 NO 稳定。但是，在催化剂 g-C_3N_4 存在的情况下，可见光照射 40min 后观察到 NO 的氧化效率为 34%。有趣的是，引入 PQDs 显著提高了 NO 的去除效率，因为在 40 min 内 PQDs-g-C_3N_4 对 NO 的去除率可以达到 72%，显然，PQDs 修饰可以显著提高 g-C_3N_4 的光催化活性。

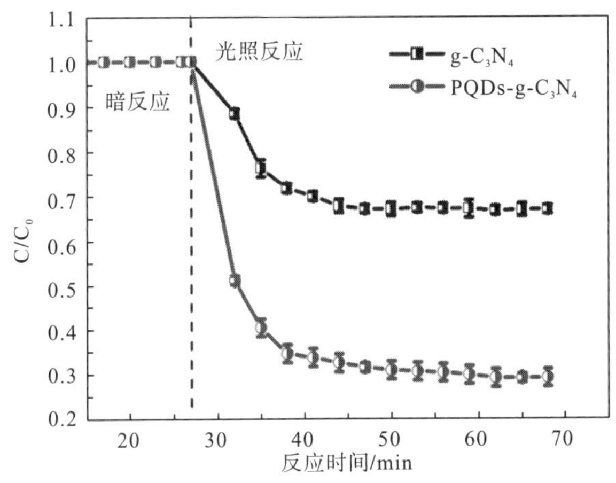

图 5-13　在可见光照射(λ>420nm)下，g-C_3N_4 和 PQDs-g-C_3N_4 上 NO 的光催化氧化

5.2.3.3　活性增强机制

由于光催化活性通常与比表面积有关，采用氮吸附来测量所得样品的表面积。但是，测量结果表明，g-C_3N_4 和 PQDs-g-C_3N_4 的表面积分别为 7.9$m^2 \cdot g^{-1}$ 和 8.2$m^2 \cdot g^{-1}$(图 5-14)，因此，PQDs-g-C_3N_4 增强的光催化活性与表面积无关。

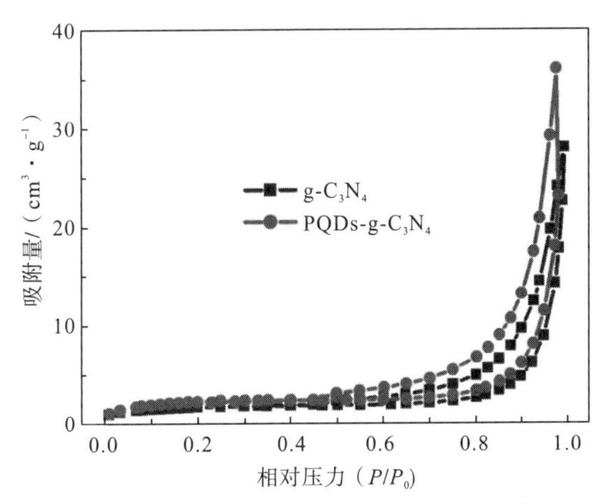

图 5-14　g-C_3N_4 和 PQDs-g-C_3N_4 样品的 N_2 吸附-脱附等温线和 BJH 孔径分布图

除了表面积，光吸收和光激发是强烈影响光催化剂的光催化活性的原因之一。因此，我们测量了 g-C_3N_4 和 PQDs-g-C_3N_4 的 UV-vis 吸收光谱，发现这两个样品的吸收边有所不同(图 5-15)。与 g-C_3N_4 相比，PQDs-g-C_3N_4 的本征吸收边出现轻微的红移，同时，PQDs-g-C_3N_4 的吸收光谱扩展到整个可见光区域，甚至在红外区域，从而提高了光吸收率。这并不奇怪，因为 QDs 敏化可以增加光催化剂的光吸收和电子传输。假设 g-C_3N_4 是直接半导体，根据 $(\alpha h\nu)^2$vs 与吸收光能量的关系图测定样品的带隙，如图 5-15(b)所示。计算 g-C_3N_4 和 PQDs-g-C_3N_4 的带隙分别为 2.75eV 和 2.62eV。在这种情况下，PQDs-g-C_3N_4 增强的光吸收范围和狭窄的带隙可能导致更多的光生电子的形成。

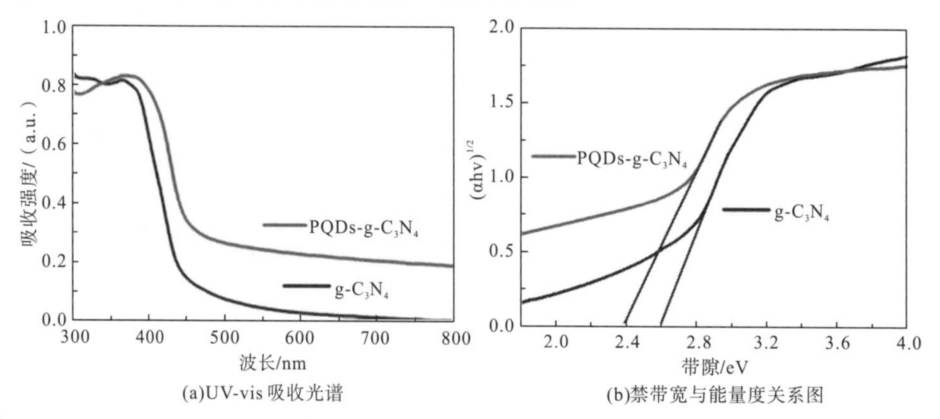

图 5-15 g-C_3N_4 和 PQDs-g-C_3N_4 的 UV-vis 吸收光谱(a)和禁带宽度$(\alpha h\nu)^2$与能量$(h\nu)$的关系图(b)

光激发后，光生电子可能经历两种途径：迁移到光催化剂表面参与后续化学反应和与光生空穴复合。利用光致发光光谱(PL)研究了两个样品中光生电子和空穴的复合与分离，图 5-16(a)显示了 g-C_3N_4 和 PQDs-g-C_3N_4 在 320nm 激发下的 PL 光谱。455nm 附近的强发射峰源于电子和空穴的直接复合。而 PQDs-g-C_3N_4 的 PL 峰强度较弱无疑证实了 Pd QDs 的修饰可以抑制光生载流子的复合。一般来说，光生电子越多，电子-空穴复合率越低，光催化剂的光电流越大。合理地说，在 PQDs-g-C_3N_4 电极上产生的光电流将高于在 g-C_3N_4 电极上产生的光电流。这种假设可以通过光电流测量来证实[图 5-16(b)]。因此，Pd QDs 的修饰将有利于光生载流子的可见光吸收和分离，最终将产生更多的载流子以去除 NO。

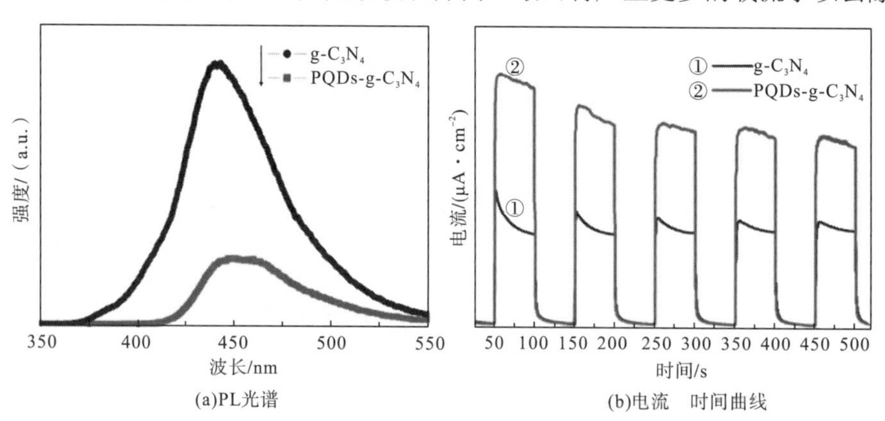

图 5-16 g-C_3N_4 和 PQDs-g-C_3N_4 的光致发光(PL)光谱(a)；g-C_3N_4 和 PQDs-g-C_3N_4 的电流-时间曲线(b)

5.2.4　NO 的去除机理

通常，NO 的光催化去除可归因于几种活性物种，如羟基自由基(·OH)，超氧自由基(·O_2^-)，过氧化氢(H_2O_2)和空穴，这些活性物质可通过以下反应形成：

$$\text{光催化剂+太阳光} \longrightarrow h^+ + e^-$$

$$e^- + O_2 \longrightarrow \cdot O_2^-$$

$$\cdot O_2^- + 2H^+ + e^- \longrightarrow H_2O_2$$

$$H_2O_2 + e^- \longrightarrow 2\cdot OH$$

$$h^+ + H_2O \longrightarrow \cdot OH + H^+$$

为了研究 g-C_3N_4 与 PQDs-g-C_3N_4 表面上的 NO 去除的机理以及可能的光催化机理，我们进行了一些实验来探索这一机理。使用碘化钾(KI)捕获光生空穴，如图 5-17 所示，当添加 KI 时，在 g-C_3N_4 上的 NO 去除率被完全抑制(NO 去除率为 5.5%)，该结果表明，空穴(h^+)在 g-C_3N_4 上的 NO 的光催化去除过程起到重要作用。除光生空穴外，O_2 是光催化过程中的一个重要因素，因为它可以产生超氧自由基(·O_2^-)、过氧化氢(H_2O_2)和羟基自由基(·OH)。为了测试溶解 O_2 在去除过程中的作用，将高纯氩倒入反应中以确保反应在没有 O_2 的情况下进行。如图 5-17 所示，g-C_3N_4(NO 去除率为 4.7%)与 PQDs-g-C_3N_4(NO 去除率为 3.3%)的 NO 去除率受到了完全抑制，表明 O_2 是 NO 光催化去除的必要因素。该结果还暗示三种活性物种(·O_2^-、H_2O_2 和·OH)中的一种或多种是引起污染物降解的主要因素。为了验证该假设，在两个样品的光催化过程中使用了清除剂，例如，·O_2^- 的清除剂对苯醌(PBQ)和·OH 的清除剂叔丁醇(TBA)。如图 5-17(a)和图 5-17(b)所示，PBQs 的存在可以完全抑制 g-C_3N_4 的光催化活性(NO 去除率为 3.2%)。但是，它对 PQDs-g-C_3N_4 的 NO 去除没有影响(NO 去除率为 69.1%)。有趣的是，TBA 的存在并不影响 g-C_3N_4 的 NO 去除率(NO 的去除率为 35.8%)，但可以显著抑制 PQDs-g-C_3N_4 的 NO 去除率(NO 的去除率为 4.5%)。结果表明，h^+和·O_2^- 在 g-C_3N_4 的 NO 去除过程中起主要作用，而·OH 在 PQDs-g-C_3N_4 的 NO 去除过程中起主要作用。

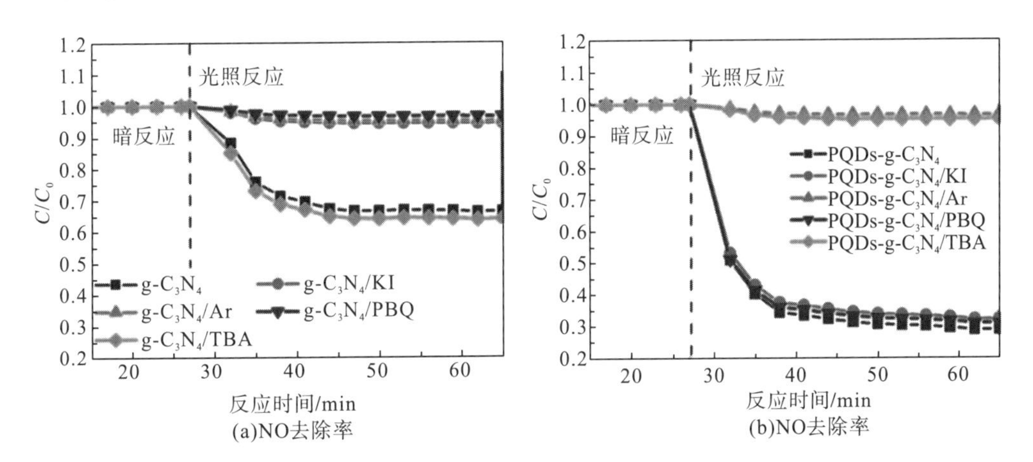

图 5-17　在可见光照射下(λ> 420nm)在不同光催化系统中 NO 去除率的比较

为了确认由 PQDs 修饰引起的 NO 去除机理变化的原因，我们进一步采用了 5，5-二甲基吡咯啉 N-氧化物(DMPO)自旋俘获电子自旋共振技术(ESR)来测定活性氧在光催化过程中产生的物种。在 g-C_3N_4 的甲醇悬浮液中明显观察到 DMPO-·O_2^-的四个特征峰[图 5-18(a)]，这表明可以通过 g-C_3N_4 的光催化产生·O_2^-，但是在 g-C_3N_4 的水分散体中未测试到峰，这表明在 g-C_3N_4 系统中未生成·OH[图 5-18(b)]。

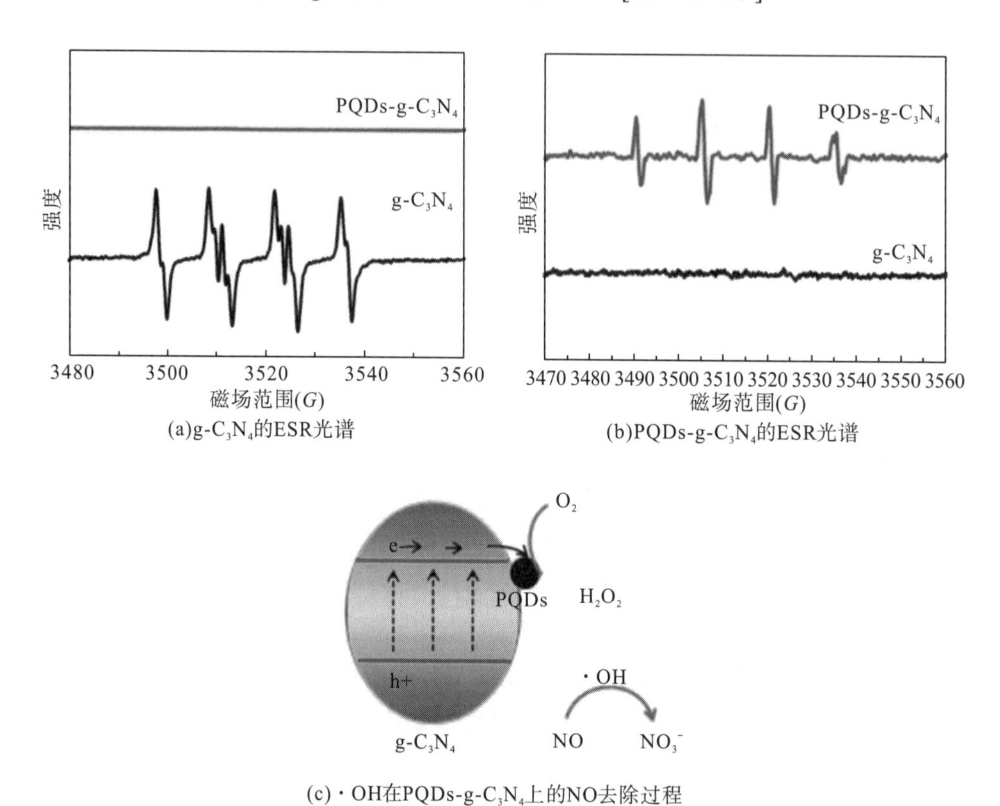

图 5-18 在 DMPO-·O_2^-的甲醇水分散液和在 DMPO-·OH 的水分散液中 g-C_3N_4 的 ESR 光谱(a)；在 DMPO-·O_2^-的甲醇水分散液和 DMPO-·OH 的水分散液中 PQDs-g-C_3N_4 的 ESR 光谱(b)；·OH 在 PQDs-g-C_3N_4 上的 NO 去除过程中具有主要功能(c)

我们进一步测量了在 DMPO-·O_2^-的甲醇水分散液[图 5-18(a)]和在 DMPO-·OH 的水分散液[图 5-18(b)]中 PQDs-g-C_3N_4 的 DMPO 自旋捕获 ESR 谱图，我们发现唯一的·OH^-是在 PQDs-g-C_3N_4 上生成。根据之前的报道，分子氧可以通过单电子还原途径(e^-→·O_2^-→H_2O_2→·OH)或双电子还原途径(e^-→H_2O_2→·OH)被激活(Dong G H et al., 2014)。由于在 PQDs-g-C_3N_4 系统中未检测到·O_2^-，因此我们认为 PQDs 修饰将分子氧活化途径从单电子还原转变为双电子还原。这种变化与 Pd 可以增强 PQDs-g-C_3N_4 的氧吸附能力和电子转运性能有关。因此，·O_2^-在 g-C_3N_4 上的 NO 去除过程中起主要作用，而·OH 在 PQDs-g-C_3N_4 上的 NO 去除过程中起主要作用[图 5-18(c)]。

5.2.5 小结

在 5.2 节中，我们开发了一种实用的方法来制备 Pd QDs 修饰的 g-C_3N_4。Pd QDs 的改性不仅有利于 g-C_3N_4 的可见光吸收，而且提高了光生载流子的分离效率，从而增强了 NO 的光催化氧化活性。更有趣的是，Pd QDs 修饰改变了 NO 的去除机制，从 h^+和 • O_2^- 的协同作用到 • OH 的单一作用。我们发现这种机制改变的主要原因是 Pd QDs 的修饰改变了分子氧的活化途径，从单电子还原变为双电子还原。本书不仅为光催化剂表面 Pd QDs 的改性提供了新的策略，而且有助于深入理解 Pd QDs 改性与半导体光催化剂光催化去除 NO 活性之间的关系。

5.3 金红石型 TiO_2 与 g-C_3N_4 QDs 异质结：一种高效的可见光驱动 Z 型复合光催化剂

5.3.1 引言

提高半导体光催化剂光催化性能的最有效途径之一是通过与其他半导体的耦合来减少电子-空穴复合(Dong F et al.，2013；Li Q et al.，2015)。例如，Zang 等合成了一种可见光驱动的板钛矿型 TiO_2/g-C_3N_4 杂化光催化剂，该催化剂对 As^{3+}的氧化、MO 的降解和制氢具有较高的光催化活性(Zhang Y D et al.，2014)。Miranda 等采用简单的浸渍法制备了 TiO_2/g-C_3N_4 复合材料，提高了其在紫外光照射下降解苯酚的光催化活性(Miranda C et al.，2013)。Yu 等报道了利用简单混合原料(P25 TiO_2 和尿素)的煅烧策略制备得到一种无电子介导的直接 g-C_3N_4-TiO_2 半导体 Z 型异质结(Yu J G et al.，2013)。这种特殊的 Z 型异质结不仅提高了电荷分离效率，而且通过保留高度负 CB 带边和高度正 VB 带边来增强氧化还原能力，从而获得更好的光催化性能。类似地，Huang 及其团队还研究了用简单的一锅溶剂热法，合成了反应面暴露的 g-C_3N_4 和 TiO_2 空心纳米盒之间的 Z 型异质结(Huang Z A et al.，2015)。

g-C_3N_4 QDs(CN-QDs) (Wang W J et al.，2014)具有优异的光学性能，可以将近红外光转换为可见光，从而促进对太阳光的吸收，是可见光驱动光催化的候选材料。已经有文献报道利用近红外区域的光吸收潜能来设计碳纳米 QDs 基光催化剂，如碳纳米 QDs 修饰的 TiO_2(CN QDs-TiO_2)。目前，Li 等采用原位嫁接的方法制备了碳纳米点修饰的单晶 TiO_2 纳米管，在协同产氢和降解有机污染物方面具有很高的光催化活性(Li J et al.，2016)；据报道称，由于 CN QDs 的量子效应和敏化效应，修饰后的 TiO_2 纳米线阵列的光催化性能显著提高。

虽然有很多文献报道了用 g-C_3N_4 对 TiO_2 进行改性，但这些研究都是基于块体 g-C_3N_4 和锐钛矿型 TiO_2(Li J et al.，2016；Li G Y et al.，2015；Wang J X et al.，2014；Zhou D T.，2016)。碳纳米 QDs 修饰对金红石型 TiO_2(rTiO_2)结构和光催化活性的影响尚未见报道。

由于 g-C_3N_4 和 rTiO_2 都是可见光响应型光催化剂，因此提出 g-C_3N_4/rTiO_2 复合材料具有良好的可见光捕获能力是合理的，这在实际应用中具有重要意义。请注意，锐钛矿型 TiO_2 和金红石型 TiO_2 的禁带宽度分别为 3.2eV 和 3.0eV。根据太阳光光谱的能量分布，锐钛矿型 TiO_2(λ_{ex}<388nm)只能吸收约 5%的太阳光，而金红石型 TiO_2(λ_{ex}<413nm)可以吸收约 11%的太阳光。

在本节中，我们开发出了一锅法来制备 g-C_3N_4 量子点(CN QDs)/rTiO_2 复合材料。该策略不仅解决了锐钛矿型 TiO_2 可见光驱动光催化活性差的缺点，而且通过半导体耦合降低了载流子复合速率。首次系统地研究了 CN QDs 与 rTiO_2 的名义摩尔比为 0.05∶1、0.15∶1 和 0.25∶1 分别对 CN QDs-rTiO_2 复合材料结构和光催化活性的影响。为简单起见，将混合物分别命名为 S5、S15 和 S25。用纯 rTiO_2 和 CN 作参比样品。值得注意的是，rTiO_2 是通过在 500℃下直接煅烧 P25 TiO_2 4 h 而获得的(见后文)。通过对罗丹明 B(RhB)的降解和 NO 的氧化，评价了 QDs 修饰 rTiO_2 复合材料的光催化活性。并探讨了 QDs 修饰 rTiO_2 复合材料提高光催化活性的机理。

5.3.2 实验合成

样品的合成过程如下：P25 TiO_2(Acros 化学试剂公司)的添加量为 2.0g，一定量的三聚氰胺(西格玛化学试剂公司)，分别以 5%、15%和 25%的不同摩尔比混合在玛瑙研钵中。研磨 10min 后，将混合物放入加盖的氧化铝坩埚中，在 500℃的马弗炉中加热 4h，升温速率为每分钟 2.3℃。等反应结束冷却至室温，收集所制备得到的粉末。制备的样品分别表示为 S5、S15 和 S25。在相同的热条件下，直接加热 2.0 g P25 TiO_2 和 2.0 g 三聚氰胺，以制备纯 TiO_2 和 CN。

5.3.3 结果与讨论

5.3.3.1 物相结构

图 5-19 显示了关于这些 CN QDs-TiO_2 样品以及纯 CN 和 TiO_2 样品的物相和晶体组成的 X 射线衍射(XRD)信息。CN 的衍射峰与文献报道的 g-C_3N_4 的石墨型六方晶相(JCPDS，卡片编号 87-1526)一致。分别在 2θ 为 13.0° 和 27.5° 处存在着明显的 XRD 衍射峰，可归属于(100)和(002)晶面的石墨材料(Yan S C et al.，2009)。对于纯 TiO_2 样品而言，金红石相(JCPDS No.21-1276)作为主峰，伴随着少量的锐钛矿相(JCPDS No.21-1272)，这表明 P25 TiO_2 在煅烧过程中由锐钛矿向金红石相转变。根据谢勒方程(Lv K et al.，2008)，S15 样品中，TiO_2 中金红石相的质量百分数仅为 6%。因此，为了简便起见，将煅烧后的 P25 TiO_2 标记为 rTiO_2(金红石相 TiO_2)。对于 CN QDs-rTiO_2 复合材料而言，其衍射峰与金红石相 TiO_2 的标准 X 射线衍射峰很好地吻合，并且在 CN QDs-rTiO_2 复合材料中没有观察到与 g-C_3N_4 相关的衍射峰。这可以归因于 CN QDs 的负载量极低，且很好地分散在 rTiO_2 表面，与 CN 相关的衍射峰被 rTiO_2 的衍射峰覆盖。此外，具有不同摩尔比的 CN QDs-rTiO_2 复合

材料的 XRD 图谱与 rTiO_2 的相同。因此，CN QDs 的修饰对 rTiO_2 的相结构影响不大，这有利于所制备的纳米复合材料的光催化性能(Liao G et al.，2012)。

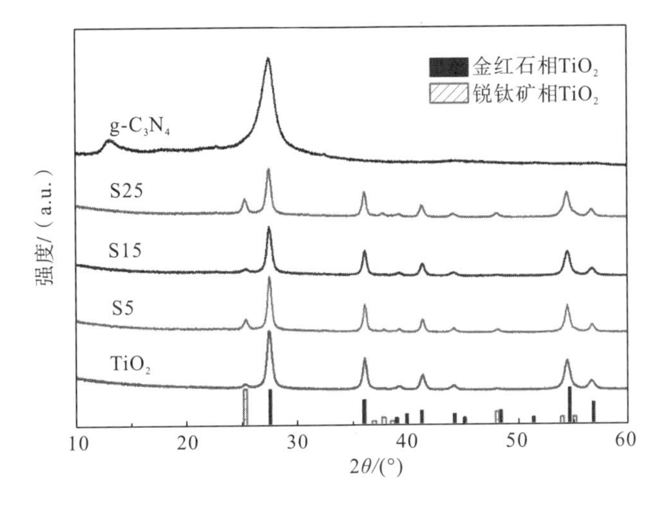

图 5-19　用 X 射线衍射仪(XRD)对光催化剂进行了表征，并对锐钛矿型和金红石型 TiO_2 分别进行了预期的衍射峰分析

5.3.3.2　形态和微观结构

图 5-20 展示了 S15 复合材料以及纯 CN 和 rTiO_2 样品的 SEM 图像。从图 5-20(a) 中我们可以看到，聚集的、块状的、片层结构的 CN，其大小为几微米。图 5-20(b) 显示了 rTiO_2 微球的粗糙表面，直径约为 2～3μm，它们来自 rTiO_2 纳米颗粒的自组装。如图 5-20(c) 和图 5-20(d) 所示，在引入摩尔比为 15%的 CN QDs 后，一些细小的颗粒沉积在 rTiO_2 表面形成异质结构，从而证明 CN QDs 成功地嫁接到 rTiO_2 上。此外，没有观察到明显的颗粒大小和形貌变化，从而证实了 CN QDs 材料并没有进入 rTiO_2 的晶格中。这一结果与 XRD 图谱相一致。

(a)g-C_3N_4的SEM

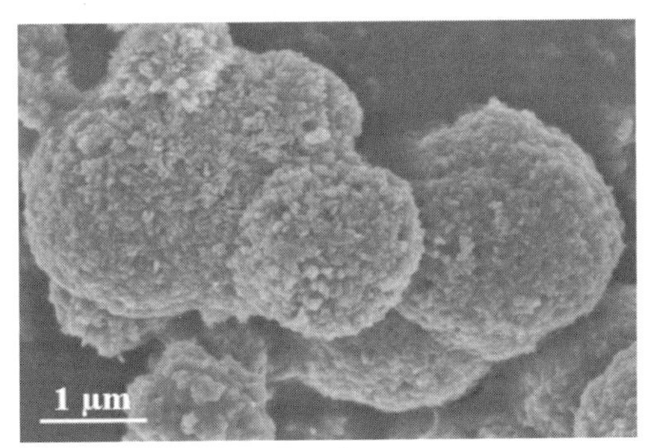

(b)rTiO_2的SEM

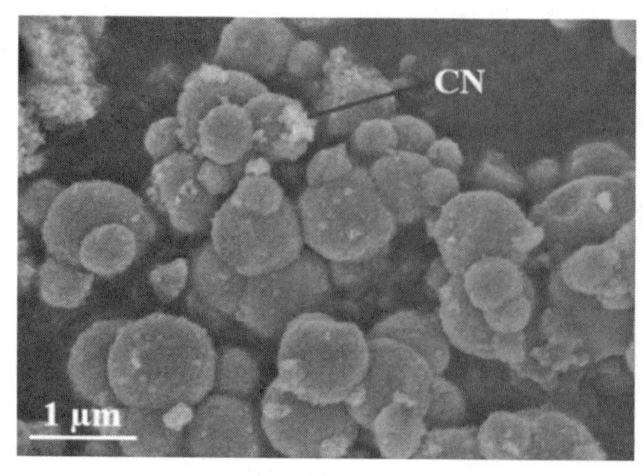

(c)S15的SEM(一)

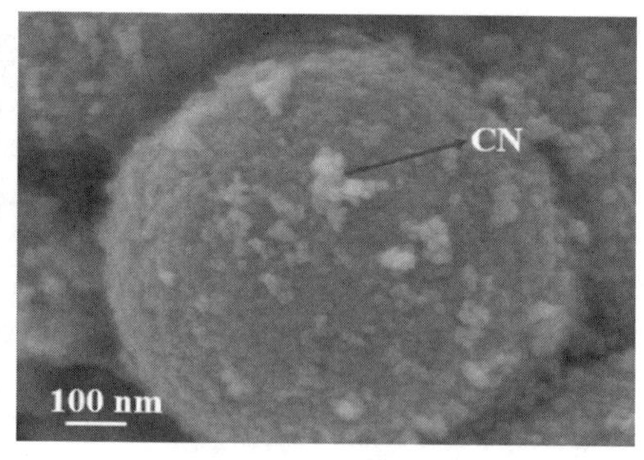

(d)S15的SEM(二)

图 5-20 体相 g-C_3N_4(a)、rTiO_2(b)和 S15 样品[(c)和(d)]的扫描电镜图像

注：红色箭头表示 CN 量子点的存在。

用透射电子显微镜进一步研究了合成样品的微观结构和形貌。如图 5-21(a)和图 5-21(b)所示，CN 为体相结构，而 rTiO_2 显示两个特征晶格条纹，间距分别为 2.4Å 和 3.5Å，分别对应于金红石相 TiO_2(Zhou J W et al.，2015)的(001)晶面和锐钛矿相 TiO_2(Pan X Y et al.，2016)的(101)晶面。在引入 CN QDs 后，观察到 rTiO_2 和 CN QDs 的晶格结构没有改变，如图 5-21(c)所示。TiO_2 纳米颗粒表面均匀沉积有许多黑点，应该是 CN QDs(图 5-21 的 TEM 图像)。

从图 5-21(c)和图 5-21(d)的 HRTEM 图像中发现，在复合材料中 CN QDs 和 rTiO_2 之间有一个非常紧密的界面，形成了异质结。因此，这一事实表明，对于复合材料来说，燃烧过程是必要的，并且复合材料具有异质结构，而不是由 CN QDs 和 rTiO_2 两个单独的相组成的物理混合物。这种形式有利于获得优异的光催化性能。

(a)g-C_3N_4的TEM

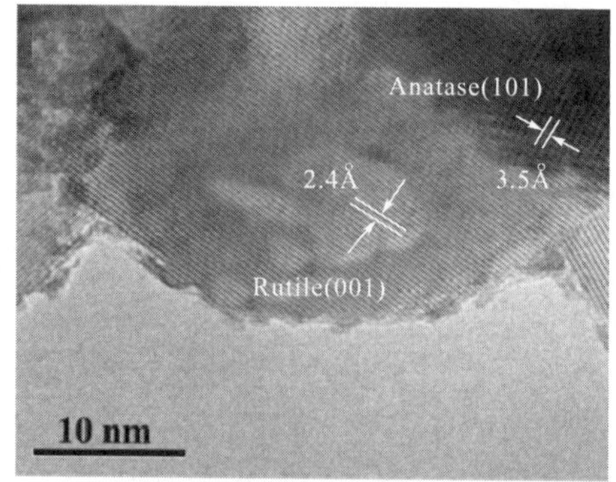

(b)rTiO_2的HRTEM

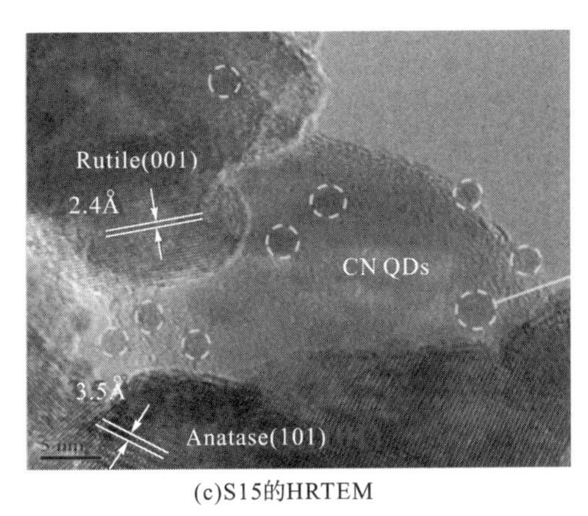

(c)S15的HRTEM

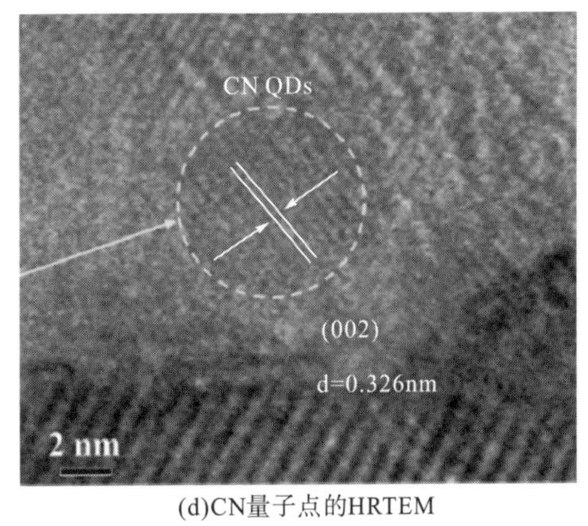

(d)CN量子点的HRTEM

图 5-21　块状 g-C_3N_4(a) 的 TEM 图像，rTiO_2(b)、S15 样品 (c) 和 CN 量子点 (d) 的 HRTEM 图像

注：黄色圆圈表示 CN 量子点。

从图 5-21(d) 中可以看出，典型的 TEM 图像显示 CN QDs 的平均直径约为 4 nm，晶格间距为 0.326nm，对应于六角晶相 g-C_3N_4(JCPDS 87-1526) 的 (002) 晶面 (Ge L et al., 2011)。基于这些实验结果，可以提出 TiO_2 纳米颗粒阻止三聚氰胺的聚合以产生本体的 g-C_3N_4。取而代之的是，较小的 g-C_3N_4 颗粒 (CN QDs) 在 rTiO_2 的表面上原位形成。

5.3.3.3　傅里叶变换红外光谱

本书利用 FT-IR 光谱进一步研究 CN QDs 修饰的 rTiO_2 复合材料的结构。对于纯 rTiO_2 而言，可以清楚地观察到三个主要吸收区域 [图 5-22]。位于 3423 cm^{-1} 处的宽带吸收峰归因于 TiO_2 表面物理吸附水的 O—H 伸展，而位于 1628 cm^{-1} 处的相对尖锐的峰对应于水分子的 O—H 弯曲振动模式。在 850 cm^{-1} 以下观察到的强吸收峰可归因于 Ti—O—Ti(Huang Z A et al., 2015) 的吸收。观察到块体 g-C_3N_4[图 5-22]的三个主要吸收区域，其中位于 3166cm^{-1} 的宽吸收峰归因于 N—H 的伸缩振动，在 1249～1631cm^{-1} 范围内的几个典型的强吸收峰归因于 C—N 杂环的典型伸缩振动，而位于 809 cm^{-1} 的峰可对应于三嗪单元的呼吸模式(Dong F et al., 2013)。

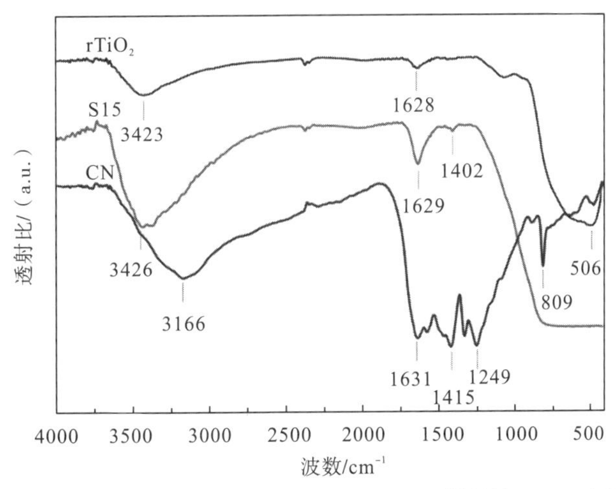

图 5-22　rTiO_2、CN 量子点修饰 rTiO_2 和 g-C_3N_4 样品的 FT-IR 光谱比较

以 S15 为例，图 5-22 展示了 CN QDs 修饰的 $rTiO_2$ 的 FT-IR 光谱。可以看出，S15 的光谱与 $rTiO_2$ 相似[图 5-22]，只是在 $1402cm^{-1}$ 处形成了一个新的峰，这归因于 C-N 杂环的典型伸缩振动，证实了杂化 S15 样品中 g-C_3N_4 的形成。与块体 g-C_3N_4[图 5-22]的 FT-IR 光谱相比，该峰从 $1415cm^{-1}$ 移至 $1402cm^{-1}$，也反映了 CN QDs 与 $rTiO_2$ 之间的强烈反应，这与透射电镜的表征结果是一致的(图 5-21 和图 5-23)。CN QDs 与 $rTiO_2$ 之间的强界面相互作用促进了电子的传递，从而提高了光催化效率。

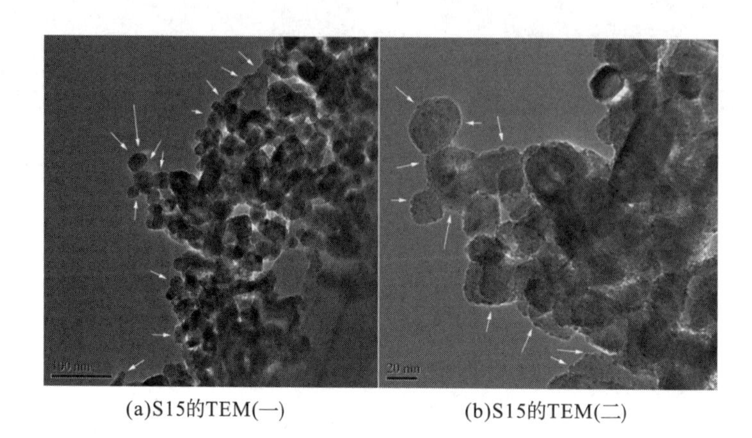

(a)S15的TEM(一) (b)S15的TEM(二)

图 5-23 CN QDs-$rTiO_2$ 杂化光催化剂(S15)的 TEM 图像

注：箭头表示 CN QDs 的存在。

5.3.3.4 光学性质

用紫外可见漫反射(DRS)研究了 CN QDs-$rTiO_2$ 复合材料、纯 CN 和 $rTiO_2$ 样品的光学性质，结果如图 5-24(a)所示。原始的 $rTiO_2$ 的基频吸收带边在 420nm 附近上升，归属于 3.0 eV 的本征带隙(Yu J G et al.，2003)。CN 的吸收起始波长约为 520nm，从而使 $rTiO_2$ 被敏化并扩展了光学响应。g-C_3N_4 的吸收光谱与前驱体和煅烧温度密切相关(Kang Y Y et al.，2016)。

通过引入不同摩尔比的 CN QDs，我们可以清楚地观察到 CN QDs-$rTiO_2$ 复合材料在 420～550nm 范围内的吸收强度显著增强，这使得复合材料能够利用更高比例的可见光区域。将 CN QDs 整合到 $rTiO_2$ 上会导致 $rTiO_2$ 的吸收开始出现相当大的红移，这隐含了 CN QDs 和 $rTiO_2$ 之间的界面相互作用。然而，CN QDs 的负载量存在一个最佳值，因为过量的 CN QDs 会通过减少 $rTiO_2$ 纳米颗粒间隙区域对光的多次反射而对 $rTiO_2$ 微球起到屏蔽效应(Yu J G et al.，2010)。这种效应不能使光到达 CN QDs-$rTiO_2$ 的表面。这些结果表明，CN QDs-$rTiO_2$ 异质结的制备为调节光催化剂的光吸收提供了相当大的潜力，从而有利于光催化性能的提高。

获得了 PL 光谱[图 5-24(b)]，可揭示光生电子-空穴对在半导体中的迁移、转移和复合过程。值得注意的是，本体 CN 在约 430nm 激发的 PL 光谱中显示出一个很强的宽峰。而 CN QDs-$rTiO_2$ 杂化材料的荧光光谱特征与纯 $rTiO_2$ 相似，明显弱于 CN QDs。引入不同摩尔比的 CN QDs 后，荧光峰明显降低。这种光致发光强度的下降表明光生电子和空穴的复合速率很低，而且 CN QDs 与 $rTiO_2$ 之间有良好的接触。也就是说，可见光捕获能力的提高和光生电荷的更快分离都有助于提高光催化活性。

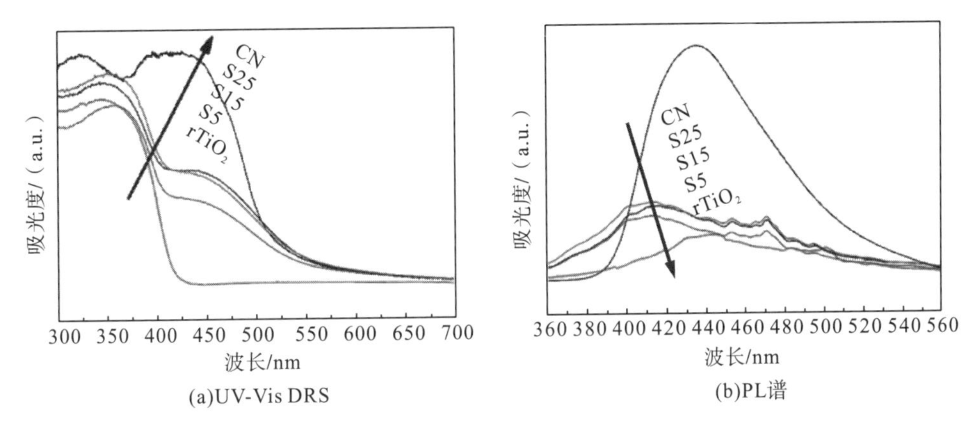

图 5-24　光催化剂的 UV-Vis DRS(a) 和 PL 谱(b)

5.3.3.5　光电流和电化学阻抗研究

对沉积在 ITO 电极上的 $rTiO_2$、S15 和 CN 样品进行了光电流测量[图 5-25(a)]。在所有电极中，每个通断电路都观察到快速而均匀的光电流响应。这种光响应现象是完全可逆的。可以看出，由于光生电子-空穴对的快速复合，CN 电极的光电流最低(约为 0.3μA)。$rTiO_2$ 电极的光电流是 CN 电极的光电流(约为 1.8μA)的 6 倍。然而，CN QDs 修饰电极的光电流高达 5.0μA，约为 $rTiO_2$ 电极的 3 倍，表明 CN QDs 与 TiO_2 之间的电子相互作用提高了光生电子和空穴的分离效率(Lv K L et al.，2010)。图 5-26 所示的表面光电压谱(SPS)也证实了 CN QDs 修饰后的光电流增强。

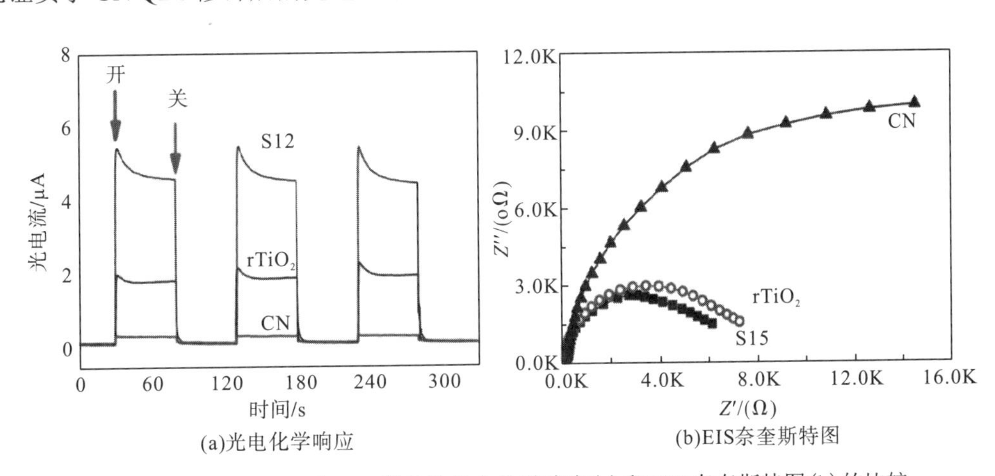

图 5-25　$rTiO_2$、S15 和 CN 样品的光电化学响应(a) 和 EIS 奈奎斯特图(b) 的比较

图 5-25(b) 比较了纯净的 CN、TiO_2 和 CN QDs 修饰的 TiO_2(S15) 电极的 EIS 奈奎斯特曲线图。可以看出，复合 S15 电极的 EIS 奈奎斯特图上的圆弧半径直径最小。EIS 奈奎斯

特图的圆弧半径越小，电荷分离效率越高。因此，CN 型 QDs 修饰 $rTiO_2$ 后，通过 CN 型 QDs 与 $rTiO_2$ 之间的界面相互作用，更有效地分离了光生电子和空穴(Zhang L W et al.，2008)。

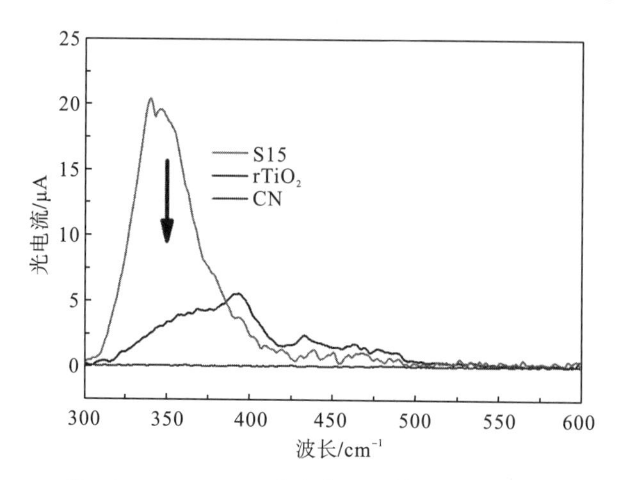

图 5-26 $rTiO_2$、CN 和杂化 S15 样品的 SPS 响应

5.3.3.6 氮气吸附

光催化剂的比表面积被认为是影响光催化活性的重要因素。在大多数情况下，较大的比表面积可以为光催化提供更多的吸附或再活化位点，使载流子更快地迁移，从而提高光催化反应速度。为了确定合成样品的表面积，本书测量了 N_2 的吸附-脱附等温线[图 5-27(a)]，并用来计算相应的孔径分布[图 5-27(b)]。从吸附等温线得到的相应结构参数汇总在表 5-2 中。

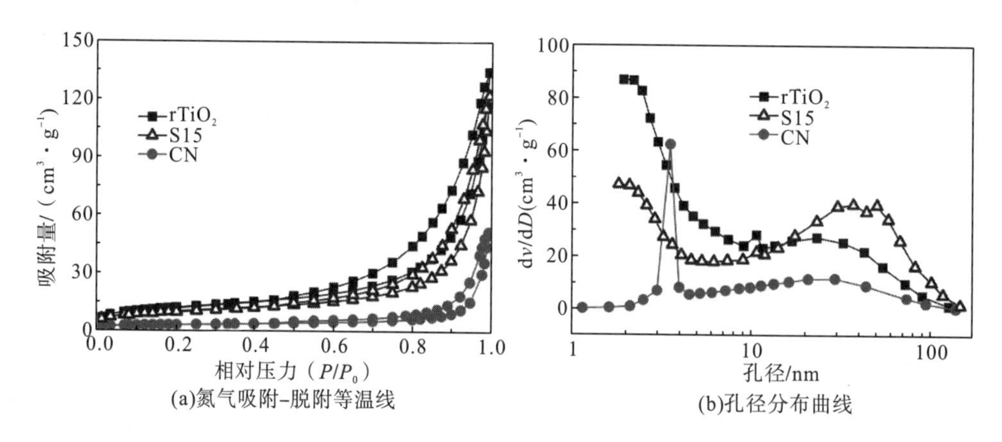

图 5-27 CN、$rTiO_2$ 和 CNODs-$rTiO_2$ 复合材料的氮气吸附-脱附等温线(a)和相应的孔径分布曲线(b)

如表 5-2 所示，CN、$rTiO_2$、S5、S15 和 S25 复合物的比表面积分别约为 $10.9m^2·g^{-1}$、$53.3m^2·g^{-1}$、$45.3m^2·g^{-1}$、$43.9m^2·g^{-1}$ 和 $40.2m^2·g^{-1}$。掺入 CN QDs 后，CN QDs-$rTiO_2$ 复合材料的比表面积随着 CN QDs 含量的增加而减小，这是因为生成了比表面积较小的 CN QDs，从而使 CN QDs 嵌入到 $rTiO_2$ 纳米颗粒的间隙区域。

表 5-2　光催化剂的物理性质

样品	成分	$S_{BET}/(m^2 \cdot g^{-1})$	$V_{pore}/(cm^3 \cdot g^{-1})$	孔径/nm
S0	$rTiO_2$	53.3	0.19	2.1/23.6
S5	5% CN QDs-$rTiO_2$	45.3	0.30	1.9/36.5
S15	15% CN QDs-$rTiO_2$	43.9	0.36	1.8/50.5
S25	25% CN QDs-$rTiO_2$	40.2	0.28	2.1/37.6
CN	g-C_3N_4	10.9	0.08	3.6/29.5

相应的孔体积[图 5-27(b)]从 $0.08cm^3 \cdot g^{-1}$(CN)和 $0.19cm^3 \cdot g^{-1}$($rTiO_2$)增加到 $0.30cm^3 \cdot g^{-1}$(S5)、$0.36cm^3 \cdot g^{-1}$(S15)和 $0.28cm^3 \cdot g^{-1}$(S25)。引入 5%的 CN QDs 和 15%的 CN QDs 后，孔容的增加可以归因于三聚氰胺热缩聚放出气体的影响。然而，引入 25%的 CN QDs 后孔体积的减小可以归因于 CN QDs 在 $rTiO_2$ 表面的过度覆盖和占据了 $rTiO_2$ 微球的孔。这些结果表明，光催化性能的提高并不是由于所制得的光催化剂比表面积的变化所致。

5.3.3.7　罗丹明 B 的光催化降解

在此基础上，以罗丹明 B 染料作为染料废水的目标污染物，对所得样品的可见光驱动光催化性能进行了评价。在进行光催化反应前，对光催化剂进行了吸附-脱附实验。结果表明，吸附 1h 后，吸附-脱附状态达到平衡。从图 5-28(a)可以看出，光源和光催化剂都是有效分解罗丹明 B 所必需的。罗丹明 B 的降解曲线符合准一级动力学模型，光催化剂的光催化活性比较如图 5-28(b)所示。结果表明，$rTiO_2$ 和 CN 的反应活性都很差，其反应速率常数分别只有 0.089 h^{-1} 和 0.12 h^{-1}。然而，用 CN QDs 修饰 $rTiO_2$ 后，$rTiO_2$ 的光催化活性大大提高，其中 S15 样品的光催化活性最高。以 S15 为光催化剂的降解速率常数为 0.69 h^{-1}，分别是本体的 $rTiO_2$ 和 CN 样品的 7.8 倍和 5.8 倍。这一发现是合理的，因为 $rTiO_2$ 与 CN QDs 的复合可以有效地分离光生电子-空穴对，提高光催化活性。但是，过多的 CN QDs 也会覆盖在 $rTiO_2$ 的表面，降低活性中心的密度，在 $rTiO_2$ 表面产生光屏蔽效应，从而降低光催化活性。因此，合适的 CN QDs 负载量是优化光催化反应的首要前提。

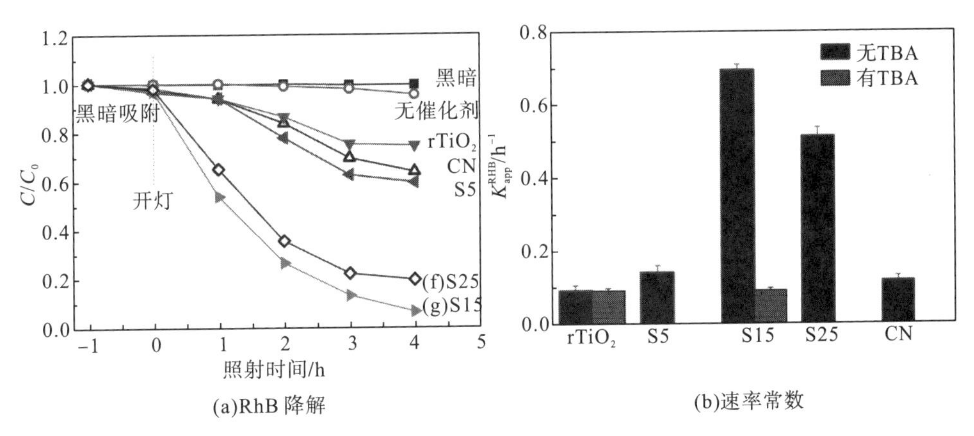

图 5-28　RhB(a)的光催化降解曲线及相应速率常数(b)

5.3.3.8 光催化降解罗丹明 B 的活性物种

超氧离子($\cdot O_2^-$)、电子空穴(h^+)和羟基自由基($\cdot OH$)等活性物种在光催化降解过程中起着至关重要的作用。为研究罗丹明 B 的降解机理，以 TEA(空穴清除剂)、TBA($\cdot OH$ 自由基清除剂)和 N_2 气流($\cdot O_2^-$ 清除剂)为清除剂进行捕获实验，以确定主要活性物种。

如图 5-29 所示，利用罗丹明 B 在 554 nm 处的特征吸收峰的变化来监测可见光照射不同时间段的光催化降解主要活性物种。在 $rTiO_2$ 存在的情况下，$rTiO_2$ 存在下的罗丹明 B 悬浮液的最大吸收波长(554nm)在光照 4h 后略向较低的波长(547nm)移动，TBA 的加入不影响罗丹明 B 滤液的峰位置，表明 $\cdot OH$ 不是裸露的 $rTiO_2$ 中的主要活性自由基。相反，在引入 TEA 和 N_2 气流后，罗丹明 B 的最大吸收位置没有明显变化，说明 TEA 和 N_2 气流在光催化过程中起到了抑制作用。也就是说，h^+和 $\cdot O_2^-$ 是光催化中主要的活性自由基。对于 S15 复合体系，在光照 4h 后，罗丹明 B 的最大吸收波长和吸收强度几乎不变，从 554nm 向 524nm 发生了强烈的位移；而当加入 TEA 和 TBA 时，罗丹明 B 的最大吸收位置和吸收强度几乎没有变化。因此，H^+和$\cdot OH$ 作为主要活性物种可能是光催化活性提高的原因。同时，从图 5-28(b)可以看出，当随后引入 TBA 时，对于 $rTiO_2$，表观速率常数(k)几乎保持不变，而对于 S15，k 从 $0.69h^{-1}$ 急剧降低到 $0.088h^{-1}$，降低了 87%，进一步证实 $\cdot OH$ 自由基在 CN QDs-$rTiO_2$ 光催化剂上对罗丹明 B 的降解起重要作用。

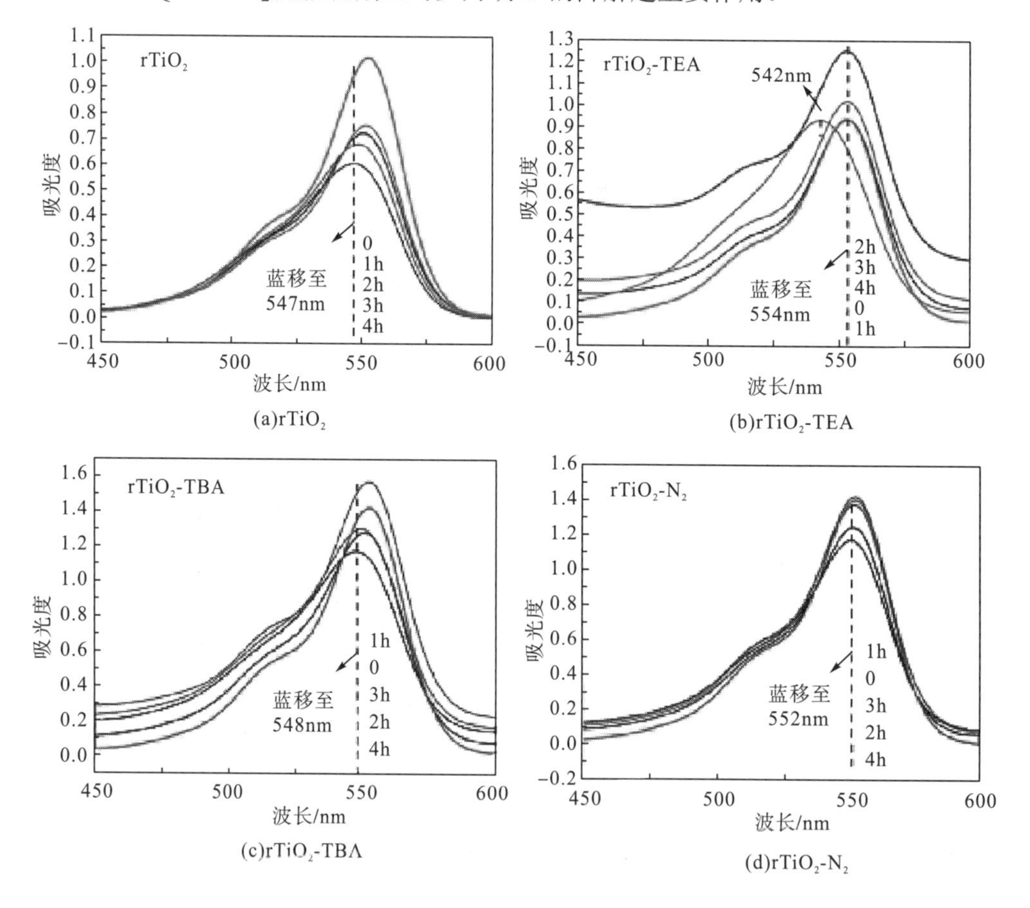

(a)$rTiO_2$ (b)$rTiO_2$-TEA

(c)$rTiO_2$-TBA (d)$rTiO_2$-N_2

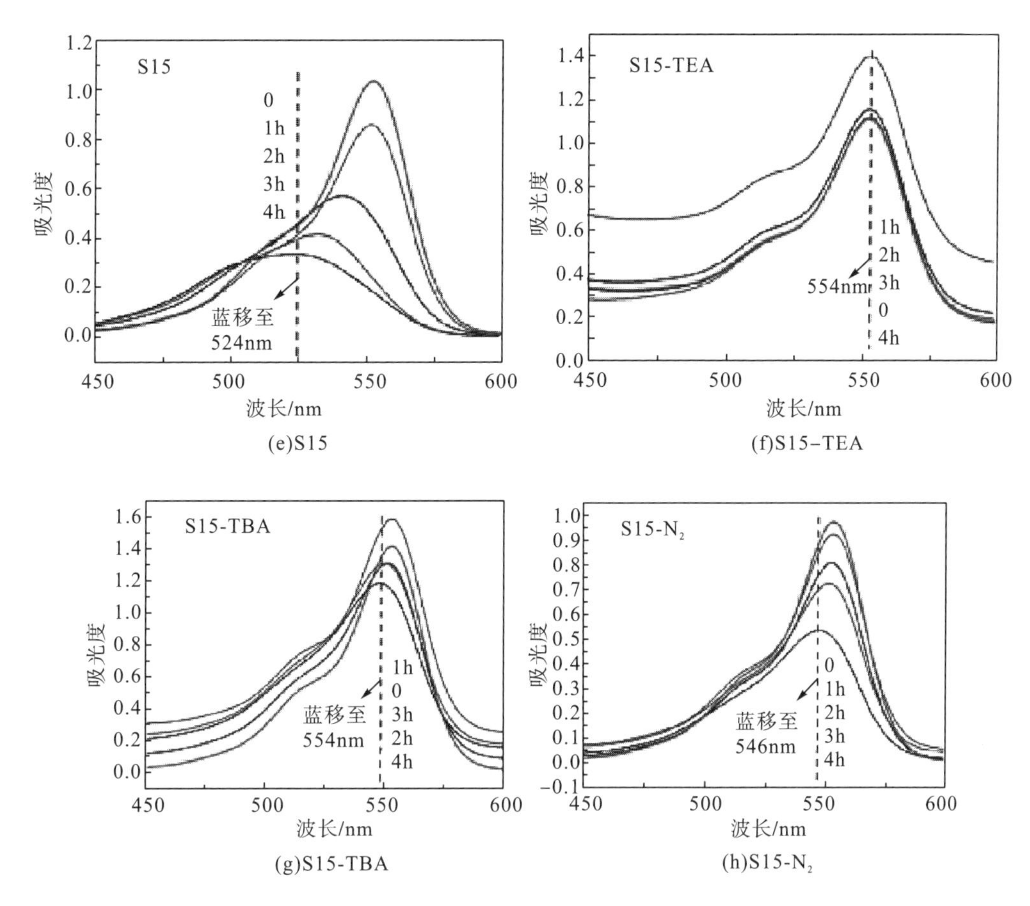

图 5-29　在 S15 的 $rTiO_2$(a)和 CN QDs-$rTiO_2$ 样品的光催化过程中，RhB 溶液吸收光谱随时间的演化(e)，以及不同清除剂的变化，0.1 mL TEA[(b)和(f)]；0.1 mL 的 TBA[(c)和(g)]；N_2 气流[(d)和(h)]

5.3.3.9　DMPO 自旋俘获 ESR 谱

我们利用 DMPO 自旋俘获电子自旋共振谱研究了 CN QDs 修饰对 $rTiO_2$ 的 •OH 和 $•O_2^-$ 自由基形成的影响。从图 5-30(a)可以看出，对于 $rTiO_2$ 和 CN 样品，检测到可以忽略的 •OH 自由基信号。虽然 $rTiO_2$ 的光生空穴具有比•OH 自由基更强的氧化能力，但 $rTiO_2$ 悬浮液中 •OH 自由基的失效检测归因于光生电子–空穴对的快速复合(Lv K L et al., 2010)。g-C_3N_4 的 VB 中光生空穴的电位不足以氧化 H_2O 生成•OH 自由基[$E^0_{(-OH/\cdot OH)}$=2.4V]。因此，可见光照射下 $rTiO_2$ 和 CN 悬浮液中 • OH 自由基的检测失败是可以理解的。

然而，对于 S15 样品，•OH 自由基的信号大大增强，$•O_2^-$ 自由基的信号也同时得到改善[图 5-30(b)]。这表明 CN QDs 修饰的 $rTiO_2$ 的光催化活性提高了，这与光催化降解罗丹明 B 的结果一致(图 5-28)。

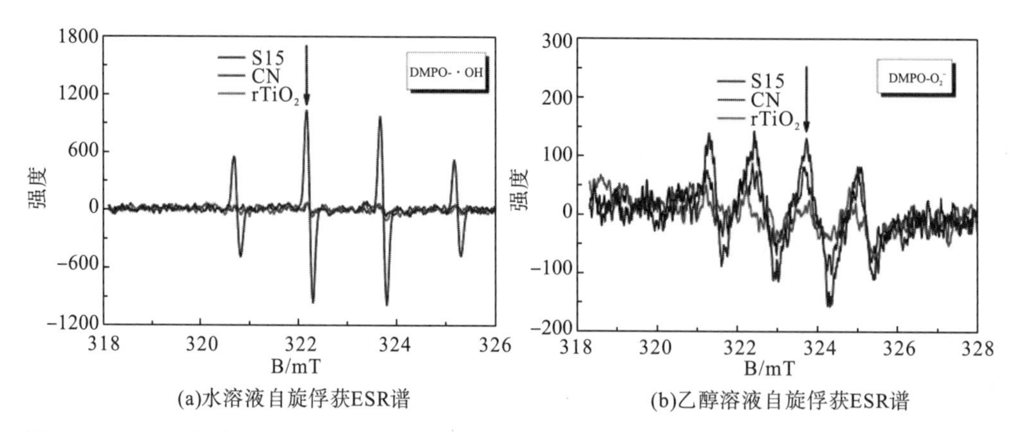

(a)水溶液自旋俘获ESR谱 (b)乙醇溶液自旋俘获ESR谱

图 5-30 DMPO 在水溶液(a)和乙醇溶液(b)中的可见光照射(>420 nm)15 min 的自旋俘获 ESR 谱

5.3.3.10 NO 的光催化氧化

通过对可见光照射下 NO 的光催化去除效果的评价，进一步考察了所制得的样品的光催化性能。如图 5-31 所示，纯 $rTiO_2$和 CN 的光催化效率较低，分别为 10.4%和 12.5%。在 $rTiO_2$ 中引入少量的 CN QDs 后，CN QDs-$rTiO_2$ 复合材料的光催化活性显著提高，尤其是 S15 复合材料，在可见光照射 30min 时，NO 的去除率为 37.4%，分别是原始 $rTiO_2$ 和 CN 的 3.6 倍和 3.0 倍。

根据 Dong 等的研究，·OH 和·O_2^- 自由基都参与了 NO 的光催化氧化(Dong F et al., 2015)。光催化去除 NO 的趋势与光催化降解罗丹明 B 溶液的结果一致，证实了 CN QDs-$rTiO_2$ 杂化催化剂的最佳摩尔比(15at.%)可以为提高光催化降解有机污染物和净化空气的性能提供指导，如图 5-33 所示。

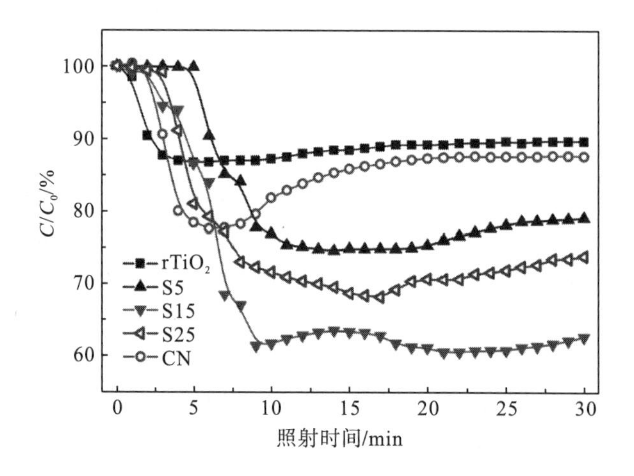

图 5-31 比较了可见光照射下不同光催化剂在单程气流中光催化脱除 NO 的效率

5.3.4 光催化机制

在前面讨论和分析的基础上，以 CN QDs-$rTiO_2$ 体系为例，通过捕获活性物种测试实验，证实了 H^+和 •OH 自由基在整个反应过程中的存在，是光催化性能优异的主要反应活性物种。

根据 DRS[图 5-24(a)]和 UPS(图 5-32)的表征结果，CN 的 VB 和 CB 边与 NHE 相比为+1.15V 和−1.24V, rTiO_2 的 VB 和 CB 带边与 NHE 相比为+2.74V 和−0.23V。由于 CN 的 VB 电位低于 OH^-/•OH 的名义电位(+2.4 V vs NHE)(Wang W et al.，2012)，因此可以预测 g-C_3N_4 表面的光生空穴不会与 OH^-/H_2O 反应生成 •OH 自由基。ESR(图 5-30)和自由基猝灭实验(图 5-29)证实了这一点。传统的异质结不太可能发生，因此提出了 Z 型异质结催化机制。如图 5-32 所示，在可见光照射下，rTiO_2 的 CB 上的光生电子被迁移到 CN QDs 的 VB 上，进而激发到 CN QDs 的 CB 上，在 rTiO_2 的 VB 上留下光生空穴。CN QDs CB 中的电子容易被吸附氧捕获形成 • O_2^-，而 rTiO_2 中 VB 中的空穴可以与 OH^-/H_2O 反应生成 • OH 自由基。 • O_2^- 和 • OH 自由基都是重要的活性氧物种，对于有机污染物的氧化降解和氮氧化物的氧化去除分饰重要的角色。使用该 Z 型异质结结构的 CN QDs 和 rTiO_2 的耦合不仅促进了光生电子和空穴的分离[图 5-24(b) 中的 PL、图 5-25 中的光电流和电化学阻抗谱、图 5-26 中的 SPS]，而且增加了氧化和还原能力(文中的 ESR)，增强了光催化活性(图 5-28 中的 RhB 和图 5-31 中的 NO 的降解)。

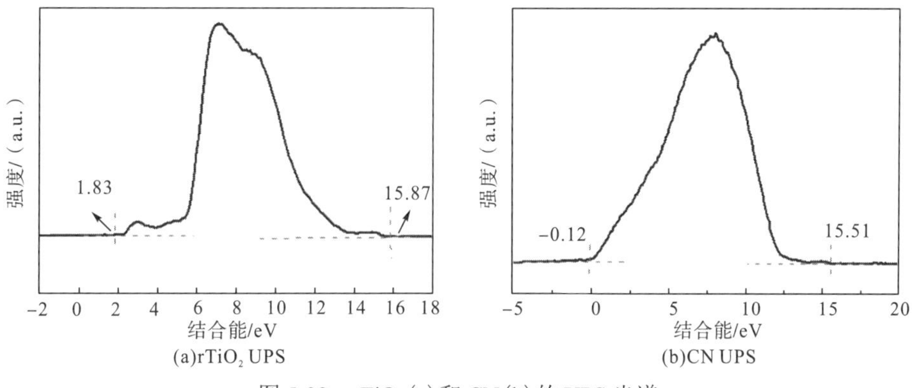

图 5-32　rTiO_2(a) 和 CN(b) 的 UPS 光谱

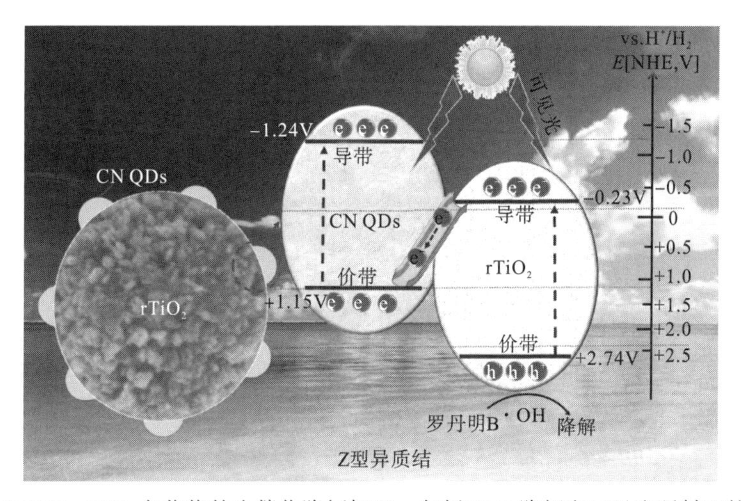

图 5-33　CN QDs-rTiO_2 杂化物的光催化降解机理，包括 RhB 降解和可见光照射下的 NO 去除

5.3.5 小结

综上所述，通过简单的混合–煅烧方法成功制备了 CN QDs-rTiO_2 复合材料。用 CN QDs 修饰 rTiO_2 后，可见光光降解罗丹明 B 和光氧化 NO 的反应活性均有显著提高。QDs-rTiO_2 复合材料光催化活性的提高可以归因于光学性质的增强和光生电荷的有效分离和迁移的协同作用，·OH 自由基捕获实验和 ESR 自由基的检测支撑了 CN QDs-rTiO_2 复合材料的 Z 型异质结降解机理。本研究使 CN QDs-rTiO_2 复合材料在太阳光照射下的废水处理和空气净化方面的应用成为可能。

参 考 文 献

An T, Tang J, Zhang Y, et al., 2016. Photoelectrochemical conversion from graphitic C_3N_4 quantum dot decorated semiconductor nanowires. ACS Appl. Mater. Inter., 8 (20): 12772-12779.

Di J, Xia J, Ji M, et al., 2015. The synergistic role of carbon quantum dots for the improved photocatalytic performances of Bi_2MoO_6. Nanoscale, 7 (27): 11433-11443.

Dong F, Zhao Z, Xiong T, et al., 2013. In situ construction of g-C_3N_4/g-C_3N_4 metal-free heterojunction for enhanced visible-light photocatalysis. ACS Appl. Mater. Inter., 5 (21): 11392-11401.

Dong F, Xiong T, Sun Y J, et al., 2014 a. A semimetal bismuth element as a direct plasmonic photocatalyst. Chem. Commun., 50 (72): 10386-10389.

Dong F, Li Q Y, Sun Y J, et al., 2014 b. Noble metal-like behavior of plasmonic Bi particles as a cocatalyst deposited on BiO_2CO_3 microspheres for efficient visible light photocatalysis. ACS Catal., 4 (12): 4341-4350.

Dong F, Zhao Z W, Sun Y J, et al., 2015. An Advanced semimetal-organic Bi spheres-g-C_3N_4 nanohybrid with SPR-enhanced visible-light photocatalytic performance for NO purification. Environ. Sci. Technol., 49 (20): 12432-12440.

Dong G H, Zhang L Z, 2012. Porous structure dependent photoreactivity of graphitic carbon nitride under visible light. J. Mater. Chem., 22 (3): 1160-1166.

Dong G H, Ai Z H, Zhang L Z, 2014. Total aerobic destruction of azo contaminants with nanoscale zero-valent copper at neutral pH: Promotion effect of in-situ generated carbon center radicals. Water Res, 66: 22-30.

El-Sayed M A, Acc, 2001. Some interesting properties of metals confined in time and nanometer space of different shapes. Chem. Res., 34 (4): 257-264.

Ge L, Han C C, Liu J, et al., 2011. Enhanced visible light photocatalytic activity of novel polymeric g-C_3N_4 loaded with Ag nanoparticles. Appl. Catal. A, 409–410: 215-222.

Gérard D, S K Gray 2015. Aluminium plasmonics. J. Phys. D: Appl. Phys., 48: 1-14.

Gu Q L, Zhu K J, Zhang N S, et al., 2015. Modified solvothermal strategy for straightforward synthesis of cubic $NaNbO_3$ nanowires with enhanced photocatalytic H_2 evolution. J. Phys. Chem. C, 119 (46): 25956-25964.

Huang Z A, Sun Q, Lv K L, et al., 2015. Effect of contact interface between TiO_2 and g-C_3N_4 on the photoreactivity of g-C_3N_4/TiO_2 photocatalyst: (001) vs (101) facets of TiO_2. Appl. Catal. B, 164: 420-427.

Leutwyler W K, Bürgi S L Burgl H, 1996. Semiconductor clusters, nanocrystals, and quantum dots. Science, 271 (5251): 933-937.

Li G S, Zhang D Q, Yu J C, 2009. A new visible-light photocatalyst: CdS quantum dots embedded mesoporous TiO_2. Environ. Sci. Technol., 43 (18): 7079-7085.

Li G S, Lian Z C, Wang W C, et al., 2016. Nanotube-confinement induced size-controllable g-C_3N_4 quantum dots modified single-crystalline TiO_2 nanotube arrays for stable synergetic photoelectron catalysis. Nano Energy, 19: 446-454.

Li G Y, Nie X, Chen J Y, et al., 2015. Enhanced visible-light-driven photocatalytic inactivation of Escherichia coli using g-C_3N_4/TiO_2 hybrid photocatalyst synthesized using a hydrothermal-calcination approach. Water Res., 86 (DEC.1): 17-24.

Li J, Zhang M, Li Q Y, et al., 2016. Enhanced visible light activity on direct contact Z-scheme g-C_3N_4-TiO_2 photocatalyst. Appl. Surf. Sci., 391 (Part.B): 184-193.

Li Q, Li X, Wageh S, et al., 2015. Cds/graphene nanocomposite photocatalysts. Adv. Energy Mater., 5 (14):1-28.

Li Y H, Sun Y J, Dong F, et al., 2014. Enhancing the photocatalytic activity of bulk g-C_3N_4 by introducing mesoporous structure and hybridizing with graphene. J. Colloid Interf. Sci., 436: 29-36.

Lian S C, S.Kodaimati M, A.Weiss E, 2018. Photocatalytically active superstructures of quantum dots and iron porphyrins for reduction of CO_2 to CO in water. ACS Nano, 12(1): 568-575.

Liao G, Chen S, Quan X, et al., 2012. Graphene oxide modified g-C_3N_4 hybrid with enhanced photocatalytic capability under visible light irradiation. J. Mater. Chem., 22: 2721-2726.

Lin Z, Xue W, Chen H, et al., 2011. Peroxynitrous-acid-induced chemiluminescence of fluorescent carbon dots for nitrite sensing. Anal. Chem., 83 (21): 8245-8251.

Liu J, Liu Y, Liu N, et al., 2015. Metal-free efficient photocatalyst for stable visible water splitting via a two-electron pathway. Science, 34 (7): 970-974.

Liu Q, Zhang J, 2013. Graphene supported Co-g-C_3N_4 as a novel metal–macrocyclic electrocatalyst for the oxygen reduction reaction in fuel cells. Langmuir, 29 (11): 3821-3828.

Liu X W, Cao H Q, Yin J F, 2011. Generation and photocatalytic activities of Bi@Bi_2O_3 microspheres. Nano Res., 4 (5): 470-482.

Lv K L, Li X F, Deng K J, et al., 2010. Effect of phase structures on the photocatalytic activity of surface fluorinated TiO_2. Appl. Catal. B, 95 (3-4): 383-392.

Lv K, Lu C S, et al., 2008. Different effects of fluoride surface modification on the photocatalytic oxidation of phenol in anatase and rutile TiO_2 suspensions. Chem. Eng. Technol., 31 (9): 1272-1276.

Miranda C, Mansilla H, Yá˜ nez J, et al., 2013. Improved photocatalytic activity of g-C_3N_4/TiO_2 composites prepared by a simple impregnation method. J. Photochem. Photobiol. A, 253 (2): 16-21.

Pan X Y, Chen X X, Yi Z G, et al., 2016. Defective, Porous TiO_2 nanosheets with Pt decoration as an efficient photocatalyst for ethylene oxidation synthesized by a C_3N_4 templating method. ACS Appl. Mater. Inter., 8 (16): 10104-10108.

Pradhan N, Pal A, Pal T, 2001. Catalytic reduction of aromatic nitro compounds by coinage metal nanoparticles. Langmuir, 17 (5): 1800-1802.

Samanta S, Martha S, Parida K, 2014. Facile synthesis of Au/g-C_3N_4 nanocomposites: An inorganic/organic hybrid plasmonic photocatalyst with enhanced hydrogen gas evolution under visible-light irradiation. ChemCatChem, 6 (5): 1453-1462.

Shalom M, Guttentag M, Fettkenhauer C, et al., 2014. In situ formation of heterojunctions in modified graphitic carbon nitride: Synthesis and noble metal free photocatalysis. Chem. Mater., 26 (19): 5812-5818.

Shen J, Zhu Y, Yang X, et al., 2012. Graphene quantum dots: emergent nanolights for bioimaging, sensors, catalysis and photovoltaic devices. Chem. Commun., 48 (31): 3686-3699.

Sun Y J, Xiong T, Ni Z L, Liu J, et al., 2015. Improving g-C_3N_4 photocatalysis for NO_x removal by Ag nanoparticles decoration. Appl. Surf. Sci., 358: 356-362.

Swy E R, A S Schwartz-Duval et al., 2014. Dual-modality, fluorescent, PLGA encapsulated bismuth nanoparticles for molecular and cellular fluorescence imaging and computed tomography. Nanoscale, 6 (21): 13104-13112.

Toudert J, Serna R, Jimenez de Castro M. J, 2012. Exploring the optical potential of nano-bismuth: tunable surface plasmon resonances in the near ultraviolet-to-near infrared range. J. Phys. Chem. C, 116 (38): 20530-20539.

Wan P, Huang B B, Dai Y, et al., 2012. Plasmonic photocatalysts: harvesting visible light with noble metal nanoparticles. Phys. Chem. Chem. Phys., 14 (28): 9813-9825.

Wang J X, Huang J, Xie H L, et al., 2014. Synthesis of g-C_3N_4/TiO_2 with enhanced photocatalytic activity for H_2 evolution by a simple method. Int. J. Hydrog. Energy, 39 (12): 6354-6363.

Wang W J, Jimmy C Y, Shen Z R, et al., 2014. g-C_3N_4 quantum dots: Direct synthesis, upconversion properties and photocatalytic application. Chem. Commun., 50 (70): 10148-10150.

Wang W, Cheng B, Yu J, et al., 2012. Visible-light photocatalytic activity and deactivation mechanism of Ag_3PO_4 spherical particles. Chem. Asian. J., 7 (8): 1902-1908.

Wang Y, Yao J, Li H R, et al., 2011. Highly selective hydrogenation of phenol and derivatives over a Pd@carbon nitride catalyst in aqueous media. J. Am. Chem. Soc., 133 (8): 2362-2365.

Wang Z, Jiang C L, Huang R, et al., 2013. Investigation of optical and photocatalytic properties of bismuth nanospheres prepared by a facile thermolysis method. J. Phys. Chem. C, 118 (2): 1155-1160.

Weng S X, Chen B B, Xie L Y, et al., 2013. Facile in situ synthesis of a Bi/BiOCl nanocomposite with high photocatalytic activity. J. Mater. Chem. A, 1 (9): 3068-3075.

Xiong T, Cen W L, Zhang Y X, et al., 2016. Bridging the g-C_3N_4 interlayers for enhanced photocatalysis. ACS Catal., 6 (4): 2462-2472.

Yan S C, Li Z S, Zou Z G, et al., 2009. Photodegradation performance of g-C_3N_4 fabricated by directly heating melamine. Langmuir, 25 (17): 10397-10401.

Yu J G, Yu J C, et al., 2003. Low temperature solvent evaporation-induced crystallization synthesis of nanocrystalline TiO_2 photocatalyst. Chinese J. Chem., 21 (8): 994-997.

Yu J G, Wang W G, Cheng B, et al., 2010. Synthesis and enhanced photocatalytic activity of a hierarchical porous flowerlike p-n junction NiO/TiO_2 photocatalyst. Chem. Asian. J., 5 (12): 2499-2506.

Yu J G, Wang S H, Low J X, et al., 2013. Enhanced photocatalytic performance of direct Z-scheme g-C_3N_4-TiO_2 photocatalysts for the decomposition of formaldehyde in air. Phys. Chem. Chem. Phys., 15 (39): 16883-16890.

Yu Y, Cao C Y, Liu H, et al., 2014. A Bi/BiOCl heterojunction photocatalyst with enhanced electron–hole separation and excellent visible light photodegrading activity. J. Mater. Chem. A, 2 (6): 1677-1681.

Zang Y.P, Li L P, Xu Y S, et al., 2014. Hybridization of brookite TiO_2 with g-C_3N_4: A visible-light-driven photocatalyst for As^{3+} oxidation, MO degradation and water splitting for hydrogen evolution. J. Mater. Chem. A, 2 (38): 15774-15780.

Zhang L W, Fu H B, Zhu Y F, et al., 2008. Efficient TiO_2 photocatalysts from surface hybridization of TiO_2 particles with graphite-like carbon. Adv. Funct. Mater., 18 (15): 2180-2189.

Zhang Q, Zhou Y, Wang F, et al., 2014. From semiconductors to semimetals: bismuth as a photocatalyst for NO oxidation in air. J.

Mater. Chem. A, 2 (29): 11065-11072.

Zhou D T, Chen Z, Yang Q, et al., 2016. In-situ construction of all-solid-state Z-scheme g-C_3N_4/TiO_2 nanotube arrays photocatalyst with enhanced visible-light-induced properties. Solar. Energy Mater. Sol. Cell, 157: 399-405.

Zhou J W, Zhang M, Zhu Y F, et al., 2015. Photocatalytic enhancement of hybrid C_3N_4/TiO_2 prepared via ball milling method. Phys. Chem. Chem. Phys., 17 (5): 3647-3652.